Werner Goedecke

Wörterbuch der Werkstoffprüfung
Dictionary of Material Testing
Dictionnaire du Contrôle des Matériaux

Band 1

Werner Goedecke

Wörterbuch der Werkstoffprüfung
Dictionary of Material Testing
Dictionnaire du Contrôle des Matériaux

Deutsch · Englisch · Französisch

German · English · French

Allemand · Anglais · Français

Band 1 · Volume 1

VDI-Verlag GmbH

Verlag des Vereins Deutscher Ingenieure · Düsseldorf

CIP-Kurztitelaufnahme der Deutschen Bibliothek

Goedecke, Werner:
Wörterbuch der Werkstoffprüfung /
Werner Goedecke. – Düsseldorf: VDI-Verlag.
Bd. 1. Deutsch, englisch, französisch. – 1979.
ISBN 3-18-400434-1

Printed in Germany

ISBN 3-18-400434-1

VORWORT

Mit dem dreisprachigen und dreibändigen Wörterbuch wird versucht, eine Lücke zu schließen, die der Verfasser nach zahlreichen Gesprächen mit Fachleuten und anderen Beschäftigten auf dem Gebiet des Werkstoffprüfwesens festgestellt hat. Techniker und Ingenieure in Forschungs- und Entwicklungsinstituten, in Materialprüfungsanstalten und in Arbeitsbereichen der Qualitätskontrolle von Industriebetrieben müssen sich in zunehmendem Maße mit dem umfangreichen ausländischen Schrifttum dieses die gesamte Technik berührenden Sondergebietes auseinandersetzen.
Bei der Vorbereitung eigener Veröffentlichungen oder Vorträge in einer Fremdsprache ist der genannte Personenkreis im allgemeinen gezwungen, eine Mehrzahl technischer Wörterbücher zu Rate zu ziehen, in denen die Werkstoffprüfung, wenn überhaupt, nur als Randgebiet behandelt wird; das gleiche gilt für Übersetzer und Korrespondenten auf diesem technischen Querschnittsgebiet. Der Verfasser empfand diesen Mangel spürbar selbst während einer vorübergehenden Tätigkeit für einen Dokumentationsdienst der Bundesanstalt für Materialprüfung.
Die unterbreitete Sammlung von Benennungen auf den Gebieten der zerstörungsfreien und zerstörenden Werkstoffprüfung enthält in deutscher, englischer und französischer Sprache jeweils etwa 12000 Aufzeichnungen. Sie wird in der Hoffnung angeboten, einem großen Personenkreis eine wirkungsvolle Arbeitshilfe zu vermitteln. Der Verfasser wird jedem Benutzer des dreisprachigen Wörterbuchs dankbar sein, der mit aufbauender Kritik auf Lücken, Unzulänglichkeiten und Fehler des vorliegenden Spezialwörterbuches aufmerksam macht, die sich trotz aller Mühe niemals vermeiden lassen.

Besonderer Dank gebührt dem VDI-Verlag für die sorgfältige redaktionelle Bearbeitung des Manuskriptes und die gefällige Ausstattung des Gesamtwerkes.

Frankfurt am Main, September 1979 *Werner Goedecke*

PREFACE

This trilingual, three-volume dictionary aims to close a literary gap in the field of material testing which the author could ascertain when collaborating with experts and other employees engaged in this technical field. Engineers and technicians with research and development institutes, with institutions of material testing, with quality control departments of industrial works have to cope with more and more of the voluminous foreign literature in this special field relating to the whole technique.

While preparing ones own publications or reports in a foreign language mentioned persons are generally forced to consult several technical dictionaries, where material testing is only a part of the subjects; the same applies to translators and correspondents in this extensive technical field. The author himself experienced the described deficiencies during his temporary activity for a documentation service of the Bundesanstalt für Materialprüfung.
The submitted compilation of terms in the field of destructive and non-destructive testing of material contains more than 12,000 terms in German, English and French. It is offered in the hope that it will give an effective working aid for many persons. The author will be grateful for any information in regards to deficiencies in the dictionary which cannot be avoided despite most careful work.
The author thanks the VDI-Verlag for the careful editorial arrangement and the pleasing presentation of the work.

Frankfurt on Main, September 1979 *Werner Goedecke*

PRÉFACE

Ce dictionnaire trilingue en trois volumes vise à supprimer, dans le domaine du contrôle des matériaux, une lacune que l'auteur pouvait constater lors de sa collaboration avec des experts et d'autres personnes s'occupant de ce domaine spécial technique. Les ingénieurs et les techniciens des instituts de recherche et de développement, des institutions du contrôle des matériaux ainsi que du domaine du contrôle de qualité d'entreprises industrielles sont obligés, de plus en plus, d'étudier la littérature étrangère étendue de cette spécialité intéressant la technique entière.

Les personnes mentionnées ci-dessus préparant leurs publications ou conférences dans une langue étrangère sont généralement contraints de consulter plusieurs dictionnaires techniques dans lesquelles, malheureusement, le contrôle des matériaux ne joue qu'un rôle secondaire; les mêmes conditions existent d'ailleurs pour les traducteurs et les correspondants dans ce vaste domaine technique. L'auteur, lui-même, pouvait se rendre compte des insuffisances décrites pendant son activité passagère pour un service de documentation de la Bundesanstalt für Materialprüfung.

La compilation présente de termes dans le domaine du contrôle destructif et non destructif comporte plus de 12000 termes en allemand, anglais et français. Elle est offerte dans l'espoir qu'elle fournira un instrument de travail efficace à beaucoup de personnes intéressées. L'auteur serait reconnaissant aux utilisateurs pour des indications critiques relatives à des lacunes et des fautes de ce dictionnaire spécial inévitables malgré le plus grand soin.
Je remercie le VDI-Verlag pour ses efforts en éditant ce dictionnaire.

Francfort-sur-le-Main, Septembre 1979 *Werner Goedecke*

Anmerkungen für den Benutzer des Wörterbuchs

Auf besonderen Wunsch des Verlages und mit Rücksichtnahme auf ausländische Benutzer dieses Wörterbuchs wurde bei den aus dem Griechischen abgeleiteten Wörtern die Schreibweise mit ph statt mit f gewählt. Die Vorsilben *Foto-*, *Fono-* und die Endsilben *-graf*, *-grafie*, *-fon*, *-fonie* sind daher in der Sammlung mit ph geschrieben und müssen ggf. unter ph aufgesucht werden.

Wörter mit mehrfacher Bedeutung sind durch stichwortartige Zusätze in Klammern ( ) definiert.

Notes for the user of the dictionary

By special request of the editor and with respect to foreign users of this dictionary German words relating from Greek with the prefixes *Foto-*, *Fono-* as well as the suffixes *-graf*, *-grafie*, *-fon*, *-fonie* are written with ph; corresponding words therefore have to be looked up under ph.

Terms of manyfold meanings are defined by short entries between parantheses ( ).

Notes pour l'utilisateur du dictionnaire

À la demande de l'éditeur et en considération d'utilisateurs étrangers de ce dictionnaire les mots allemands dérivés du grec ont été écrits avec ph au lieu de f. Les préfixes *Foto-*, *Fono-* et les syllables finales *-graf*, *-grafie*, *-fon*, *-fonie* ont été par conséquent reproduits dans ce dictionnaire par ph et le cas échéant doivent être consultés sous ph.

Des termes ambigus sont définis par des interprétations courtes entre paranthèses ( ).

A

A-Bild *n*	A-scan, A-scope	présentation *f* A
A-Bild-Darstellung *f*	A-representation	représentation *f* du type A
A-Bild-Verfahren *n*	A-scanning method, A-scope method	méthode *f* à présentation *f* A
abändern *v*	vary, change, modify, correct alter	varier, changer, modifier, corriger
Abänderung *f*	variation, change, modification	variation *f*, changement *m*, modification *f*
abbilden [darstellen] *v*	represent, figure, graph	représenter, figurer
abbilden [illustrieren] *v*	illustrate	illustrer
abbilden [kopieren] *v*	copy, reproduce	copier, reproduire
abbilden [projizieren] *v*	project	projeter
abbilden [sichtbar machen] *v*	visualize, indicate, show	visualiser, indiquer, montrer
Abbildung *f* [Abbild]	image	image *f*
Abbildung *f* [Darstellung]	figure, representation	figure *f*, représentation *f*
Abbildung *f* [Kopie]	copy, reproduction	copie *f*, reproduction *f*
Abbildung *f* [Projektion]	projection	projection *f*
Abbildung *f* [Illustration]	illustration	illustration *f*
Abbildung *f*, radiometrische	radiometric image	image *f* radiométrique
Abbildungsfehler *m*	image defect	défaut *m* d'image *f*
Abbildungsgüte *f*	image quality	qualité *f* d'image *f*
Abbildungsverfahren *n*	imaging technique	méthode *f* de représentation *f* d'images *f/pl*
abblättern *v*	peel [~ off]	exfolier
Abblätterung *f*	peeling-off, peeling, lifting	exfoliation *f*, écaillage *m*, écaillement *m*
abblenden [Kamera] *v*	diaphragm	diaphragmer
abblenden [Licht] *v*	dim, attenuate, screen off, dip the lights *pl*	tamiser [la lumière], atténuer, se mettre en code *m*
Abbrand *m*	burning off, burning up, consumption	consommation *f*, usure *f*, brûlure *f*
abbrechen [lösen] *v*	break off	rompre, détacher
abbrechen [unterbrechen] *v*	interrupt	interrompre
Abbrennen *n*	burning off, burning up, consumption	consommation *f*, usure *f*, brûlure *f*
Abbrennschweißen *n*	welding by sparks *pl*	soudage *m* par étincelles *f/pl*
Abbrennstumpfschweißen *n*	flash butt welding	soudage *m* bout à bout par étincelles *f/pl*
abdecken [bedecken] *v*	cover, mask	couvrir, revêtir, masquer

abdecken [freilegen] *v*	uncover	découvrir
Abdeckung *f* [Blende]	mask, masking	masque *m*, masquage *m*
Abdeckung *f* [Deckel]	cover, covering, cap, lid	couvercle *m*, recouvrement *m*, capot *m*, chapeau *m*
abdichten *v*	seal, pack, tighten, cement	étancher, boucher, calfater, serrer, étouper, cimenter
Abdichtung *f*	seal, sealing, packing	garniture *f* étanche, calfatage *m*, étoupage *m*, joint *m*
Abdrückversuch *m*	interior pressure test	épreuve *f* de pression *f* intérieure
Abdruck *m* [Materialfehler]	indentation	empreinte *f*
Abdrucktechnik *f*	replica technique	technique *f* réplique
Aberration *f*	aberration	aberration *f*
Aberration *f*, chromatische	chromatic aberration	aberration *f* chromatique
aberregen *v*	de-energize	désexciter, désamorcer
Aberregung *f*	de-energization	désexcitation *f*, désamorçage *m*
Abfall *m* [Abschnitt]	cuttings *pl*, slice, clipping	coupon *m*, morceau *m* détaché
Abfall *m* [Absinken]	drop, fall, loss, decrease, diminishing, diminution, decay	chute *f*, diminution *f*, décroissance *f*
Abfall *m* [Müll]	waste, scrap	déchets *m/pl*
Abfall *m* [Neigung]	slope, descent, fall, declination, declivity	pente *f*, déclivité *f*
Abfall *m*, atomarer	atomic waste	déchets *m/pl* atomiques
Abfall *m*, radioaktiver	radioactive waste	déchets *m/pl* radioactifs
abfallen [abnehmen] *v*	decrease, reduce, diminish	décroître, réduire, diminuer
abfallen [herunterfallen]	drop, fall	tomber, baisser
abfallend; geneigt ~ *adj*	inclined	incliné
abfallend; stark ~ *adj*	rapidly declining	à chute *f* rapide
Abfallzeit *f* [Impuls]	decay time, fall time	temps *m* de descente *f*, temps *m* de décroissance *f*, temps *m* de relâchement *m*
abfangen [abstützen] *v*	stay, understay, timber	étançonner
abfangen [Teilchen] *v*	capture, intercept, collect	collectionner, capturer
abflachen *v*	flatten, smooth down	aplatir, aplanir, niveller, égaliser
Abflachung *f*	flattening, smoothing	aplatissement *m*, nivellement *m*, égalisation *f*
abfressen *v*	corrode	corroder
abführen *v*	conduct, eliminate	emmener, transporter
Abgabe *f*, radioaktive	radioactive effluent	effluve *m* radioactif
abgeben *v*	put out, give off, emit	livrer, délivrer, émettre
abgereichert *v* [Radioelement]	depleted	appauvri

Abgleich *m*	tuning, balance, alignment	accord *m*, syntonisation *f*, alignement *m*, réglage *m*, ajustage *m*, équilibrage *m*
abgleichen *v*	tune, balance, adjust, equilibrate	accorder, syntoniser, aligner, balancer, ajuster, équilibrer
Abgleitgeschwindigkeit *f*	strain rate	vitesse *f* de déformation *f*
Abgrenzung *f*	delimitation	délimitation *f*
abhängen [~ von] *v*	depend [~ on] [~ upon]	dépendre [de]
Abhängigkeit *f*	dependence, dependency	dépendance *f*
Abheben *n* [Schicht]	peeling-off, peeling, lifting	exfoliation *f*, écaillage *m*, écaillement *m*
Abhebeeffekt *m*	lift-off effect, lifting effect	effet *m* d'enlevage *m*, effet *m* de compensation *f* de distance *f*
abheben *v*	lift	enlever
abklingen [Schwingung] *v*	die, die out, fade out, damp	amortir, évanouir, décroître, affaiblir
Abklingen *n*	dying out, damping, decay	évanouissement *m*, amortissement *m*, étouffement *m*
abkühlen *v*	cool down, refrigerate	refroidir, réfrigérer
abkühlen; sich ~ *v*	cool off	se refroidir
Abkühlung *f*	cooling-down, cooling, refrigeration	refroidissement *m*, réfrigération *f*
Abkühlungsgeschwindigkeit *f*	cooling rate	vitesse *f* de refroidissement *m*
Ablagerung *f*	deposit, deposition, precipitate	dépôt *m*, précipitation *f*, sédimentation *f*
Ablauf *m* [Abfluß]	drain, discharge	écoulement *m*
Ablauf *m* [Band]	paying-off, winding-off, unwinding, uncoiling	déroulement *m*, glissement *m*
Ablauf *m* [Entwicklung]	evolution	évolution *f*
Ablauf *m* [Patent]	expiration	expiration *f*
Ablauf *m* [Vorgang]	operation, operating, process, flow	opération *f*, procédé *m*
Ablaufdiagramm *n*	flow diagram, flow chart, sequence chart	organigramme *m*, ordinogramme *m*
ablaufen [abfließen] *v*	drain, discharge	s'écouler
ablaufen [Band] *v*	pay off, uncoil, wind off	dévider, dérouler, glisser
ablaufen [enden] *v*	expire, finish	expirer, finir
ablaufen [Programm] *v*	take place, run down	s'écouler
ableiten [abführen] *v*	conduct, carry off, eliminate	transporter, emmener
ableiten [abzweigen] *v*	branch, shunt, derive, divert, turn off	brancher, shunter, dériver, se bifurquer
ableiten [allgemein] *v*	deduce	déduire
ableiten [differenzieren] *v*	derive, differentiate	dériver, différentier

Ableitung *f* [Abzweigung]	branch, branching, branching-off, shunt, tapping, ramification, eduction	branchement *m*, dérivation *f*, bifurcation *f*, ramification *f*, éduction *f*
Ableitung *f* [Herleitung]	derivation	dérivation *f*
Ableitung *f* [mathematisch]	derivative	dérivée *f*
Ableitung *f* [Leitungsherabführung]	downlead	descente *f*
Ablenkamplitude *f*	amplitude of deflection	amplitude *f* de déviation *f*
Ablenkebene *f*	deflection plane	plan *m* de déviation *f*
Ablenkeinheit *f*	deflection unit	déviateur *m*
Ablenkelektrode *f*	deflecting electrode	électrode *f* déflectrice, électrode *f* de déviation
Ablenkempfindlichkeit *f*	deflection sensitivity	sensibilité *f* de déviation *f*
ablenken *v*	deflect, divert	dévier, défléchir
Ablenkfehler *m*	deflection distortion, deflection error	distorsion *f* de déviation *f*, erreur *f* de déviation *f*
Ablenkfrequenz *f*	sweep frequency	fréquence *f* de déviation *f*, fréquence *f* de balayage *m*
Ablenkgeschwindigkeit *f*	deflection speed, sweep velocity	vitesse *f* de déviation *f*, vitesse *f* de balayage *m*
Ablenkjoch *n*	deflection yoke	joug *m* de déviation *f*
Ablenkmagnet *m*	deflecting magnet	aimant *m* de déviation *f*
Ablenkplatte *f*	deflecting plate, deflection plate, deflector plate, baffle plate	plaque *f* déflectrice, plaque *f* de déviation *f*, déflecteur *m*, chicane *f*
Ablenkspannung *f*	deflecting voltage	tension *f* de déviation *f*, tension *f* de balayage *m*
Ablenkspule *f*	deflecting coil, sweep coil	bobine *f* de déviation *f*
Ablenkstrom *m*	deflecting current	courant *m* de déviation *f*, courant *m* de balayage *m*
Ablenksystem *n*	deflection system, deflector	système *m* de déviation *f*, déflecteur *m*
Ablenkteil *n*	deflection unit	déviateur *m*
Ablenkung *f*	deflection, deviation	déviation *f*, déflexion *f*, balayage *m*
Ablenkungsgesetz *n*	deflecting law	loi *f* sur la déviation
Ablenkungswinkel *m*	deflection angle, deviation angle	angle *m* de déviation *f*
Ablenkverzerrung *f*	deflection distortion	distorsion *f* de déviation *f*
Ablenkwinkel *m*	deflection angle, deviation angle	angle *m* de déviation *f*
ablesbar *adj*	readable	lisible, . . . à lire
Ablesefehler *m*	reading error	erreur *f* de lecture *f*
Ablesegenauigkeit *f*	reading accuracy	précision *f* de lecture *f*
ablesen *v*	read	lire
Ablesevorrichtung *f*	reading device	dispositif *m* de lecture *f*
Ablesung *f*	reading, observation	lecture *f*, observation *f*
Ablesung *f*, digitale	digital reading	lecture *f* numérique

Ablesung *f*, direkte	direct reading	lecture *f* directe
Ablösemittel *n*	solvent, solvent remover	dissolvant *m*, moyen *m* dissolvant
ablösen [chemisch] *v*	dissolve	dissoudre
ablösen [entfernen] *v*	detach, loosen, unbind, separate	détacher, séparer
Ablösung *f* [Entfernen]	detachment, separation	détachement *m*, séparation *f*
Ablösung *f* [Schicht]	peeling-off, peeling, lifting	exfoliation *f*, écaillage *m*, écaillement *m*
Abmaß *n*	allowance, deviation, off-size	déviation *f*
Abmaß *n*, oberes	over-allowance, allowance above nominal size	déviation *f* supérieure
Abmaß *n*, unteres	under-allowance, allowance below nominal size	déviation *f* inférieure
Abmaß *n*, zulässiges	allowance	déviation *f* permissible
abmessen *v*	measure	mesurer
Abmessung *f*	dimension	dimension *f*
abmindern *v*	reduce	réduire
Abminderung *f*	reduction	réduction *f*
Abnahme *f* [Abgriff]	tap, tapping	prise *f*
Abnahme *f* [Entfernen]	demounting	démontage *m*, enlèvement *m*
Abnahme *f* [Übernahme]	acceptance	réception *f*
Abnahme *f* [Verringerung]	decrease, reduction, diminution, diminishing, drop, fall, loss, decay, decrement	chute *f*, diminution *f*, réduction *f*, baisse *f*, décroissance *f*, décroissement *m*, décrément *m*
Abnahmeprüfung *f*	acceptance test, preservice examination, preservice inspection	essai *m* de réception *f*, essai *m* d'homologation *f*
abnehmen [abheben] *v*	lift, unhook	enlever, décrocher
abnehmen [abzapfen] *v*	tap	prendre
abnehmen [Geschwindigkeit] *v*	decelerate	ralentir
abnehmen [übernehmen] *v*	accept	recevoir
abnehmen [verringern] *v*	decrease, reduce, diminish, depress	décroître, réduire, diminuer, baisser
abnorm, abnormal *adj*	abnormal, anomalous, irregular	anormal, anomal, irrégulier
Abnormität *f*	abnormity, anomaly, irregularity	anomalie *f*, irrégularité *f*
abnutzen *v*	wear, use	user
abnutzen, sich ~ *v*	wear off [away, down, out]	s'user
abplatten *v*	flatten, smooth	aplatir, aplanir, planer, niveller, égaliser
Abplattung *f*	flattening, smoothing	aplatissement *m*, égalisation *f*
abplatzen *v*	flake	s'écailler

Abplatzen *n* [Schicht]	peeling-off, peeling, lifting, flaking	exfoliation *f*, écaillage écaillement *m*
abprallen *v*	rebound	rebondir
abregen *v*	de-energize, de-excitate	désexciter
Abregung *f*	de-energizing, de-excitation	désexcitation *f*
abreiben *v*	abrade, rub, scrub	abraser, frotter, émoudre
Abreibungsprüfung *f*	abrasion test	essai *m* de frottement *m*
abreichern *v*	deplete, exhaust	appauvrir, épuiser
Abreicherung *f*	depletion	appauvrissement *m*
Abrieb m	abrasion, attrition	abrasion *f*
abriegeln *v*	block	bloquer
Abrollversuch *m*	button test	essai *m* par roulement *m*
abrunden [rund machen] *v*	round	arrondir
abrunden [Zahl] *v*	round off	arrondir en bas
abrupt *adj*	abrupt, sudden, acute	abrupt, aigu, brusque, à court terme *m*
Absatz *m* [Kante]	edge	bord *m*, arête *f*
Absatz *m* [Niederschlag]	deposit, deposition, sediment	dépôt *m*, sédiment *m*
Absatz *m* [Verkauf]	sale, market, marketing	débit *m*, vente *f*
abschalten *v*	disconnect, cut off, switch off, interrupt	interrompre, déconnecter, couper
Abschalten *n*	disconnection, stop, cutting off, switching off, interruption	déconnexion *f*, coupure *f*, interruption *f*, mise *f* hors circuit *m*, arrêt *m*
Abschaltung *f*	→ Abschalten *n*	
Abschattierung *f*	degradation, energy loss	dégradation *f*, perte *f* d'énergie *f*
abschätzen *v*	estimate, tax, evaluate	estimer, taxer, évaluer
abscheren *v*	shear, cut off	couper, cisailler
Abscheren *n*	shearing	cisaillement *m*
Abschirmelement *n*	shielding unit	élément *m* de protection *f*
abschirmen *v*	shield, screen, protect	blinder, protéger
Abschirmfaktor *m*	screening factor, shield factor	facteur *m* de blindage *m*
Abschirmung *f*	shield, shielding, screen, screening	blindage *m*, écran *m*, écrannage *m*
abschließen [beenden] *v*	finish, terminate, end	finir, terminer
abschließen [zuschließen] *v*	shut, close, seal	fermer, serrer
Abschluß *m* [Ende]	end, termination	fin *f*, terminaison *f*
Abschluß *m* [Verschluß]	cover, covering, closure, closing	clôture *f*, fermeture *f*
Abschluß *m*, luftdichter	air-tight closing	clôture *f* hermétique
Abschlußdeckel *m*	cover, covering, cover plate, cap, lid	recouvrement *m*, capot *m*, couvercle *m*, chapeau *m*
Abschlußkante *f*	border, rim	bordure *f*
Abschlußkappe *f*	cover plate, cover cap, cap end	capot *m*, couvercle *m*, chapeau *m*, bouchon *m*
Abschlußschweißung *f*	closure weld	soudure *f* fermante
abschneiden *v*	clip, cut off, shear	couper, cisailler, trancher

Abschnitt *m* [Abfall]	cuttings *pl*, clipping, slice	coupon *m*, morceau *m* détaché
Abschnitt *m* [Einteilung]	division, section, department	division *f*, section *f*, département *m*
Abschnitt *m* [Segment]	segment	segment *m*
Abschnitt *m* [Zeitabschnitt]	period	période *f*
abschrägen *v*	slope, bevel, chamfer	chanfreiner
Abschrägung *f*	bevelling, chamfer	chanfrein *m*
abschrecken [Metall] *v*	quench, chill	tremper, refroidir brusquement
Abschrecken *n*	quenching	trempe *f*
abschwächen *v*	weaken, reduce, diminish, attenuate, soften	affaiblir, réduire, atténuer, diminuer
Abschwächung *f*	attenuation, damping, reducing, fading	atténuation *f*, affaiblissement *m*, amortissement *m*, réduction *f*
Abschwächungsfaktor *m*	attenuation coefficient, attenuation factor, attenuation constant, degree of attenuation	facteur *m* d'atténuation *f*, coefficient *m* d'atténuation *f*, degré *m* d'atténuation *f*
Abschwächungsfunktion *f*	attenuation function	fonction *f* d'atténuation *f*
Abschwächungsglied *n*	attenuating element, reducing element	élément *m* d'affaiblissement *m*, élément *m* de réduction *f*
Abschwächungsgrad *m*	attenuation coefficient, degree of attenuation	degré *m* d'atténuation *f*, coefficient *m* d'atténuation *f*
Abschwächungskoeffizient *m*	attenuation coefficient	coefficient *m* d'atténuation *f*
Abschwächungskonstante *f*	attenuation constant	constante *f* d'atténuation *f*
absenken *v*	dip, sink	abaisser, plonger, tremper
absetzen [sich niederschlagen] *v*	deposit	sédimenter
absetzen [niedersetzen] *v*	put down, set down	déposer, placer
absinken [absetzen] *v*	deposit	sédimenter
absinken [tiefergehen] *v*	drop, sink, sag	s'abaisser, tember, descendre
absinken [verringern] *v*	decrease, reduce, diminish, depress	décroître, réduire, diminuer, baisser
Absinken *n*	decrease, reduction, diminishing, diminution, drop, fall, loss, decay, decrement	décroissance *f*, chute *f*, diminution *f*, décroissement *m*, baisse *f*, réduction *f*, décrément *m*
Absolutmessung *f*	absolute measurement	mesure *f* absolue
Absolutwert *m*	absolute value	valeur *f* absolue
Absorbens *n*	absorbent, absorbing agent	absorbant *m*
Absorber *m*	absorber	absorbeur *m*
Absorbierbarkeit *f*	absorbability, absorptive power, absorption capacity, absorptivity	absorbabilité *f*, pouvoir *m* d'absorption *f*, pouvoir *m* absorbant

absorbieren *v*	absorb, attenuate	absorber, atténuer
Absorption *f*	absorption	absorption *f*
Absorptionseffekt *m*	absorption effect	effet *m* d'absorption *f*
Absorptionsfähigkeit *f*	absorbability, absorptivity, absorption power	absorbabilité *f*, pouvoir *m* d'absorption *f*, pouvoir *m* absorbant
Absorptionsfläche *f*	absorption surface	surface *f* d'absorption *f*
Absorptionsgrad *m*	degree of absorption	degré *m* d'absorption *f*
Absorptionsindex *m*	absorption index	indice *m* d'absorption *f*
Absorptionskoeffizient *m*	absorption coefficient, absorptance	coefficient *m* d'absorption *f*
Absorptionskurve *f*	absorption curve	courbe *f* d'absorption *f*
Absorptionslinie *f*	absorption line	ligne *f* d'absorption *f*
Absorptionsmethode *f*	absorption method	méthode *f* d'absorption *f*
Absorptionsmittel *n*	absorbing agent, absorbent	absorbant *m*
Absorptionsquerschnitt *m*	absorption cross section	section *f* efficace d'absorption *f*
Absorptionsspektrum *n*	absorption spectrum	spectre *m* d'absorption *f*
Absorptionsverfahren *n*	absorption method	méthode *f* d'absorption *f*
Absorptionsverlust *m*	absorption loss	perte *f* par absorption *f*
Absorptionsvermögen *n*	absorbability, absorbing power, absorptive power, absorption capacity	absorbabilité *f*, pouvoir *m* absorbant, pouvoir *m* d'absorption *f*
Absorptionsversuch *m*	absorption test	essai *m* d'absorption *f*
Absorptionswirkung *f*	absorption effect	effet *m* d'absorption *f*
abspalten *v*	split [~ off]	fissurer, fendre
Abspalten *n*	splitting [~ off], chipping	fissuration *f*, détachement *m*, subdivision *f*, division *f*
absperren *v*	block, stop	bloquer, stopper, arrêter
abspielen *v*	play, play back	jouer
abspulen *v*	reel off, wind off, unspool	débobiner, dérouler
Abstand *m*	distance, spacing, clearance, interval	distance *f*, écart *m*, écartement *m*, intervalle *m*
Abstand *m*, regelmäßiger	regular interval	intervalle *m* régulier
Abstandseffekt *m*	lifting effect, lift-off effect	effet *m* d'enlevage *m*, effet *m* de compensation *f* de distance *f*
abstandsgleich *adj*	equidistant	équidistant
Abstandsmesser *m*	distance meter, telemeter	télémètre *m*
Abstimmautomatik *f*	automatic tuning means *pl*	dispositif *m* de réglage *m* automatique
Abstimmeinheit *f*	tuning unit, tuner	unité *f* d'accord *m*, tuner *m*
abstimmen *v*	tune, adjust, syntonize	accorder, régler, ajuster, syntoniser
Abstimmen *n*	tuning, accordance, syntonization	accord *m*, réglage *m*, syntonisation *f*
Abstimmung *f*	→ Abstimmen *n*	
Abstimmung *f*, scharfe	sharp tuning	syntonisation *f* aiguë

Abstimmung *f*, ungenaue	mistuning, imperfect tuning	accord *m* imparfait
Abstimmung *f*, unscharfe	flat tuning	syntonisation *f* lâche
abstoßen *v*	repel, repulse	repousser
Abstoßen *n*	repulsion	répulsion *f*
Abstoßung *f*	→ Abstoßen *n*	
abstrahlen *v*	radiate	rayonner
Abstrahlung *f*	radiation, emission	rayonnement *m*, émission *f*
Abstrahlungsenergie *f*	energy of emission	énergie *f* d'émission *f*
Abstrahlungswinkel *m*	angle of radiation, angle of emission, angle of departure	angle *m* de rayonnement *m*, angle *m* d'émission *f*, angle *m* de projection *f*
abstufen *v*	grade, graduate, step, divide	graduer, échelonner, diviser
Abstufung *f*	gradation	gradation *f*
abstützen *v*	stay, understay, timber	étançonner
Abszisse *f*	abscissa [-ae]	abscisse *f*
Abtastblende *f*	scanning diaphragm	diaphragme *m* d'exploration *f*
Abtastdauer *f*	scanning time	temps *m* d'exploration *f*
abtasten *v*	scan, explore, sense, read, sweep	explorer, balayer, palper, lire
Abtastgeschwindigkeit *f*	scanning speed, sweep velocity	vitesse *f* d'exploration *f*, vitesse *f* de balayage *m*
Abtast-Holographie *f*	scanning holography, scanned-aperture holography	holographie *f* exploratrice
Abtastkopf *m*	scanner	palpeur *m*, tête *f* chercheuse
Abtastmethode *f*	scanning method	méthode *f* d'exploration *f*
Abtastspule *f*	scanning coil, surface coil, sensing coil	bobine *f* de palpage *m*
Abtaststrahl *m*	scanning beam	faisceau *m* explorateur
Abtastsystem *n*	scanning system	système *m* d'exploration *f*
Abtastung *f*	scanning, scan, exploration	exploration *f*, balayage *m*, palpage *m*, sondage *m*
Abtastung *f*, automatische	automatic scanning	exploration *f* automatique
Abtastung *f*, manuelle	manual scanning	exploration *f* manuelle, palpage *m* manuelle
Abtastung *f*, mechanische	mechanical scanning	palpage *m* mécanique
Abtastung *f*, punktförmige	spot-type scanning	exploration *f* par points *m/pl*
Abtastung *f*, schraubenförmige	helicoidal scanning	palpage *m* hélicoïdal
Abtastverfahren *n*	scanning method	méthode *f* d'exploration *f*
Abtastvorrichtung *f*	scanning device, scanner	dispositif *m* d'exploration *f*, dispositif *m* de balayage *m*, dispositif *m* de palpage *m*, dispositif *m* de sondage *m*

Abtastzeit *f*	scanning time	temps *m* d'exploration *f*
abtrennen *v*	release, cut off, separate	couper, déconnecter, séparer
Abtrennung *f*	cut-off, separation	cut-off *m*, coupure *f*, séparation *f*
Abtrennungsarbeit *f*	expulsion energy	énergie *f* d'expulsion *f*
abtropfen *v*	to drop, to drip, to run	égoutter, écouler
Abtropfen *n*	dropping, dripping, running	égouttage *m*, écoulement *m*
Abtropffahne *f* [Löten]	run	drapeau *m* d'écoulement *m*
Abtropfnase *f* [Löten]	drip	bavure *f* d'égouttage *m*
Abtropfzeit *f*	drip time, drop time	temps *m* d'égouttement *m*
Abwärtsregelung *f*	downward gain control	régulation *f* décroissante
abwechseln *v*	alternate	alterner
abwechselnd *adj*	alternating, alternative	alternatif, alterne
Abwechseln *n*	alternation, alternating	alternation *f*
Abwechslung *f*	→ Abwechseln *n*	
abweichen *v*	deviate	dévier
Abweichung *f*	deviation, allowance, off-size	déviation *f*
abwickeln *v*	unwind, uncoil, wind off	débobiner, dévider, dérouler
Abwickeln *n*	unwinding, uncoiling, winding-off	débobinage *m*, déroulement *m*
Abwicklungsverfahren *n*	execution method	mode *m* d'exécution *f*, principe *m* d'exécution *f*
abzapfen *v*	tap	prendre, brancher
abzweigen *v*	branch, derive, divert, tap off, shunt, turn off, bifurcate	brancher, dériver, se bifurquer, shunter
Abzweigung *f*	branch, branching, branching-off, tapping, education, bifurcation, shunt, ramification	branchement *m*, dérivation *f*, bifurcation *f*, ramification *f*, éduction *f*
Achromasie *f*	achromaticity, achromatism	achromasie *f*, achromatisme *m*
achromatisch *adj*	achromatic	achromatique
achromatisieren *v*	achromatize	achromatiser
Achromatismus *m*	achromatism	achromatisme *m*
Achse *f* [Achswelle]	shaft, arbor, spindle, axle	arbre *m*, essieu *m*, pivot *m*, axe *m*
Achse *f* [Mittellinie]	axis, axes *pl*, center line	axe *m*
Achsenkreuz *n* [Mathematik]	coordinate system	système *m* de coordonnées *f/pl*
Achsennähe *f*; in ~	paraxial	paraxial
Achsenstrahl *m*	central ray	rayon *m* normal
Achslager *n*	axle bearing	palier *m* d'essieu *m*, coussinet *m*
achsnah *adj*	paraxial	paraxial
Achswelle *f*	axle shaft	essieu *m* d'axe *m*

Adaptation *f*	adaptation, matching, accommodation	adaptation *f*, accomodation *f*
Adapter *m*	adapter, matcher, matching unit	adaptateur *m*, pièce *f* d'adaptation *f*
adaptieren *v*	adapt	adapter
Adatom *n*	adatom	adatome *m*
addieren *v*	add	additionner
Addierer *m*	adder, adding machine	additeur *m*, addeur *m*
Adion *n*	adion	adion *m*
Addition *f*	addition	addition *f*
Addition *f*, algebraische	algebraic addition	addition *f* algébrique
Addition *f*, geometrische	geometric addition	addition *f* géométrique
Ader *f* [Kabel]	lead, conductor, wire, core	fil *m*, brin *m*, conducteur *m*, âme *f*
Adhäsion *f*	adhesion, adherence	adhésion *f*, adhérence *f*
Adhäsionskraft *f*	adhesive power, adhesive force	pouvoir *m* adhésif, force *f* adhésive
Admittanz *f*	admittance	admittance *f*
Adresse *f*	address	adresse *f*
Adsorbat *n*	adsorbate	substance *f* adsorbée
Adsorbens *n*	adsorbent	adsorbant *m*, substance *f* adsorbante
Adsorbierbarkeit *f*	adsorption power, adsorbability, adsorption capacity, adsorption affinity	adsorbabilité *f*, pouvoir *m* d'adsorption *f*
adsorbieren *v*	adsorb	adsorber
Adsorption *f*	adsorption	adsorption *f*
Adsorptionsfähigkeit *f*	adsorption affinity, adsorbability, adsorption power, adsorption capacity	adsorbabilité *f*, pouvoir *m* d'adsorption *f*
Adsorptionsmittel *n*	adsorbent	adsorbant *m*, substance *f* adsorbante
Adsorptionsvermögen *n*	adsorption power, adsorbability	pouvoir *m* d'adsorption *f*, adsorbabilité *f*
Aeronautik *f*	aeronautics *pl*	aéronautique *f*
Affinität *f*	affinity	affinité *f*
Agens *n*	agent, medium	agent *m*, moyen *m*
Agglomerat *n*	cluster	agglomération *f*
Aggregat *n*	aggregate, unit, set, block	agrégat *m*, groupe *m*, bloc *m*
Aggregatzustand *m*	state of aggregation	état *m* d'agrégation *f*
Akkommodation *f*	accommodation	accommodation *f*
akkommodieren *v*	accommodate	accommoder
Akku *m*	accu, accumulator, storage battery	accu *m*, accumulateur *m*
Akkumulation *f*	accumulation	accumulation *f*
Akkumulator *m*	accumulator, accu	accumulateur *m*, accu *m*
akkumulieren *v*	accumulate	accumuler

Aktinität *f*	actinism	actinisme *m*
Aktivator *m*	activator, activating agent	activateur *m*, agent *m* d'activation *f*
aktivieren *v*	activate, radioactivate, excite, stimulate	activer, radioactiver, stimuler, exciter
Aktivierung *f*	activation, radioactivation, firing	activation *f*, radioactivation *f*, amorçage *m*
Aktivierungsanalyse *f*	activation analysis	analyse *f* par activation *f*
Aktivierungsenergie *f*	activation energy	énergie *f* d'activation *f*
Aktivierungskontrolle *f* [Radiologie]	activation check	contrôle *m* de l'activation *f*
Aktivierungsmittel *n*	→ Aktivator *m*	
Aktivierungssonde *f*	activation probe	sonde *f* d'activation *f*
Aktivität *f*	activity	activité *f*
Aktivität *f*, spezifische	specific activity	activité *f* spécifique
Aktivitätsmessung *f*	activity measurement	mesure *f* d'activité *f*
Aktivitätspegel *m*	activity level	niveau *m* d'activité *f*
Akustik *f*	acoustics *pl*	acoustique *f*
akustisch *adj*	acoustic[al], sound ...	acoustique, sonore
akut *adj*	acute, abrupt, sudden	abrupt, aigu, à court terme *m*, brusque
Akzelerator *m*	accelerator	accélérateur *m*
Akzeptor *m*	acceptor	accepteur *m*
akzentuieren *v*	accentuate	accentuer
Alarm *m*	alarm	alarme *f*
Alarmsignal *n*	alarm signal	signal *m* d'alarme *f*
Aldehydharz *n*	aldehyde resin	résine *f* aldéhydrique
Algebra *f*	algebra	algèbre *f*
algebraisch *adi*	algebraic	algébrique
Alitierschicht *f*	aluminide coating	couche *f* de calorisation *f*
Alkalimetall *n*	alkaline metal	métal *m* alcalin
Alkohol *m*	alcohol	alcool *m*
Alkoholgehalt *m*	percentage of alcohol	pourcentage *m* d'alcool *m*
alkoholisch *adj*	alcoholic[al]	alcoolique
alkohollöslich *adj*	alcohol soluble	soluble dans l'alcool *m*
Allstromgerät *n*	ac-dc unit, ac-dc set, all mains device	appareil *m* tous-courants, poste *m* tous-courants
Allwellenantenne *f*	allwave antenna	antenne *f* toutes-ondes
alpha-aktiv *adj*	alpha active	actif alpha
Alpha-Aktivität *f*	alpha activity, alpha radioactivity	activité *f* alpha, radioactivité *f* alpha
Alpha-Eisen *n*	alpha iron, ferrite	fer *m* alpha, ferrite *m*
Alpha-Kammer *f*	alpha chamber, alpha counter, alpha counter tube	chambre *f* alpha, tube *m* compteur alpha
alpha-radioaktiv *adj*	alpha radioactive	radioactif alpha
Alpha-Spektrometer *n*	alpha-ray spectrometer	spectromètre *m* alpha
Alpha-Strahlen *m/pl*	alpha rays *pl*	rayons *m/pl* alpha

Alpha-Strahler *m*	alpha radiator, alpha emitter, alpha-ray emitter	émetteur *m* alpha
Alpha-Strahlung *f*	alpha radiation	radiation *f* alpha, rayonnement *m* alpha
Alpha-Teilchen *n*	alpha particle	particule *f* alpha, alpha *f*
Alpha-Zähler *m*	alpha counter, alphameter	compteur *m* alpha
Alpha-Zählrohr *n*	alpha chamber, alpha counter tube	chambre *f* alpha, tube *m* compteur alpha
Alpha-Zerfall *m*	alpha decay, alpha disintegration	désintégration *f* alpha
Alteisen *n*	scrap iron	débris *m/pl* de fer *m*, ferraille *f*
Alter *n*	age	âge *m*
altern *v*	age	vieillir
Altern *n*	ageing, aging	vieillissement *m*, maturation *f*
Altern *n*, künstliches	artificial aging	vieillissement *m* artificiel
alternativ *adj*	alternative	alternatif
Altersbestimmung *f*	age determination, age measurement	détermination *f* de l'âge *m*
Altersbestimmung *f*, isotopische	isotopic dating	datation *f* par isotopes *m/pl*
Altersprüfung *f*	ageing test	essai *m* de vieillissement *m*
Alterung *f*	ageing, aging, seasoning	vieillissement *m*
Alterungsriß *m*	ageing induced crack	fissure *f* par suite *f* de vieillissement *m*
Aluminium *n* [Al]	aluminum [USA], aluminum	aluminium *m*
Aluminiumband *n*	aluminum strip	ruban *m* d'aluminium *m*
Aluminiumblech *n*	aluminum sheet, aluminum plate	tôle *f* d'aluminium *n*
Aluminiumfolie *f*	aluminum foil	feuille *f* d'aluminium *m*
Aluminiumlegierung *f*	aluminum alloy	alliage *m* d'aluminium *m*
Aluminium-Schweißverbindung *f*	aluminum weld	soudure *f* d'aluminium *m*
Americium *n* [Am]	americium	américium *m*
amorph *adj*	amorphous	amorphe
Amperemeter *n*	ammeter, amperemeter	ampèremètre *m*
Amperewindung *f*	ampere turn	ampère-tour *m*
Amplitude *f*	amplitude	amplitude *f*
Amplitudenabweichung *f*	amplitude swing	déviation *f* des amplitudes *f/pl*
Amplitudenerniedrigung *f*	amplitude diminution, decrease of amplitude, amplitude drop	diminution *f* de l'amplitude *f*, réduction *f* de l'amplitude *f*, chute *f* d'amplitude *f*

Amplituden-Frequenzgang *m*	amplitude-frequency characteristic, frequency response, amplitude response	caractéristique *f* amplitude-fréquence, courbe *f* de réponse *f* en fonction *f* de la fréquence, réponse *f* en amplitude *f*
Amplitudenfunktion *f*	amplitude function	fonction *f* d'amplitude *f*
Amplitudengang *m*	amplitude response, amplitude-frequency response	réponse *f* en amplitude *f*, courbe *f* de réponse *f* en fonction *f* de la fréquence
Amplitudenkorrektur *f*	amplitude correction	correction *f* d'amplitude *f*
Amplitudenspektrum *n*	amplitude spectrum	spectre *m* d'amplitudes *f/pl*
Amplitudenüberhöhung *f*	amplitude overshooting	surhaussement *m* de l'amplitude *f*
Amplitudenüberlagerung *f*	superposition of amplitudes *pl*	superposition *f* des amplitudes *f/pl*
Amplitudenverringerung *f*	amplitude diminution, amplitude drop, decrease of amplitude	diminution *f* de l'amplitude *f*, chute *f* d'amplitude *f*, réduction *f* de l'amplitude *f*
Amplitudenverteilung *f*	amplitude distribution	distribution *f* des amplitudes *f/pl*
analog	analog, analogue	analogique, analogue
Analog-Digital-Umsetzer *m*	analog-digital converter, analogue-to-digital converter	convertisseur *m* analogique-numérique
Analog-Digital-Wandler *m*	→ Analog-Digital-Umsetzer *m*	
Analogrechner *m*	analog computer	calculateur *m* analogique
Analysator *m*	analyzer, analyser	analyseur *m*
Analyse *f*	analysis	analyse *f*
analysieren *v*	analize	analyser
Analysiergerät *n*	analizer, analiser	analyseur *m*, dispositif *m* d'analyse *f*
analytisch *adj*	analytic[al]	analytique
anbringen *v*	attach, fix, mount [~ on], place, install	attacher, placer, poser, installer
andauernd *adj*	continuous, constant	continu, constant
ändern *v*	vary, change, modify, alter, correct	varier, changer, modifier, corriger
Änderung *f*	variation, change, modification, alteration	variation *f*, changement *m*, modification *f*, altération *f*, déviation *f*
Änderung *f*, sprunghafte	discontinuity	discontinuité *f*
andrücken *v*	press [~ against], press close [~ to]	presser [~ contre], serrer
anfahren [starten] *v*	start	démarrer, partir
Anfälligkeit *f* [für]	susceptibility [to], risk	susceptibilité *f* [à], risque *m*

Anfang *m*	beginning, start, commencement, opening	début *m*, commencement *m*, départ *m*, start *m*, origine *f*, naissance *f*, ouverture *f*
anfänglich *adj*	initial	initial
Anfangs...	initial, original, primary, starting ...	initial, originaire, original, originel, primaire
Anfangsaktivität *f*	initial activity	activité *f* initiale
Anfangsamplitude *f*	initial amplitude	amplitude *f* initiale
Anfangsanreicherung *f*	initial enrichment, initial concentration	enrichissement *m* initial, concentration *f* initiale
Anfangsbedingung *f*	initial condition	condition *f* initiale
Anfangsbelastung *f*	initial charge	charge *f* initiale
Anfangsdruck *m*	initial pressure	pression *f* initiale
Anfangsgeschwindigkeit *f*	initial speed	vitesse *f* initiale
Anfangskonzentration *f*	initial concentration, initial enrichment	concentration *f* initiale, enrichissement *m* initial
Anfangskriechen *n*	initial creeping, inprimary creep	fluage *m* primaire
Anfangspermeabilität *f*	initial permeability	perméabilité *f* initiale
Anfangsphase *f*	initial phase, starting phase	phase *f* initiale
Anfangsquerschnitt *m*	original cross-section area	aire *f* de la section initiale
Anfangsspannung *f* [elektrisch]	initial voltage	tension *f* initiale
Anfangsspannung *f* [mechanisch]	initial tension	tension *f* initiale
Anfangsstellung *f*	initial position, starting position	position *f* initiale, position *f* de départ *m*
Anfangsstrahlung *f*	initial radiation	rayonnement *m* initial
Anfangsstrom *m*	initial current	courant *m* initial
Anfangstemperatur *f*	starting temperature	température *f* initiale
Anfangswert *m*	initial value	valeur *f* initiale
Anfangszustand *m*	initial state	état *m* initial
anfertigen *v*	manufacture, make	fabriquer, produire, faire
Anfertigung *f*	production, manufacture, making	fabrication *f*, production *f*
anfeuchten *v*	moisten, wet, humidify, damp	mouiller, humidifier, tremper
Anfeuchten *n*	humidification, moistening, wetting	mouillage *m*, humectation *f*, humectage *m*, trempe *f*, trempage *m*
anfordern *v*	require, request	demander
Anforderung *f*	requirement, request	demande *f*, exigence *f*
anfressen [chemisch] *v*	corrode, etch	corroder, attaquer
Anfressung *f*	local corrosion, pickling void	corrosion *f* locale
Angaben *f/pl*	data *pl*, details *pl*, indications *pl*, values *pl*	données *f/pl*, dates *f/pl*, valeurs *f/pl*, indications *f/pl*

angetrieben, mechanisch~ *adj*	mechanically operated, mechanically driven	entraîné mécaniquement
angleichen *v*	match, adapt, adjust, equate, assimilate, accommodate	adapter, égaliser, accommoder, accorder, assimiler, rajuster
Angleichen *n*	matching, adaptation, assimilation, accommodation	adaptation *f*, accommodation *f*, assimilation *f*, rajustement *m*
angreifen [anfressen] *v*	corrode, etch	corroder, attaquer
angrenzend *adj*	adjacent, neighbouring	voisin
Angriffspunkt *m*	working point, point of application, point of attack, point of impact, contact point	point *m* d'application *f*, point *m* d'attaque *f*
Anhaften *n*	adhesion, adherence	adhésion *f*, adhérence *f*
anhalten [stoppen] *v*	stop	arrêter, s'arrêter, mettre au repos
Anhalten *n*	stop	arrêt *m*
anhaltend *adj*	continuous, sustained, permanent, constant, persevering	continu, permanent, constant, assidu
Anhang *m*	appendix, supplement, annex	appendice *m*, supplément *m*, annexe *f*
anhäufen *v*	accumulate, pile	accumuler, amasser
Anhäufung *f* [allgemein]	accumulation, concentration, pile	accumulation *f*, concentration *f*, encombrement *m*, tas *m*
Anhäufung *f* [Materialfehler]	cluster	agglomération *f*
anheben [hochheben] *v*	lift, raise	enlever, lever, hausser
Anheben *n* [Signal]	peaking, accentuation, emphasizing	accentuation *f*
Anheizzeit *f*	heating time, heating-up period	temps *m* de chauffage *m*
Anhydrit *n*	anhydrite	anhydrite *m*
Anion *n*	anion	anion *m*
anisotrop *adj*	anisotropic	anisotropique
Anisotropie *f*	anisotropy	anisotropie *f*
Anker *m* [Maueranker]	stay, brace, anchor, tie, grappling iron	grappin *m*, tirant *m*, ancre *f*
Anker *m* [Relais]	tongue, armature	palette *f*, armature *f*
Anker *m* [Rotor]	rotor, armature	rotor *m*, induit *m*, armature *f*
Anker *m* [Schiff]	anchor	ancre *f*
Anker *m* [Verspannung]	gay, stay, truss wire, anchor	hauban *m*
ankleben *v*	stick, paste, glue, gum [~ to, ~ on]	coller, se coller, adhérer[à], cimenter, afficher, attacher[à]
Ankleben *n*	adhesion, adherence	adhésion *f*, adhérence *f*

ankoppeln *v*	couple [~ to]	accoupler, coupler, attacher
Ankopplung *f*	coupling	couplage *n*,
Ankopplung *f*, trockene	dry coupling	couplage *m* sec
Ankopplungskontrolle *f*	coupling check	contrôle *m* de couplage *m*
Ankopplungsmittel *n*	coupling medium	moyen *m* de couplage *m*
ankuppeln *v*	couple [~ to]	accoupler, coupler, attacher
Ankuppeln *n*	coupling	accouplement *m*
Anlage *f* [Beilage]	annex, appendix, enclosure	annexe *f*, appendice *m*
Anlage *f* [Einrichtung]	installation, device, equipment, facility, plant, establishment	installation *f*, équipement *m*, établissement *m*, poste *m*, usine *f*, appareil *m*
Anlage *f* [Entwurf]	layout, system, plan, arrangement	exposé *m*, disposition *f*, tracé *m*, arrangement *m*
Anlage *f*, automatische	automatic system	système *m* automatique
Anlage *f*, kerntechnische	nuclear plant, nuclear facility	installation *f* nucléaire, équipement *m* nucléaire
anlagern *v*	capture, adsorb	capturer, adsorber
Anlagerung *f*	capture, adsorption	capture *f*, adsorption *f*
anlassen [Maschine] *v*	start, set going, crank	démarrer, mettre en marche *f*
anlassen [Stahl] *v*	anneal, temper	recuire, adoucir, faire revenir
Anlassen *n* [Maschine]	starting, start	démarrage *m*
Anlassen *n* [Stahl]	tempering	revenu *m*, adoucissement *m*
Anlaßdauer *f* [Stahl]	tempering time	durée *f* de revenu *m*
Anlaßfarbe *f*	temper colour, annealing colour	couleur *f* de revenu *m*, teinte *f* d'échauffement *m*
anlaufen [Maschine] *v*	start, set in motion	démarrer, se mettre en marche *f*
anlaufen [Metall] *v*	oxidize, tarnish	oxyder, se ternir, chancir, roussir
Anlaufen *n* [Maschine]	starting, start, setting in motion	démarrage *m*
Anlaufen *n* [Metall]	oxidation	oxydation *f*, ternissure *f*
Anlauffarbe *f*	annealing colour, temper colour	couleur *f* de revenu *m*, teinte *f* d'échauffement *m*
anlegen [errichten] *v*	install, plant, found	établir, fonder, élever, construire, ériger, planter
anlegen [Schiff] *v*	land	aborder, accoster, toucher, faire escale *f*, escaler
anlegen [Spannung] *v*	apply [~ to]	appliquer[à], injecter[à]
anlegen [stützen] *v*	put [~ against, ~ to], lay [~ against, ~ to]	mettre [contre], placer [contre]
anleiten *v*	instruct	instruire

Anleitung *f*	instruction, direction	instruction *f*, directive *f*
anliegend *adj*	adjacent, neighbouring	adjacent, voisin
anlöten *v*	solder [~ to]	souder[sur], braser[sur]
Anmerkung *f*	note, remark	note *f*, remarque *f*
annähernd *adj*	approximate, approximative	approché, approximatif
Annäherung *f*	approximation, proximity	approximation *f*, proximité *f*
Annäherung *f*, grobe	rough approximation	approximation *f* grossière
Annäherungsverfahren *n*	approximation method	méthode *f* d'approximation *f*
Annahme *f* [Empfang]	acceptance, reception, receipt	réception *f*, acceptation *f*
Annahme *f* [Vermutung]	supposition, assumption, hypothesis	supposition *f*, hypothèse *f*
annullieren *v*	annul, nullify, cancel	annuler, rendre nul
Anode *f*	anode, plate [USA]	anode *f*, plaque *f*
anodisch *adj*	anodic	anodique
anomal *adj*	anomalous, abnormal, irregular	anomal, anormal, irrégulier
Anomalie *f*	anomaly, abnormity, irregularity	anomalie *f*, irrégularité *f*
anordnen [aufbauen] *v*	arrange, array, place, assemble, mount, provide	arranger, grouper, placer, disposer, installer
Anordnung *f* [Anweisung]	order, directive	ordre *m*, consigne *f*, disposition *f*, directive *f*
Anordnung *f* [Aufstellung]	arrangement, array, assembley, assemblage, alignment, mounting, layout, device	arrangement *m*, disposition *f*, groupement *m*, montage *m*, installation *f*
Anordnung *f* [Struktur]	structure, configuration, scheme, pattern	structure *f*, configuration *f*, schéma *m*
anorganisch *adj*	anorganic, inorganic	anorganique, inorganique
anormal	anomalous, abnormal, irregular	anormal, anomal, irrégulier
anpassen *v*	match, adapt, accommodate, fit, adjust, equate, assimilate	adapter, accommoder, égaliser, accorder, assimiler, rajuster
Anpassung *f*	matching, adaptation, assimilation, accommodation	adaptation *f*, accommodation *f*, assimilation *f*
Anpassung *f*, falsche	mismatching	fausse adaptation *f*
anpassungsfähig *adj*	adaptable, compatible	adaptable, compatible
Anpassungsfähigkeit *f*	adaptability	adaptabilité *f*
Anpassungsglied *n*	adapter, matcher, matching unit	adaptateur *m*, pièce *f* d'adaptation *f*
Anpassungsvermögen *n*	→ Anpassungsfähigkeit *f*	

Anpaßstück *n*	matching unit, matcher, adapter	pièce *f* d'adaptation *f*, adaptateur *m*
anpressen *v*	press [~ on]	presser [sur]
anrauhen *v*	roughen	rendre rugueux, gratter, granuler, égratigner
anregen *v*	excite, stimulate, incite, activate, radioactivate	exciter, inciter, activer, radioactiver, stimuler
Anregung *f*	excitation, stimulation, activation, impulse	excitation *f*, stimulation *f*, impulsion *f*
Anregungsenergie *f*	excitation energy, stimulation energy	énergie *f* d'excitation *f*, énergie *f* stimulante
Anregungswahrscheinlichkeit *f*	probability of excitation	probabilité *f* d'excitation *f*
anreichern *v*	enrich, pile, accumulate	enrichir, accumuler, amasser
Anreicherung *f*	enrichment, accumulation, concentration, pile	enrichissement *m*, accumulation *f*, concentration *f*, encombrement *m*, tas *m*
Anriß *m*	incipient crack, crack	amorce *f* de crique *f*, fissure *f*
Ansatz *m* [Haken]	lug, ear	oreille *f*, anse *f*, bout *m*, porte-agrafe *m*, épaulement *m*, saillie *f*
Ansatz *m* [Mathematik]	set-up, statement, formulation, arrangement of an equation	disposition *f*, énoncé *m*
Ansatz *m* [Niederschlag]	deposit	dépôt *m*
Ansatz *m* [Verbindungsstück]	joining piece	pièce *f* de jonction *f*, rallonge *f*, appendice *m*, raccord *m*
Ansatzpunkt *m*	spot	point *m* de départ *m*, ouverture *f*
ansaugen *v*	suck	sucer, aspirer
anschalten *v*	connect	connecter
Anschlag *m*	stop, stopper, catch, shoulder, buffer, pin, dog, latch, detent	arrêt *m*, butée *f*, ergot *m*, taquet *m*, retient *m*
anschließen *v*	connect, join, contact, plug in, annex, link up [~ with]	raccorder, connecter, assembler, joindre, contacter, lier, brancher, attacher, accoupler, réunir, ajouter
anschließend *adj*	subsequent	subséquent
Anschluß *m*	connection, interconnection, joining, contact, joint	connexion *f*, raccord *m*, raccordement *m*, jonction *f*, branchement *m*, liaison *f*, union *f*, prise *f*, contact *m*
anschrauben *v*	bolt, screw [~ on]	visser, serrer, boulonner, goujonner, cheviller

anschwellen *v*	grow, rush, rise	se gonfler, croître, grossir
Anschwellen *n*	growing, hump	croissance *f*, gonflement *m*, grossissement *m*
Ansicht *f*	view	vue *f*
Anspannung *f*	strain	effort *m*, charge *f*
Ansprechempfindlichkeit *f*	response sensitivity	sensibilité *f* de réponse *f*
ansprechen *v*	respond, react, operate, actuate	répondre[à], réagir, opérer, actionner, fonctionner
Ansprechgeschwindigkeit *f*	speed of response	vitesse *f* de réponse *f*
Ansprechgrenze *f*	sensitivity level, detection level, detection limit	limite *f* de détection *f*
Ansprechschwelle *f*	response threshold	seuil *m* de réponse *f*
ansteigen *v*	rise, mount, ascend, increase	monter, s'élever, augmenter, croître
Ansteigen *n*	rise, increase, increasing, ascending	montée *f*, élévation *f*, augmentation *f*, accroissement *m*
ansteuern *v*	trigger, drive, release, select	commander, déclencher, attaquer, sélectionner
Ansteuerung *f*	drive, selection	commande *f*, sélection *f*, attaque *f*
Anstieg *m*	rise, increase, increasing, ascending	montée *f*, élévation *f*, augmentation *f*, accroissement *m*, croissance *f*
Anstiegszeit *f*	rise time, transition time, building-up time	temps *m* de montée *f*, temps *m* d'établissement *m*, temps *m* de croissance *f*
Anstoß *m* [Anregung]	stimulation, excitation, activation, impulse	stimulation *f*, excitation *f*, impulsion *f*
Anstoß *m* [Zusammenstoß]	impact, collision, shock	impact *m*, collision *f*, choc *m*
anstoßen *v*	push, shock, knock	pousser, choquer, heurter
anstoßend [angrenzend] *v*	adjacent, neighbouring	adjacent, voisin
anstrengen *v*	exert, fatigue, strain	fatiguer, outrer, s'efforcer
Anstrengung *f*	effort, strain, exertion	effort *m*, fatigue *f*, contention *f*, charge *f*, refoulement *m*
Anstrich *m*	paint, coating, coat	peinture *f*, couche *f* de peinture *f*
Anteil *m* [Bestandteil]	component, constituent, part, element	composant *m*, constituant *m*, partie *f*, partie *f* constituante, ingrédient *m*, élément *m*
Anteil *m* [Portion]	portion, proportion, quota, fraction	part *f*, portion *f*, contingent *m*, quote-part *f*, fraction *f*
Anteil *m*, imaginärer	imaginary component	partie *f* imaginaire
Anteil *m*, reeller	real component	partie *f* réelle
anteilmäßig *adj*	proportional	proportionnel

Antenne *f*	antenna [USA], aerial [GB]	antenne *f*, aérien *m*
Antenne *f*, abgestimmte	tuned antenna	antenne *f* accordée
Antenne *f*, gerichtete	directional antenna, directive antenna	antenne *f* directionnelle, antenne *f* directrice
Antenne *f*, rundstrahlende	omni-directional antenna	antenne *f* omnidirectionnelle
Antenne *f*, unabgestimmte	untuned antenna	antenne *f* non-accordée
Antennenankopplung *f*	antenna coupling	couplage *m* d'antenne *f*
Antennenanordnung *f*	antenna array, antenna arrangement	arrangement *m* d'antenne *f*, disposition *f* de l'antenne *f*
Antennenanschluß *m*	antenna connection, antenna terminal	prise *f* d'antenne *f*, raccordement *m* d'antenne *f*, borne *f* d'antenne *f*
Antenneneffekt *m*	antenna effect	effet *m* d'antenne *f*
Antennenkopplung *f*	antenna coupling	couplage *m* d'antenne *f*
Antennenstrahlung *f*	antenna radiation	rayonnement *m* de l'antenne *f*
Antennensystem *n*	antenna system	système *m* d'antenne *f*
Antennenzuführung *f*	antenna lead, antenna downlead	descente *f* d'antenne *f*
Antennenzuleitung *f*	→ Antennenzuführung *f*	
Antikatode *f*	anticathode, target	anticathode *f*
Antikoinzidenz *f*	anticoincidence	anticoïncidence *f*
antimagnetisch *adj*	non-magnetic	antimagnétique, non-magnétique
Antiteilchen *n*	antiparticle	antiparticule *f*
antreiben *v*	drive, put in motion, run, work	entraîner, mettre en marche *f*, actionner
antreibend *adj*	motive	moteur, motrice *f*
Antrieb *m*	drive, propulsion, impulsion	entraînement *m*, propulsion *f*, commande *f*, impulsion *f*, actionnement *m*
Antrieb *m*, elektrischer	electric drive	entraînement *m* électrique
Antrieb *m*, turboelektrischer	turbo-electric drive	propulsion *f* turboélectrique
Antriebsvorrichtung *f*	driving gear, driving machinery	dispositif *m* d'entraînement *m*, arbre *m* moteur
anwachsen [ansteigen] *v*	rise, increase, ascend	croître, monter, augmenter, s'élever
Anwachsen *n*	increase, increasing, rise, ascending	accroissement *m*, croissance *f*, augmentation *f*, élévation *f*, montée *f*
anweisen *v*	instruct	instruire
Anweisung *f*	order, directive, instruction	ordre *m*, consigne *f*, directive *f*, disposition *f*, instruction *f*
anwendbar *adj*	applicable, usual, adaptable	applicable, utilisable, adaptable

Anwendbarkeit *f*	applicability [~ to]	applicabilité *f* [à]
anwenden *v*	apply, use, employ	appliquer, utiliser, employer
Anwender *m*	user	utilisateur *m*
Anwendung *f*	use, application, utilization	emploi *m*, application *f*, utilisation *f*, usage *m*, mise *f* en œuvre *f*
Anwendung *f*, praktische	practical application	application *f* pratique
Anwendungsbeispiel *n*	applied example	exemple *m* d'application *f*
Anwendungsbereich *m*	field of application, range of application, scope	champ *m* d'application *f*, champ *m* d'utilisation *f*
Anwendungsgebiet *n*	→ Anwendungsbereich *m*	
Anzeige *f*	indication, reading	indication *f*, lecture *f*
Anzeige *f*, digitale	digital indication	indication *f* numérique
Anzeige *f*, direkte	direct reading	lecture *f* directe
Anzeige *f*, unzureichende	poor indication	indication *f* médiocre
Anzeigebereich *m*	indicating range	gamme *f* d'indication *f*
Anzeigeeinrichtung *f*	indication equipment, indicating device, indicator	équipement *m* indicateur, indicateur *m*
Anzeigeempfindlichkeit *f*	sensitivity to indication	sensibilité *f* à l'indication *f*, capacité *f* d'indication *f*
Anzeigefähigkeit *f*	→ Anzeigeempfindlichkeit *f*	
Anzeigefehler *m*	indication error	erreur *f* d'indication *f*
Anzeigeinstrument *n*	indicating instrument	instrument *m* indicateur
anzeigen *v*	indicate, show, visualize	indiquer, montrer, visualiser
anzeigend; direkt ~ *adj*	direct-reading ...	à lecture *f* directe
Anzeigendeutung *f*	interpretation	interprétation *f*
Anzeigevorrichtung *f*	indication equipment, indicating device, indicator	équipement *m* indicateur, indicateur *m*
anziehen [Magnet] *v*	attract	attirer
anziehen [Schraube] *v*	tighten, screw in	serrer, tendre
Anziehung *f*	attraction	attraction *f*
Anziehungskraft *f*	attraction power, attractive force, attraction	force *f* d'attraction *f*, force *f* attractive
anzünden *v*	light, ignite, fire	allumer, enflammer, amorcer
aperiodisch *adj*	aperiodic, highly damped, non-oscillatory	apériodique, non-oscillant
Aperiodizität *f*	aperiodicity	apériodicité *f*
Apertur *f*	aperture	ouverture *f*
Aperturblende *f*	aperture diaphragm	diaphragme *m* d'ouverture *f*
Aperturkorrektur *f*	aperture correction	correction *f* d'ouverture *f*

Aperturverzerrung *f*	aperture distortion	distorsion *f* d'ouverture *f*
Apparat *m*	apparatus, device, set, unit, arrangement, instrument, facility	appareil *m*, dispositif *m*, instrument *m*, poste *m*
Apparatur *f*	apparatus, arrangement, facility	appareillage *m*, arrangement *m*
Approximation *f*	approximation	approximation *f*
Äquipotentialfläche *f*	equipotential surface	surface *f* équipotentielle
Äquipotentiallinie *f*	equipotential line	ligne *f* équipotentielle
äquivalent *adj*	equivalent	équivalent
Äquivalent *n*	equivalent	équivalent *m*
Äquivalentdosis *f*	equivalent dose	dose *f* équivalente
Äquivalenz *f*	equivalence	équivalence *f*
Arbeit *f* [allgemein]	work, operation, labour, labor [USA]	travail *m*, opération *f*
Arbeit *f* [Aufgabe]	task	tâche *f*
Arbeit *f* [Beschäftigung]	job, employment, occupation, business	besogne *f*, occupation *f*, emploi *m*
Arbeit *f* [Machart]	fabrication, make, mark, workmanship	fabrication *f*, façon *f*, facture *f*, marque *f*
Arbeit *f* [Werk]	work, product	ouvrage *m*, œuvre *m*, produit *m*
Arbeit *f*, indizierte	indicated work	travail *m* indiqué
Arbeit *f*, nützliche	useful work, effective work	travail *m* utile, travail *m* effectif
Arbeitsablauf *m*	sequence of operations *pl*	suite *f* des opérations *f/pl*, phase *f* de travail *m*
Arbeitsbedingung *f*	working condition, operating condition	condition *f* de fonctionnement *m*, condition *f* de travail *m*, condition *f* d'opération *f*, condition *f* de service *m*
Arbeitsbereich *m*	working range, working scope, operation region, field of action, field of activity	champ *m* d'action *f*, champ *m* d'activité *f*
Arbeitscharakteristik *f*	dynamic characteristic, operating curve	caractéristique *f* dynamique
Arbeitseinsparung *f*	work saving, saving in work	épargne *f* en travail *m*
Arbeitsersparnis *f*	→ Arbeitseinsparung *f*	
Arbeitsfeld *n*	field of activity, working range, operation region	champ *m* d'activité *f*, champ *m* d'action *f*
Arbeitsfolge *f*	sequence of operations *pl*	suite *f* des opérations *f/pl*, phase *f* de travail *m*
Arbeitsfrequenz *f*	working frequency	fréquence *f* de travail *m*, fréquence *f* de service *m*
Arbeitsgang *m*	working phase	phase *f* de travail *m*, phase *f* d'opération *f*

Arbeitsgebiet *n*	working range, working scope, field of action, operation region	champ *m* d'activité *f*, champ *m* d'action *f*
Arbeitsgeschwindigkeit *f*	working speed	vitesse *f* de travail *m*, vitesse *f* de marche *f*
Arbeitskennlinie *f*	dynamic characteristic, operating curve	caractéristique *f* dynamique
Arbeitsperiode *f*	working period, working phase, working cycle, operation cycle, action phase	période *f* de travail *m*, phase *f* d'opération *f*, cycle *m* d'opération *f*
Arbeitsphase *f*	→ Arbeitsperiode *f*	
Arbeitsprinzip *n*	operating principle	principe *m* d'opération *f*
Arbeitsprozeß *m*	working process	procédé *m* de travail *m*, opération *f*
Arbeitsschutz *m*	accident prevention	protection *f* du travail, prévoyance *f* contre les accidents *m/pl*
Arbeitstechnik *f*	working practice, workshop practice	mode *m* de travail *m*
Arbeitstemperatur *f*	operating temperature	température *f* d'opération *f*
Arbeitsverfahren *n*	operating method, working process	procédé *m* de travail *m*, méthode *f* d'opération *f*
Arbeitsvorgang *m*	→ Arbeitsverfahren *n*	
Arbeitsweise *f*	working principle, mode of working	méthode *f* de fonctionnement *m*, manière *f* d'opérer, mode *m* opératoire
Arbeitszeitersparnis *f*	saving in working time	épargne *f* en temps *m* de travail *m*
Arcatomschweißen *n*	arcatom welding, atomic hydrogen welding	soudage *m* arcatom, soudage *m* à l'hydrogène *m* atomique
Argon *n* [Ar]	argon	argon *m*
Argument *n*	argument	argument *m*
arithmetisch *adj*	arithmetic[al]	arithmétique
Armatur *f*	armature, fittings *pl*	armature *f*, accessoires *m/pl*, garniture *f*
Armaturenbrett *n*	dash-board, instrument panel, instrument board	panneau *m* d'instruments *m/pl*, tableau *m* d'instruments *m/pl*, tableau *m* de bord *m*
armieren *v*	armour, protect	armer, blinder, protéger
Armierung *f*	armouring, armour, protection, sheathing	blindage *m*, armure *f*, protection *f*
arretieren *v*	arrest, stop, clamp	arrêter, bloquer
Arretierung *f*	stop, catch, lock, arresting device	dispositif *m* de blocage *m*
Asbest *m*	asbestos	asbeste *m*, amiante *m*

asbestumhüllt *adj*	asbestos covered	recouvert d'asbeste *m*, guipé d'amiante *m*
Asphalt *m*	asphalt, bitumen	asphalte *m*, bitume *m*
Asphaltdecke *f*	asphalt cover	revêtement *m* en asphalte *m*
asphaltieren *v*	asphalt	asphalter, bitumer
Assoziation *f*	association	association *f*
assoziativ *adj*	associative	associatif
astabil *adj*	astable	instable
astatisch *adj*	astatic	astatique
Astigmatismus *m*	astigmatism	astigmatisme *m*
Asymmetrie *f*	asymmetry	asymétrie *f*, dissymétrie *f*
asymmetrisch *adj*	asymmetric[al]	asymétrique, dissymétrique
Asymptote *f*	asymptote	asymptote *f*
asymptotisch *adj*	asymptotic[al]	asymptotique
asynchron *adj*	asynchronous, non-synchronous	asynchrone, non-synchrone
Atlas *m*, metallographischer	metallographic atlas	atlas *m* métallographique
Atmosphäre *f*	atmosphere	atmosphère *f*
atmosphärisch *adj*	atmospheric[al]	atmosphérique
Atom...	→ Kern..., Nuklear ...	
Atom *n*	atom	atome *m*
Atom *n*, angeregtes	excited atom	atome *m* excité
Atom *n*, fremdes	foreign atom, impurity	atome *m* étranger, impureté *f*
Atom *n*, gebundenes	bound atom	atome *m* lié
Atom *n*, geladenes	charged atom	atome *m* chargé
Atom *n*, ionisiertes	ionized atom	atome *m* ionisé
Atom *n*, radioaktives	radioactive atom	atome *m* radioactif
Atomanordnung *f*	atomic arrangement	disposition *f* des atomes *m/pl*
Atomanregung *f*	atom excitation, atomic excitation	excitation *f* des atomes *m/pl*, excitation *f* atomique
atomar *adj*	atomic[al]	atomique
Atomaufbau *m*	atomic structure	structure *f* atomique
Atombindung *f*	atomic bond, convalent bond	liaison *f* atomique, liaison *f* convalente
Atombindungsenergie *f*	atomic binding energy	énergie *f* de liaison *f* atomique
Atomdurchmesser *m*	atomic diameter	diamètre *m* atomique
Atomelektron *n*	atomic electron, atom-bound electron	électron *m* atomique
Atomenergie *f*	atomic energy, nuclear energy	énergie *f* atomique, énergie *f* nucléaire
Atomforschung *f*	atomic research, nuclear research	recherches *f/pl* atomiques, recherches *f/pl* nucléaires
Atomfrequenz *f*	atomic frequency	fréquence *f* atomique

atomgetrieben *adj*	atom-powered	à propulsion *f* nucléaire
Atomgewicht *n*	atomic weight	poids *m* atomique
Atomgitter *n*	atomic lattice	réseau *m* atomique
Atomgruppe *f*	atomic group	groupe *m* atomique
Atomhülle *f*	atomic shell	couche *f* électronique de l'atome *m*
Atomindustrie *f*	atomic industry	industrie *f* atomique
Atomionisation *f*	atomic ionization	ionisation *f* atomique
atomisch *adj*	atomic[al]	atomique
Atomistik *f*	atomistics *pl*	atomistique *f*
atomistisch *adj*	atomistic[al]	atomistique
Atomkern *m*	atomic nucleus	noyau *m* atomique
Atomkernenergie *f*	nuclear energy, atomic energy	énergie *f* nucléaire, énergie *f* atomique
Atomkernfusion *f*	nuclear fusion	fusion *f* nucléaire
Atomkraftwerk *n*	atomic energy plant, atomic plant, atomic power plant, nuclear power station	centrale *f* d'énergie *f* atomique, centrale *f* d'énergie *f* nucléaire
Atommasse *f*	atomic mass	masse *f* atomique
Atommeiler *m*	atomic pile, nuclear reactor	pile *f* atomique, réacteur *m* atomique, réacteur *m* nucléaire
Atommüll *m*	atomic waste	déchets *m/pl* atomiques
Atomordnungszahl *f*, hohe	high atomic number	nombre *m* atomique élevé
Atomordnungszahl *f*, niedrige	small atomic number	nombre *m* atomique faible
Atomphysik *f*	atomic physics *pl*, atomics *pl*	physique *f* atomique
Atomradius *m*	atomic radius	rayon *m* atomique
Atomrand *m*	atom surface	surface *f* de l'atome *m*
Atomschale *f*	atomic shell	enveloppe *f* d'atome *m*
Atomschmelzwärme *f*	atomic heat of fusion	chaleur *f* atomique de fusion *f*
Atomschwächungsfaktor *m*	atomic attenuation coefficient	coefficient *m* d'atténuation *f* atomique
Atomspaltung *f*	atomic splitting, splitting-up of atoms *pl*, atomic disintegration	désintégration *f* des atomes *m/pl*
Atomstruktur *f*	atomic structure	structure *f* atomique
Atomtechnik *f*	atomic technique, nuclear technique, atomic science	technique *f*, atomique, technique *f* nucléaire, atomistique *f*
Atomuhr *f*	atomic clock	horloge *f* atomique
Atomumwandlung *f*	atomic transmutation, atomic transformation	transmutation *f* atomique, transformation *f* d'atome *m*
Atomverschiebung *f*	atomic shift, atomic displacement	déplacement *m* atomique
Atomverschmelzung *f*	atomic fusion	fusion *f* atomique

Atomverwandlung *f*	atomic transformation, atomic transmutation	transformation *f* atomique, transmutation *f* d'atome *m*
Atomvolumen *n*	atomic volume	volume *m* atomique
Atomwärme *f*	atomic heat	chaleur *f* atomique
Atomwellenfunktion *f*	atomic wave function	fonction *f* d'onde *f* atomique
Atomzahl *f*	atomic number, atomic index	nombre *m* atomique, index *m* atomique
Atomzerfall *m*	atomic disintegration, breaking-up of atoms *pl*, atomic decay	désintégration *f* des atomes *m/pl*
Atomzertrümmerung *f*	atom smashing	désagrégation *f* des atomes *m/pl*
Attenuator *m*	attenuator, attenuation network, attenuator pad	atténuateur *m*, affaiblisseur *m*
Attraktion *f*	attraction	attraction *f*
Attrappe *f*	dummy	attrape *f*
ätzen *v*	etch, corrode	ronger, mordre, corroder, décaper, graver
Ätzen *n*	etching, corrosion	corrosion *f*, gravure *f*
ätzend *adj*	caustic, corrosive	caustique, corrosif
Ätzgrübchen *n*	etch pit	fossette *f*
Ätzmittel *n*	caustic	agent *m* caustique
Ätzspur *f*	etch trace	trace *f* du caustique
Aufbau *m* [Anordnung]	array, arrangement, assembly, assemblage, alignment, mounting, device, set-up	arrangement *m*, assemblage *m*, disposition *f*, groupement *m*, installation *f*, montage *m*
Aufbau *m* [Konstruktion]	construction, lay-out, design, establishment, building-up	construction *f*
Aufbau *m* [Schaltung]	mounting, installation, wiring	montage *m*, installation *f*
Aufbau *m* [Struktur]	structure, constitution, configuration, composition	structure *f*, constitution *f*, configuration *f*, composition *f*
Aufbau *m*, provisorischer	temporary mounting, provisional installation, mock-up	montage *m* provisoire, installation *f* temporaire
aufbauen *v*	mount, array, arrange, assemble, place, provide, construct	arranger, grouper, placer, disposer, monter, installer, composer, assembler, construire
Aufbereitung *f*	dressing, treatment, grading, processing	traitement *m*, triage *m*, classement *m*
Aufbewahrungsort *m*	storage room, depot	dépôt *m*
aufbrauchen *v*	deplete, exhaust, use up	épuiser, appauvrir, consommer, s'user

Aufbrauchen *n*	depletion, usage	appauvrissement *m*, usure *f*
aufbringen *v*	apply, use, employ	appliquer, utiliser, employer
aufdampfen *v*	vapour-deposit, evaporate [~ on], metallize	déposer par vaporisation *f*, métalliser
aufdrehen [öffnen] *v*	turn on, advance	ouvrir
aufdrehen [Schraube] *v*	unscrew	dévisser
aufdrücken [einprägen] *v*	impress [~ on], inject	empreindre, injecter
aufdrücken [Spannung] *v*	apply [~ to]	appliquer[à]
Aufeinanderfolge *f*	succession, suite, sequence	succession *f*, suite *f*, séquence *f*
aufeinanderfolgend *adj*	successive, consecutive, sequential	successif, consécutif, séquentiel
auffallend *adj*	remarkable	remarquable
Auffangelektrode *f*	target electrode, collector electrode, target	électrode *f* de captage *m*, collecteur *m*, cible *f*
auffangen *v*	intercept, catch, collect	intercepter, capter, collectionner, prendre
Auffangen *n*	interception, collection	captage *m*, interception *f*, collection *f*, rassemblage *m*
Auffänger *m*	target, target electrode, collector electrode	cible *f*, collecteur *m*, électrode *f* de captage *m*
Auffindbarkeit *f*	detectability	détectabilité *f*
auffinden *v*	detect, discover, find [~out], spot	détecter, découvrir, trouver
Auffindwahrscheinlichkeit *f*	probable detectability	détectabilité *f* probable
Aufgabe *f* [Absenden]	sending, delivery, posting, mailing, booking, checking	dépôt *m*, remise *f*, expédition *f*
Aufgabe *f* [Auftrag]	task, order, job, lesson	tâche *f*, ordre *m*, leçon *f*, devoir *m*, mission *f*
Aufgabe *f* [Beendigung]	abandonment, giving up, resignation	abandon *m*, résignation *f*
Aufgabe *f* [Problem]	problem	problème *m*
aufhalten [hemmen] *v*	stop, intercept, delay, obstruct	arrêter, intercepter, obstruer
aufhängen *v*	suspend, hang up	suspendre, accrocher, étendre
Aufhängevorrichtung *f*	suspension device, suspension	dispositif *m* de suspension *f*, suspension *f*
Aufhängung *f*	suspension	suspension *f*
Aufhängung *f*, federnde	elastic suspension, spring suspension	suspension *f* élastique, suspension *f* à ressort *m*
Aufhängung *f*, kardanische	cardanic suspension, Cardan suspension	suspension *f* cardan
Aufhärtungsriß *m*	age-hardening crack	fissure *f* par suite *f* de durcissement *m*

aufheben [annullieren] *v*	nullify, annul, cancel [~ out]	annuler, rendre nul
aufheben [aufbewahren] *v*	keep, store, preserve, conserve	garder, conserver
aufheben [hochheben] *v*	lift, lift up, raise, pick up	soulever, lever
aufheben [neutralisieren] *v*	neutralize, compensate, equilibrate	compenser, neutraliser, équilibrer, supprimer
aufheben [unterbrechen] *v*	interrupt, disconnect	interrompre, couper, supprimer
aufheben, sich ~ *v*	cancel, compensate	simplifier, compenser l'un par l'autre
aufhellen *v*	bright up, light up, brighten up	éclairer, éclaircir
Aufhellung *f*	brightening	éclairage *m*, allumage *m*
aufhören *v*	finish, stop, end, cease	finir[de], terminer, cesser, achever
aufkleben *v*	paste [~ on], stick on, affix	coller[sur], afficher, cartonner
Aufkohlen *n*	carbonization, carburizing, casehardening	cémentation *f*, carburisation *f*
aufladen *v*	charge	charger
Auflage *f* [Buch]	edition, issue, printing	édition *f*
Auflage *f* [Decke]	cover, covering	couverture *f*, enveloppe *f*, recouvrement *m*
Auflage *f* [Stütze]	support, rest, bearing, stay	support *m*, appui *m*, coussinet *m*
Auflicht *n*	incident light	lumière *f* incidente
auflösen [chemisch] *v*	dissolve	dissoudre
auflösen [lockern] *v*	loosen, untie	desserrer, défaire
auflösen [Struktur] *v*	resolve, define, discriminate	résoudre, définir, discriminer
auflösen [zerfallen] *v*	decay, dissociate	dissocier, décomposer
Auflösung *f* [chemisch]	dissolution, dissolving	dissolution *f*
Auflösung *f* [kristallin]	dissociation, decay, decomposition	dissociation *f*, décomposition *f*
Auflösung *f* [Problem]	solution	solution *f*
Auflösung *f* [Struktur]	resolution, definition, discrimination	résolution *f*, définition *f*, discrimination *f*
Auflösungsmittel *n*	solvent, solvent remover	dissolvant *m*, moyen *m* dissolvant
Auflösungsvermögen *n* [Struktur]	resolving power, resolution, capability	pouvoir *m* résolvant, pouvoir *m* de résolution *f*
aufmodulieren *v*	modulate [~ upon]	moduler[sur]
Aufnahme *f* [Absorption]	absorption	absorption *f*
Aufnahme *f* [Photo]	take, taking, shot, exposure, exposition	prise *f*, prise *f* de vue *f*, cliché *m*
Aufnahme *f* [Immission]	immission	immission *f*
Aufnahme *f* [Kennlinie]	plotting	relevé *m*

Aufnahme *f* [Leistung]	input, power input	puissance *f* absorbée, consommation *f*
Aufnahme *f* [Speicherung]	record, recording, pick-up, registration	enregistrement *m*, prise *f*
Aufnahmeauswertung *f* [Radiographie]	definition of the image, image interpretation	définition *f* du cliché, interprétation *f* de la prise
Aufnahmeband *n* [Magnetband]	recording tape	bande *f* d'enregistrement *m*
Aufnahmedauer *f* [Belichtungszeit]	exposure time	temps *m* de prise *f*
Aufnahmedauer *f* [Speicherdauer]	recording time	temps *m* d'enregistrement *m*
Aufnahmegerät *n* [Kamera]	camera	caméra *f*, chambre *f* de prise *f*
Aufnahmegerät *n* [Rekorder]	recorder, recording unit, recording apparatus	enregistreur *m*, dispositif *m* d'enregistrement *m*
Aufnahmetechnik *f* [optisch]	exposure techniques *pl*	technique *f* de prise *f* [de vue *f*]
Aufnahmetechnik *f* [Speicherung]	recording techniques *pl*	méthode *f* d'enregistrement *m*
aufnehmen [absorbieren] *v*	absorb, attenuate, occlude	absorber, atténuer
aufnehmen [hochheben] *v*	lift, lift up, pick up, take up	lever, relever, ramasser
aufnehmen [Kennlinie] *v*	plot	relever
aufnehmen [Leistung] *v*	receive, take	recevoir, prendre, consommer
aufnehmen [Photo] *v*	take, photograph	prendre, photographier
aufnehmen [Protokoll] *v*	draw up	dresser
aufnehmen [speichern] *v*	record, pick up	enregistrer, recevoir
aufnehmen, in sich ~ *v*	house	loger
Aufnehmer *m*	probe, transducer	capteur *m*
Aufplatzen *n*	burst	crevassage *m*
Aufprall *m*	impact, choc	heurt *m*, choc *m*, secousse *f*, impact *m*
aufprallen *v*	impact, bounce, bound, hit, strike	rebondir, heurter [contre]
aufrauhen *v*	roughen, granulate	rendre rugueux, granuler, gratter, égratigner
aufrecht *adj*	upright, vertical	debout, droit, vertical
aufrechterhalten *v*	sustain, maintain	soutenir, maintenir
Aufrechterhaltung *f*	maintenance	maintien *m*
Aufriß *m*	elevation, upright projection	élévation *f*, projection *f* verticale
aufrunden [Zahl] *v*	round up	arrondir par le haut
Aufsatz *m* [Artikel]	essay, composition, article	essai *m*, composition *f*, article *m*
Aufsatz *m* [Aufbau]	cap, top, hood, dome	dôme *m*, coupole *m*, chapiteau *m*, dessus *m*, cloche *f*

aufsaugen *v*	suck [~ up], absorb	sucer, aspirer, absorber
aufschaukeln *v*	step up	accroître
Aufschlag *m* [Aufprall]	impact, choc	heurt *m*, choc *m*, secousse *f*, impact *m*
Aufschmelzungsriß *m*	liquation crack	fissure *f* de fusion *f*
Aufsicht *f* [Darstellung]	top view, plain view	vue *f* en plan *m*
Aufsicht *f* [Kontrolle]	control, supervision, watching, inspection	contrôle *m*, surveillance *f*, inspection *f*
aufspalten *v*	split off, split	fissurer, fendre
Aufspaltung *f*	splitting, splitting of, chipping, branch, branching, branching-off, bifurcation	fissuration *f*, subdivision *f*, branchement *m*, bifurcation *f*
Aufspannfeld *n*	floor slab	dalle *f* de fixation *f*
aufspeichern *v*	store, record, accumulate	enregistrer, accumuler
Aufspeicherung *f*	storage, recording, accumulation	enregistrement *m*, mise *f* en mémoire *f*, accumulation *f*
Aufspüren *n*	detection	détection *f*
aufsteckbar *adj*	attachable, slip-on type	relevable
aufstecken *v*	plug in, slip on	attacher, fixer [sur]
aufsteigen *v*	ascend, rise, mount	monter, s'élever
aufstellen [aufbauen] *v*	erect, set up, mount, install, arrange, array, assemble, place, provide, construct	élever, monter, installer, construire, arranger, assembler, mettre debout, placer, poser, dresser, ranger, disposer, empiler
aufstellen [Gleichung] *v*	put up [an equation], set up	mettre [en équation]
aufstellen [zusammenstellen] *v*	set up, make out, arrange, to list	grouper, arranger, disposer, dresser
Aufstellung *f* [Aufbau]	array, arrangement, assembly, mounting, assemblage, set-up, device	arrangement *m*, installation *f*, montage *m*, disposition *f*, groupement *m*, installation *f*, assemblage *m*
Aufstellung *f* [Hinstellen]	putting up, erection, installation	érection *f*, montage *m*, établissement *m*, placement *m*, pose *f*, installation *f*
Aufstellung *f* [Zusammenstellung]	list, schedule	relevé *m*, liste *f*
aufteilen *v*	distribute, divide, split	distribuer, diviser
Aufteilung *f* [Einteilung]	division, section, department	division *f*, section *f*, département *m*
Aufteilung *f* [Verteilung]	distribution, repartition	distribution *f*, répartition *f*
Auftrag *m* [Überzug]	coat, coating	couche *f*, enduit *m*

auftragen *v*	apply, coat, use, employ	appliquer, employer, utiliser
Auftragsschweißen *n*	built-up welding	soudage *m* à superposition *f*
Auftragsschweißung *f*	built-up weld	soudure *f* à superposition *f*, apport *m* par soudure *f*
auftreffen *v*	impinge (~ at, ~ upon), strike	frapper
auftreffend (auf) *adj*	impinging (~ at)	incident (sur)
Auftreffgeschwindigkeit *f*	impact speed, bombardment speed	vitesse *f* au choc, vitesse *f* à l'impact *m*
Auftreffwinkel *m*	angle of impact, angle of incidence	angle *m* d'incidence *f*
auftreten [geschehen] *v*	happen, appear (~ as), occur, act, crop up	se faire, paraître, se présenter (comme)
Auftreten *n*	occurrence, happening, event	occurrence *f*, apparition *f*, événement *m*
aufwärts *adj*	upwards	en haut, vers le haut
Aufwärtsbewegung *f*	upward motion	mouvement *m* ascendant
aufweiten *v*	widen, broaden, ream	élargir
Aufweitung *f*	broadening, bulge-out	élargissement *m*
Aufweitversuch *m*	drift expanding test	essai *m* d'évasement *m*
aufwenden *v*	spend, expend	exercer, dépenser
aufwendig *adj*	expensive, sophisticated, complicated	onéreux, coûteux, compliqué
aufwickeln *v*	reel up, wind up, coil up	bobiner, enrouler
aufzeichnen [notieren] *v*	note	noter
aufzeichnen [speichern] *v*	record, register, map	enregistrer
aufzeichnen [zeichnen] *v*	draw, design, trace	dessiner, tracer
Aufzeichnung *f* [Bild]	image, imaging, picture, display	image *f*
Aufzeichnung *f* [Notierung]	notice, notification	notation *f*
Aufzeichnung *f* [Speicherung]	recording, registration, pick-up, mapping	enregistrement *m*, prise *f*
Aufzeichnungsverfahren *n*	recording technique	méthode *f* d'enregistrement *m*
augenblicklich *adj*	direct, immediate, instantaneous, momentary	direct, immédiat, instantané, momentané
Augenblicksamplitude *f*	instantaneous amplitude	amplitude *f* instantanée
Augenblicksfrequenz *f*	instantaneous frequency	fréquence *f* instantanée
Augenblickswert *m*	instantaneous value, momentary value	valeur *f* instantanée
Augenempfindlichkeit *f*	sensitivity of the eye	sensibilité *f* de l'œil *m*
Augentäuschung *f*	optical illusion	illusion *f* optique
Augenträgheit *f*	persistence of vision	inertie *f* de l'œil *m*
Auger-Effekt *m*	Auger effect	effet *m* Auger
Auger-Elektron *n*	Auger electron	électron *m* Auger

Augerelektronenspektroskopie *f*	Auger electron spectroscopy, Auger spectroscopy	spectroscopie *f* à électrons *m/pl* Auger, spectroscopie *f* Auger
Auger-Spektrometrie *f*	Auger spectrometry	spectrométrie *f* Auger
Ausbauchung *f*	bulge	bosse *f*, enflure *f*, évasement *m*
ausbessern *v*	repair, patch, redress, mend, restore, mend up	réparer, refaire, raccommoder
Ausbesserung *f*	repair, redressing, mending, refit, refitment	réparation *f*, raccommodage *m*, réfection *f*
Ausbeute *f* [Gewinn]	gain, yield, profit, efficacy, response	gain *m*, profit *m*
Ausbeute *f* [Wirkungsgrad]	efficiency	rendement *m*, débit *m*
ausbilden [gestalten] *v*	form, develop	former, développer
ausbilden [lehren] *v*	teach, instruct, train, educate	instruire
Ausbildung *f* [Gestaltung] *v*	formation, perfection, construction, development	formation *f*, perfectionnement *m*, développement *m*
Ausbildung *f* [Lehre]	training, education, instruction	éducation *f*, instruction *f*
ausbleiben *v*	fail	manquer
ausblenden *v*	collimate, fade out, blank	collimer, couper
ausbohren *v*	bore out	forer, aléser
Ausbrand *m*	burn-up, burning up, burning off, consumption	consommation *f*, usure *f*, brûlure *f*
Ausbrennen *n*	→ Ausbrand *m*	
ausbreiten *v*	propagate, extend	propager, étendre, s'étendre
Ausbreitung *f*	propagation	propagation *f*
Ausbreitungsbedingung *f*	propagation condition	condition *f* de propagation *f*
Ausbreitungsgeschwindigkeit *f*	speed of propagation	vitesse *f* de propagation *f*
Ausbreitungsrichtung *f*	direction of propagation	direction *f* de la propagation
ausdehnbar [Gas] *adj*	expansible	expansible
Ausdehnbarkeit *f* [Gas]	expansibility	expansibilité *f*
ausdehnen *v*	expand, dilate, extend, prolong	dilater, étendre, détendre, élargir, allonger, prolonger
Ausdehnung *f* [Ausmaß]	extent	étendue *f*, dimension *f*
Ausdehnung *f* [Ausweitung]	expansion	expansion *f*, détente *f*
Ausdehnung *f* [Dehnung]	dilatation, dilation, prolongation	dilatation *f*, prolongation *f*
Ausdehnung *f* [Dimension]	dimension, extent	dimension *f*, étendue *f*
Ausdehnung *f* [Erweiterung]	extension	extension *f*
Ausdehnung *f*, radiale	radial extent	étendue *f* radiale
Ausdehnungskoeffizient *m*	expansion coefficient	coefficient *m* d'expansion *f*

Auseinanderklaffen *n*	gapping	être baîllant
auseinanderlaufen *v*	diverge	diverger
auseinandernehmen *v*	dismount	démonter
Ausfall *m*	failure, fault, mishap, malfunction, defect, accident, trouble, breakdown, average, outage	trouble *m*, panne *f*, accident *m*, avarie *f*, défaillance *f*, défience *f*, manque *m*, défaut *m*
Ausfallgefahr *f*	danger of failure	danger *m* de défaillance *f*, danger *m* de ruine *f*
Ausfallrate *f*	failure rate	taux *m* de défaillance *f*
Ausfällung *f*	deposit, deposition, precipitate	dépôt *m*, précipitation *f*, sédimentation *f*
Ausfallwahrscheinlichkeit *f*	probability of failure	probabilité *f* de défaillance *f*
Ausfallzeit *f*	down time, outage time	temps *m* de défaillance *f*, temps *m* de non-opération *f*
Ausfließen *n*	effusion, effluence, emanation	effusion *f*, effluence *f*, écoulement *m*, émanation *f*
Ausfluß *m*	efflux, effluent	effluent *m*
Ausführbarkeit *f*	feasibility, practicability	practicabilité *f*
ausführen [machen] *v*	make, perform, realize, finish	faire, exécuter, réaliser, finir
Ausführung *f* [Modell]	model, type, design, make, finish, construction	type *m*, modèle *m*, présentation *f*, exécution *f*, construction *f*
Ausführung *f* [Verwirklichung]	realization, performance	réalisation *f*, performance *f*
Ausführung *f*, tragbare	portable, portable set	portable *m*, version *f* mallette
Ausführungsbeispiel *n*	example of execution	exemple *m* d'exécution *f*, exemple *m* de réalisation *f*
Ausführungsfehler *m*	execution defect	défaut *m* d'exécution *f*
Ausgabe *f* [Auflage]	issue, edition	édition *f*, émission *f*
Ausgabe *f* [Computer]	output	output *m*, sortie *f*
Ausgabe *f* [Verteilung]	distribution, delivery	distribution *f*, délivrance *f*
Ausgabegerät *n*	output device	dispositif *m* d'output *m*
Ausgang *m*	output, outlet	sortie *f*
Ausgangs...	→ Anfangs...; Erst...	
Ausgangsleistung *f*	output, output power	puissance *f* de sortie *f*
Ausgangspegel *m*	output level	niveau *m* de sortie *f*
Ausgangsposition *f*	initial position, starting position	position *f* initiale, position *f* de départ *m*
ausgangsseitig *adj*	output ...	... de sortie *f*, sortant
Ausgangswert *m* [Anfangswert]	initial value	valeur *f* initiale, valeur *f* fondamentale
Ausgleich *m*	compensation, balancing, equalization	compensation *f*, équilibrage *m*

ausgleichen *v*	compensate, balance, equalize	compenser, équilibrer, balancer, égaliser
Ausgleichsfilter *m*	compensating filter	filtre *m* de compensation *f*, filtre *m* correcteur
Ausgleichsgewicht *n*	counterweight	contre-poids *m*
Ausgleichsglied *n*	compensator, equalizer, corrector	compensateur *m*, correcteur *m*
Ausgleichsimpuls *m*	equalizing pulse, compensating pulse	impulsion *f* de compensation *f*, impulsion *f* d'égalisation *f*
Ausgleichsspannung *f*	compensating voltage, transient voltage	tension *f* compensatrice, tension *f* de compensation *f*, tension *f* transitoire
Ausgleichsstrom *m*	compensating current, transient current	courant *m* compensateur, courant *m* transitoire
Ausgleichsvorgang *m*	transient phenomenon	phénomène *m* transitoire
ausglühen *v*	anneal, temper	recuire, adoucir, faire revenir
aushalten *v*	withstand, resist	résister (à), s'opposer, endurer, soutenir
aushärten *v*	harden	tremper
Aushärtung *f*	hardening	trempe *f*
Aushilfs...	auxiliary ..., emergency ..., provisional ..., reserve ...	... auxiliaire, ... provisoire, ... de réserve *f*
auskleiden *v*	coat, line	revêtir
Auskleidung *f*	coating, lining	revêtement *m*
auskuppeln *v*	decouple, disengage, disconnect	découpler, débrayer, décrocher
Auslaß *m*	outlet, output	sortie *f*
ausleeren *v*	empty	vider
auslegen [dimensionieren] *v*	lay out, arrange	disposer, arranger
auslegen [erklären] *v*	interpret, explain	interpréter, expliquer
auslegen [hinlegen] *v*	lay out, pay out, place	marqueter, placer, poser
Ausleger *m*	cantilever, arm	cantilever *m*, bras *m*, bras-levier *m*, console *f*
Auslegung *f* [Deutung]	interpretation	interprétation *f*
auslenken *v*	deflect, divert	défléchir, dévier
Auslenkung *f*	deflection, deviation	déflexion *f*, déviation *f*, balayage *m*
auslöschen *v*	extinguish, cancel	éteindre, supprimer
Auslöseimpuls *m*	trigger pulse	impulsion *f* trigger, impulsion *f* de déclenchement *m*
auslösen *v*	release, trigger	déclencher, libérer
Auslösen *n*	release, releasing, tripping	déclenchement *m*, relâchement *m*, libération *f*
Auslöser *m*	releasing device, release, trigger	déclencheur *m*

Auslöser *m*, einstellbarer	adjustable release	déclencheur *m* ajustable
Auslösetaste *f*	releasing key	touche *f* de libération *f*
Auslösevorrichtung *f*	release mechanism, triggering device	dispositif *m* de déclenchement *m*
Auslösung *f*	releasing, release, tripping, opening	déclenchement *m*, relâchement *m*, libération *f*
Ausmaß *n*	extent, amount, dimension	étendue *f*, taux *m*, dimension *f*
ausmessen *v*	measure	mesurer
ausnutzen *v*	utilize	utiliser, profiter (de)
Ausnutzung *f*	utilization, use	utilisation *f*, usage *m*
Ausnutzungsgrad *m*	utilization coefficient, efficiency	taux *m* d'utilisation *f*, rendement *m*
Auspressung *f*	expulsion	expulsion *f*
ausprobieren *v*	try, check, test, prove	essayer, tester, vérifier, éprouver, contrôler
ausregeln *v*	control, monitor	régler, contrôler, surveiller
Ausregelung *f*	control, monitoring, regulation	contrôle *m*, surveillance *f*, réglage *m*
Ausreißer *m* [Meßwert]	outlier	fuyard *m*
ausrichten *v*	orient, align, dress	orienter, aligner, dresser
Ausrichtung *f*	orientation, alignment, dressing	orientation *f*, alignement *m*, redressement *m*
ausrüsten *v*	equip, fit, provide	équiper, munir (de), pourvoir (de)
Ausrüstung *f*	equipment, fitting out, installation	équipement *m*, installation *f*, garniture *f*
ausschalten *v*	disconnect, cut off, cut out, switch off, interrupt, break (a circuit)	déconnecter, interrompre, couper, mettre hors circuit *m*
Ausschalten *n*	disconnection, cutting out, cutting off, interruption, switching off, stop	coupure *f*, déconnexion *f*, mise *f* hors circuit *m*, interruption *f*, arrêt *m*
Ausschalter *m*	cut-out switch, circuit breaker, breaker, interrupter, disconnecter	interrupteur *m*, disjoncteur *m*, coupe-circuit *m*
Ausschaltung *f*	switching-off, circuit breaking	coupure *f*, déconnexion *f*, rupture *f*
Ausschaltvorgang *m*	breaking transient phenomenon	phénomène *m* de rupture *f*
Ausscheidungslegierung *f*	precipitation alloy	alliage *m* de précipitation *f*
Ausscheidungsriß *m*	precipitation induced crack	fissure *f* par suite *f* de durcissement *m* structural
Ausschlag *m*	deflection, deviation, amplitude	déviation *f*, déflexion *f*, balayage *m*, amplitude *f*
Ausschnitt *m*	sector, section	secteur *m*, section *f*
Ausschuß *m* [Minderwertiges]	rejects *pl*, refuse, waste, rubbish	déchet *m*, rebut *m*
Ausschußquote *f*	reject quota	quote-part *f* de déchet *m*

Ausschwingdauer *f*	dying-out time, decay time	durée *f* d'amortissement *m*
ausschwingen *v*	die, die out, fade out, damp	amortir, décroître, affaiblir, évanouir
Ausschwingen *n*	dying-out, damping, decay	étouffement *m*, amortissement *m*, évanouissement *m*
Ausschwingzeit *f*	dying-out time, decay time	temps *m* d'amortissement *m*, période *f* transitoire finale
außen *adv*	exterior, external, outdoor, outward, outer	extérieur, externe, d'extérieur *m*, dehors
Außenabmessung *f*	external dimension	dimension *f* extérieure
Außenansicht *f*	exterior view	vue *f* extérieure
Außenbelag *m*	exterior layer, outer coating	couche *f* extérieure
aussenden *v*	emit, send out	émettre
Aussenden *n*	emission, transmission	émission *f*, transmission *f*
Außendurchmesser *m*	outside diameter, outer diameter	diamètre *m* extérieur
Außenfehler *m*	exterior defect	défaut *m* extérieur
Außenfläche *f*	outer surface	face *f* extérieure
außenliegend *adj*	exterior, external, outdoor, outward, outer	extérieur, externe, d'extérieur *m*, dehors
Außenlunker *m*	surface shrink hole	retassure *f* superficielle
Außenmantel *m*	outside coating, outer jacket	enveloppe *f*
Außenschicht *f*	outer layer	couche *f* externe
Außenseite *f*	outside, face, front	extérieur *m*, dehors *m*
außenseitig *adj*	exterior, external, outdoor, outward, outer	extérieur, externe, d'extérieur *m*, dehors
Außensonde *f*, umlaufende	encircling outer probe	sonde *f* extérieure tournante
Außenspule *f*	outer coil	bobine *f* extérieure
Außentemperatur *f*	exterior temperature	température *f* d'extérieur *m*
Außenwicklung *f*	outer winding	enroulement *m* extérieur
äußerlich *adj*	exterior, external, outdoor, outward, outer	extérieur, externe, d'extérieur *m*, dehors
aussetzen *v*	intermit, interrupt, suspend, failure	interrompre, rater, faillir
Aussetzen *n*	failure, malfunction, trouble	raté *m*, défaillance *f*, interruption *f*, panne *f*, défaut *m*
aussetzend *adj*	intermittent	intermittent
aussondern *v*	separate, eliminate	séparer, éliminer
Aussparung *f*	slot, notch, channel, clearance	évidement *m*, découpe *f*
ausstatten *v*	equip, fit, provide	équiper, munir (de), pourvoir (de)

Ausstattung *f*	fitting out, equipment, installation, features *pl*	équipement *m*, installation *f*, garniture *f*, arrangement *m*
aussteuern *v*	control, monitor	contrôler, régler, surveiller
Aussteuerung *f*	control, monitoring, regulation	contrôle *m*, surveillance *f*, réglage *m*
Aussteuerungsbereich *m*	control range	plage *f* de contrôle *m*, plage *f* d'admission *f*
Ausstoß *m*, radioaktiver	radioactive effluent	effluve *m* radioactif
ausstoßen *v*	eject, expel, emit, eliminate	éjecter, expulser, émettre, éliminer
ausstrahlen *v*	radiate, emanate, diffuse	rayonner, émaner, diffuser
Ausstrahlen *n*	radiating, emanation, radiation	radiation *f*, émanation *f*
Ausstrahlung *f*	→ Ausstrahlen *n*	
ausströmen *v*	stream out, flow out, escape	écouler, s'écouler, fuir, s'échapper
Ausströmen *n*	efflux, effusion, effluence, emanation	écoulement *m*, effusion *f*, effluence *f*, émanation *f*, fuite *f*
Ausstülpung *f*	protuberance	protubérance *f*
austasten *v*	blank, key off	supprimer
Austastimpuls *m*	blanking pulse	impulsion *f* de suppression *f*
Austastlücke *f*	blanking interval	intervalle *m* de suppression *f*
Austastpegel *m*	blanking level	niveau *m* de supression *f*
Austastsignal *n*	blanking signal	signal *m* de suppression *f*
Austastung *f*	blanking	suppression *f*
Austausch *m*	exchange, interchange	échange *m*
austauschbar *adj*	interchangeable, removable	interchangeable, amovible
austauschen *v*	exchange (~ for), interchange	échanger, inverser, interchanger
Austauschenergie *f*	exchange energy	énergie *f* d'échange *m*
Austauscher *m*	exchanger	échangeur *m*
Austenit *n*	austenite	austénite *m*
austenitisch *adj*	austenitic	austénitique
austreten *v*	leave, pass out	sortir (de), quitter
Austritt *m*	outlet, output	sortie *f*
Austrittsarbeit *f*	work function	travail *m* d'expulsion *f*
Austrittswinkel *m*	angle of emergence, angle of reflection	angle *m* de sortie *f*, angle *m* de réflexion *f*
Auswahl *f*	selection, choice	sélection *f*, choix *m*
auswählen *v*	select, choose	sélectionner, choisir
auswandern [Meßanzeige] *v*	get out of range, sweep	se déplacer, dévier, balayer
auswechselbar *adj*	interchangeable, removable	interchangeable, amovible
auswechselbar, gegenseitig ~ *adj*	interchangeable between each other	mutuellement interchangeable
auswechseln *v*	exchange, interchange	échanger, interchanger, inverser

Auswechslung *f*	exchange, interchange	échange *m*
ausweiten *v*	expand, wide, stretch	dilater, détendre, évaser
Ausweitung *f*	expansion	expansion *f*, détente *f*
auswerfen [Lochkarte] *v*	eject (cards)	éjecter (des cartes)
Auswerteelektronik *f*	automatic evaluator	dispositif *m* automatique d'évaluation *f*
Auswerteeinrichtung *f*	evaluation system	système *m* d'évaluation *f*, équipement *m* de traitement *m* des données *f/pl*
auswerten *v*	evaluate	évaluer
Auswertung *f*	evaluation, assessment, interpretation, rating	évaluation *f*, interprétation *f*, appréciation *f*
Auswirkung *f*	effect	effet *m*
Auszählen *n*	counting, count	comptage *m*
Auszeit *f*	dead time	temps *m* mort
Autobereifung *f*	tire	bandage *m*
autogen *adj*	autogenous	autogène
autogengeschweißt *adj*	autogenously welded	soudé à l'autogène
Autogenschweißung *f*	autogenous welding	soudage *m* autogène
Autokollimationskamera *f*	autocollimation camera	caméra *f* autocollimateur, caméra *f* à autocollimation *f*
Autokorrelation *f*	autocorrelation	autocorrélation *f*
Autokorrelationsfunktion *f*	autocorrelation function	fonction *f* d'autocorrélation *f*
Automat *m*	automaton, automatic machine	automate *m*
Automation *f*	automation	automation *f*
automatisch *adj*	automatic(al)	automatique
automatisieren *v*	automate	automatiser
Automatisierung *f*	automation	automation *f*, automatisation *f*
Autoradiographie *f*	autoradiography	auto-radiographie *f*
Autoreifen *m*	tire	bandage *m*
Autoteil *n*	car element	partie *f* d'auto *f*
AVG-Diagramm *n*	DGS diagram	diagramme *m* AVG (DGG)
Avogadrosche Zahl *f*	Avogadro's number, Avogadro constant	nombre *m* d'Avogadro
axial *adj*	axial	axial
Axialdruck *m*	axial pressure	pression *f* axiale
axialsymmetrisch *adj*	axial symmetric(al)	symétrique par rapport *m* à l'axe *m*
Axiom *n*	axiom	axiome *m*
Azimut *m*	azimuth	azimut *m*
azimutal *adj*	azimuthal	azimutal

B

B-Bild *n*	B-scan	présentation *f* B
B-Bild-Verfahren *n*	B-scanning method, B-scope method	méthode *f* à présentation *f* B
B-Verfahren *n*	B-Bild-Verfahren *n*	
Backe *f* [Anschlag]	cheek, jaw, fence	joue *f*, griffe *f*, mâchoire *f*
Bad *n*, elektrolytisches	electrolytic bath	bain *m* électrolytique
Bad *n*, galvanisches	galvanic bath	bain *m* galvanique
Bahn *f* [Eisenbahn]	railway (GB), railroad (USA)	chemin *m* de fer *m*
Bahn *f* [Gewebe]	width	lé *m*
Bahn *f* [Weg]	path, track, course, orbit, trajectory	chemin *m*, route *f*, voie *f*, sentier *m*, orbite *f*, trajectoire *f*, trace *f*, course *f*, parcours *m*, piste *f*
Bajonettverschluß *m*	bayonet catch, bayonet fixing, bayonet joint, bayonet closure, bayonet lock	fermeture *f* à baïonnette *f*
Bakelit *n*	bakelit	bakélite *f*
Balance *f*	balance	balance *f*
Balken *m* [Träger]	beam, girder	poutre *f*
Ballen *m* [Bündel]	bunch, pack, packet	paquet *m*, groupe *m*
Ballon *m*	balloon, bulb	ballon *m*, ampoule *f*
Ballung *f*	bunching	groupement *m*
Bananenstecker *m*	banana pin, banana jack, banana plug	fiche *f* banane
Band *n* [Bereich]	band, range	bande *f*, gamme *f*
Band *m* [Buchband]	volume, tome	tome *m*, volume *m*
Band *n* [Förderband]	belt, running belt, conveyor belt	courroie *f*, bande *f* transporteuse, convoyeur *m* à bande *f*
Band *n* [Magnetband]	tape, magnetic tape	bande *f*, bande *f* magnétique
Band *n* [Meßband]	line, blade	ruban *m*
Band *n* [Montageband]	line, assembly line, production line	chaîne *f*, chaîne *f* de montage *m*
Band *n* [Streifen]	strip, strap, ribbon, tape, band	ruban *m*, cordon *m*, bande *f*
Band *n* einlegen *v*	to insert the tape	insérer la bande *f*
Band *n*, breites	wide band	large bande *f*
Band *n*, schmales	narrow band	bande *f* étroite

Band *n*, weites	wide band	large bande *f*
Bandablauf *m*	uncoiling, unwinding, winding-off, paying-off	déroulement *m*, glissement *m*
Bandabstand *m*	gap, spacing, interval	intervalle *m* entre bandes *f/pl*, écartement *m* entre bandes *f/pl*
Bandage *f*	bandage	bandage *m*
Bandbeschneidung *f*	band cut-off	réduction *f* de bande *f*
Bandbreite *f* [Eisenband]	tape width, band width	largeur *f* de bande *f*, largeur *f* de ruban *m*
Bandbreite *f* [Frequenzband]	bandwidth	largeur *f* de bande *f*
Bandbreitenregelung *f*	bandwidth control	réglage *m* de largeur *f* de bande *f*, réglage *m* de la bande passante
Banddehnung *f* [Frequenzband]	band spread, band spreading	étalement *m* de bande *f*
Banddehnung *f* [Metallband]	tape stretching	laminage *m* du ruban
Bandeisen *n*	band iron, tape iron, strap iron, hoop iron	feuillard *m* de fer *m*, fer *m* en ruban *m*
Bandeisen *n*, kaltgewalztes	cold-rolled steel strip	tôle *f* laminée à froid
Bandfilter *n*	band filter	filtre *m* de bande *f*
Bandfilterkurve *f*	band pass response	courbe *f* de réponse *f* du filtre passe-bande
Bandlänge *f*	tape length	longueur *f* de ruban *m*, longueur *f* de bande *f*
Bandpaß *m*	band pass, band pass filter	filtre *m* de bande *f*, filtre *m* passe-bande
Bandpaßfilter *n*	band pass filter	filtre *m* passe-bande
Bandrecken *n*	tape stretching	laminage *m* du ruban
Bandsperre *f*	band rejection, band rejection filter, band stop, band stop filter, band elimination filter	élimination *f* de bande *f*, filtre *m* d'élimination *f* de bande *f*, filtre *m* coupe-bande, circuit *m* bouchon
Bandspreizung *f*	band spread, band spreading	étalement *m* de bande *f*
Barkhausen-Effekt *m*	Barkhausen effect	effet *m* Barkhausen
Barkhausen-Rauschen *n*	Barkhausen noise	bruit *m* de Barkhausen
Barriere *f*	barrier	barrière *f*
Base *f*	base	base *f*
Basis *f* [Basiselektrode]	base	base *f*
Basis *f* [Fundament]	base, basement, foundation, substructure, bed, pedestal, bottom	base *f*, fondation *f*, pied *m*, piédestal *m*, fondement *m*, socle *m*
Basis *f* [Grundlage]	basis, base, fundamentels *pl*	base *f*
Basis *f* [Grundlinie]	base, base line	base *f*, ligne *f* de base *f*
Basizität *f*	basicity	basicité *f*

Batterie *f*	battery	batterie *f*, pile *f*
batteriebetrieben *adj*	battery-operated, battery-powered, self-powered	alimenté par batterie *f*, alimenté par pile *f*
batteriegespeist *adj*	→ batteriebetrieben	
Batteriepol *m*	battery pole	pôle *m* de batterie *f*
Batteriespannung *f*	battery voltage	tension *f* de batterie *f*
Batteriespeisung *f*	battery supply	alimentation *f* batterie, alimentation *f* par piles *f/pl*
Bau *m* [Aufbau]	erection, construction	érection *f*, construction *f*
Bau *m* [Bauart]	type, design, style, model, structure, construction	style *m*, structure *f*, construction *f*, type *m*, modèle *m*, réalisation *f*
Bau *m* [Bauwerk]	building, edifice, construction	bâtiment *m*, édifice *m*, construction *f*, maison *f*
Bauart *f*	design, type, model, style, structure, construction	réalisation *f*, style *m*, type *m*, construction *f*, structure *f*, modèle *m*
Bauart *f*, übliche	standard design, standard type, conventional construction	réalisation *f* conventionnelle, construction *f* standard
Bauausführung *f*	construction	exécution *f*, construction *f*
Bauch *m* [Schwingungsbauch]	antinode, antinoidal point, loop	antinœud *m*, ventre *m*
bauchig *adj*	bellied, convex, bulgy	ventru, convexe
Baueinheit *f*	construction unit, structural element, structural part, part, component	élément *m* de construction *f*, partie *f* constituante, groupe *m*, composant *m*
Bauelement *n*	part, component, structural element	composant *m*, pièce *f* détachée, élément *m* de construction *f*
Baugrund *m*	building foundation	sol *m* de fondation *f*
Baugruppe *f*	construction unit, structural group	groupe *m* de construction *f*
Baukastenprinzip *n*	kit system	technique *f* des kits *m/pl*, principe *m* d'éléments *m/pl* standardisés
Baumaterial *n*	building materials *pl*	matériaux *m/pl* de construction *f*
Baustahl *m*	construction steel, mild steel	acier *m* de construction *f*, acier *m* doux
Baustein *m* [Einheit]	kit, module, assembly, structural element	kit *m*, bloc *m* fonctionnel, sous-ensemble *m*, pièce *f* détachée
Bausteinsystem *n*	kit system, modular construction system, building block system	système *m* des kits *m/pl*, système *m* de sous-ensembles *m/pl*
Baustelle *f*	building site, construction site, building ground, lot, building plot	terrain *m* à bâtir, emplacement *m*, chantier *m*

Baustellenprüfung *f*	on-site test, in-situ testing	contrôle *m* in-situ, essai *m* sur chantier *m*
Baustoff *m*	building material	matériaux *m/pl* de construction *f*
Bauteil *n*	component, part, construction unit, structural part, structural member, structural element	partie *f* constituante, pièce *f* détachée, élément *m* de construction *f*, composant *m*
Bauteil *n*, einwandfreies	perfect structure part	élément *m* sans défaut *m*
Bauteil *n*, geklebtes	adhesive bonded structure	assemblage *m* collé
Bauteil *n*, geschweißtes	welded structure	construction *f* soudée
Bauweise *f*	type, design, style, construction	style *m*, type *m*, modèle *m*, réalisation *f*, construction *f*
Bauweise *f*, gewöhnliche	conventional design, standard type	réalisation *f* conventionnelle, construction *f* standard
Bauwerk *n*	building, edifice, construction	bâtiment *m*, édifice *m*, maison *f*, construction *f*
Bauwesen *n*	civil engineering, architecture	travaux *m/pl* publics, génie *f* civil, architecture *f*
beanspruchen [anstrengen] *v*	strain, stress, load, fatigue, exert	charger, fatiguer, contraindre, faire travailler, s'efforcer, outrer
beanspruchen, gering ~ *v*	strain slightly	peu charger
beanspruchen, stark ~ *v*	strain strongly, load very much	charger fortement
Beanspruchung *f* [Anstrengung]	load, stress, strain, effort, exertion, duty	charge *f*, effort *m*, fatigue *f*, contrainte *f*, travail *m*
Beanspruchung *f*, äußere	external strain	effort *m* externe
Beanspruchung *f*, dielektrische *adj*	dielectric stress	effort *m* diélectrique
Beanspruchung *f*, dynamische *adj*	dynamic stress	contrainte *f* dynamique, effort *m* d'oscillation *f*, charge *f* oscillante
Beanspruchung *f*, geringe *adj*	little load, slight charge	petite charge *f*
Beanspruchung *f*, innere	internal stress	effort *m* interne
Beanspruchung *f*, mechanische	mechanical stress	effort *m* mécanique
Beanspruchung *f*, mittlere	mean load	charge *f* moyenne
Beanspruchung *f*, schwingende	cyclic stress	effort *m* alterné
Beanspruchung *f*, starke	strong load	charge *f* forte, grand effort *m*
Beanspruchung *f*, thermische	thermal stress	contrainte *f* thermique
Beanspruchung *f*, übermäßige	overload	surcharge *f*

Beanspruchung *f*, unzulässige	unallowed load, inadmissible load	effort *m* inadmissible, charge *f* défendue
Beanspruchung *f*, zulässige	permissible load, safe load	effort *m* admissible
beanstanden *v*	complain [~ of], object [~ to]	réclamer [contre], s'opposer [à], critiquer, contester, objecter
Beanstandung *f*	complaint, objection, rejection	réclamation *f*, objection *f*
bearbeiten *v*	machine, finish, fashion, shape, tool, work	usiner, façonner, travailler, traiter
bearbeitet, allseitig ~ *adj*	machined all over	travaillé partout
Bearbeitung *f*	machining, finishing, fashioning, working, tooling, treatment	usinage *m*, façonnage *m*, traitement *m*, travail *m*
bebildern *v*	illustrate	illustrer
Bebilderung *f*	illustration	illustration *f*
bedämpfen *v*	damp, dampen	amortir
Bedämpfung *f*	damping	amortissement *m*
bedecken *v*	cover, mask	couvrir, masquer, revêtir
bedienen *v*	operate, work, handle, manipulate, attend [~ to]	opérer, desservir, manier, manœuvrer
Bedienung *f* [Betätigung]	operation, attendance, handling, control, work, manipulation	opération *f*, maniement *m*, manipulation *f*, réglage *m*
Bedienung *f* [Personal]	operator	opérateur *m*, opératrice *f*
Bedienungsfehler *m*	operating error	erreur *f* de manœuvre *f*
Bedienungsfeld *n*	control panel	panneau *m* de commande *f*, tableau *m* de contrôle *m*
Bedienungsknopf *m*	control knob, control button	bouton *m* de commande *f*, bouton *m* de réglage *m*
Bedienungspult *n*	control board, control desk, control console	pupitre *m* de commande *f*
Bedienungstaste *f*	control key	touche *f* de commande *f*
Bedingung *f*	condition	condition *f*
beeinflussen *v*	influence, affect	influencer, affecter
Beeinflussung *f*	influence	influence *f*
Beeinflussung *f*, gegenseitige	interaction, mutual influence	interaction *f*, interférence *f* mutuelle
beeinträchtigen *v*	trouble, impair, disturb	compromettre, troubler, déranger, perturber
beenden *v*	finish, end, terminate	finir, terminer, achever
Beendigung *f* [Aufgeben]	abandonment, giving up, resignation	abandon *m*, résignation *f*
Beendigung *f* [Ende]	end, termination	fin *f*, terminaison *f*
Befehl *m* [Computer]	instruction, command	instruction *f*, commande *f*
Befehlseingabe *f*	indication	indication *f*
befestigen *v*	attach [~ on], fix, mount, fit, install, place, tighten	attacher [à], placer, poser, installer, fixer, serrer

Befestigung *f*	fixing, fixture, attachment, mounting, fastening, tightening	fixation *f*, fixage *m*, attache *f*, serrage *m*
befeuchten *v*	humidify, wet, moisten	mouiller, humidifier, humecter
befreien *v*	release, trip, liberate, set free	dégager, délivrer, libérer, déclencher, relâcher
Befreiung *f*	releasing, release, tripping, opening	déclenchement *m*, relâchement *m*, libération *f*
Beginn *m*	beginning, start, commencement, opening	début *m*, départ *m*, commencement *m*, origine *f*, naissance *f*, ouverture *f*
beginnen *v*	begin, start, commence	commencer, partir, engager
Begleitwelle *f*	associated wave	onde *f* associée
begrenzen [abgrenzen] *v*	limit, bound, border, separate, define	limiter, borner, border
begrenzen [beenden] *v*	stop, finish, terminate, clip	finir, terminer
begrenzen [kollimieren] *v*	collimate, fade out, blank	collimer, couper
Begrenzer *m*	clipper, limiter	limiteur *m*
Begrenzung *f*	limitation, limit, delimitation, boundary, demarcation	limitation *f*, limite *f*, délimitation *f*, borne *f*, frontière *f*, bordure *f*
Behälter *m* [Container]	container	container *m*
Behälter *m* [Druckkessel]	vessel	récipient *m*
Behälter *m* [Heizkessel]	boiler, steam boiler	chaudière *f*, chaudron *m*
Behälter *m* [Kasten, Gefäß]	box, case, casing, can, cage, tin, receptacle, tub, vat	boîte *f*, boîtier *m*, récipient *m*, caisse *f*, cuve *f*, cage *f*
Behälter *m* [Vorratskessel]	tank, reservoir	réservoir *m*
Behälterstutzen *m*	vessel nozzle	piquage *m* de réservoir *m*
behandeln [bearbeiten] *v*	treat, fashion, finish, machine, shape, tool, work, handle, manipulate, process	usiner, faconner, traiter, travailler, manier, manipuler
behandeln [medizinisch] *v*	attend to	soigner
behandeln [Thema] *v*	deal [with], relate [~ to], treat	concerner, se rapporter [à]
Behandlung *f*	treatment, fashioning, finishing, machining, tooling, working, handling	traitement *m*, usinage *m*, faconnage *m*, travail *m*, manipulation *f*, manutention *f*
Behandlungstiefe *f*	treatment depth	profondeur *f* de traitement *m*
beharren *v*	persist [~ in], continue	persister, persévérer, continuer
Beharren *n*	persistence, inertia	persistence *f*, permanence *f*, inertie *f*

Beharrungsvermögen *n*	vis inertia, inertia, force of inertia	force *f* d'inertie *f*
beheben *v*	remove, clear, repair, eliminate	réparer, dépanner, éliminer, aplanir
beheizen *v*	heat	chauffer
behelfsmäßig *adj*	auxiliary, provisional	auxiliaire, provisoire
Beibehalten *n*	maintenance	maintien *m*
beifügen *v*	add	ajouter, additionner
Beigabe *f*	addition, admixture, additional charge	addition *f*, additif *m*, charge *f* additionnelle
beigeben *v*	add	additionner, ajouter
Beilage *f*	annex, appendix, enclosure	annexe *f*, appendice *m*
beimengen *v*	admix	mélanger, ajouter
beimischen *v*	→ beimengen *v*	
Beimischung *f*	admixture, addition, contaminant	addition *f*, contamination *f*
Beiwert *m*	coefficient	coefficient *m*
beizen *v*	etch, corrode	ronger, mordre, corroder, décaper, graver
Beizen *n*	etching, corrosion	corrosion *f*, gravure *f*
Beladen *n*	charging, loading	chargement *m*
Belag *m* [Überzug]	coat, coating, film, cover, covering, clothing	couche *f*, film *m*, couverture *f*, recouvrement *m*, enduit *m*, enveloppe *f*, dépôt *m*
Belag *m* [Unterlage]	mat	tapis *m*, plancher *m*
Belastbarkeit *f*	loading capacity	limite *f* de charge *f*, capacité *f* de charge *f*, charge *f* limite
belasten *v*	load, charge, fatigue, stress, strain, exert	charger, fatiguer, faire travailler, contraindre, outrer, s'efforcer
Belastung *f*	load, charge, loading, stress, strain, effort, exertion, duty	charge *f*, chargement *m*, effort *m*, fatigue *f*, contrainte *f*, travail *m*
Belastung *f*, aussetzende	intermittent load	charge *f* intermittente
Belastung *f*, dauernde	continuous load, permanent load	charge *f* constante
Belastung *f*, dynamische	dynamic load	charge *f* dynamique
Belastung *f*, effektive	effective load, active load, actual charge	charge *f* efficace, charge *f* active
Belastung *f*, gleichmäßige	uniform load	charge *f* uniforme
Belastung *f*, halbe	half load	demi-charge *f*, mi-charge *f*
Belastung *f*, höchstzulässige	maximum load, load limit	charge *f* maximum, charge *f* admissible maximum
Belastung *f*, konstante	constant load, permanent load	charge *f* constante, charge *f* permanente
Belastung *f*, kurzzeitige	momentary load	charge *f* passagère, charge *f* de courte durée *f*
Belastung *f*, maximale	maximum load	charge *f* maximum

Belastung *f*, minimale	minimum load	charge *f* minimum
Belastung *f*, schwankende	varying load, alternating load	charge *f* variable, charge *f* alternante
Belastung *f*, symmetrische	symmetric load, balanced load	charge *f* symétrique, charge *f* équilibrée
Belastung *f*, ungleichmäßige	irregular load	charge *f* irrégulière
Belastung *f*, unsymmetrische	unbalanced load	charge *f* asymétrique
Belastung *f*, volle	full load, complete load	pleine charge *f*, charge *f* totale
Belastung *f*, wachsende	growing load, rising load	charge *f* croissante
Belastung *f*, wechselnde	changing load, varying load, alternating load	charge *f* variable, charge *f* variante, charge *f* alternante, charge *f* alternative
Belastung *f*, zügige	tensile load	effort *m* de traction *f*, charge *f* de traction *f*, effort *m* de tension *f*
Belastung *f*, zulässige	permissible load, allowed load, allowable load, safe load, carrying power	charge *f* admissible
Belastung *f*, zunehmende	rising load, growing load	charge *f* croissante
Belastungsänderung *f*	load variation	variation *f* de charge *f*
Belastungsdauer *f*	load time, load duration	temps *m* de charge *f*, durée *f* de charge *f*
Belastungsdiagramm *n*	load diagram	diagramme *m* de charge *f*
Belastungsfall *m*	case of loading	cas *m* de charge *f*
Belastungsgrenze *f*	load limit, maximum load	limite *f* de charge *f*, charge *f* limite
Belastungskennlinie *f*	load characteristic, load graph	caractéristique *f* de charge *f*
Belastungskontrolle *f*	load control, load surveillance	surveillance *f* de la charge
Belastungskurve *f*	load curve, load line, working line	courbe *f* de charge *f*, courbe *f* de débit *m*
Belastungslinie *f*	→ Belastungskurve *f*	
Belastungsprobe *f*	load test	essai *m* en charge *f*, contrôle *m* de charge *f*, épreuve *f* de charge *f*
Belastungsprüfung *f*	→ Belastungsprobe *f*	
Belastungsschwankung *f*	load variation, load fluctuation, load change	variation *f* de charge *f*, fluctuation *f* de charge *f*
Belastungszeit *f*	load time, load duration	temps *m* de charge *f*, durée *f* de charge *f*
beleuchten *v*	illuminate, light	illuminer, éclairer
Beleuchtung *f*	illumination, lighting	illumination *f*, éclairage *m*
Beleuchtung *f*, diffuse	diffused lighting	éclairage *m* diffus
Beleuchtung *f*, direkte	direct lighting	éclairage *m* direct

Beleuchtung *f*, künstliche	artificial lighting	éclairage *m* artificiel
Beleuchtungsmesser *m*	luxmeter	luxmètre *m*
Beleuchtungsstärke *f*	illuminance, illumination, luminous intensity	intensité *f* lumineuse, intensité *f* d'éclairement *m*, éclairage *m*
belichten *v*	expose	exposer
Belichtung *f*	exposure	pose *f*, exposition *f*, prise *f* de vue *f*
Belichtungsautomat *m*	automatic exposure unit	dispositif *m* automatique de pose *f*
Belichtungsdauer *f*	exposure time	temps *m* de pose *f*, durée *f* d'exposition *f*
Belichtungsdiagramm *n*	exposure diagram	diagramme *m* des temps *m/pl* de pose *f*
Belichtungsmeser *m*	exposure meter, photometer	exposimètre *m*, posemètre *m*, photomètre *m*
Belichtungszeit *f*	exposure time	temps *m* de pose *f*, temps *m* de prise *f*, durée *f* de pose *f*, durée *f* d'exposition *f*
belüften *v*	aerate, air, ventilate	aérer, ventiler
Belüftung *f*	ventilation	ventilation *f*
bemerkenswert *adj*	remarkable	remarquable
bemustern *v*	sample	échantillonner
Bemusterung *f*	sampling	échantillonnage *m*
benachbart *adj*	neighbouring, adjacent	voisin, adjacent
benennen *v*	designate, denote	désigner, dénoter
benetzen *v*	wet, moisten, humidify	mouiller, humidifier
Benetzungsmittel *n*	wetting agent	détergent *m*, agent *m* humidificateur, agent *m* d'humectation *f*
benutzen *v*	use, employ, utilize	utiliser, employer, se servir[de]
Benutzer *m*	user, consumer	usager *m*, utilisateur *m*, consommateur *m*
Benutzung *f*	use, usage, application	usage *m*, utilisation *f*, emploi *m*
beobachten *v*	observe, view, watch	observer, voir, regarder
Beobachtung *f*	observation, viewing, watching	observation *f*, mise *f* en évidence *f*, mise *f* au point, remarque *f*
berechenbar *adj*	calculable, computable	calculable
berechnen *v*	calculate, compute	calculer
Berechnung *f*	calculation, computation, computing, evaluation	calcul *m*, évaluation *f*
Berechnung *f*, ungefähre	rough estimate	devis *m* approximatif, estimation *f* approximative
Berechnungsbeispiel *n*	example of calculation	exemple *m* de calcul *m*
Berechnungsformel *f*	formula [of calculation]	règle *f* à calcul *m*

Bereich *m* [Abteilung]	department, section, division	département *m*, section *f*, division *f*, rayon *m*
Bereich *m* [Ausdehnung]	extent, reach, range, scope	étendue *f*, portée *f*
Bereich *m* [Band]	band, range	bande *f*, gamme *f*
Bereich *m* [Gebiet]	region, area, domain, zone, district, field, sphere	région *f*, domaine *m*, zone *f*, district *m*, régime *m*
Bereich *m* [Skala]	range	gamme *f* de lecture *f*
Bereich *m*, sichtbarer	visible region	région *f* visible
Bereichen *m/pl*, mit zwei ~	double-range . . .	. . . à deux lectures *f/pl*
Bereichsschalter *m*	range switch, band switch, band selector	commutateur *m* de gammes *f/pl*, sélecteur *m* de bande *f*
Bereichswähler *m*	band selector	sélecteur *m* de gamme *f*
Berg *m* [Wellenberg]	peak, crest	crête *f*, sommet *m*, point *m* haut
Bericht *m*	report, message, account	rapport *m*, bulletin *m*, compte *m* rendu
berichten *v*	report [~ on], inform [~ of], cover	rapporter, référer, informer, rendre compte *m*
berichtigen *v*	correct, amend, set right	corriger, rectifier
Berichtigung *f*	correction, amendment	correction *f*, corrigé *m*
Berstdruck *m*	burst pressure, bursting pressure	pression *f* d'éclatement *m*
beruhigen *v*	calm, smooth, stabilize, damp, steady	calmer, rassurer, stabiliser
Beruhigung *f*	damping, smoothing	stabilisation *f*
berühren *v*	touch, contact, make contact, come into contact	toucher [à], contacter
Berührung *f* [Kontakt]	contact, touch	contact *m*, attouchement *m*
Berührung *f* [Kurven]	osculation	osculation *f*
Berührungslinie *f*	tangent line, tangent, contact line	tangente *f*, ligne *f* de contingence *f*
berührungslos *adj*	contactless, noncontact	sans contact *m*
Berührungsschutz *m*	protection against accidental contact, shock-proof protection	protection *f* contre le contact accidentel
Beryllium *n* [Be]	beryllium, glucinum	béryllium *m*, glucinium *m*
beschädigt *adj*	defective, injured, disabled	défectueux, endommagé, avarié, désemparé
Beschädigung *f*	damage, injury	dommage *m*, dégât *m*, lésion *f*, avarie *f*
Beschaffenheit *f*	consistence, consistency, condition, nature, state, quality	constitution *f*, consistance *f*, condition *f*, nature *f*, état *m*, qualité *f*
Bescheinigung *f* [über]	certificate [~ on]	certificat *m* [de]
Beschichtung *f*	coating, coat, film	couche *f*, film *m*, couverte *f*, couverture *f*

Beschicken *n*	charging, loading	chargement *m*
Beschickungsfläche *f*	charging area	aire *f* de chargement *m*
beschießen *v*	bombard	bombarder
Beschießen *n*	bombardment	bombardement *m*
beschleunigen *v*	accelerate, speed up	accélérer
Beschleuniger *m*	accelerator	accélérateur *m*
Beschleunigung *f*	acceleration	accélération *f*
Beschleunigungsbereich *m*	accelerating area, accelerating region	zone *f* d'accélération *f*, région *f* d'accélération *f*
Beschleunigungselektrode *f*	accelerating electrode	électrode *f* accélératrice, électrode *f* d'accélération *f*
Beschleunigungsfeld *n*	accelerating field	champ *m* accélérateur, champ *m* d'accélération *f*
Beschleunigungskammer *f*	accelerating chamber	chambre *f* d'accélération *f*
Beschleunigungskraft *f*	accelerating force	force *f* accélératrice, force *f* d'accélération *f*
Beschleunigungsspalt *m*	accelerating gap, accelerating slit	fente *f* d'accélération *f*
Beschleunigungszone *f*	accelerating area	zone *f* d'accélération *f*
beschneiden [Frequenzband] *v*	clip, cut off	couper
Beschuß *m*	bombardment	bombardement *m*
beseitigen [Fehler] *v*	repair, clear, eliminate, remove	réparer, dépanner, éliminer
besichtigen *v*	inspect, view	inspecter, examiner
Besichtigung *f*	inspection, examination	inspection *f*, examen *m*
bespülen *v*	rinse	rincer, baigner
Bespülung *f*	rinsing	rinçage *m*
beständig *adj*	constant, continuous, steady, permanent, stable, sustained, persevering	constant, continu, permanent, stable, assidu
Bestandteil *m*	part, constituent, component, element	partie *f*, constituant *m*, partie *f* constituante, composant *m*, élément *m*, ingrédient *m*
bestehen [~ aus] *v*	consist [~ of], be made up [~ of], be composed [~ of]	composer[de], consister[en]
Bestimmung *f* [Definition]	definition	définition *f*
Bestimmung *f* [Ermittlung]	determination, identification, evaluation	détermination *f*, évaluation *f*
Bestimmung *f* [Vorschrift]	specification, prescription	spécification *f*, préscription *f*
bestrahlen *v*	irradiate	irradier
Bestrahlung *f*	irradiation	irradiation *f*
Bestrahlungskanal *m*	beam hole	trou *m* de faisceau *m*
Bestrahlungskapsel *f*	irradiation cell	capsule *f* d'irradiation *f*

Bestrahlungsposition *f*	irradiation position	position *f* d'irradiation *f*
Bestrahlungsschaden *m*	radiation injury	radiolésion *f*
Bestrahlungstechnik *f*	irradiation technique	technique *f* d'irradiation *f*
Bestrahlungstrommel *f*	irradiation drum	tambour *m* d'irradiation *f*
bestücken [mit] *v*	equip [~ with]	équiper[de]
Bestückung *f*	equipment	équipement *m*
Bestwert *m*	optimum, optima *pl*	optimum *m*, optima *m/pl*
Beta-Aktivität *f*	beta activity, beta-radioactivity	activité *f* bêta, radioactivité *f* bêta
Beta-Emission *f*	beta emission, beta-ray emission	émission *f* bêta
Beta-Kammer *f*	beta counter	compteur *m* bêta
Beta-Nulleffekt *m*	beta-background	fond *m* bêta
Beta-Phase *f*	beta phase	phase *f* bêta
Betarückstreuung *f*	beta backscattering	diffusion *f* bêta en retour *m*, rétrodiffusion *f* bêta
Beta-Strahl *m*	beta ray	rayon *m* bêta
Betastrahler *m*	beta emitter	émetteur *m* bêta
Beta-Strahlung *f*	beta radiation, beta emission, beta-ray emission	rayonnement *m* bêta, radiation *f* bêta, émission *f* bêta
betätigen *v*	operate, handle, work, attend [~ to], manipulate, actuate, command, control	opérer, manœuvrer, desservir, manier, actionner, fonctionner, commander
Betätigung *f*	operation, handling, attendance, control, work, manipulation, command	opération *f*, maniement *m*, manipulation *f*, réglage *m*, action *f*, actionnement *m*, manœuvre *f*
Betatron *n*	betatron	bêtatron *m*
Beta-Untergrund *m*	beta background	fond *m* bêta
Beta-Zähler *m*	beta counter	compteur *m* bêta
Beton *m*	concrete	béton *m*
Betonieren *n*	concreting	bétonnage *m*
betonieren *v*	to concrete	bétonner
Betonmantel *m*	concrete envelope	enveloppe *f* en béton *m*
Betonschutz *m*	concrete shield	protection *f* en béton *m*, carapace *f* en béton *m*
betrachten *v*	view, observe, watch	observer, voir, regarder
Betrachtung *f* [Beobachtung]	observation, viewing, watching	observation *f*, mise *f* en évidence *f*, remarque *f*, mise *f* au point
Betrachtung *f* [Überlegung]	consideration	considération *f*, réflexion *f*
Betrachtungsabstand *m*	viewing distance	distance *f* d'observation *f*
Betrachtungsbedingung *f*	viewing condition	condition *f* d'observation *f*
Betrachtungsleuchtdichte *f*	viewing luminous density	luminance *f* d'observation *f*, luminance *f* observée
Betrachtungswinkel *m*	viewing angle	angle *m* d'observation *f*
Betrag *m*	amount, quantity, magnitude	taux *m*, quantité *f*

Betrieb *m* [Betriebsablauf]	operation, exploitation, service, action, working, functioning	opération *f*, exploitation *f*, service *m*, fonctionnement *m*, action *f*, marche *f*
Betrieb *m* [Werk]	plant, works *pl*, installation, factory	usine *f*, fabrique *f*, installation *f*
Betrieb *m*; außer ~	out of service, at rest	hors service *m*
Betrieb *m*; außer ~ setzen *v*	stop, put out of service, put out of operation	arrêter, mettre hors service *m*, mettre hors fonctionnement *m*
Betrieb *m*; in ~	in service, in gear, working, running	en service *m*, en marche *f*
Betrieb *m*; in ~ setzen	start, put into service, set to work	démarrer, mettre en service *m*, mettre en marche *f*
Betriebsablauf *m*	operation, exploitation, service, action, working, functioning	opération *f*, exploitation *f*, service *m*, fonctionnement *m*, action *f*, marche *f*
Betriebsbedingungen *f/pl*	operating conditions *pl*, service conditions *pl*, working conditions *pl*	conditions *f/pl* de service *m*, conditions *f/pl* de fonctionnement *m*
Betriebsdaten *n/pl*	operating data, working data	données *f/pl* de service *m*
Betriebsfestigkeit *f*	fatigue strength	résistance *f* à la fatigue
Betriebsprüfung *f*	functional test	essai *m* de fonctionnement *m*
Betriebssicherheit *f*	operational safety	sécurité *f* d'exploitation *f*, sécurité *f* de marche *f*
Betriebsstörung *f*	breakdown, operating trouble, interruption, disturbance	panne *f*, trouble m d'exploitation *f*, dérangement *m* de service *m*
Betriebsüberwachung *f*	operation supervision, operating survey, plant surveillance, operating observation, operating control	surveillance *f* d'exploitation *f*, contrôle *m* d'exploitation *f*, observation *f* du service
Betriebsverhalten *n*	operating behaviour	comportement *m* d'opération *f*
Betriebsvorschrift *f*	service instruction	instruction *f* de service *m*
Bett *n* [Bettung]	base, bed, bed-plate, bottom, foundation	base *f*, fondement *m*, plancher *m*, socle *m*
Beugung *f*	diffraction	diffraction *f*
Beugungsbild *n*	diffraction pattern	figure *f* de diffraction *f*
Beugungsdiagramm *n*	→ Beugungsbild *n*	
Beugungserscheinung *f*	diffraction phenomenon	phénomène *m* de diffraction *f*
Beugungsfigur *f*	diffraction pattern	figure *f* de diffraction *f*
Beugungsfokussierung *f*	diffractional focusing	focalisation *f* diffractive
Beugungsgitter *n*	diffraction grid, diffraction grating	réseau *m* de diffraction *f*

Beugungsstreuung *f*	diffraction scattering	diffusion *f* diffractive
Beugungsverfahren *n*	diffraction method	méthode *f* de diffraction *f*
Beugungswinkel *m*	diffraction angle	angle *m* de diffraction *f*
Beulbeanspruchung *f* [Platte]	buckling stress	effort *m* de flambage *m*, charge *f* de pliage *m*
Beule *f*	bulge, buckle, buckling	bosse *f*, cabosse *f*, enflure *f*, voilement *m*, évasement *m*
Beulfestigkeit *f* [Platte]	buckling strength, breaking strength	résistance *f* au flambage, résistance *f* au pliage
Beulspannung *f* [Platte]	buckling strain	tension *f* de flambage *m*
Beulversuch *m* [Platte]	buckling test	essai *m* de flambage *m*
Beurteilung *f*	assessment, estimation, interpretation, evaluation, weighting rating	appréciation *f*, estimation *f*, évaluation *f*, interprétation *f*, pondération *f*
beweglich *adj*	mobile, movable, moving, portable, flexible, loose, transportable	mobile, agile, portable, transportable, flexible, mouvant
Beweglichkeit *f*	mobility	mobilité *f*
bewegt *adj*	agitated, moved	agité
Bewegung *f*	motion, mouvement	mouvement *m*, marche *f*
Bewegung *f*, in ∼ setzen *v*	put in motion, drive, move, actuate	mettre en marche *f*, mettre en action *f*, actionner
Bewegungsenergie *f*	kinetic energy	énergie *f* cinétique
bewegungslos *adj*	motionless	immobile
Bewegungsunschärfe *f*	motion unsharpness, motion displacement	flou *m* par mouvement *m*
bewehren *v*	armour, protect	armer, blinder, protéger
Bewehrung *f*	armouring, armour, protection, sheathing	armure *f*, blindage *m*, protection *f*
bewerten *v*	weight, assess	pondérer, évaluer
Bewertung *f* [Einschätzung]	appreciation, evaluation	appréciation *f*, évaluation *f*
Bewertung *f* [Gewichtigkeit]	weighting	pondération *f*
Bewitterungsverhalten *n*	weathering behaviour	comportement *m* aux agents *m/pl* atmosphériques
Bewitterungsversuch *m*	weathering test	essai *m* de résistance *f* aux intempéries *f/pl*
bezeichnen *v*	designate, denote, mark	désigner, dénoter, marquer
Beziehung *f*	relation, relationship, correlation	relation *f*, corrélation *f*
Bezug *m* [Vergleich]	reference, comparison	référence *f*, comparaison *f*
Bezugsaufnahme *f* [Radiografie]	reference exposure	cliché *m* de référence *f*
Bezugsfehler *m*	reference defect	défaut *m* de référence *f*
Bezugsnormal *n*	reference standard	standard *m* de référence *f*
Bezugspegel *m*	reference level	niveau *m* de référence *f*
Bezugsreflektor *m*	reference reflector	réflecteur *m* de référence *f*

Bezugssignal *n*	reference signal	signal *m* de référence *f*
Biegebeanspruchung *f*	bending stress	effort *m* de flexion *f*
Biegefestigkeit *f*	bending resistance, bending strength	résistance *f* à la flexion, résistance *f* au pliage
Biegemoment *n*	bending moment	moment *m* de flexion *f*
biegen *v*	bend, curve, crook	plier, courber
Biegeprobe *f* [Versuch]	bend test, bending test	essai *m* de pliage *m*, essai *m* de flexion *f*
Biegeprüfung *f*	→ Biegeprobe *f*	
Biegeversuch *m*	bend test, bending test	essai *m* de pliage *m*, essai *m* de flexion *f*
Biegewechselfestigkeit *f*	bending fatigue strength	résistance *f* à la flexion alternée
Biegewelle *f*	Lamb wave, plate wave, compressional wave, bending wave	onde *f* de Lamb, onde *f* de compression *f*, onde *f* de flexion *f*
Biegsamkeit *f*	pliability, flexibility	souplesse *f*, flexibilité *f*
Biegung *f* [Durchbiegung]	sagging, flexure, deflection	courbement *m*, courbage *m*
Biegung *f* [mechanische Beanspruchung]	bend, bending	pliage *m*, flexion *f*
Biegung *f* [Straße]	turn, curve	courbe *f*, virage *m*
Biegungsbeanspruchung *f*	bending stress	effort *m* de flexion *f*
Biegungsmoment *n*	bending moment	moment *m* de flexion *f*
bifokal *adj*	bifocal	à double foyer *m*, bifocal
Bild *n* [Darstellung]	image, picture, pattern, display, imaging	image *f*, cliché *m*
Bild *n* [Illustration]	figure, illustration	figure *f*, illustration *f*
Bild *n* [Kunstwerk]	picture	peinture *f*, tableau *m*, image *f*
Bild *n*, kontrastreiches	image with the best contrast	cliché *m* contrasté
Bild *n*, scharfes	image with high resolution	cliché *m* net, image *f* nette
Bildabtastung *f*	picture scanning, picture scan	balayage *m* d'image *f*
Bildanalyse *f*	image analysis	analyse *f* d'image *f*
Bildauflösung *f*	picture definition	définition *f* de l'image *f*
Bildaufzeichnung *f*	image recording	enregistrement *m* de l'image *f*
Bildebene *f*	image plane	plan *m* d'image *f*
bilden [entstehen] *v*	originate, result	naître, résulter
bilden [formen] *v*	form	former
Bildfehler *m*	image defect, image distortion	défaut *m* d'image *f*, distorsion *f* d'image *f*
Bildgüte *f*	image quality	qualité *f* d'image *f*
Bildgüteanzeiger *m* [Radiographie]	image quality indicator [= I.Q.I.]	indicateur *m* de qualité *f* d'image *f* [= I.Q.I.]
Bildhelligkeit *f*	image brightness	luminosité *f* de l'image *f*
Bildkontrast *m*	image contrast	contraste *m* d'image *f*
Bildqualität *f*	image quality	qualité *f* d'image *f*

Bildschärfe *f*	image sharpness, image definition	netteté *f* de l'image *f*, définition *f* de l'image *f*
Bildschärfe *f*, hohe	high resolution	netteté *f* élévée
Bildschirm *m*	viewing screen, picture screen	écran *m* image
Bildschirmhöhe *f*	screen height	hauteur *f* d'écran *m*
Bildspeicher *m*	image store, image memory	hauteur *f* d'écran *m* mémoire *f* image
Bildspeicherröhre *f*	image storage tube	tube *m* image enregistreur, tube *m* mémoire d'image *f*
Bildstruktur *f*	image structure, picture structure	structure *f* de l'image *f*
Bildübertragung *f*	image transmission	transmission *f* d'image *f*
Bildung *f* [Entstehung]	formation, forming	formation *f*
Bildungsmechanismus *m*	formation mechanism	mécanisme *m* de formation *f*
Bildunschärfe *f*	image unsharpness, lack of image definition	flou *m* d'image *f*
Bildverarbeitung *f*	image treatment	traitement *m* d'image *f*
Bildverarbeitungsverfahren *n*	method of image treatment	procédé *m* du traitement d'image *f*
Bildverfahren *n*	imaging method	méthode *f* de représentation *f* d'images *f/pl*
Bildverstärker *m*	image intensifier, video amplifier	amplificateur *m* image, amplificateur *m*, vidéo, intensificateur *m* d'images *f/pl*
Bildverstärkerröhre *f*	image intensifier tube	tube *m* intensificateur d'images *f/pl*
Bildverzerrung *f*	image distortion	distorsion *f* de l'image *f*
Bildwandler *m*	image converter	convertisseur *m* d'image *f*
Bildwiedergabe *f*	image reproduction	reproduction *f* de l'image *f*
Bimetall *n*	bimetal	bimétal *m*
bimetallisch *adj*	bimetallic	bimétallique
Bimetallstreifen *m*	bimetallic strip	lame *f* bimétallique
binär *adj*	binary	binaire
Binärdarstellung *f*	binary notation	notation *f* binaire
Bindefehler *m* [Fügetechnik]	lack of fusion, incomplete fusion	manque *m* de fusion *f*
Bindefestigkeit *f*[Metallklebung]	shear strength	résistance *f* au cisaillement
Bindemittel *n*	bonding medium	agent *m* de fusion *f*
Bindung *f* [chemisch]	binding, bond	liaison *f*, combinaison *f*
Bindung *f* [Fügetechnik]	fusion, bonding	fusion *f*, liaison *f*
Bindung *f* [Verband]	link, linkage	liaison *f*
Bindung *f*, atomare	atomic bond, covalent bond	liaison *f* atomique, liaison *f* covalente

Bindung *f*, chemische	chemical binding, chemical bond	liaison *f* chimique
Bindung *f*, starre	rigid linkage	liaison *f* rigide
Bindung *f*, unzureichende	insufficient fusion	fusion *f* insuffisante
Bindungsenergie *f*, nukleare	nuclear binding energy	énergie *f* de liaison *f* nucléaire
bipolar *adj*	bipolar	bipolaire
Birne *f* [Glühbirne]	bulb	ampoule *f*
Birne *f* [Konverter]	converter	convertisseur *m*
bistabil *adj*	bistable	bistable
blank [Draht] *adj*	bare, naked	nu
blank [glänzend] *adj*	clear, bright, polished	brillant, poli, blanc
blank [Schraube] *adj*	finished	fini
Blanket *n* [Brutmantel]	blanket, breeding blanket	enveloppe *f* fertile
Blase *f* [allgemein]	bubble	bulle *f*, ampoule *f*
Blase *f* [Materialfehler]	blister	soufflure *f*
Blasenbildung *f* [allgemein]	bubbling, bubble formation	formation *f* de bulles *f/pl*
Blasenbildung *f* [im Metall]	blister formation	formation *f* de soufflures *f/pl*
blasen frei *adj*	without bubbles *pl*, non-porous, dense, without blisters *pl*	sans bulles *f/pl*, sans soufflures *f/pl*
Blasenkammer *f*	bubble chamber	chambre *f* à bulles *f/pl*
blasenlos *adj*	→ blasenfrei	
blasig *adj*	bubbly, blistery	bulleux, vésiculé, plein de soufflures *f/pl*
Blatt *n* [allgemein]	leaf	feuille *f*
Blatt *n* [Klinge]	blade	lame *f*
Blatt *n* [Papier]	sheet, paper, page	feuillet *m*, page *f*
blätterförmig *adj*	leafy	en feuilles *f/pl*
blattförmig *adj*	→ blätterförmig	
Blech *n*	sheet, sheet metal	tôle *f*
Blech *n*, beschichtetes	coated sheet	tôle *f* enduite
Blech *n*, legiertes	alloyed sheet	tôle *f* d'alliage *m*, tôle *f* alliée
Blechband *n*	sheet strip	ruban *m* de tôle *f*
Blechbearbeitung *f*	plate working, sheet machining	façonnage *m* des tôles *f/pl*, usinage *m* de tôles *f/pl*
Blechdicke *f*	plate thickness	épaisseur *f* de tôle *f*
Blechkante *f*	sheet edge	arête *f* de tôle *f*, bord *m* de tôle *f*
Blechpaket *n*	sheet-metal bunch	empilage *m* de tôle *f*
Blechplatte *f*	sheet-metal plate	plaque *f* de tôle *f*
Blechprofil *n*	sheet-metal profile	profilé *m* de tôle *f*
Blechprüfung *f*	plate testing	contrôle *m* de tôle *f*
Blechrand *m*	sheet edge	bord *m* de tôle *f*
Blechstärke *f*	plate thickness	épaisseur *f* de tôle *f*
Blechstraße *f*	plate mill	train *m* pour tôles *f/pl*
Blechstreifen *m*	sheet-metal strip	ruban *m* en tôle *f*

Blechtafel *f*	sheet-metal plate	feuille *f* de tôle *f*
Blechverkleidung *f*	sheeting	revêtement *m* en tôle *f*, blindage *m* en tôle *f*, chemise *f* en tôle *f*
Blei *n*, gewalztes	rolled lead	plomb *m* laminé
Blei *n*, schwammiges	spongy lead	plomb *m* spongieux
Bleiabschirmung *f*	lead screen, lead screening	écran *m* en plomb *m*
Bleiauskleidung *f*	lead lining	revêtement *m* en plomb *m*
Bleibarren *m*	lead lump, lead pig	pain *m* de plomb *m*, saumon *m* de plomb *m*
Bleibehälter *m*	leaden container	récipient *m* en plomb *m*
Bleiblech *n*	lead sheet	tôle *f* en plomb *m*, plaque *f* de plomb *m*
Bleibronze *f*	lead bronze	bronze *f* chinoise
bleichen *v*	bleach, fade	blanchir, décolorer
Bleidichtung *f*	lead joint, lead packing	joint *m* au plomb, garniture *f* en plomb *m*
bleiern *adj*	leaden, of lead	en plomb *m*, de plomb *m*, plombé
Bleifilter *m*	lead filter	filtre *m* en plomb *m*
Bleifolie *f* [allgemein]	lead foil	feuille *f* de plomb *m*, feuille *f* en plomb *m*
Bleifolie *f* [Radiographie]	lead screen	écran *m* en plomb *m*
Bleiglas *n*	lead-glass	verre *m* de plomb *m*
bleihaltig *adj*	plumbiferous	plombifère
Bleimantel *m*	lead covering	enveloppe *f* en plomb *m*, garniture *f* de plomb *m*
Bleiplatte *f*	lead plate, sheet of lead	table *f* de plomb *m*
Bleirohr *n*	lead pipe, leaden pipe	gaine *f* de plomb *m*, tube *m* en plomb *m*, tuyau *m* de plomb *m*
Bleiummantelung *f*	→ Bleimantel *m*	
Bleiverkleidung *f*	lead lining	revêtement *m* en plomb *m*
Blende *f* [Abdeckung]	mask, masking, diaphragm	masque *m*, masquage *m*, diaphragme *m*
Blende *f* [Abschirmung]	screen	écran *m*, paralume *m*
Blende *f* [Einfassung]	escutcheon, trimplate	écran *m*, cadre *m*, charpente *f*
Blende *f* [Kollimator]	collimator	collimateur *m*
Blendenöffnung *f*	aperture of diaphragm	ouverture *f* de diaphragme *m*
Blickwinkel *m*	angle of viewing	angle *m* de visée *f*
Blindanteil *m*	reactive component	composante *f* réactive
Blindenergie *f*	reactive energy	énergie *f* réactive
Blindkomponente *f*	reactive component	composante *f* réactive
Blindwiderstand *m*	reactance	réactance *f*
Blitzlicht *n*	flashlight	lumière *f* flash
Blitzradiographie *f*	flashlight radiography	radiographie *f* à éclair *m*
Block *m* [allgemein]	block	bloc *m*
Block *m* [Metallblock]	ingot	lingot *m*, barre *f*

Block *m*, vorgewalzter	bloom, billet	bloom *m*, billette *f*
Blockdiagramm *n*	block diagram	schéma *m* bloc, diagramme *m* d'ensemble *m*
blockieren *v*	block, stop, lock	bloquer, arrêter, stopper
Blockschaltbild *n*	block diagram, block	diagramme *m* d'ensemble *m*, schéma *m* bloc
Blockschema *n*	block schematic diagram, block diagram	schéma *m* bloc, diagramme *m* d'ensemble *m*
Blocktechnologie *f*	block technology	technologie *f* de bloc *m*
Blumenbildung *f* [Materialfehler]	spangle formation	formation *f* de fleurs *f/pl*
Boden *m* [Dachboden]	garret, loft, attic	grenier *m*
Boden *m* [Erdboden]	soil, ground, earth	sol *m*, terre *f*, terrain *m*
Boden *m* [Fußboden]	floor	plancher *m*
Boden *m* [Grund]	bottom	fond *m*
Boden *m* [Unterlage]	base, foundation, bed	base *f*, fondement *m*, socle *m*
Bodenplatte *f*	base plate, bed-plate, bottom plate	plaque *f* de base *f*, plateau *m* de fond *m*
Bodensatz *m*	deposit, deposition, precipitate	dépôt *m*, précipitation *f*, sédimentation *f*
Bodenspule *f*	base coil	bobine *f* de base *f*
Bogen *m* [Bauwerk]	arch	arche *f*
Bogen *m* [Krümmung]	curve, curvature, bend	courbure *f*, courbe *f*
Bogen *m* [Lichtbogen]	arc	arc *m*
Bogen *m* [Mathematik]	arc, bow	arc *m*, cintre *m*
Bogen *m* [Papier]	sheet	feuille *f*
Bogenentladung *f*	arc discharge	décharge *f* par arc *m*
bohren [allgemein] *v*	drill	forer
bohren [aufbohren, ausbohren] *v*	bore	forer, aléser
bohren [Brunnen] *v*	sink [a well]	creuser, foncer, forer [un puits]
bohren [durchbohren] *v*	pierce	percer, perforer
bohren [Gewinde] *v*	tap	tarauder
Bohrloch *n*	bore-hole, bore, boring, drill hole	trou *m*, percement *m*, puits *m* de forage *m*
Bohrloch *n*, zylindrisches	cylindrical bore-hole	percement *m* cylindrique, trou *m* cylindrique
Bohrlochuntersuchung *f*	bore-hole logging	carottage *m*
Bohrsches Atommodell *n*	Bohr atom model	modèle *m* atomique de Bohr
Bohrung *f*	boring, bore-hole, hole, drilling	perçage *m*, percement *m*, forage *m*, forure *f*, trou *m*, ouverture *f*
Bohrung *f*, zylindrische	cylindrical bore-hole	trou *m* cylindrique, percement *m* cylindrique

Bolometer *n*	bolometer	bolomètre *m*
Boltzmannsche Konstante *f*	Boltzmann's constant	constante *f* de Boltzmann
Bolzen *m*	bolt, pin, peg, stud, gudgeon	boulon *m*, cheville *f*, goujon *m*
Bombardement *n*	bombardment	bombardement *m*
Bombardierung *f*	→ Bombardement *n*	
Bor *n* [B]	boron [B]	bore *m* [B]
Bor *n*, mit ~	borated	boré, revêtu de bore *m*, contenant de bore *m*
Borauskleidung *f*	boron lining	revêtement *m* de bore *m*
Bördelversuch *m*	flanging test	essai *m* de rabattement *m* de collerette *f*
boriert	borated	boré
Bor-Ionisationskammer *f*	boron-filled ionization chamber	chambre *f* d'ionisation *f* à bore *m*
Borstahl *m*	boron steel	acier *m* à bore *m*
Borzählrohr *n*	boron counter tube, boron-filled counter	tube *m* compteur à bore *m*
Bottich *m*	tub, vat	bac *m*, cuve *f*
Box *f*	box	boîte *f*
Bragg-Beugung *f*	Bragg diffraction	diffraction *f* de Bragg
Bragg-Reflexion *f*	Bragg reflection	réflexion *f* de Bragg
Braggsche Gleichung *f*	Bragg's equation	équation *f* de Bragg
Braggsche Streuung *f*	Bragg scattering	diffusion *f* de Bragg
Bramme *f*	slab, bloom	brame *f*, bloom *m*
Brammenstraße *f*	slabbing mill	train *m* à brames *f/pl*
brauchbar	useful, efficient, serviceable	utilisable, utile, efficace, puissant, capable
Brauchbarkeitsdauer *f*	service life	longévité *f*
Braunfärbung *f*	brown coloration	coloration *f* brune
brechen [Strahl] *v*	refract	réfracter
brechen [zerbrechen] *v*	break, fracture, split, crash, crush	se casser, se briser, se rompre
Brechen *n*	breaking, crushing, rupture	rupture *f*, broyage *m*, pulvérisation *f*
Brechung *f*	refraction	réfraction *f*
Brechungsindex *m*	refraction index, refractive index	indice *m* de réfraction *f*
Brechungsvermögen *n*	refractive power, refrangibility	puissance *f* de réfraction *f*, réfrangibilité *f*
Brechungswinkel *m*	angle of refraction, refracting angle	angle *m* de réfraction *f*
Breitband *n*	wide band	large bande *f*
breitbandig [Frequenzband] *adj*	wide-band . . .	. . . à large bande *f*
Breitbandverstärker *m*	wide-band amplifier, broad-band amplifier	amplificateur *m* à large bande *f*
Breite *f*	width, breadth	largeur *f*
Breitenschwankung *f*	width fluctuation	variation *f* de largeur *f*

Bremsmoment *n*	braking moment, braking torque	couple *m* de freinage *m*, couple *m* freinant
Bremsspektrum *n*	spectrum of bremsstrahlung	spectre *m* du rayonnement indépendant
Bremsstrahlung *f*	bremsstrahlung, continuous radiation	rayonnement *m* indépendant
Bremsung *f*	delay, braking	freinage *m*, ralentissement *m*, retard *m*
Bremsversuch *m*	braking test	essai *m* de freinage *m*
brennbar *adj*	combustible	combustible
Brennelement *n*	fuel element, fuel assembly	élément *m* combustible
Brennelementbündel *n*	cluster of fuel elements *pl*	paquet *m* d'éléments *m/pl* combustibles
Brennelementhülle *f*	can, jacket [of a fuel element]	tube *m*, gaine *f*, enveloppe *f* [d'un élément combustible]
Brennelementkasten *m*	case for fuel elements *pl*	caisson *m* à éléments *m/pl* combustibles
Brennen *n* [Rösten]	calcination	calcination *f*
Brennfleck *m*	focal spot	spot *m* focal, spot *m* lumineux
Brennfleckstruktur *f*	focal spot structure	structure *f* du spot focal
Brennpunkt *m*	focus, focal point, focusing point	foyer *m*
Brennstab *m*	fuel rod, fuel pin	crayon *m* combustible, barreau *m* combustible
Brennstabhülse *f*	case [for fuel rods]	tube *m* de gainage *m*
Brennstoff *m*	fuel, combustible	carburant *m*, combustible *m*
Brennstoffbündel *n*	cluster of fuel elements *pl*	paquet *m* d'éléments *m/pl* combustibles
Brennstoffelement *n*	fuel element, fuel assembly	élément *m* combustible
Brennstoffilter *m*	fuel filter	filtre *m* de combustible *m*
Brennstoffkassette *f*	fuel assembly	ensemble *m* de combustible *m*
Brennstoffkern *m*	fuel kernel	noyau *m* de combustible *m*
Brennstoff-Wiederaufbereitungsanlage *f*	fuel reprocessing plant	installation *f* de régénération *f* de combustible *m*
Brennstoffzelle *f*	fuel cell	cellule *f* de carburant *m*
Brennstrahl *m*	focal ray	rayon *m* focal
Brennweite *f*	focal length, focal distance, convergence distance	distance *f* focale
Brewster-Winkel *m*	Brewster angle	angle *m* de Brewster
Brinellhärte *f*	Brinell hardness	dureté *f* Brinell
Brom *n* [Br]	bromine	brome *m*
Bromzählrohr *n*	bromic counter tube, bromine counter	tube *m* compteur à brome *m*
Bronze *f*	bronze	bronze *m*

Brownsche Molekularbewegung *f*	Brownian motion, Brownian mouvement	mouvement *m* Brownien, mouvement *m* de Brown
Bruch *m* [mathematisch]	fraction	fraction *f*
Bruch *m* [mechanisch]	fracture, rupture, break, breaking, breakage	fracture *f*, rupture *f*, cassure *f*
Bruchdehnung *f*	percentage elongation after fracture, breaking elongation, elongation at rupture	allongement *m* pour cent après rupture *f*, allongement *m* de rupture *f*
Brucheinschnürung *f*	percentage reduction of area after fracture	coefficient *m* de striction *f* après rupture *f*
Bruchenergie *f*, spezifische	specific fracture work	énergie *f* spécifique de rupture *f*
Bruchfestigkeit *f*	breaking strength, breaking point	résistance *f* à la rupture
Bruchgeschwindigkeit *f*	fracture velocity	vitesse *f* de fissuration *f*
Bruchgrenze *f*	breaking limit	limite *f* de rupture *f*
Brüchigkeit *f*	brittleness	fragilité *f*
Bruchlast *f*	breaking load	limite *f* de déchirement *m*
Bruchmechanik *f*	fracture mechanics *pl*	mécanique *f* de rupture *f*
bruchsicher *adj*	break-proof	résistant à la rupture
Bruchspannung *f*	breaking stress, ultimate stress	contrainte *f* de rupture *f*
Bruchstelle *f*	location of rupture	lieu *m* de rupture *f*
Bruchstrich *m*	fractional line	barre *f* de fraction *f*
Bruchstücke *n/pl*	debris *pl*, fragments *pl*	débris *m/pl*, décombres *m/pl*, ruines *f/pl*
Bruchverhalten *n*	fracture behaviour	comportement *m* à la rupture
Bruchzähigkeit *f*	fracture toughness	ténacité *f* de rupture *f*
Bruchzähigkeitsfaktor *m*	fracture toughness factor	facteur *m* de ténacité *f* de rupture *f*
Brücke *f*	bridge	pont *m*
Brückenschaltung *f*	bridge circuit	montage *m* en pont *m*
Brummstörung *f*	hum, hum interference	ronflement *m*
Brutelement *n*	charged element	élément *m* de surrégénération *f*
Brüten *n*	breeding	régénération *f*
Brüter *m*	breeder, breeder reactor	réacteur *m* régénérateur, réacteur *m* autorégénérateur
Brutmantel *m*	breeding blanket, blanket	enveloppe *f* fertile
Brutmaterial *n*	breeding material	matière *f* régénératrice
Brutreaktor *m*	breeder reactor, breeder	réacteur *m* régénérateur, réacteur *m* autorégénérateur
Brutstoff *m*	fertile material, breeding material	matière *f* régénératrice
Brutvorgang *m*	breeding	régénération *f*
Brutzone *f*	breeding blanket	enveloppe *f* fertile

Buchband *m*	volume, tome	tome *m*, volume *m*
Buchse *f*	sleeve, bush, bushing, shell, socket	douille *f*, manchon *m*, prise *f*
Büchse *f* [Gefäß]	box, case, casing, tub, vat, can, tin, cage, receptacle	boîte *f*, boîtier *m*, cuve *f*, bac *m*, récipient *m*, caisse *f*, cage *f*
Bügel *m*	lug	étrier *m*
Bund *n* [Bündel]	bunch, pack, packet	paquet *m*, groupe *m*
Bund *m* [Flansch]	flange, collar	collet *m*, bride *f*, bourrelet *m*
Bündel *n* [Paket]	pack, packet, bunch	paquet *m*, groupe *m*
Bündel *n* [Strahlenbündel]	beam	faisceau *m*
bündeln *v*	concentrate, focus, direct, bunch	concentrer, focaliser, diriger
Bündelöffnung *f*	beam aperture, beam width	ouverture *f* du faisceau
Bündelschleuse *f*	beam extractor, beam extraction	dispositif *m* d'extraction *f* de faisceau *m*, extraction *f* de faisceau *m*
Bündelung *f*	concentration, focusing	concentration *f*, focalisation *f*
Burst *m*	burst	burst *m*, éclat *m*
Burst-Emission *f* [Schallemission]	emission of bursts *pl*	émission *f* de bursts *m/pl*
Burstsignal *n*	burst signal, burst	signal *m* du type burst, burst *m*

C

C-Bild *n*	C-scan	présentation *f* C
C-Bild-Darstellung *f*	C representation	représentation *f* du type C
C-Bild-Verfahren *n*	C-scanning method, C-scope method	méthode *f* à représentation *f* C
Cadmium *n* [Cd]	cadmium	cadmium *m*
Calcium *n* [Ca]	calcium	calcium *m*
Californium *n* [Cf]	californium	californium *m*
Calorimeter *n*		calorimètre *m*
Carbonyleisen *n*	carbonyl iron	fer *m* carbonylique
Cäsium *n* HCs]	caesium, cesarium (USA)	césium *m*
Cerenkov-Strahlung *f*	Cerenkov radiation	radiation *f* de Cérenkov
Cerenkov-Zähler *m*	Cerenkov counter	compteur *m* Cérenkov
Charakteristik *f*	characteristic	caractéristique *f*
Charakteristik *f*, schwach ansteigende	slowly rising characteristic	caractéristique *f* à montée *f* faible
Charakteristik *f*, stark abfallende	rapidly declining characteristic	caractéristique *f* à chute *f* rapide
Charge *f*	charge	charge *f*

Chassis *n*	chassis, frame, desk, deck	châssis *m*, platine *f*
Chemikalie *f*	chemical agent, reagent	substance *f* chimique
Chlor *n* [Cl]	chlorine	chlore *m*
Chrom *n* [Cr]	chromium	chrome *m*
chromatisch *adj*	chromatic	chromatique
Chromnickel *n*	chrome-nickel	chrome-nickel *m*
Chromnickelstahl *m*	chrome-nickel steel	acier *m* au chrome-nickel
Chromstahl *m*	chrome steel	acier *m* au chrome, acier *m* chromé
Clamping-Schaltung *f*	clamping circuit, clamp, clamping	circuit *m* clamping, clamping *m*
Cluster *m*	cluster	amas *m*, essaim *m*, conglomérat *m*
Code *m*	code	code *m*
Coder *m*	coder	codeur *m*
Code-Umsetzer *m*	code converter, transcoder, code translator	convertisseur *m* de code *m*, transcodeur *m*, translateur *m* de code *m*
Code-Umsetzung *f*	code conversion	conversion *f* de code *m*, transcodage *m*
Codierung *f*	coding	codage *m*, codification *f*
Colorimeter *n*	colorimeter	colorimètre *m*
Compton-Effekt *m*	Compton effect	effet *m* Compton
Compton-Streuung *f*	Compton scattering	diffusion *f* Compton
Computer *m*	computer	computer *m*, ordinateur *m*, machine *f* à calculer
Computer-Bild *n*	computer-generated image	image *f* générée par computer *m*
computergesteuert *adj*	computer-controlled	commandé par calculateur *m* électronique
computergestützt *adj*	computer-aided, computer-assisted	assisté par computer *m*
Computer-Tomographie *f*	computerized tomography, computed tomography, computer-assisted tomography	tomographie *f* commandée par calculateur *m* électronique
Container *m*	container	container *m*
Core *m*	core	cœur *m*
Coulombsche Streuung *f*	Coulombian scattering	diffusion *f* coulombienne
Coulombsches Gesetz *n*	Coulomb's law	loi *f* de Coulomb
Craze *m* [Rißbildungsstadium]	craze	craze *m*
cryogenisch *adj*	cryogenic	cryogénique
Curie-Temperatur *f*	Curie temperature	température *f* de Curie
Curium *n* [Cm]	curium	curioum *m*

D

Dachabfall *m* [Impuls]	pulse tilt, sloping top	pente *f* du créneau, pente *f* positive
Dachanstieg *m* [Impuls]	pulse ascent	montée *f* du créneau, pente *f* négative
Dachschräge *f* [Impuls]	tilt, sag	inclinaison *f* d'impulsion *f*, obliquité *f* d'impulsion *f*
Dachschräge *f*, negative [Impuls]	pulse sag, pulse drop	montée *f* du créneau, pente *f* négative
Dachschräge *f*, positive [Impuls]	pulse tilt, sloping top	pente *f* du créneau, pente *f* positive
Dämmzahl *f*	damping factor	facteur *m* d'isolement *m*
Dampfabscheider *m*	steam separator	séparateur *m* de vapeur *f*
dämpfen [abschwächen]	damp, dampen, deaden, reduce, diminish, weaken, decrease	affaiblir, amortir, absorber, réduire, diminuer, décroître, évanouir
dämpfen [Dampfbehandlung] *v*	vaporize, steam	vaporiser
dämpfen [Licht] *v*	dim	atzonuer, absorber, modérer, assourdir
dämpfen [Schall] *v*	damp, deaden, muffle, soften, absorb, silence	amortir, assourdir, modérer, étouffer, absorber
dämpfen [Schwingung] *v*	attenuate, damp, absorb, flatten	atténuer, amortir
dämpfen [Stoß] *v*	absorb	amortir, absorber, freiner
Dampferzeuger *m*	steam generator	générateur *m* de vapeur *f*
Dampferzeugerrohr *n*	steam generator tube	tube *m* de générateur *m* de vapeur *f*
Dampfkessel *m*	steam boiler	chaudière *f* à vapeur *f*, chaudron *m* à vapeur *f*
Dampfturbine *f*	steam turbine	turbine *f* à vapeur *f*
Dämpfung *f* [Abschwächung]	damping, deadening, reduction, diminishing, decrease, weakening	affaiblissement *m*, amortissement *m*, absorption *f*, réduction *f*, décroissance *f*, décroissement *m*, évanouissement *m*
Dämpfung *f* [Licht]	dimming	atténuation *f*, absorption *f*
Dämpfung *f* [Schall]	damping, muffling, absorption, silencing, noise abatment	amortissement *m*, modération *f*, absorption *f*

Dämpfung *f* [Schwingung]	attenuation, damping, absorption, loss, weakening, flattening	atténuation *f*, amortissement *m*, perte *f*
Dämpfung *f* [Stoß]	absorption	amortissement *m*, absorption *f*
Dämpfung *f*, aperiodische	aperiodic damping	amortissement *m* apériodique
Dämpfung *f*, frequenzabhängige	frequency-dependent attenuation	affaiblissement *m* dépendant de la fréquence
Dämpfung *f*, kritische	critical damping	amortissement *m* critique
Dämpfung *f*, schwache	slight damping	faible amortissement *m*
Dämpfung *f*, starke	strong damping	fort amortissement *m*
dämpfungsarm *adj*	with poor attenuation	à faible amortissement *m*
Dämpfungsausgleich *m*	attenuation compensation, attenuation equalization	équilibrage *m* d'affaiblissement *m*
Dämpfungsbereich *m*	attenuating band	bande *f* d'affaiblissement *m*
Dämpfungsdekrement *n*	damping decrement	décrément *m* d'amortissement *m*
Dämpfungsentzerrung *f*	attenuation compensation, attenuation equalization, attenuation correction	compensation *f* d'atténuation *f*, correction *f* d'affaiblissement *m*
Dämpfungsfaktor *m*	damping coefficient, damping factor, attenuation factor	coefficient *m* d'amortissement *m*, dégré *m* d'atténuation *f*, facteur *m* d'affaiblissement *m*
Dämpfungsfunktion *f*	damping function	fonction *f* d'affaiblissement *m*
Dämpfungsgang *m*	attenuation characteristic, frequency response of attenuation	caractéristique *f* d'atténuation *f*, réponse *f* en fréquence *f* de l'amortissement *m*
Dämpfungsglied *n*	attenuator, attenuator pad, attenuation network	atténuateur *m*, affaiblisseur *m*
Dämpfungsgrad *m*	damping coefficient, damping factor	degré *m* d'amortissement *m*, facteur *m* d'affaiblissement *m*
Dämpfungsklasse *f*	attenuation class	classe *f* d'affaiblissement *f*
Dämpfungskoeffizient *m*	attenuation coefficient	coefficient *m* d'affaiblissement *m*
Dämpfungskonstante *f*	damping constant	constante *f* d'amortissement *m*
Dämpfungsmagnet *m*	damping magnet	aimant *m* amortisseur
Dämpfungsmaß *n*	attenuation constant	indice *m* d'affaiblissement *m*
Dämpfungsmaterial *n*	absorbing material, muffling material	matière *f* d'amortissement *m*
Dämpfungsmesser *m*	decremeter, hypsometer, decibelmeter, nepermeter	décrémètre *m*, hypsomètre *m*, décibelmètre *m*, népermètre *m*

Dämpfungsmessung *f*	attenuation measurement	mesure *f* de l'amortissement *m*, mesure *f* d'affaiblissement *m*
Dämpfungsnetzwerk *n*	attenuation network, attenuator	circuit *m* amortisseur, atténuateur *m*, affaiblisseur *m*, amortisseur *m*
Dämpfungsschaltung *f*	damping circuit	circuit *m* d'affaiblissement *m*
Dämpfungsspule *f*	damping coil	bobine *f* d'amortissement *m*
Dämpfungsverhältnis *n*	ratio of attenuation	rapport *m* d'atténuation *f*
Dämpfungsverlauf *m*	attenuation characteristic, frequency response of attenuation	réponse *f* en fréquence *f* de l'affaiblissement *m*
Dämpfungsverlust *m*	damping loss, dissipation by damping	perte *f* par amortissement *m*
Dämpfungsvermögen *n*	damping capacity	capacité *f* d'amortissement *m*
Dämpfungsverzerrung *f*	attenuation distortion	distorsion *f* par affaiblissement *m*
Dämpfungswicklung *f*	damping winding	enroulement *m* d'amortissement *m*
Dämpfungswiderstand *m*	damping resistance, buffer resistance	résistance *f* d'amortissement *m*, résistance *f* d'affaiblissement *m*
darstellen [abbilden] *v*	represent, figure, graph	représenter, figurer
darstellen [schildern] *v*	describe, outline, envolve	décrire, dépeindre, définir
Darstellung *f* [Abbildung]	figure, graph, representation, presentation, diagram	figure *f*, graphique *m*, représentation *f*, présentation *f*, diagramme *m*
Darstellung *f* [Aufzeichnung]	image, imaging, pattern, picture, display	image *f*
Darstellung *f* [Beschreibung]	description	description *f*
Darstellung *f* [Schreibweise]	notation, representation	notation *f*, représentation *f*
Darstellung *f*, graphische	graphic(al) representation, graph, diagram, chart	représentation *f* graphique, graphique *m*, diagramme *m*, courbe *f*
Darstellung *f*, schematische	schematic(al) representation, scheme	représentation *f* schématique, schéma *m*
Darstellungsmethode *f*	presentation method	méthode *f* de (re)presentation *f*
Daten *n/pl*	data *pl*, dates *pl*, indications *pl*, values *pl*, details *pl*	données *f/pl*, dates *f/pl*, informations *f/pl*, valeurs *f/pl*, indications *f/pl*
Datenaufzeichnung *f*	data recording	enregistrement *m* des données *f/pl*
Datenausgabe *f*	data output	sortie *f* des données *f/pl*
Datenblatt *n*	data sheet	feuille *f* de données *f/pl*

Datendarstellung *f*	data presentation	présentation *f* des données *f/pl*, affichage *m*
Dateneingabe *f*	data input	entrée *f* de données *f/pl*, introduction *f* des données *f/pl*
Datenerfassung *f*	collection of informations *pl*, data acquisition, data collection, data detection	collecte *f* d'informations *f/pl*, collecte *f* de données *f/pl*, acquisition *f* des données *f/pl*, rassemblement *m* de données *f/pl*, détection *f* de données *f/pl*
Datenfluß *m*	data flow, flow of information	flux *m* d'informations *f/pl*
Datenflußplan *m*	data flux chart	organigramme *m* pour les données *f/pl*
Datenregistrierung *f*	data recording	enregistrement *m* des données *f/pl*
Datenspeicher *m*	data storage device	dispositif *m* enregistreur de données *f/pl*, dispositif *m* de mise *f* en mémoire *f*
Datenspeicherung *f*	data storage	enregistrement *m* de l'information *f*, mémorisation *f* des données *f/pl*
Datentrennung *f*	data separation	tri *m* des informations *f/pl*
Datenübermittler *m*	data transmitter	transmetteur *m* de données *f/pl*
Datenübertragung *f*	data transmission, data transfer	transmission *f* de données *f/pl*, transfert *m* d'informations *f/pl*
Datenumsetzer *m*	data converter, data translator	convertisseur *m* de données *f/pl*
Datenverarbeitung *f*	data processing, data handling	traitement *m* de l'information *f*
Datenwandler *m*	data transducer	transducteur *m* d'informations *f*/pl, convertisseur *m* de données *f/pl*
Datenzusammenfassung *f*	data collection, data acquisition	centralisation *f* des données *f/pl*, acquisition *f* des données *f/pl*
Dauer *f*	duration, time	durée *f*, temps *m*
Dauer *f*, beliebige	arbitrary duration	durée *f* arbitraire
Daueranriß *m*	fatigue crack	fissure *f* de fatigue *f*
Dauerbeanspruchung *f*	fatigue loading	contrainte *f* de fatigue *f*
Dauerbelastung *f*	continuous load, constant load, permanent load, steady load	charge *f* permanente, charge *f* constante

Dauerbelichtungsverfahren *n*	permanent exposure technique	technique *f* à exposition *f* permanente
Dauerbestrahlung *f*	chronic exposure	exposition *f* chronique
Dauerbetrieb *m*	continuous operating, continuous running, continuous process, permanent service, long-term operation	fonctionnement *m* continu, procédé *m* continu, service *m* permanent, opération *f* à long terme *m*
Dauerentladung *f*	permanent discharge	décharge *f* permanente
Dauerfestigkeit *f*	fatigue strength, fatigue limit	résistance *f* à la fatigue
Dauergeräusch *n*	steady noise	bruit *m* permanent
dauerhaft *adj*	continuous, constant, permanent, sustained, stable, persevering, steady	continu, constant, permanent, assidu, stable
Dauerhaftigkeit *f*	durability, stability, permanence, solidity, firmness	durabilité *f*, stabilité *f*, permanence *f*, solidité *f*
Dauerkontrolle *f*	continuous inspection	contrôle *m* en continu
Dauerlast *f*	continuous load, constant load, steady load, permanent load	charge *f* permanente, charge *f* constante
Dauerlauf *m*	continuous run, endurance running, endurance test, fatigue test	opération *f* continue, essai *m* d'endurance *f*, essai *m* de fatigue *f*
Dauerlaufmaschine *f*	continuous testing machine	machine *f* d'essai *m* de durée *f*
Dauerleistung *f*	continuous output, permanent duty, constant power	puissance *f* continue
Dauermagnet *m*	permanent magnet	aimant *m* permanent
Dauerprüfung *f*	fatigue test	essai *m* de fatigue *f*
Dauerrauschen *n*	steady noise	bruit *m* permanent
Dauerschall *m*	continuous sound	son *m* continu
Dauerschwingprüfmaschine *f*	fatigue testing machine	machine *f* d'essai *m* de fatigue *f*
Dauerschwingprüfung *f*	fatigue test	essai *m* de fatigue *f* par oscillations *f/pl*
Dauerstandversuch *m*	creep test	essai *m* de fluage *m*
Dauerstrahlung *f*	continuous radiation	radiation *f* permanente
Dauerversuch *m*	long duration test, endurance test	essai *m* continu, essai *m* d'endurance *f*, essai *m* de fatigue *f*
Dauerwert *m*	constant value	valeur *f* constante
Dauerzustand *m*	steady state	état *m* d'équilibre *m*, régime *m* permanent
dB-Abfall-Methode *f*	dB-drop method	méthode *f* de chute *f* de niveau *m* en dB (décibels)

Deakzentuierung *f*	deaccentuation, deemphasis	désaccentuation *f*, déemphases *f*
de-Broglie-Welle *f*	de Broglie wave, matter wave	onde *f* de Broglie, onde *f* matérielle
Debye-Effekt *m*	Debye's effect	effet *m* Debye
Debye-Scherrer-Verfahren *n*	Debye-Scherrer method	procédé *m* de Debye et Scherrer
Decke *f* [Belag]	cover, covering	recouvrement *m*, couverture *f*, enveloppe *f*
Decke *f* [Bereifung]	tire, tyre, casing, shoe	bandage *m*, enveloppe *f*
Decke *f* [Raum]	ceiling	plafond *m*, ciel *m*
Decke *f* [Wolldecke]	blanket	couverture *f*, bure *f*
Deckel *m*	cover, covering, cover plate, lid, cap, dome	couvercle *m*, capot *m*, recouvrement *m*, chapeau *m*, calotte *f*, dôme *m*
decken *v*	cover, mask	couvrir, masquer, revêtir
Deckplatte *f*	cover plate	plaque *f* de couverture *f*
Decoder *m*	decoder	décodeur *m*
Decodierung *f*	decoding	décodage *m*
Deemphasis *f*	deemphasis	déemphases *f*
defekt *adj*	defective, faulty	défectueux, fautif, endommagé
Defekt *m* [Fehler]	defect, flaw, imperfection, fault	défaut *m*, discontinuité *f*, défectuosité *f*
Defekt *m* [Panne]	failure, outage, malfunction	panne *f*, défaillance *f*, déficience *f*
Defektbegrenzung *f*	defect boundary, defect limit	limite *f* de défaut *m*
Defektoskopie *f*	defectoscopy, fault detection	défectoscopie *f*, détection *f* de défauts *m/pl*
definieren *v*	define, determine	définir, déterminer
definit *adj*	definite	défini
Definition *f*	definition	définition *f*
defokussieren *v*	defocus	défocaliser
Defokussierung *f*	defocusing	défocalisation *f*
Deformation *f*	deformation	déformation *f*
Deformations-Doppelbrechung *f*	deformation birefringence	biréfringeance *f* par déformation *f*
deformieren *v*	deform	déformer
Degradation *f*	degradation	dégradation *f*
dehnbar [elastisch] *adj*	elastic	élastique
dehnbar [Gas] *adj*	expansible	expansible
dehnbar [streckbar] *adj*	ductile, extensible, tensile, dilatable	ductile, extensible, dilatable
Dehnbarkeit *f* [Elastizität]	elasticity	élasticité *f*
Dehnbarkeit *f* [Gas]	expansibility	expansibilité *f*
Dehnbarkeit *f* [Material]	ductility, malleability, extensibility	ductilité *f*, malléabilité *f*, extensibilité *f*

dehnen [ausweiten] *v*	expand, extend, wide, strain	dilater, détendre, évaser
dehnen [elastisch] *v*	stretch	allonger
dehnen [verlängern] *v*	elongate, lengthen	allonger, étendre, étirer
Dehnfähigkeit *f*	elasticity	élasticité *f*
Dehngrenze *f*	stretch limit, proof stress	limite *f* d'allongement *m*, limite *f* conventionnelle d'élasticité *f*
Dehnung *f* [Ausdehnung]	expansion, prolongation, dilatation	expansion *f*, prolongation *f*, dilatation *f*
Dehnung *f* [Längenänderung]	elongation, percentage elongation, relative elongation	allongement *m*, extension *f*, allongement *m* pour cent, allongement *m* relatif
Dehnung *f*, elastische	elastic elongation, stretching	allongement *m* élastique
Dehnungsfaktor *m*	factor of expansion, elongation coefficient	facteur *m* de dilatation *f*, module *m* d'allongement *m*, coefficient *m* d'allongement *m*, coefficient *m* de dilatation *f*
Dehnungsfestigkeit *f*	resistance against elongation	résistance *f* à l'allongement *m*
Dehnungsfuge *f*	expansion joint	joint *m* de dilatation *f*
Dehnungsgrenze *f*	stretch limit, proof stress	limite *f* d'allongement *m*, limite *f* conventionnelle d'élasticité *f*
Dehnungskoeffizient *m*	→ Dehnungsfaktor *m*	
Dehnungsmesser *m*	dilatometer, extensometer	dilatomètre *m*, extensomètre *m*, appareil *m* de mesure *f* d'allongement *m*
Dehnungsmessung *f*	relative elongation measurement	mesure *f* de l'allongement *m* relatif
Dehnungsmeßstreifen *m* [DMS]	foil strain gauge, resistive strain gauge, strain gage (USA)	jauge *f* extensométrique, jauge *f* de contrainte *f*, extensomètre *m* à fil *m* d'acier *m*
Dehnungsriß *m*	expansion crack	fissure *f* par expansion *f*
Dehnungsstoß *m*	expansion joint	joint *m* de dilatation *f*
Dehnungszahl *f*	elongation coefficient, factor of expansion	coefficient *m* d'allongement *m*, facteur *m* de dilatation *f*
Dehnwelle *f*	compressional wave, Lamb wave, plate wave	onde *f* de compression *f*, onde *f* de Lamb, onde *f* Lamb
Deionisation *f*	deionization	désionisation *f*
Dekade *f*	decade	décade *f*
Dekarbonisationstiefe *f*	decarbonization depth	profondeur *f* de décarbonisation *f*

Dekontamination *f*	decontamination	décontamination *f*, désactivation *f*
Dekontaminationsmittel *n*	decontaminating agent, decontamination substance	agent *m* décontaminant, substance *f* de décontamination *f*
Dekonvolution *f*	deconvolution	déconvolution *f*
Dekorationsmethode *f*	decoration method	méthode *f* de décoration *f*
Dekrement *n*	decrement	décrément *m*
Dekrementmesser *m*	decremeter, hypsometer	décrémètre *m*, hypsomètre *m*
Delta-Abtasttechnik *f*	delta scan technique	technique *f* de palpage *m* delta
Delta-Funktion *f*	delta function	fonction *f* delta
Delta-Operator *m*	delta operator, Laplacian operator, Laplacian	opérateur *m* delta, laplacien *m*, opérateur *m* laplacien
Delta-Technik *f* [Abtastverfahren *n*]	delta technique, delta scan technique	technique *f* delta, technique *f* d'exploration *f* delta
Demodulation *f*	demodulation, rectification, detection	démodulation *f*, redressement *m*, détection *f*
Demodulator *m*	demodulator, detector	démodulateur *m*, détecteur *m*
Demonstration *f*	demonstration	démonstration *f*
demonstrieren *v*	demonstrate	démontrer
Demontage *f*	dismantling, dismounting	démontage *m*
demontieren *v*	dismantle, dismount	démonter
denaturieren *v*	denaturate	dénaturer
Denaturierung *f*	denaturation	dénaturation *f*
Denaturierungsmittel *n*	denaturant	agent *m* dénaturant, dénaturant *m*
denitrieren *v*	denitrate, denitrify	dénitrer
Densitometer *n*	densitometer	densitomètre *m*
Depolarisation *f*	depolarization	dépolarisation *f*
depolarisieren *v*	depolarize	dépolariser
Depot *n*	depot, storage room	dépôt *m*
Desorption *f*	desorption	désorption *f*
Desoxidation *f*	deoxidation	désoxydation *f*
Destillation *f*	distillation	distillation *f*
destillieren *v*	distil, distill	distiller
destruktiv *adj*	destructive	destructif
Detailerkennbarkeit *f*	detail perceptibility, detail sensitivity	perceptibilité *f* de détails *m/pl*, indice *m* de visibilité *f*
detektieren *v*	detect	détecter
Detektor *m*	detector	détecteur *m*
Detektormatrix *f*	detector matrix	matrice *f* de détecteur *m*
Determinante *f*	determinant	déterminant *m*
Detonation *f*	detonation, explosion, burst, blast	détonation *f*, explosion *f*

deuten	interprete	interpréter
Deuterium *n*	deuterium, heavy hydrogen	deutérium *m*, hydrogène *m* lourd
deutlich *adj*	distinct, clear, sharp	distinct, propre, net
Deutlichkeit *f*	distinctness, clearness	netteté *f*, clarté *f*
Deutung *f*	interpretation	interprétation *f*
Deviation *f*	deviation	déviation *f*
Dewar-Gefäß *n*	Dewar flask	vase *f* Dewar
Dezentralisation *f*	decentralization, off-centering	décentralisation *f*, décentrage *m*
dezentralisieren *v*	decentralize	décentraliser
Dezibel *n* [dB]	decibel	décibel *m*
Dezimalbruch *m*	decimal fraction	fraction *f* décimale
Dezimalkomma *n*	decimal point	virgule *f* décimale
Dezimalzahl *f*	decimal digit, decimal	nombre *m* décimal
Dezimeter . . .	decimeter . . ., decimetric(al) . . .	. . . décimétrique
Dezimeterwelle *f*	decimeter wave	onde *f* décimétrique
Dia *n* [Diapositiv]	dia, diapositive, slide	dia *m*, diapositif *m*, diapositive *f*
diagonal	diagonal	diagonal
Diagramm *n*	diagram	diagramme *m*
diamagnetisch *adj*	diamagnetic(al)	diamagnétique
Diamant *m*	diamond	diamant *m*
Diathermansie *f*	diathermancy	diathermanéité *f*
diathermisch *adj*	diathermic	diathermique
dicht [luftdicht] *adj*	airtight, airsealed	étanche à l'air *m*, imperméable à l'air *m*
dicht [nahe bei] *adj*	close (∼ to)	tout près (de)
dicht [undurchlässig] *adj*	impermeable, leakproof, tight, close	imperméable, étanche, à fermeture *f* hermétique
dicht [wasserdicht] *adj*	waterproof, watertight	étanche à l'eau *f*
dicht [zusammengedrängt] *adj*	dense, compact, massive	dense, compact, massif
Dichte *f*	density, compactness, consistence	densité *f*, compacité *f*, consistance *f*
Dichte *f*, optische	optical density	densité *f* optique, noircissement *m*
Dichtemesser *m*	densitometer	densitomètre *m*
dichten [abdichten] *v*	seal, pack, tighten, cement, make close	étancher, boucher, calfater, serrer, étouper, cimenter
Dichtewelle *f*	Lamb wave	onde *f* de Lamb
Dichtheit *f*	tightness	étanchéité *f*
Dichtigkeit *f*	→ Dichtheit *f*	
Dichtung *f* [Abdichtung]	seal, sealing, packing, joint	garniture *f* étanche, calfatage *m*, étoupage *m*, joint *m*
dick [allgemein] *adj*	thick	épais
dick [Flüssigkeit] *adj*	viscous, consistent	visqueux, consistant
Dicke *f*	thickness	épaisseur *f*

Dicke *f*, große	wide thickness	forte épaisseur *f*
Dickenausgleich *m*	thickness compensation	compensation *f* d'épaisseur *f*
Dickenmessung *f*	thickness measurement, thickness gauging	mesure *f* d'épaisseur *f*
Dickschicht-Technologie *f*	thick-film technology	technologie *f* à couche *f* épaisse
Dickschweißnahtprüfung *f*	thick weld test	contrôle *m* de soudures *f/pl* épaisses
dickwandig *adj*	thick-walled, heavy-wall ...	... à paroi *f* épaisse
Dielektrikum *n*	dielectric	diélectrique *m*
dielektrisch *adj*	dielectric(al)	diélectrique
Dielektrizitätskonstante *f* [DK]	dielectric constant, permittivity	constante *f* diélectrique
Dieselantrieb *m*	Diesel drive	entraînement *m* Diesel
Differential ...	differential ...	... différentiel
Differentialgleichung *f*	differential equation	équation *f* différentielle
Differentialmethode *f*	differential method	méthode *f* différentielle
Differentialquotient *m*	differential quotient	quotient *m* différentiel
Differentialrechnung *f*	differential calculus	calcul *m* différentiel
Differentialspule *f*	differential coil	bobine *f* différentielle
Differentialtransformator *m*	differential transformer	transformateur *m* différentiel
Differentialübertrager *m*	→ Differentialtransformator *m*	
Differentialverfahren *n*	differential method	méthode *f* différentielle
Differentialwicklung *f*	differential winding	enroulement *m* différentiel
Differentiator *m*	differentiator, differentiating network	différentiateur *m*, montage *m* différentiateur
differentiell *adj*	differential	différentiel
Differenz *f*	difference	différence *f*
differenzieren [allgemein] *v*	differentiate	différencier
differenzieren [mathematisch] *v*	derive, differentiate	dériver, différencier
Differenzierglied *n*	differentiator, differentiating circuit	différentiateur *m*, dérivateur *m*, circuit *m* différentiateur
Differenzierschaltung *f*	differentiating network, differentiator	montage *m* différentiateur, différentiateur *m*
Differenzierteil *n*	differentiator	circuit *m* différentiateur, différentiateur *m*
Differenzsystem *n*	difference system	systèm *m* différentiel
Differenzton *m*	difference tone	son *m* différentiel
Differenzverfahren *n*	difference method	méthode *f* différentielle
Diffraktion *f*	diffraction	diffraction *f*
Diffraktometer *n*	diffractometer	diffractomètre *m*
diffundieren *v*	diffuse	diffuser
diffus *adj*	diffuse, diffused, scattered, stray	diffus, diffusé

Diffusion *f*	diffusion	diffusion *f*
Diffusionsschweißen *n*	diffusion welding, interference welding	soudage *m* par diffusion *f*
Diffusionsvermögen *n*	diffusivity	diffusivité *f*
Diffusionszone *f*	diffusion zone	zone *f* de diffusion *f*
digital *adj*	digital	numérique
Digitalablesung *f*	digital reading	lecture *f* numérique
Digitalanzeige *f*	digital indication	indication *f* numérique
Digitalisierung *f*	digitalization	digitalisation *f*
Digitalrechner *m*	digital computer	calculateur *m* numérique, ordinateur *m* numérique
Digitalvoltmeter *n*	digital voltmeter	voltmètre *m* numérique
Dilatation *f*	dilatation	dilatation *f*
Dilatometer *n*	dilatometer	dilatomètre *m*
Dimension *f*	dimension, extent	dimension *f*, étendue *f*
dimensionieren *v*	dimension (~ for), arrange, lay out	dimensionner, arranger, disposer
Dimensionierung *f*	dimensioning	dimensionnement *m*
dimensionslos *adj*	dimensionless	sans dimension *f*
Dimensionsprüfung *f*	dimensional test	contrôle *m* des dimensions *f/pl*
Dimensionsstabilität *f*	dimensional stability	stabilité *f* dimensionelle
DIN-Norm *f*	DIN standard	norme *f* d'après DIN, standard *m* DIN
Dipol *m*	dipole	dipôle *m*
Dipolmoment *n*	dipole moment, dipole momentum	moment *m* dipolaire
direkt *adj*	direct	direct
Direktablesung *f*	direct reading	lecture *f* directe
Direktanzeige *f*	direct reading, direct indicating	lecture *f* directe, indication *f* directe
Direktbestrahlung *f*	direct exposure, direct irradiation	exposition *f* directe, irradation *f* directe
Direktkopplung *f*	direct coupling	couplage *m* direct
Direktmethode *f*	direct method	méthode *f* directe
Disjunktion *f* [ODER-Funktion]	disjunction, OR-function	disjonction *f*, fonction *f* OU
diskontinuierlich *adj*	discontinuous	discontinu
Diskontinuität *f*	discontinuity	discontinuité *f*
Diskontinuitätsmessung *f*, magnetische	magnetic discontinuity measurement	mesure *f* de la discontinuité magnétique
diskret *adj*	discrete	discret (discrète)
Diskrimination *f*	discrimination	discrimination *f*
Diskrimator *m*	discriminator	discriminateur *m*
Diskriminierung *f*	discrimination	discrimination *f*
Dispersion *f*	dispersion	dispersion *f*
Dissoziation *f*	dissociation	dissociation *f*
Distanz *f*	distance	distance *f*

Distanzstück *n*	spacer, distance piece, distance sleeve	pièce *f* de distance *f*, douille *f* d'écartement *m*, entretoise *f*
distributiv *adj*	distributive	distributif
divergent *adj*	divergent	divergent
Divergenz *f*	divergence	divergence *f*
Divergenzwinkel *m*	angle of divergence	angle *m* de divergence *f*
divergieren *v*	diverge	diverger
Division *f* [Abschnitt]	division, section, department	division *f*, section *f*, département *m*
Division *f* [Mathematik]	division	division *f*
Dokument *n*	document	document *m*
Dokumentation *f*	documentation	documentation *f*
Dom *m*	dome, cap, hood, top	dôme *m*, coupole *f*, chapiteau *m*, dessus *m*, cloche *f*
dominant *adj*	dominant	dominant
dominieren *v*	dominate	dominer
Dopen *n*	doping	doping *m*
Doping *n*	→ Dopen *n*	
Doppel...	double ..., binary ...	double ..., ... binaire
Doppel *n* [Duplikat]	duplicate	double *m*
Doppelabtastung *f*	double scanning	double balayage *m*
Doppelbelichtung *f*	double exposure	pose *f* double
Doppelbelichtungsverfahren *n* [Radiographie]	double-exposure technique, double-exposure method	technique *f* de pose *f* double, méthode *f* à pose *f* double
Doppelbetrieb *m*	duplex operation, duplex working	exploitation *f* duplex
Doppelbild *n*	double image, echo image	double image *f*, image *f* secondaire
Doppelbrechung *f*	double refraction, birefringence	double réfraction *f*, biréfringeance *f*
Doppeldrahtsteg *m*	double-wire traverse	traverse *f* à double fil *m*
Doppeleffekt *m*	double effect, double action	effet *m* double, action *f* double
Doppelfeldwicklung *f*	double-field winding	enroulement *m* à double champ *m*
Doppelfokus *m*	bifocus	double foyer *m*
Doppelfokus ...	bifocal	à double foyer *m*, bifocal
Doppelimpuls *m*	double pulse	impulsion *f* double
Doppelkontakt *m*	twin contacts *pl*, double contact	contacts *m/pl* jumelés
Doppelmagnet *m*	dual magnet	aimant *m* double
Doppelprüfen *n*	double testing	contrôle *m* double
Doppelpuls-Holographie *f*	double pulse holography	holographie *f* à impulsion *f* double
Doppelschwingung *f*	double vibration	vibration *f* double
Doppelskala *f*, **Doppelskale** *f*	double scale	échelle *f* double

Doppelspule *f*	double coil, twin coil, compound coil	bobine *f* double, bobine *f* compound
Doppelstecker *m*	twin plug, two pin plug, double plug	fiche *f* bipolaire, fiche *f* double
Doppelstreuung *f*	double scattering	diffusion *f* double, dispersion *f* double
doppelt *adj*	double, dual, twin, binary, bi...	double, binaire, bi...
Doppelwand *f*	double wall	paroi *f* double
Doppelwanddurchstrahlung *f*	double-wall irradiation	irradiation *f* à travers une paroi double
doppelwandig *adj*	double-walled	à paroi *f* double
Doppelwirkung *f*	double effect, double action	effet *m* double, action *f* double
Doppler-Breite *f*	Doppler width	largeur *f* de Doppler
Doppler-Effekt *m*	Doppler effect	effet *m* Doppler
Doppler-Prinzip *n*	Doppler principle	principe *m* de Doppler, principe *m* Doppler
Doppler-Verbreiterung *f*	Doppler broadening	élargissement *m* Doppler
Doppler-Verschiebung *f*	Doppler shift, Doppler displacement	déplacement *m* Doppler
Dopplung *f* [Computer]	double precision	précision *f* double
Dopplung *f* [Verdopplung]	doubling	doublage *m*, doublement *m*, redoublement *m*
Dopplung *f* [Walzprodukt]	lamination, lap	lamination *f*, doublure *f*, dédoublure *f*
Dose *f* [Behälter]	box, case, casing, can, cage, tin, tub, vat, receptacle	boîte *f*, boîtier *m*, cuve *f*, caisse *f*, cage *f*, bac *m*, récipient *m*
Dose *f* [Steckdose]	socket, wall socket	prise *f* de courant *m*
dosieren *v*	dose	doser
Dosierung *f*	dosage	dosage *m*
Dosimeter *n*	dosimeter, ratemeter	dosimètre *m*
Dosimetrie *f*	dosimetry	dosimétrie *f*
Dosis *f*	dose, dosage	dose *f*
Dosis *f*, absorbierte	absorbed dose	dose *f* absorbée
Dosis *f*, akkumulierte	accumulated dose	dose *f* accumulée
Dosis *f*, biologische	biological dose	dose *f* biologique
Dosis *f*, effektive	effective dose	dose *f* efficace
Dosis *f*, zulässige	permissible dose	dose *f* admissible
Dosis *f*, zulässige [für Menschen *m/pl*]	human permissible dose, human tolerance dose	dose *f* admissible pour l'homme *m*
Dosis *f*, zulässige [für Tiere *n/pl*]	animal permissible dose, animal tolerance dose	dose *f* admissible pour les animaux *m/pl*
Dosisleistung *f*	dose rate, dosage rate, dose output	taux *m* de dose *f*, dose *f* sortante
Dosismessung *f*	dosimetry, dosage measurement	dosimétrie *f*, mesure *f* de dose *f*
Dosismeßgerät *n*	dosimeter, ratemeter	dosimètre *m*
Dosisrate *f*	dose rate, dosage rate	taux *m* de dose *f*

Dosiswarner *m*	dose warner	avertisseur *m* de dose *f*
dotieren *v*	dope	doper
Dotieren *n*	doping	doping *m*
Dotierung *f*	→ Dotieren *n*	
Draht *m*, blanker	bare wire, naked wire	fil *m* nu
Draht *m*, gewalzter	rolled wire	fil *m* laminé
Draht *m*, gezogener	drawn wire	fil *m* étiré
Draht *m*, isolierter	insulated wire	fil *m* isolé
Draht *m*, kaltgereckter	cold-strained wire	fil *m* étiré à froid
Draht *m*, lackierter	lacquered wire	fil *m* verni
Draht *m*, verdrillter	twisted wire, stranded wire	fil *m* torsadé, fil *m* toronné
Draht *m*, verzinkter	galvanized wire	fil *m* galvanisé
Draht *m*, verzinnter	tinned wire	fil *m* étamé
Draht *m*, weichgeglühter	soft-annealed wire	fil *m* tréfilé
Drahtbruch *m*	rupture of wire, wire break, wire breakage	rupture *f* de fil *m*
Drahtdurchmesser *m*	wire diameter	diamètre *m* du fil
Drahtgeflecht *n*	wire gauze, wire work, wire grate	tamis *m* métallique, treillis *m* métallique
Drahtgewebe *n*	wire tissue, wire cloth	tissu *m* métallique, toile *f* métallique
Drahtlehre *f*	wire gage (USA), wire gauge	jauge *f* pour fils *m/pl*, calibre *m* pour fils *m/pl*
Drahtlitze *f*	braided wires *pl*	fils *m/pl* tressés
Drahtnetz *n*	wire screen, wire netting	écran *m* de fil *m*, grille *f* en fils *m/pl*
Drahtquerschnitt *m*	wire section, wire cross section	section *f* de fil *m*
Drahtseil *n*	wire rope	câble *m* métallique, corde *f* en fer *m*
Drahtseilbahn *f*	aerial ropeway, cable railway	téléférique *m*
Drahtstärke *f*	wire gauge, wire diameter	calibre *m* de fil *m*, diamètre *m* du fil
Drahtsteg *m*	wire traverse	traverse *f* à fils *m/pl*
Drahtstraße *f*	wire rod mill	train *m* à fil *m* machiné
drahtverankert *adj*	wire-braced	haubané par fil *m*
drahtverspannt *adj*	→ drahtverankert	
Drehachse *f*	rotation axis, axis of revolution	axe *m* de rotation *f*
Drehmaschine *f*	lathe	tour *m*
Drehbewegung *f*	rotating motion, rotary movement, rotation	mouvement *m* rotatif, mouvement *m* rotatoire, rotation *f*
drehen [umlaufen] *v*	rotate, revolve, turn	tourner, circuler
drehen [verwinden] *v*	twist, twine	tordre
drehen [Werkstück] *v*	turn	tourner
Drehen *n* [Kreisen]	rotating, rotation, turning, turn	rotation *f*, tour *m*
Drehfeld *n*	rotating field	champ *m* tournant

Drehgeschwindigkeit *f*	rotating speed, speed of rotation, revolving velocity	vitesse *f* de rotation *f*
Drehimpuls *m*	angular momentum	moment *m* angulaire
Drehknopf *m*	rotary knob	bouton *m* à tourner
Drehkörper *m*	solid of revolution	corps *m* tournant
Drehmoment *n*	torque, torsional moment, turning moment	moment *m* de torsion *f*, couple *m* de torque *f*
Drehpunkt *m*	center of rotation	centre *m* de rotation *f*
Drehrichtung *f*	direction of rotation, sense of rotation	direction *f* de rotation *f*, sens *m* de rotation *f*
Drehsinn *m*	→ Drehrichtung *f*	
Drehspule *f*	moving coil	bobine *f* mobile
Drehstahl *m*	turning tool, chisel	outil *m* de tour *m*, burin *m*
Drehstrom *m*	tri-phase current, three phase current	courant *m* triphasé
Drehstrommotor *m*	three phase motor	moteur *m* triphasé
Drehteil *n*	turned part	partie *f* tournante
Drehung *f* [Schraube]	turn	tour *m*
Drehung *f* [Rotation]	rotation, revolution	rotation *f*, révolution *f*
Drehung *f* [Verdrehung]	torsion	torsion *f*
Drehung *f* [Verwinden]	twist, twisting	torsade *f*
Drehungssinn *m*	direction of rotation, sense of rotation	direction *f* de rotation *f*, sens *m* de rotation *f*
Drehwinkel *m*	angle of rotation	angle *m* de rotation *f*
Drehzahl *f*	number of revolutions *pl*	nombre *m* de révolutions *f/pl*, nombre *m* de tours *m/pl*
Drehzahlmesser *m*	tachometer, revolution meter	tachymètre *m*, comptetours *m*
dreidimensional *adj*	three-dimensional	tridimensionnel
dreieckig *adj*	triangular	triangulaire
Dreifach-Bandfilter *n*	triple band-pass filter	filtre *m* de bande *f* triple
Dreiphasenwicklung *f*	three phase winding	enroulement *m* triphasé
dreipolig *adj*	three-pole, tripolar, three-pin	tripolaire
dreiteilig *adj*	tripartite	en trois parties *f/pl*
Drift *f*	drift	déplacement *m*, dérive *f*, décalage *m*
Dropout *m*	drop-out	drop-out *m*, lacune *f*, velle *f*
Drossel *f*	choke, choking coil	bobine *f* de choc *m*, bobine *f* d'arrêt *m*
drosseln *v*	throttle, choke	étrangler, serrer
Drosselspule *f*	choking coil, choke	bobine *f* de choc *m*, bobine *f* d'arrêt *m*
Drosselung *f*	throttling, choking	étranglement *m*, engorgement *m*
Druck *m* [Buchdruck]	print, impression, imprint	imprimé *m*, impression *f*
Druck *m* [Physik]	pressure	pression *f*

Druck *m* [Stoß]	push, thrust	poussée *f*
Druck *m* [Zusammendrük-ken]	compression	compression *f*
Druckabfall *m*	decrease of pressure, fall of pressure, reduction of pressure	diminution *f* de pression *f*, réduction *f* de pression *f*, baisse *f* de pression *f*, chute *f* de pression *f*
druckabhängig *adj*	pressure-dependent	dépendant de la pression
Druckabnahme *f*	→ Druckabfall *m*	
Druckänderung *f*	pressure variation	variation *f* de pression *f*
Druckanstieg *m*	rise of pressure, increase of pressure	augmentation *f* de pression *f*, accroissement *m* de pression *f*
Druckanzeiger *m*	pressure indicator, pressure gauge, manometer	indicateur *m* de pression *f*, manomètre *m*
Druckausgleich *m*	compensation of pressure, pressure balance	compensation *f* de pression *f*, balance *f* de pression *f*
Druckbeanspruchung *f*	compressive stress, compressive load	effort *m* de compression *f*, charge *f* de compression *f*
Druckbehälter *m*	pressure vessel	cuve *f* de pression *f*, cuve *f* pour fortes pressions *f/pl*, récipient *m* à pression *f*, réservoir *m* sous pression *f*
Druckbehälter *m*, dickwandiger	heavy-wall pressure vessel, thick-walled pressure vessel	cuve *f* de pression *f* à paroi *f* épaisse
Druckbehälterflansch *m*	pressure vessel flange, nozzle	collet *m* de cuve *f* de pression *f*
Druckbelastung *f*	→ Druckbeanspruchung *f*	
druckbeständig *adj*	resistant to pressure, resistant to compression, compression-proof	résistant à la (com)pression
druckbetätigt *adj*	pressure-controlled	actionné par la pression, contrôlé par la pression
druckempfindlich *adj*	pressure-sensitive	sensible à la pression
Druckempfindlichkeit *f*	pressure sensitivity	sensibilité *f* à la pression
drücken [allgemein] *v*	press, push, depress	presser, pousser, serrer
drücken [einprägen] *v*	inject, impress	injecter, empreindre
Druckerhöhung *f*	increase of pressure, rise of pressure	augmentation *f* de pression *f*, accroissement *m* de pression *f*
Druckerzeuger *m*	pressure generator, compressor	générateur *m* de pression *f*, compresseur *m*
Druckerzeugung *f*	pressure generation, compression	génération *f* de pression *f*, compression *f*
Druckfehler *m*	misprint, erratum	faute *f* d'impression *f*

druckfest *adj*	compression-proof, resistant to pressure, resistant to compression	résistant à la (com)pression
Druckfestigkeit *f*	resistance to pressure, resistance to compression, compressive strength, crushing strength	résistance *f* à la (com)pression
Druckgefälle *n*	drop of pressure, pressure difference	chute *f* de pression *f*
Druckgefäß *n*	pressure vessel	cuve *f* de pression *f*, réservoir *m* sous pression *f*, récipient *m* à pression *f*
druckgesteuert *adj*	pressure-controlled	actionné par la pression, contrôlé par la pression
Druckgradient *m*	pressure gradient	gradient *m* de pression *f*
Druckkammer *f*	pressure chamber	chambre *f* de pression *f*
Druckkessel *m*	pressure vessel	récipient *m* à pression *f*, cuve *f* de pression *f*
Druckknopf *m*	push button, press button	bouton-poussoir *m*
Druckknopfsteuerung *f*	push botton control	commande *f* par bouton-pressoir *m*
Drucklager *n*	thrust bearing	palier *m* de butée *f*, palier *m* de poussée *f*
Druckleitung *f*	pressure piping, delivery pipe	tuyau *m* forcé, conduite *f* sous pression *f*
Druckluft *f*	compressed air	air *m* comprimé
Druckmesser *m*	pressure gauge, manometer	manomètre *m*
Druckminderung *f*	reduction of pressure, decrease of pressure	réduction *f* de pression *f*
Druckprobe *f* [Druckprüfung]	pressure test, compression test	essai *m* de (com)pression *f*, épreuve *f* de (com)pression *f*
Druckprobe *f* [Probeabzug]	proof sheet, specimen	épreuve *f* d'imprimerie *f*
Druckprüfung *f*	pressure test, compression test	essai *m* de (com)pression f, épreuve *f* de (com)pression *f*
Druckregler *m*	pressure regulator, pressure governor	régulateur *m* de pression *f*
Druckrohr *n*	pressure pipe	tube *m* de pression *f*
Druckschalter *m*	press switch, push switch, push-button switch	interrupteur *m* à pression *f*, interrupteur *m* poussoir
Druckscheibe *f*	thrust washer, pressure disk	rondelle *f* de pression *f*, disque *m* de butée *f*
Druckschwankung *f*	pressure fluctuation	fluctuation *f* de pression *f*
Druckschweißen *n*	pressure welding	soudage *m* sous pression *f*
drucksicher *adj*	compression-proof, resistant to pressure, resistant to compression	résistant à la (com)pression

Druckspannung *f*	compressive stress	tension *f* de compression *f*
Druckstreifen *m*	printing tape	bande *f* enregistreur
Drucktaste *f*	press key, push button	bouton-poussoir *m*
Druckverhalten *n*	pressure behaviour	comportement *m* à la pression *f*
Druckverlauf *m*	pressure response, course of pressure	réponse *f* de la pression, marche *f* de pression *f*
Druckverlust *m*	loss of pressure	perte *f* de pression *f*
Druckverminderung *f*	decrease of pressure, fall of pressure, reduction of pressure	diminution *f* de pression *f*, réduction *f* de pression *f*, baisse *f* de pression *f*, chute *f* de pression *f*
Druckverschiebung *f*	pressure shift	déplacement *m* de pression *f*
Druckversuch *m*	crushing test, pressure test, compression test	essai *m* de (com)pression *f*
Druckverteilung *f*	pressure distribution	distribution *f* de la pression
Druckwasser *n*	pressurized water, water under pressure	eau *f* sous pression *f*
Druckwasser...	hydraulic...	...hydraulique
druckwasserdicht *adj*	watertight under pressure	étanche à l'eau *f* sous pression *f*
Druckwasserreaktor *m* [DWR]	pressurized-water reactor [PWR]	réacteur *m* à eau *f* sous pression *f*
Druckwelle *f* [Bauelement]	thrust shaft	arbre *m* de butée *f*
Druckwelle *f* [Schwingung]	compressional wave, pressure wave	onde *f* de pression *f*
Druckzone *f*	region in compression	zone *f* comprimée
Druckzunahme *f*	increase of pressure, rise of pressure	augmentation *f* de pression *f*, accroissement *m* de pression *f*
dual *adj*	dual, binary	dual, binaire
Dualitätsprinzip *n*	duality principle	principe *m* de dualité *f*
Duktilität *f*	ductility, plasticity	ductilité *f*, plasticité *f*
Dunkelaustastung *f*	blanking	blanking *m*
Dunkelsteuerung *f*	dark control	contrôle *m* sour fond *m* foncé
Dunkeltastung *f*	blanking	blanking *m*
dünn [mechanisch] *adj*	thin, fine, weak	mince, fin
dünn [optisch] *adj*	translucent	translucide
Dünnfilm *m*	thin film, thin layer	film *m* mince, couche *f* mince
Dünnschicht *f*	thin layer, thin film	couche *f* mince, film *m* mince
Dünnschicht-Differenzverfahren *n* [Radiologie]	thin-film differential method	méthode *f* différentielle des couches *f/pl* minces
Dünnschichttechnologie *f*	thin-film technology	technologie *f* à couche *f* mince
Duplikat *n*	duplicate	double *m*

Duraluminium *n*	duralumin, duraluminum	duraluminium *m*
Durchbiegung *f*	flexure, sagging, deflection, bend, bending	flexion *f*, courbement *m*, courbage *m*
durchbohren *v*	pierce, pierce through, bore through	percer, perforer, creuser
Durchbruch *m* [Öffnung]	opening, hole	percement *m*, trou *m*
Durchbruch *m* [thermisch, elektrisch]	breakdown, avalanche	claquage *m*, rupture *f*, avalanche *f*
durchdringen [diffundieren] *v*	diffuse	diffuser
durchdringen [eindringen] *v*	penetrate, get through, pierce, drive through, punch	pénétrer (à travers), percer, trouer, pointer
Durchdringung *f*	penetration, diffusion	pénétration *f*, diffusion *f*
Durchdringungsfluß *m* [Radiographie]	fluence	flux *m* [traversant le matériau]
Durchdringungsvermögen *n*	penetrating power, power of penetration, penetrating capacity	pouvoir *m* de pénétration *f*, pouvoir *m* pénétrant, capacité *f* de pénétration *f*
durchfließen *v*	flow through, traverse, pass, circulate	traverser, parcourir, passer, couler à travers, circuler
Durchflußverfahren *n* [Radiologie]	transradiation method	méthode *f* de la transradiation, méthode *f* de la circulation
Durchflußmesser *m*	flowmeter	débitmètre *m*
Durchflutung *f*	ampere turns *pl*, total excitation	solénation *f*, ampère-conducteur *m*, ampère-tour *m*
Durchführbarkeit *f*	practicability, feasibility	practicabilité *f*
Durchführung *f*	execution method	mode *m* d'exécution *f*, principe *m* d'exécution *f*
Durchführung *f* [Durchbruch]	lead-through, duct, passing-through, bushing, entrance, hole	traversée *f*, douille *f*, passage *m*, entrée *f*, trou *m*, percement *m*
Durchführung *f* [Verwirklichung]	realization, performance, execution method	réalisation *f*, performance *f*, mode *m* d'exécution *f*
Durchgang *m* [Passage]	passage, traverse	passage *m*, traversée *f*, couloir *m*
Durchgang *m* [Transit]	transit	transit *m*
Durchhang *m*	sag, dip	flèche *f*
durchlassen [eindringen] *v*	penetrate, permeate	pénétrer
durchlassen [passieren] *v*	let through, pass	passer, faire passer
durchlassen [Strahlung] *v*	transmit	transmettre
durchlässig *adj*	permeable, pervious	perméable, pénétrable
Durchlässigkeitsgrad *m* [Strahlung]	transmission factor, transmittance, transparence	facteur *m* de transmission *f*, transmittance *f*, transmissibilité *f*, transparence *f*

Durchlaßbereich *m*	transmission range, passband, transparency region, passage zone	bande *f* passante, zone *f* de passage *m*, région *f* de transparence *f*, régime *m* de transmission *f*
Durchlaßrichtung *f*	forward direction	sens *m* direct
Durchlaßvermögen *n* [Strahlung]	transmittance, transmission factor	transmissibilité *f*, transmittance *f*, facteur *m* de transmission *f*
Durchlauf *m*	pass, passage, run, traverse	passage *m*, parcours *m*
durchlaufen *v*	run through, pass through, traverse	passer(par), parcourir, traverser
Durchlaufgeschwindigkeit *f*	passing speed, traversing speed	vitesse *f* de passage *m*, vitesse *f* de traversée *f*
Durchlaufspule *f*	passing coil, traversing coil, through-coil	bobine *f* de passage *m*, bobine *f* traversante, bobine *f* de traversée *f*
durchleuchten [Licht]	transilluminate	luire à travers, transilluminer
durchleuchten [Röntgenstrahlen] *v*	X-ray, roentgenize, screen, radiograph	radiographier, radioscoper
Durchlichtverfahren *n*	transillumination method, transmitted light technique	technique *f* à transillumination *f*
Durchmesser *m*, äußerer	outer diameter, outside diameter, overall diameter	diamètre *m* extérieur
Durchmesser *m*, innerer	inner diameter, inside diameter, internal diameter [ID]	diamètre *m* intérieur
durchqueren *v*	traverse, cross	traverser
Durchsatz *m*	throughput	débit *m*
Durchschallungsverfahren *n*	through-transmission (testing) mode, shadow technique	méthode *f* de transmission *f* acoustique (à travers le matériau)
durchscheinen *v*	shine through	luire (à travers)
Durchscheinen *n*	translucency, transparency	transluicidité *f*, transparence *f*
durchscheinend *v*	translucent, transparent	translucide, transparent
Durchschlag *m* [elektrisch]	breakdown, puncture, disruptive discharge	claquage *m*, rupture *f* diélectrique, décharge *f* disruptive, percement *m*, perforation *f*
Durchschlag *m* [Kopie]	copy, carbon copy, carbon, duplicate, calking	copie *f*, épreuve *f*, calque *m*, duplicata *m*
Durchschlag *m* [mechanisch]	punch	poinçon *m*, perçoir *m*, percement *m*
durchschlagen [elektrisch] *v*	break down, break through, disrupt, blow, spark through, puncture	claquer, perforer, jaillir

durchschlagen [mechanisch] *v*	get through, penetrate, punch, drive through	percer, trouer, pénétrer (à travers), pointer
durchschlagen [pausen] *v*	calk, copy	calquer, copier
durchschlagen [Sicherung] *v*	blow, blow out, fuse	fondre, sauter, claquer
Durchschlagsfestigkeit *f*	disruptive strength	rigidité *f* diélectrique, résistance *f* disruptive
Durchschlagsprüfgerät *n*	breakdown tester, puncture voltage tester	vérificateur *m* de la rigidité diélectrique
durchschmelzen *v*	melt, fuse	fondre, fuser
Durchschnitt *m* [Durchschneiden]	intersection, section, cutting through, profile	intersection *f*, coupe *f*, profil *m*
Durchschnitt *m* [Mittelwert]	mean, average	moyenne *f*
Durchschnittsgeschwindigkeit *f*	mean speed, mean velocity, average speed	vitesse *f* moyenne
Durchschnittswert *m*	mean value, mean, average value, average, standard (value)	valeur *f* moyenne, moyenne *f*
Durchsicht *f*	inspection, check-up, check, checking, test, testing	inspection *f*, contrôle *m*, essai *m*, épreuve *f*
durchsichtig *adj*	transparent, translucent	transparent
Durchsichtigkeit *f*	translucency, transparency	translucidité *f*, transparence *f*
Durchstrahlung *f*	transmission of radiation, penetrating radiation	transmission *f* de rayonnement *m*, radiation *f* pénétrante
Durchstrahlung *f* **mit Fernsehschirmbildanzeige** *f*	televised radioscopy	radioscopie *f* télévisée
Durchstrahlungs-Elektronenmikroskopie *f*	transmission electron microscopy	microscopie *f* électronique par transmission *f*
Durchstrahlungsprüfung *f*	radiographic test(ing)	contrôle *m* radiographique, contrôle *m* radiscopique
durchströmen *v*	pass, traverse, flow through, circulate	passer, parcourir, traverser, couler à travers, circuler
Düse *f*	nozzle, blast pipe	gicleur *m*, tuyère *f*
Düsenmotor *m*	jet engine	moteur *m* à réaction *f*
Düsentriebwerk *n*	→ Düsenmotor *m*	
Dynamik *f*	dynamics *pl*, sound volume	dynamique *f*, volume *m* sonore
Dynamikbereich *m*	dynamic range	étendue *f* de dynamique *f*
Dynamikdehnung *f*	volume expansion	expansion *f* de dynamique *f*
Dynamikdrängung *f*	volume compression	compression *f* de dynamique *f*
Dynamikkompression *f*	→ Dynamikdrängung *f*	

Dynamikregelung *f*	volume control	contrôle *m* de dynamique *f*
Dynamometer *n*	dynamometer	dynamomètre *m*
Dynode *f*	dynode	dynode *f*
Dynstat-Gerät *n*	Dynstat apparatus	appareil *m* Dynstat
Dysprosium *n* [Dy]	dysprosium	dysprosium *m*

E

eben *adj*	plane, flat, smooth	plan, plat, lisse
Ebene *f* [Geologie]	plain	plaine *f*
Ebene *f* [Mathematik, Technik]	plane	plan *m*
Ebene *f*, schiefe	inclined plane	plan *m* incliné
Ebenheit *f*	flatness	planitude *f*
ebnen *v*	plane, flatten, smooth	planer, aplatir, aplanir, niveler, égaliser
Echodämpfung *f*	echo attenuation	affaiblissement *m* d'écho *m*
Echodynamik *f*	echo dynamics *pl*	dynamique *f* de l'écho *m*
Echodynamik-Verfahren *n*	echo dynamic method	méthode *f* de la dynamique d'écho *m*
Echogras *n*	echo grass, grass	herbe *f* d'échos *m/pl*
Echohöhe *f*	echo height	hauteur *f* d'écho *m*
Echohöhenverhältnis *n*	echo decrement	décrément *m* des signaux *m/pl* d'écho *m*
Echoimpuls *m*	echo pulse	impulsion *f* d'écho *m*
Echoimpulsverfahren *n*	echo pulse method, pulse echo method, pulse echo mode	méthode *f* par impulsion *f* d'écho *m*, méthode *f* par échos *m/pl* d'impulsions *f/pl*, sondage *m* par impulsion *f* et écho *m*
Echolage *f*	echo position	position *f* de l'écho *m*
Echolot *n*	echo sounder, sonic depth finder	sonde *f* à écho *m*
Echosignal *n*	echo signal	signal *m* écho
Echostörung *f*	echo trouble	perturbation *f* par écho *m*
Echounterdrückung *f*	echo suppression, echo killing	suppression *f* d'écho *m*
Echowelle *f*	echo wave	onde *f* d'écho *m*
Echtzeit *f*	real time, on-line	temps *m* réel
Echtzeitbetrieb *m*	real-time working, real-time operating	fonctionnement *m* en temps *m* réel, opération *f* en temps *m* réel
Echtzeit-Bildverfahren *n*	real-time imaging method	méthode *f* de représentation *f* d'image *f* en temps *m* réel

Echtzeitprüfung *f*	real-time test, on-line test	test *m* on line, essai *m* en temps *m* réel
Echtzeitverfahren *n*	real-time technique	technique *f* en temps *m* réel
Echtzeitversuch *m*	→ Echtzeitprüfung *f*	
Ecke *f*	corner, edge	coin *m*, arête *f*
Eckfrequenz *f*	limit frequency	fréquence *f* limite
eckig *adj*	cornered, cornerwise, angular	angulaire, angulé
Edelgas *n*	rare gas, inert gas	gaz *m* rare, gaz *m* noble, gaz *m* inerte
Edelmetall *n*	noble metal, precious metal	métal *m* noble, métal *m* précieux
Edelstahl *m*	special steel, stainless steel	acier *m* fin, acier *m* inoxydable
Effekt *m*, lichtelektrischer	photo-electric effect	effet *m* photoélectrique
Effekt *m*, piezoelektrischer	piezo-electric effect	effet *m* piézoélectrique
Effekt *m*, thermoelektrischer	thermo-electric effect	effet *m* thermoélectrique
effektiv *adj*	effective, efficient, usable, useful, net	effectif, efficace, utile, net, utilisable
Effektivität *f*	efficiency, effectiviness, effectiveness	efficacité *f*, effet *m*
Effektivwert *m*	effective value, actual value, root mean square (value) (r.m.s.)	valeur *f* effective, valeur *f* efficace
eichen *v*	calibrate	étalonner, jauger
Eichfrequenz *f*	calibration frequency, standard frequency	fréquence *f* étalon, fréquence *f* d'étalonnage *m*
Eichgerät *n*	calibration instrument	appareil *m* d'étalonnage *m*
Eichinstrument *n*	→ Eichgerät *n*	
Eichkörper *m*	calibration block, reference block	bloc *m* d'étalonnage *m*
Eichkurve *f*	calibration curve	courbe *f* d'étalonnage *m*
Eichung *f*	calibration, gauging, gaging (USA)	étalonnage *m*, calibrage *m*, calibration *f*, jaugeage *m*
Eigenbewegung *f*	proper motion	mouvement *m* propre
Eigenfilterung *f*	inherent filtering, inherent filtration	filtrage *m* inhérent, filtration *f* inhérente
Eigenfrequenz *f*	inherent frequency, natural frequency	fréquence *f* inhérente, fréquence *f* propre, fréquence *f* naturelle
Eigenfunktion *f*	eigenfunction	fonction *f* propre
Eigenrauschen *n*	background noise, internal noise, random noise	bruit *m* de fond *m*, bruit *m* propre
Eigenschwingung *f*	natural oscillation, natural vibration	oscillation *f* propre, vibration *f* naturelle
Eigenspannung *f* [im Material]	residual stress	tension *f* résiduelle, tension *f* interne

Eigenstrahlung *f*	characteristic radiation	rayonnement *m* caractéristique
Eigentemperatur *f*	natural temperature	température *f* naturelle
Eigenwert *m*	eigenvalue, proper value	valeur *f* propre
Eignung *f*	aptitude, applicability	aptitude *f*, applicabilité *f*
einachsig *adj*	uniaxial	monoaxé
einatomig *adj*	monoatomic, monatomic	monoatomique
einbauen *v*	mount, install, house, fit, incorporate, introduce, insert	monter, installer, loger, incorporer, encastrer, insérer
einbeulen *v*	buckle, dent	cabosser, bosseler
Einbrandkerbe *f* [Schweißnahtfehler]	undercut	marsure *f*
Einbrandtiefe *f* [Schweißen]	depth of penetration	profondeur *f* de pénétration *f*
Einbrennen *n* [Bildschirm]	burning in	brûlure *f* de l'écran *m*
Eindringanlage *f*	penetrating device	appareil *m* à pénétrer
eindringen (~ in) *v*	penetrate (~ into), permeate, pierce	pénétrer (dans, par), percer
Eindringen *n*	penetration, diffusion	pénétration *f*, diffusion *f*
Eindringflüssigkeit *f*	liquid penetrant, penetrating liquid	liquide *m* pénétrant
Eindringmethode *f*	liquid penetrant method	méthode *f* de pénétration *f*
Eindringmittel *n*	penetrant	liquide *m* pénétrant, matière *f* de pénétration *f*
Eindringmittel *n*, fluoreszierendes	fluorescent penetrant	matière *f* de pénétration *f* fluorescente
Eindringmittel *n*, gefärbtes	dye penetrant	matière *f* de pénétration *f* colorée
Eindringmittel *n*, wasserabwaschbares	water-washable penetrant	liquide *m* pénétrant rinçable par eau *f*
Eindringprüfung *f*	penetrant fluid test, liquid penetrant test	contrôle *m* par ressuage *m*, essai *m* par liquide *m* pénétrant
Eindringtiefe *f*	penetrating depth, depth of penetration, penetration	profondeur *f* de pénétration *f*, pénétration *f*
Eindringverfahren *n*	liquid penetrant method	méthode *f* par pénétration *f*, méthode *f* de pénétration *f*
Eindringzeit *f*	time of penetration	temps *m* de pénétration *f*
eindrücken *v*	push, force in, insert, crush	pousser, presser, enfoncer
Einfachbetrieb *m*	simplex operation	service *m* simplex
Einfall *m* [Strahl]	incidence	incidence *f*
Einfall *m* [Zusammensturz]	falling-in, cave-in	écroulement *m*
einfallen [zusammenstürzen]	fall in, cave in	s'écrouler
Einfalldosis *f*	incident dose, incident energy	dose *f* incidente, intensité *f* incidente
einfallend (~ auf) *adj*	impinging (~ at)	incident (sur)
Einfallsrichtung *f*	direction of incidence	direction *f* d'incidence *f*

Einfallswinkel *m*	incidence angle	angle *m* d'incidence *f*
Einfallswinkel *m*, kritischer	critical incidence angle, Rayleigh angle	angle *m* d'incidence *f* critique, angle *m* de Rayleigh
Einfang *m*	capture	capture *f*
einfangen *v*	capture, adsorb, catch, collect, intercept	capturer, adsorber, capter, collectionner, intercepter, prendre
Einfangen *n*	interception, collection	captage *m*, interception *f*, rassemblage *m*, collection *f*
Einfangwahrscheinlichkeit *f*	capture probability	probabilité *f* de capture *f*
Einfassung *f*	escutcheon, bezel, trimplate	écran *m*, cadre *m*, charpente *f*, bordure *f*, enchâssure *f*
Einfluß *m* [auf]	influence [on]	influence *f* [sur]
Einfrequenzverfahren *n*	single-frequency method	méthode *f* à une fréquence
einfügen *v*	insert, join, fit in	insérer, intercaler
Einfügung *f*	insertion, intercalation	insertion *f*, intercalation *f*
Einführung *f* (~ in) [allgemein]	introduction (~ to)	introduction *f* [dans]
Einführung *f* [Einlaß]	inlet, entrance, introduction, lead-in	entrée *f*, accès *m*, introduction *f*, ouverture *f*
Eingabe *f*	input	input *m*, inscription *f*, entrée *f*
Eingabegerät *n*	input equipment, read-in apparatus	équipement *m* d'entrée *f*, équipement *m* d'inscription *f*
Eingang *m*	input, inlet	entrée *f*, introduction *f*
Eingangsadmittanz *f*	input admittance	admittance *f* d'entrée *f*
Eingangsenergie *f*	input, input power	puissance *f* d'entrée *f*, puissance *f* absorbée
Eingangsimpuls *m*	input pulse	impulsion *f* d'entrée *f*
Eingangskreis *m*	input circuit, input	montage *m* d'entrée *f*, circuit *m* d'entrée *f*
Eingangsimpedanz *f*	input impedance	impédance *f* d'entrée *f*
Eingangsleistung *f*	input power, input	puissance *f* d'entrée *f*, puissance *f* d'attaque *f*
Eingangsleitwert *m*	input conductance	conductance *f* d'entrée *f*
Eingangspegel *m*	input level	niveau *m* d'entrée *f*
Eingangsschaltung *f*	input circuit, input	circuit *m* d'entrée *f*, montage *m* d'entrée *f*
Eingangsscheinwiderstand *m*	input impedance	impédance *f* d'entrée *f*
Eingangssignal *n*	input signal	signal *m* d'entrée *f*
Eingangsstromkreis *m*	input circuit	circuit *m* d'entrée *f*, montage *m* d'entrée *f*
Eingangswiderstand *m*	input resistance, input impedance	résistance *f* d'entrée *f*, impédance *f* d'entrée *f*

eingeben [allgemein] *v*	insert, feed (into), introduce, enter	insérer, alimenter, fournir, introduire
eingeben [Daten] *v*	put in, read in	inscrire, donner, entrer
eingießen *v*	seal, coat	sceller, surmouler
eingrenzen *v*	localize	localiser
Eingrenzung *f*	localization	localisation *f*
Einheit *f* [Gerät]	set, unit, apparatus	appareil *m*, dispositif *m*, unité *f*
Einheit *f* [Meßeinheit]	unit	unité *f*
Einheit *f* [Zusammengesetztes]	union, unity, set-up, junction	union *f*, unité *f*, jonction *f*
Einheit *f*, abgeleitete	derived unit	unité *f* dérivée
Einheit *f*, imaginäre	imaginary unit	unité *f* imaginaire
Einheit *f*, periphere	peripherical unit, peripheral	unité *f* périphérique, périphérique *f*
Einheit *f*, praktische	practical unit	unité *f* pratique
einheitlich *adj*	uniform, homogeneous	uniforme, homogène
Einheits...	standard..., normal..., unit...	...standardisé, ...normal, ...normalisé, ...unité
Einheitsausführung *f*	standard form	type *m* normalisé
Einheitsvektor *m*	unit vector	vecteur *m* unité
Einheitsvolumen *n*	unit volume	volume *m* unité
einhüllen *v*	envelop, embed, clad	envelopper, enrober
Einhüllende *f* [Hüllkurve]	envelope	enveloppante *f*, enveloppe *f*
Einkanalsystem *n*	single-channel system	système *m* mono-canal, système *m* à canal *m* unique
einkapseln *v*	encapsulate, encase, seal, enclose, cover, envelop	capsuler, enfermer, envelopper, blinder, coffrer, revêtir
Einkapselung *f*	enclosing	blindage *m*
einkerben *v*	notch, groove, indent	entailler, encocher, cocher
Einkopftechnik *f*	single-probe technique	technique *f* à sonde *f* unique
Einkristall *m*	single crystal, monocrystal	monocristal *m*
Einlagerung *f*	incorporation	incorporation *f*
einlagig *adj*	single-layer ...	... à une seule couche
Einlaß *m*	inlet, input, introduction, entrance, lead-in	entrée *f*, ouverture *f*, accès *m*, introduction *f*
einlegen [allgemein] *v*	lay in, put in, insert	mettre (dans), loger (dans), insérer
einlegen [Band] *v*	insert (the tape)	insérer (la bande)
einlöten *v*	solder (~ in)	souder (dans)
einordnen *v*	classify	classifier
einpassen *v*	fit in, adapt	adapter, ajuster
einpegeln *v*	align	aligner
Einpegelung *f*	alignment	alignement *m*
einphasig *adj*	single-phase, monophase, uniphase, one-phase	monophasé

einprägen *v*	inject, impress (~ on)	empreindre, injecter
einrasten *v*	lock, snap (~ in), catch, shut	encliqueter, se fermer à ressort *m*
einregeln *v*	adjust, regulate	ajuster, régler
einrichten *v*	install, mount, arrange, equip, establish	installer, monter, arranger, établir
Einrichtung *f*	equipment, device, installation, plant, establishment, facility	installation *f*, équipement *m*, établissement *m*, appareil *m*, usine *f*, poste *m*
einrosten *v*	rust	se rouiller, s'enrouiller
Einrosten *n*	rusting	rouillure *f*
Einsatz *m* [Beginn]	initiation, start, onset	commencement *m*, départ *m*, start *m*
Einsatz *m* [Zwischenstück]	insertion, insertion piece, inset	garniture *f*, pièce *f* intercalaire, insertion *f*, pièce *f* d'insertion *f*
Einsatz *m* [Verwendung]	use, application, action, utilization	emploi *m*, utilisation *f*, usage *m*, application *f*, mise *f* en œuvre *f*, mise *f* en service *m*
Einsatzhärte *f*	carburization hardness, hardness by case-hardening	dureté *f* par cémentation *f*, dureté *f* par trempe *f* en coquille *f*
Einsatzhärten *n*	case-hardening, cementation, carbonization, carburizing	cémentation *f*, carburisation *f*, trempe *f* en coquille *f*
Einsatzhärtetiefe *f*	case-hardening depth, hardness depth by case-hardening	profondeur *f* de dureté *f* par trempe *f* en coquille *f*
Einsatzstahl *m*	casehardening steel, carburizing steel	acier *m* cémenté, acier *m* de cémentation *f*
Einsatzstück *n*	insertion piece, inset	pièce *f* intercalaire, pièce *f* d'insertion *f*
Einschallung *f*	acoustic irradiation	irradation *f* acoustique
Einschallwinkel *m*	incident angle of acoustic wave	angle *m* d'incidence *f* de l'onde *f* acoustique
einschalten [dazwischenschalten] *v*	insert, interline, connect (~ in)	insérer, intercaler, interposer
einschalten [Licht] *v*	turn on, switch on/in	allumer (la lumière), tourner (le commutateur)
einschalten [Maschine] *v*	engage, throw on, turn on, put into gear, to start	démarrer, mettre en marche *f*
einschalten [Strom] *v*	switch on/in, close (~ the circuit), cut in, plug in	mettre en circuit *m*, fermer (le circuit)
einschätzen *v*	estimate, evaluate, tax, rate, assess	estimer, évaluer, taxer
Einschätzung *f*	estimation, evaluation, assessment, appreciation, weighting, calculation, computation	évaluation *f*, estimation *f*, appréciation *f*, pondération *f*, calcul *m*

einschichtig *adj*	single-layer	à une couche
einschließen [einhüllen] *v*	envelop, coat, seal, encapsulate	envelopper, revêtir, blinder, capsuler
einschließen [mitbeinhalten] *v*	include	comprendre
einschließen [zuschließen] *v*	lock (~ in), incase, enclose, inclose	enfermer, renfermer, fermer, coffrer
Einschluß *m*	inclusion	inclusion *f*
Einschlußnest *n*	cluster of inclusions *pl*	nid *m* d'inclusions *f/pl*
einschneiden *v*	cut (~ in), slice (~ in)	inciser, entailler, graver, couper (dans)
Einschnitt *m*	cut, incision, groove	incision *f*, entaille *f*
Einschnürung *f*	constriction, contraction, reduction in area	constriction *f*, striction *f*, étranglement *m*, rétrécissement *m*
einschrauben *v*	screw in	visser
einschreiben [Daten] *v*	read in, feed (~ into), insert, introduce, put (~ into)	inscrire, insérer, introduire
Einschub *m*	panel, case, slide-in unit	tiroir *m*, caisson *m*
Einschubgerät *n*	plug-in unit, plug-in instrument	appareil *m* rack
einschwingen *v*	built up	s'amorcer, établir
Einschwingvorgang *m*	building-up process, transient phenomenon	phénomène *m* transitoire
einseitig *adj*	unilateral, one-way, unidirectional	unilatéral, unidirectionnel, à sens *m* unique
einsetzen [räumlich] *v*	set in, place, put in, insert, fit	placer, insérer, mettre en place *f*
einsetzen *n* [Einfügen]	insertion, setting-in	insertion *f*, placement *m*
einsetzen [zeitlich] *v*	initiate, start, begin	commencer, partir
Einsetzen *n* [Beginn]	onset, start, initiation	commencement *m*, départ *m*, start *m*
einspeichern [Daten] *v*	read in, memorize	mémoriser, mettre en mémoire *f*
einspeichern [Güter] *v*	store, accumulate	stocker, emmagasiner
einspeisen *v*	feed	alimenter
Einspeisung *f*	feeding	alimentation *f*
einsteckbar *adj*	plug-in . . ., pluggable	enfichable
Einsteinsche Gleichung *f*	Einstein equation	équation *f* d'Einstein
Einsteinsche Spektralverschiebung *f*	Einstein shift	déplacement *m* d'Einstein
einstellbar [regelbar] *adj*	adjustable	ajustable, réglable
einstellen [abgleichen] *v*	tune, balance, align	accorder, syntoniser, aligner, équilibrer
einstellen [justieren] *v*	adjust, set, regulate, position	ajuster, régler, mettre au point
einstellen [stillegen] *v*	stop, finish, close, shut down	arrêter, suspendre
einstellen [unterbringen] *v*	house, store	loger, placer, stocker

Einstellen *n* [Abgleich]	tuning, balance, alignment	accord *m*, syntonisation *f*, alignement *m*, équilibrage *m*
Einstellen *n* [Justieren]	adjustment, adjusting, setting, regulation, positioning	ajustage *m*, ajustement *m*, réglage *m*
Einstellen *n* [Stillegen]	stop, closing, shutdown	arrêt *m*, stop *m*
Einstellen *n* [Unterbringung]	housing, store	logement *m*, stockage *m*
Einstellgenauigkeit *f*	setting accuracy, accuracy of adjustment	exactitude *f* d'ajustage *m*
Einstellmarke *f*	setting mark, adjustment dot	repère *m* d'ajustage *m*
Einstellung *f*	→ Einstellen *n*	
Einstellung *f*, automatische	automatic adjustment	réglage *m* automatique
Einstellung *f* von Hand *f*	hand setting, adjustment by hand, manual adjusting	réglage *m* manuel
Einstellvorrichtung *f*	adjusting device	dispositif *m* de réglage *m*
Einstrahl...	single-beam ..., single-gun ...	à rayon *m* unique, ... monocanon
einstufig *adj*	single-stage ...	à un étage, à étage *m* unique
eintauchen *v*	immerse, plunge, dip, sink	immerger, plonger, tremper, abaisser
einteilen *v*	divide, classify, graduate, step, arrange	diviser, classifier, graduer, arranger, partager, sectionner
Einteilung *f*	division, classification, section, department, arrangement	division *f*, section *f*, sectionnement *m*, département *m*, classification *f*, arrangement *m*
eintreten [geschehen] *v*	occur, happen, act, appear (~ as), crop up	se faire, se présenter (comme), paraître
Eintritt *m*	input, inlet, entrance	entrée *f*, accès *m*, ouverture *f*
Eintrittswinkel *m*	angle of incidence, angle of inlet	angle *m* d'incidence *f*, angle *m* d'entrée *f*
Einwand *m*	complaint, objection, rejection	réclamation *f*, objection *f*
einwandern *v*	diffuse	diffuser
einwandfrei *adj*	perfect, unobjectionable, satisfactory	parfait, sans défaillances *f/pl*, sans défaut *m*, accompli
Einweggleichrichter *m*	half-wave rectifier	redresseur *m* demi-onde, redresseur *m* monophasé
Einwegschalter *m*	single-way switch, one-way switch	commutateur *m* à une seule voie

Einwegübertragung *f*	simplex transmission, single channel transmission, one-way transmission	transmission *f* simplex, transmission *f* à une voie
einwenden *v*	object (~ to), complain (~ of)	objecter, réclamer (contre), s'opposer (à), critiquer, contester
einwertig *adj*	monovalent	monovalent
einwirken (~ auf) *v*	act (~ on/upon), react (~ on), affect, interact, influence, interfere (~ with)	affecter, opérer, influer
Einwirkung *f* [Beeinflussung]	influence, effect, reaction, action, interaction, interference (~ with)	influence *f*, réaction *f*, interaction *f*, action *f*, effet *m*
Einwirkung *f* [Immission]	immission	immission *f*
Einwirkung *f*, gegenseitige	interaction, mutual influence	interaction *f*, influence *f* mutuelle
Einzelbild *n*	individual picture	image *f* individuelle
Einzelheiten *f/pl*	details *pl*, particulars *pl*	détails *m/pl*
Einzelimpuls-Prüfung *f*	single-pulse testing	contrôle *m* à simple impulsion *f*
Einzelleiter *m*	single conductor	conducteur *m* unique
einzeln *adj*	individual, single	seul, individuel, unique
Einzelteile *n/pl*	single parts *pl*, components *pl*, elements *pl*	composants *m/pl*, pièces *f/pl* détachées, éléments *m/pl*
Eisen *n*, ausgeglühtes	annealed iron	fer *m* recuit
Eisen *n*, blättriges	laminated iron	fer *m* lamelleux
Eisen *n*, feinkörniges	fine grained iron	fer *m* à grains *m/pl* fins
Eisen *n*, flüssiges	liquid iron	fer *m* fondu
Eisen *n*, gehärtetes	tempered iron	fer *m* trempé
Eisen *n*, gekohltes	carburized iron	fer *m* carburé
Eisen *n*, gekörntes	granulated iron	fer *m* granulé
Eisen *n*, geschmiedetes	wrought iron	fer *m* forgé
Eisen *n*, geschmolzenes	molten iron	fer *m* fondu
Eisen *n*, granuliertes	granulated iron	fer *m* granulé
Eisen *n*, halbrundes	half round iron	fer *m* demi-rond
Eisen *n*, legiertes	alloyed iron	fer *m* allié
Eisen *n*, rundes	round iron	fer *m* rond
Eisen *n*, verzinktes	galvanized iron	fer *m* galvanisé
Eisen *n*, weiches	soft iron	fer *m* doux
Eisenabschirmung *f*	iron shield, iron screen	blindage *m* en fer *m*
eisenarm *adj*	poor in iron	pauvre en fer *m*
Eisenarmierung *f*	iron armour(ing)	garniture *f* de fer *m*
Eisenbahn *f*	railway (GB), railroad (USA)	chemin *m* de fer *m*
Eisenband *n*	iron tape, iron band, iron strip	ruban *m* de fer *m*, bande *f* en fer *m*
Eisenblech *n*	iron sheet	feuille *f* de fer *m*

Eisenblock *m*	billet, bar	barre *f*, billette *f*, billot *m*
Eisendraht *m*	iron wire	fil *m* de fer *m*
Eisenerz *n*	iron ore	minerai *m* de fer *m*
Eisenfeilspäne *f*	iron filings *pl*	limailles *f/pl* de fer *m*
Eisenfilter *m*	iron filter	filtre *m* en fer *m*
eisenfrei *adj*	ironless, iron-free	sans fer *m*
Eisengranulat *n*	granulated iron	fer *m* granulé
eisenhaltig *adj*	ferriferous, ferruginous, containing iron	ferrifère, ferrugineux
Eisenkern *m*	iron core	noyau *m* de fer *m*
Eisenlegierung *f*	iron alloy	alliage *m* de fer *m*
eisenlos *adj*	ironless, iron-free	sans fer *m*
eisenmagnetisch *adj*	ferromagnetic(al)	ferromagnétique
Eisenmantel *m*	iron jacket, iron clothing, iron shell	chemise *f* en fer *m*, enveloppe *f* en fer *m*
Eisenoxid *n*	iron oxide	oxyde *m* de fer *m*
Eisenplatte *f*	iron plate	plaque *f* de fer *m*
Eisenpulver *n*	iron powder, iron dust	poudre *f* de fer *m*
Eisenrohr *n*	iron tube	tube *m* en fer *m*
Eisenrost *m* [chemisch]	iron rust	rouille *f* de fer *m*
Eisenrost *m* [Feuerrost]	iron gate, grill	grille *f*, gril *m*
Eisensättigung *f*	iron saturation	saturation *f* du fer
Eisenschirm *f*	iron shield, iron screen	blindage *m* en fer *m*
Eisenspule *f*	iron-cored coil	bobine *f* à noyau *m* de fer *m*
Eisenstab *m*	iron bar	barre *f* de fer *m*
Eisenpulver *n*	iron powder, iron dust	poudre *f* de fer *m*
Eisenstaub *m*	→ Eisenpulver *n*	
Eisenteilchen *n*	iron particle	particule *f* de fer *m*
Eisenträger *m*	iron girder	poutrelle *f* de fer *m*
Eisenverluste *m/pl*	iron losses *pl*, iron core losses *pl*	pertes *f/pl* dans le fer
eisern *adj*	iron . . ., of iron, ferrous	en fer *m*, de fer *m*
Eispunkt *m*	freezing point	point *m* de congélation *f*
Eisschicht *f*	coating of ice	couche *f* de glace *f*
elastisch *adj*	elastic(al)	élastique
Elastizität *f*	elasticity	élasticité *f*
Elastizitätsgrenze *f*	elastic limit, limit of elasticity	limite *f* d'élasticité *f*
Elastizitätsmodul *m*	elastic modulus, modulus of elasticity, Young's modulus	module *m* d'élasticité *f*, module *m* de Young
Elektrizitätsumwandlung *f*	conversion of electric energy	conversion *f* d'énergie *f* électrique, transformation *f* d'électricité *f*
Elektroanalyse *f*	electroanalysis	électro-analyse *f*
Elektroantrieb *m*	electric drive, electric traction	entraînement *m* électrique
Elektrode *f*, blanke	bare electrode	électrode *f* nue

Elektrode *f*, umhüllte	coated electrode, covered electrode, sheathed electrode	électrode *f* enrobée, électrode *f* enveloppée
Elektrodenabstand *m*	electrode separation	distance *f* entre les électrodes *f/pl*
Elektrodenanordnung *f*	electrode arrangement	disposition *f* des électrodes *f/pl*
Elektrodeneindruck *m*	electrode indentation	empreinte *f* de l'électrode *m*
Elektrodenstandzeit *f* [Schweißen]	operational life of electrodes *pl*	longévité *f* des électrodes *f/pl*
Elektroenergie *f*	electric energy	énergie *f* électrique
Elektroerosion *f*	electro-erosion	électro-érosion *f*
Elektrokorrosion *f*	electrocorrosion	électro-corrosion *f*
Elektrolumineszenz *f*	electroluminescence	électroluminescence *f*
Elektrolyse *f*	electrolysis	électrolyse *f*
Elektrolyt *m*	electrolyte	électrolyte *m*
Elektromagnet *m*	electromagnet	électro-aimant *m*
elektromagnetisch *adj*	electromagnetic(al)	électromagnétique
Elektromechanik *f*	electromechanics *pl*	électromécanique *f*
elektromechanisch *adj*	electromechanic(al)	électromécanique
Elektromedizin *f*	electro-medicine	électro-médecine *f*
elektromedizinisch *adj*	electromedical	électromédical
Elektromotor *m*	electromotor	électromoteur *m*
Elektron *n*, freies	free electron	électron *m* libre
Elektron *n*, gebundenes	bound electron	électron *m* lié
Elektronenablenkung *f*	electronic deflection, deflection of electrons *pl*	déviation *f* des électrons *pl*
Elektronen-Abtaststrahl *m*	electron scanning beam	faisceau *m* électronique de balayage *m*
Elektronenbahn *f*	electron trajectory, electron path, electron orbit	trajectoire *f* d'électron *m*, orbite *f* d'électron *m*
Elektronenbefreiung *f*	releasing of electrons *pl*	libération *f* d'électrons *m/pl*
Elektronenbild *n*	electron image	image *f* électronique
Elektronenbewegung *f*	motion of electrons *pl*	mouvement *m* des électrons *m/pl*
Elektronenbündel *n*	electronic beam	faisceau *m* d'électrons *m/pl*
Elektronenbündelung *f*	electron focusing	focalisation *f* des électrons *m/pl*
Elektronendichte *f*	electron density	densité *f* d'électrons *m/pl*
Elektroneneinfang *m*	electron capture	capture *f* d'électrons *m/pl*
Elektronenfluß *m*	electron flow	flux *m* électronique
Elektronenlawine *f*	electron avalanche	avalanche *f* d'électrons *m/pl*
Elektronenlinse *f*	electronic lens	lentille *f* électronique
Elektronenmikroskop *n*	electron microscope	microscope *m* électronique
Elektronenmikroskop *n*, abtastendes	scanning electron microscope (S.E.M.)	microscope *m* électronique explorant

Elektronenoptik *f*	electron optics *pl*, electrooptics *pl*	optique *f* électronique, électro-optique *f*
elektronenoptisch *adj*	electro-optical	électro-optique
Elektronenplasma *n*	electron plasma	plasma *m* électronique
Elektronenquelle *f*	electron source	source *f* d'électrons *m/pl*
Elektronenrechner *m*	electronic computer	calculateur *m* électronique, calculatrice *f* electronique
Elektronensonde *f*	electron probe	sonde *f* électronique
Elektronenstrahl *m*	electron beam	rayon *m* électronique
elektronenstrahlgeschweißt *adj*	electron beam welded	soudé par faisceau *m* d'électrons *m/pl*
Elektronenstrahlschweißen *n*	electron beam welding (EB-welding)	soudage *m* par faisceau *m* d'électrons *m/pl*, soudage *m* par bombardement *m* électronique (soudage BE)
Elektronenstrom *m*	electron current, electron stream	courant *m* électronique, courant *m* d'électrons *m/pl*
Elektronenvervielfacher *m*	electron multiplier	multiplicateur *m* d'électrons *m/pl*
Elektronenwanderung *f*	electron migration, electron drift	déplacement *m* d'électrons *m/pl*
Elektronik *f*	electronics *pl*	électronique *f*
Elektroofen *m*	electric furnace	four *m* électrique
Elektroplattierung *f*	electroplating, galvanoplastics *pl*	galvanoplastie *f*, galvanisation *f*
Elektroporzellan *n*	electrotechnical porcelain	porcelaine *f* électrotechnique
Elektroschweißen *n*	electrowelding, electronic welding	soudage *m* électronique
Elektrostahlwerk *n*	electric steel works *pl*	aciérie *f* à fours *m/pl* électriques
elektrostatisch *adj*	electrostatic	électrostatique
elektrostriktiv *adj*	electrostrictive	électrostrictif
elektrothermisch *adj*	electrothermic, electrothermal	électrothermique
Elektrowerkzeug *n*	electric tool	outillage *m* électrique
Element *n* [Bestandteil]	element, component, part, member	élément *m*, composant *m*, partie *f*, membre *m*
Element *n* [chemisch]	element	élément *m*
Element *n* [elektrisch]	cell, pile, element	pile *f*, cellule *f*, élément *m*
Element *n*, radioaktives	radioactive element	élément *m* radioactif, radio-élément *m*
Elementarladung *f*	elementary charge	charge *f* élémentaire
Elementarteilchen *n*	elementary particle	particule *f* élémentaire
Elemente *n/pl*, finite	finite elements *pl*	éléments *m/pl* finis
Elementhülle *f* [Brennstoffelement]	element jacket	gaine *f* de l'élément *m* [combustible]

eliminieren *v*	eliminate	éliminer
Ellipse *f*	ellipse	ellipse *f*
Ellipsenaufnahme *f*	elliptic pick-up, ellipsoidal take	prise *f* ellipsoïdale
Ellipsoid *n*	ellipsoid	ellipsoïde *m*
ellipsenförmig *adj*	elliptic(al), ellipsoidal	ellipsoïdal, elliptique
elliptisch *adj*	elliptic(al)	elliptique
Email *n*, **Emaille** *f*	enamel	émail *m*
Emanation *f* [Em]	emanation	émanation *f*
Emanation *f* [Ausstrahlung]	emanation, radiation, emission	émanation *f*, radiation *f*, émission *f*
Emission *f*	emission	émission *f*
Emissionslinie *f*	emission line	raie *f* d'émission *f*
Emissionsmechanismus *m*	emission mechanism	mécanisme *m* de l'émission *f*
Emissionsquelle *f*, akustische	acoustic emission source	source *f* d'émission *f* acoustique
Emissionsrate *f*	emission rate	fréquence *f* d'émission *f*
Emissionsschicht *f*	emitting layer	couche *f* émittrice
Emissionsspektrum *n*	emission spectrum	spectre *m* d'émission *f*
Emissionsvermögen *n*	emitting power, emissive power, emissivity	pouvoir *m* émissif, émissivité *f*
Emissionswiderstand *m*	emission resistance	résistance *f* d'émission *f*
Emissionswinkel *m*	angle of emission, angle of radiation, angle of departure	angle *m* d'émission *f*, angle *m* de rayonnement *m*, angle *m* de projection *f*
Emitteranschluß *m* [Transistor]	emitter terminal, emitter contact	borne *f* d'émetteur *m*
emittieren *v*	emit	émettre
E-Modul *m* [Elastizitätsmodul]	elastic modulus, modulus of elasticity, Young's modulus	module *m* d'élasticité *f*, module *m* de Young
Empfang *m* [Übernahme]	acceptance	acceptation *f*
Empfang *m* [Welle]	reception	réception *f*
empfangen *v*	receive, accept	recevoir, accepter
Empfänger *m* [allgemein]	receiver	récepteur *m*
Empfänger *m* [einer Nachricht]	receiver	destinaire *m*, distinaire *f*
Empfänger *m* [Sonde]	probe, transducer, acceptor	sonde *f*, capteur *m*, transducteur *m*, palpeur *m*
Empfängerausgang *m*	receiver output	sortie *f* de récepteur *m*
Empfängereingang *m*	receiver input	entrée *f* de récepteur *m*
Empfangssignal *n*	received signal	signal *m* reçu
Empfangsspule *f*	receiving coil, receiver coil	bobine *f* réceptrice
Empfangsteil *n*	receiving section	partie *f* réception
Empfangsverstärker *m*	receiving amplifier	amplificateur *m* de réception *f*
Empfangswelle *f*	received wave	onde *f* de réception *f*
empfindlich (~ gegen) *adj*	sensitive (~ to)	sensible (à)

Empfindlichkeit *f*	sensitivity, sensitiveness, sensibility	sensibilité *f*
Empfindlichkeitseinstellung *f*	sensitivity adjustment	ajustage *m* de la sensibilité
Empfindlichkeitsgrenze *f*	sensitivity level, detection limit	limite *f* de détection *f*
Empfindlichkeitsprüfung *f*	sensitivity test	essai *m* de sensiblité *f*
Empfindlichkeitsregelung *f*	sensitivity control	commande *f* de sensibilité *f*
Empfindlichkeitsregler *m*	sensitivity regulator	changeur *m* de sensibilité *f*
Emulgierungszeit *f*	emulsification time	temps *m* d'émulsification *f*
Emulsion *f*, photographische	photographic emulsion	émulsion *f* photographique
Ende *n* [Abschluß]	termination, end, tail	terminaison *f*, extrémité *f*, bout *m*, fin *f*
Ende *n* [Schluß]	end	fin *f*
Ende *n* [Spitze]	tip, top, point, end	pointe *f*
enden *v*	end, finish, achieve	finir, achever, cesser
Endenausbildung *f*	end configuration, formation of ends *pl*	configuration *f* des extrémités *f/pl*, formation *f* d'extrémités *f/pl*
Endgeschwindigkeit *f*	final speed	vitesse *f* finale
Endkappe *f* [Brennstab]	end plug	bouchon *m*
Endkontrolle *f*	final inspection	inspection *f* finale
endlich [begrenzt] *adj*	finite	fini
endlos *adj*	endless, continuous	infini, sans fin *f*
Endprüfung *f*	final test, final control, final examination	contrôle *m* final
Endstellung *f*	final position, end position, extreme position	position *f* finale, position *f* extrême
Endstufe *f*	final stage, output stage	étage *m* final, étage *m* de sortie *f*
Endtrennung *f*	terminal separation	séparation *f* finale
Endverschluß *m*	end closure, sealing end	bouchon *m*, terminaison *f*
Endverstärker *m*	final amplifier, power amplifier	amplificateur *m* final, amplificateur *m* de puissance *f*
Endwert *m*	final value	valeur *f* finale
Endzone *f*	end zone, end region	zone *f* d'extrémité *f*
Endzustand *m*	final state	état *m* final
Energie *f*, abgegebene	dissipated energy	énergie *f* débitée
Energie *f*, aufgenommene	received energy	énergie *f* reçu
Energie *f*, ausgetauschte	exchanged energy	énergie *f* échangée
Energie *f*, latente	latent energy	énergie *f* latente
Energie *f*, verbrauchte	consumed energy	énergie *f* consommée
energiearm *adj*	low-energy ...	(de) à faible énergie *f*, de peu d'énergie *f*
Energieaustausch *m*	energy exchange	échange *m* d'énergie *f*

Energiebedarf *m*	demand for energy, required energy	demande *f* d'énergie *f*, énergie *f* nécessaire, puissance *f* d'alimentation *f*
Energieeinsparung *f*	energy saving	épargne *f* en énergie *f*
Energieerhaltung *f*	conservation of energy, energy preservation	conservation *f* de l'énergie *f*
Energieerhaltungssatz *m*	principle of energy conservation	principe *m* de conservation *f* de l'énergie *f*
Energieersparnis *f*	→ Energieeinsparung *f*	
Energieform *f*	kind of energy	mode *m* d'énergie *f*
Energiefreisetzungsrate *f*	energy release rate	taux *m* de dégagement *m* de l'énergie *f*
energiereich *adj*	high-energy ...	(de) à haute énergie *f*, (de) à grande énergie *f*
Energiesatz *m*	principle of energy conservation	principe *m* de conservation *f* de l'énergie *f*
Energieschwelle *f*	energy threshold	seuil *m* d'énergie *f*
Energiespektrum *n*	energy spectrum	spectre *m* d'énergie *f*
Energieumwandlung *f*	transformation of energy	transformation *f* d'énergie *f*
Energieverlust *m*	energy loss	perte *f* d'énergie *f*
Energieverteilung *f*	energy distribution	distribution *f* d'énergie *f*
entartet *adj*	degenerated	dégénéré
entbündeln *v*	defocus	défocaliser
Entbündelung *f*	defocusing	défocalisation *f*
entdämpfen *v*	reduce the damping	compenser l'affaiblissement *m*
entdecken *v*	detect, discover, find (out), spot	détecter, découvrir, trouver, déceler
Entdecken *n*	detection	détection *f*
Entfaltung *f*	deconvolution	déconvolution *f*
entfernen [abheben] *v*	lift, unhook	enlever, décrocher
entfernen [losmachen] *v*	detach, loosen, demount, unbind, separate, take away	détacher, séparer, démonter
entfernen [weggehen] *v*	remove, go away	s'éloigner, éloigner
Entfernen *n* [Distanzierung]	removal, removing	éloignement *m*
Entfernen *n* [Wegnehmen]	demounting, separating	démontage *m*, enlèvement *m*, séparation *f*
entfernt *adj*	remote	éloigné
Entfernung *f* [Distanz]	distance	distance *f*
Entfernung *f* [Wegnehmen]	removal, demounting	enlèvement *m*, démontage *m*
entfetten *v*	degrease, ungrease	dégraisser
Entfettungsmittel *n*	degreasing agent	agent *m* de dégraissage *m*
entflammen *v*	inflame	enflammer, s'enflammer, s'allumer

entgasen *v*	degas	dégazer, dégager le gaz
Entgiftung *f*	decontamination	décontamination *f*, désactivation *f*
entgraten *v*	trim	ébarber
enthärten *v*	soften	adoucir, ramollir
entionisieren *v*	deionize	désioniser
Entionisierung *f*	deionization, deionizing	désionisation *f*
Entkohlung *f*	decarburization	décarburation *f*
entkoppeln *v*	decouple	découpler
Entkopplung *f*	decoupling	découplage *m*
Entladedauer *f*	time of discharge	durée *f* de décharge *f*, temps *m* de décharge *f*
entladen [abladen] *v*	unload	décharger
entladen [elektrisch] *v*	discharge	décharger
Entladezeit *f*	time of discharge	temps *m* de décharge *f*
Entladung *f* [Abladen]	unloading	déchargement *m*
Entladung *f* [elektrische]	discharge	décharge *f*
entlasten *v*	disengage	dégager
entleeren *v*	empty, evacuate, exhaust	vider, vidanger, évacuer
entlüften *v*	deaerate, ventilate	déaérer, ventiler
entmagnetisieren *v*	demagnetize, degauss	désaimanter
Entmagnetisierung *f*	demagnetization	désaimantation *f*
Entmagnetisierungsspule *f*	demagnetization coil, degaussing coil	bobine *f* de désaimantation *f*
entregen *v*	de-energize, de-excitate	désexciter, désamorcer
Entregung *f*	de-energizing, de-excitation	désexcitation *f*, désamorçage *m*
Entseuchung *f*	decontamination	décontamination *f*, désactivation *f*
Entseuchungsmittel *n*	decontaminating agent, decontamination substance	agent *m* décontaminant, substance *f* de décontamination *f*
Entspannungsmittel *n*	wetting agent	détergent *m*, agent *m* humidificateur, agent *m* humectation *f*
Entstehung *f*	origin, origination	origine *f*
entstören [akustisch] *v*	suppress noise, eliminate interferences *pl*	supprimer les bruits *m/pl*, éliminer les interférences *f/pl*, déparasiter
entstören [allgemein] *v*	clear a trouble, remove a fault	dépanner, relever un dérangement
entstören [Funk] *v*	radioshield, suppress radio noise, to eliminate radio interferences *pl*	supprimer les bruits *m/pl* radioélectriques, éliminer les interférences *f/pl* radioélectriques, déparasiter
Entstörung *f* [akustisch, elektrisch]	noise suppression, interference elimination	parasites anti-parasitage *m* déparasitage *m*

Entstörung *f* [Pannenbeseitigung]	fault clearance, fault removal, trouble-shooting	dépannage *m*, relève *m* du dérangement
Entstörungseinrichtung *f*	anti-interference device, noise suppressor	dispositif *m* antiparasites, appareil *m* antiparasites
Entwickler *m*	developer	développeur *m*
Entwicklung *f* [Bildung]	formation	formation *f*
Entwicklung *f* [Technik]	development	développement *m*, mise *f* au point
Entwicklung *f* [Verlauf]	evolution	évolution *f*
Entwicklungsdauer *f*	development time	temps *m* de développement *m*
Entwicklungsstand *m*	state of development, state-of-the-art (for)	stade *m* de développement *m*, état *m* de développement *m*
Entwicklungstendenz *f*	trend of development	tendance *f* de développement *m*
Entwicklungszeit *f*	development time	temps *m* de développement *m*
Entwurf *m*	layout, project, conception, design, drawing, scheme, arrangement, plan, system	exposé *m*, conception *f*, projet *m*, croquis *m*, tracé *m*, schéma *m*, disposition *f*, arrangement *m*, plan *m*
entzerren *v*	equalize, compensate	égaliser, compenser, corriger, équilibrer
Entzerrer *m*	correcting device, corrector, equalizer, compensator	correcteur *m*, égalisateur *m*, compensateur *m*
Entzerrungsschaltung *f*	corrective network, balancing device	réseau *m* correcteur, circuit *m* correctif, montage *m* de compensation *f*
entzünden *v*	inflame, catch fire, ignite	enflammer, s'enflammer, s'allumer, mettre en feu *m*
Entzündung *f*	inflammation, ignition	allumage *m*, inflammation *f*
Entzündungspunkt *m*	burning point	température *f* d'inflammation *f*
Epoxidharz *n*	epoxy resin, epoxyde resin	résine *f* époxyde
Erdanziehung *f*	gravitation, earth's attraction, gravitation force, gravity	gravitation *f*, force *f* de gravitation *f*, gravité *f*
Erdboden *m*	soil, ground, earth	sol *m*, terre *f*, terrain *m*
Erde *f*, seltene	rare earth	terre *f* rare
Erdmetall *n*	earth metal	métal *m* terreux
Erdreich *n*	earth, ground (USA)	terre *f*
Erdschicht *f*	layer of earth, ground layer (USA)	couche *f* de terre *f*, assise *f* de terre *f*
Erdschluß *m*	earth leakage, ground contact (USA)	dérivation *f* à la terre

Erdung *f*	earthing, grounding (USA)	mise *f* à la terre
Erdungsschiene *f*	earth bar	barre *f* de mise *f* à la terre
Ereignis *n*	event, occurrence, happening	événement *m*, occurrence *f*, apparition *f*
Ereignisrate *f* [Schallemission]	rate of events *pl*	taux *m* d'événements *m/pl*
Erfahrung *f*	experience	expérience *f*
erfassen *v*	capture, adsorb	capturer, adsorber
Erfordernis *n*	requirement	exigence *f*
ergänzen *v*	complete, add	compléter, additionner
Ergänzung *f*	complement, supplement, addition	complément *m*, supplément *m*, addition *f*
Erhaltung *f*	conservation, preservation	conservation *f*
erhärten *v*	harden	durcir, endurcir, tremper
erhitzen *v*	heat, warm up	échauffer, chauffer
erhöhen [zunehmen] *v*	increase, augment, rise	accroître, augmenter, élever
erkalten *v*	cool down	se refroidir
Erkalten *n*	cooling, cooling-down, refrigeration	refroidissement *m*, réfrigération *f*
Erkennbarkeit *f*	perceptibility, detectability	perceptibilité *f*, réceptivité *f*, détectabilité *f*
Erkennbarkeitsgrenze *f*	limit of perceptibility	limite *f* de perceptibilité *f*
erkennen *v*	detect	détecter, connaître
erklären *v*	explain, interprete	interpréter, expliquer
Erklärung *f*	explication, interpretation, commentary	explication *f*, interprétation *f*, commentaire *m*
Erläuterung *f*	→ Erklärung *f*	
Ermittlung *f*	identification, detection, determination, evaluation	détermination *f*, détection *f*, évaluation *f*, identification *f*
ermüden *v*	fatigue	fatiguer
Ermüdung *f*	fatigue	fatigue *f*
Ermüdungsbeanspruchungsintensität *f*	fatigue stress intensity	intensité *f* de la contrainte par fatigue *f*
Ermüdungserscheinung *f*	fatigue phenomenon	phénomène *m* de fatigue *f*
Ermüdungsfestigkeit *f*	fatigue strength, fatigue limit	résistance *f* à la fatigue
Ermüdungsriß *m*	fatigue crack	fissure *f* de fatigue *f*
Ermüdungsrißausbreitung *f*	fatigue crack propagation	propagation *f* des fissures *f/pl* de fatigue *f*
Ermüdungsrißfortpflanzung *f*	→ Ermüdungsrißausbreitung *f*	
Ermüdungsrißwachstum *n*	fatigue crack growth	propagation *f* de fissure *f* par fatigue *f*
Ermüdungsverhalten *n*	fatigue behaviour	comportement *m* à la fatigue
Ermüdungsversuch *m*	fatigue test, continuous run, endurance running, endurance test	essai *m* de fatigue *f*, essai *m* d'endurance *f*, opération *f* continue

Erosion *f*	erosion	érosion *f*
erproben *v*	test, prove, try	prouver, éprouver, essayer
Erprobung *f*	trial, testing, test	essai *m*, épreuve *f*, test *m*
erregen *v*	excite, energize, stimulate, incite	exciter, inciter, stimuler
Erregerfeld *n*	exciting field	champ *m* d'excitation *f*
Erregerspule *f*	exciting coil	bobine *f* excitatrice
Erregerwicklung *f*	exciting winding	enroulement *m* d'excitation *f*
Erregung *f*	excitation, stimulation, energization, activation, impulse	excitation *f*, stimulation *f*, impulsion *f*, induction *f*
errichten *v*	install, plant, found, erect, mount	établir, fonder, construire, monter, bâtir, ériger, planter
Errichtung *f* [Aufbau]	erection, construction	érection *f*, construction *f*
Ersatz *m*	replacement, substitution, compensation, spare, equivalent	rechange *m*, remplacement *m*, équivalent *m*, substitution *f*, compensation *f*
Ersatzfehler *m*	equivalent flaw	défaut *m* fictif
Ersatzfehlergröße *f*	equivalent flaw size	dimension *f* du défaut fictif
Ersatzreflektorgröße *f*	equivalent reflector size, equivalent flaw size	dimension *f* du réflecteur fictif, dimension *f* du défaut fictif
Ersatzschaltbild *n*	equivalent circuit diagram	schéma *m* équivalent
Ersatzschaltung *f*, elektrische	electrical equivalent circuit	circuit *m* équivalent électrique
Ersatzstück *n*	spare part, exchange piece	pièce *f* de rechange *m*
Ersatzteil *n*	→ Ersatzstück *n*	
Erscheinung *f*	phenomenon, phenomena *pl*	phénomène *m*
erschöpfen *v*	use up, deplete	épuiser, s'user
erschüttern *v*	shake, vibrate	ébranler, vibrer, trembler
Erschütterung *f*	shaking, concussion	ébranlement *m*, secousse *f*
ersetzen *v*	replace, substitute	remplacer, substituer
ersparen *v*	spare, economize	épargner, économiser
Ersparnis *f* [an]	saving [~ in]	épargne *f* [en]
Erst . . .	→ Anfangs. . .	
erstarren *v*	solidify	solidifier
Erstarrung *f*	solidification	solidification *f*
Erstarrungsriß *m*	solidification crack, crater crack	fissure *f* de solidification *f*
Erstprüfung *f*	primary test, initial test	contrôle *m* initial, essai *m* primaire
Erwärmdauer *f*	heating time	durée *f* de réchauffage *m*
erwärmen *v*	warm, heat	échauffer, s'échauffer, chauffer
Erwärmung *f*	heating	échauffement *m*, chauffage *m*
Erwärmung *f*, induktive	inductive heating, induction heating	chauffage *m* par induction *f*

Erwärmungsriß *m*	heating crack	fissure *f* par chauffage *m*
Erwärmzeit *f*	heating time	temps *m* de réchauffage *m*
Erwartungswert *m*	expected value, expectation, anticipated value, factor of probability	valeur *f* expectée, facteur *m* de probabilité *f*
erweichen *v*	soften	ramollir
erweitern *v*	dilate, expand, extend, prolong	dilater, étendre, détendre, élargir, allonger, prolonger
Erweiterung *f* [Ausdehnung]	extension, expansion	extension *f*, expansion *f*
Erweiterung *f* [Meßbereich]	multiplication	multiplication *f*
Erz *n*	ore	minerai *m*
erzeugen *v*	make, manufacture, produce, generate	faire, fabriquer, produire, générer, créer
Erzeugnis *n*, metallisches	metallic product	produit *m* métallique
Erzeugnis *n*, nichtmetallisches	nonmetallic product	produit *m* non métallique
Erzeugung *f*	production, generation, manufacture, making	production *f*, génération *f*, fabrication *f*
evakuieren *v*	evacuate, exhaust	évacuer, vider
Exoelektronenabstrahlung *f*	emission of exoelectrons *pl*	émission *f* d'exoélectrons *m/pl*
Exoelektronenemission *f*	exoelectron emission	émission *f* d'exoélectrons *m/pl*
expandieren *v*	expand, extend, dilate	dilater, étendre, détendre
Expansion *f*	expansion	expansion *f*
Expansionswelle *f*	blast wave	onde *f* expansive, souffle *m*
explodieren *v*	explode, detonate	explosionner, exploser, détoner
Explosion *f*	explosion, detonation, burst, blast	explosion *f*, détonation *f*
explosionssicher *adj*	explosion-proof	anti-déflagrant
Exponent *m*	exponent	exposant *m*
Exponentialgesetz *n*	exponential law	loi *f* exponentielle
exponentiell *adj*	exponential	exponentiel
Expositionszeit *f*	exposure time	temps *m* de pose *f*, durée *f* d'exposition *f*
Extremwert *m*	extreme value	valeur *f* extrême
exzentrisch *adj*	eccentric(al)	excentrique
Exzentrizität *f*	eccentricity	excentricité *f*

F

fabrizieren *v*	fabricate, produce, manufacture, make	fabriquer, produire, faire

Fach *n* [Einschub]	case, panel, compartment, drawer, receptacle, bay	boîtier *m*, caisson *m*, case *f*, rayon *m*, compartiment *m*
Fach *n* [Gebiet]	branch, profession, department, occupation	branche *f*, partie *f*, compétence *f*, ressort *m*, métier *m*, profession *f*, spécialité *f*
Fachausdruck *m*	technical term	terme *m* technique
Fächer *m*	fan	éventail *m*
fächerförmig *adj*	fan-shaped	en éventail *m*
Fachmann *m*	specialist, expert	spécialiste *m*, expert *m*
Faden *m* [allgemein]	thread, strip, fibre, fiber (USA), string	fil *m*, aiguillée *f*, corde *f*
Faden *m* [Heizfaden]	filament	filament *m*
fadenförmig *adj*	filamentary, fibrous, thread-shaped	filiforme
Fahnenbildung *f*	hangover, signal inertia drag	traînage *m*
Fahrstrahl *m*	radius vector	rayon *m* vecteur, rayon *m* polaire
Fall *m* [Sturz]	fall, drop	chute *f*, descente *f*
Fall *m* [Vorfall]	case, event	cas *m*, événement *m*, accident *m*
Falle *f*	trap	piège *m*
fallen *v*	fall, drop, sink, descend, decrease	tomber, baisser, décroître, descendre
Fallen *n*	fall, drop, decrease, dip	chute *f*, décroissance *f*, baisse *f*
Fallzeit *f* [Impuls]	time of fall, decay time	temps *m* de descente *f*
Falte *f*	fold, pleat, ply	pli *m*, rempli *m*, ride *f*
falten *v*	fold, pleat	plier, plisser, froncer
Faltung *f* [allgemein]	folding, pleating	pliage *m*, plissage *m*, froncement *m*
Faltung *f* [Funktionsanalyse]	convolution	convolution *f*
Faltversuch *m*	bending test, bend test	essai *m* de pliage *m*, essai *m* de flexion *f*
Falz *m*	lap, rabbet, groove, fold	rainure *f*, coulisse *f*, feuillure *f*
Fangelektrode *f*	collecting electrode, collector	électrode *f* collectrice
fangen *v*	catch, collect, intercept	prendre, capter, collectionner, intercepter
Farbabweichung *f*	chromatic aberration	aberration *f* chromatique
Farbbild *n*	colour image	image *f* en couleurs *f/pl*
Farbeindringmittel *n*	dye penetrant	matière *f* de pénétration *f* colorée, liquide *m* pénétrant coloré
Farbeindringmittel *n*, wasserabwaschbares	water-washable dye penetrant	matière *f* pénétrante colorée mouvable par eau *f*

farbempfindlich *adj*	colour-sensitive, orthochromatic	sensible aux couleurs *f/pl*, orthochromatique
Farbfehler *m*	colour defect	défaut *m* de chromatisme *m*
farbig *adj*	coloured, colour . . ., color . . . (USA)	coloré, en couleurs *f/pl*
Farbkorrektur *f*	colour correction	correction *f* des couleurs *f/pl*
farblos *adj*	colourless, achromatic	incolore, sans couleur *f*, achromatique
Farbmarkierung *f*	paint marking	marquage *m* coloré
Farbmarkiervorrichtung *f*	paint marker	dispositif *m* de projection *f* de peinture *f*
Farbmeßgerät *n*	colorimeter	colorimètre *m*
Farbradiographie *f*	colour radiography	radiographie *f* en couleurs *f/pl*
Farbschreiber *m*	colour ink recorder	enregistreur *m* colore
Farbstoff *m*	dye	colorant *m*, teinture *f*
Färbung *f*	coloration, colouring, tinge	coloration *f*, coloris *m*, teint *m*, teinte *f*
Faser *f*	fibre, fiber (USA)	fibre *f*
Faseranteil *m*	fiber portion	portion *f* de fibres *f/pl*
Faserbruch *m*	fiber rupture	rupture *f* de fibre *f*
Faserorientierung *f*	fiber orientation	orientation *f* des fibres *f/pl*
Faserstoff *m*	fibrous material	matière *f* fibreuse
Faserverbundwerkstoff *m*	fiber composite material, fiber reinforced material	matériau *m* stratifié à fibres *f/pl*
faserverstärkt *adj*	fiber-reinforced	renforcé par des fibres *f/pl*
Fassungsvermögen *n*	capacity	capacité *f*
Federdruck *m*	spring pressure	pression *f* de ressort *m*
Federstahl *m*	spring steel	acier *m* à ressort *m*
Fehlalarm *m*	wrong alarm	fausse alarme *f*
Fehlalarmrate *f*	rate of wrong alarms	quote-part *f* de fausses alarmes *f/pl*
fehlanpassen *v*	mismatch	désadapter
fehlen *v*	miss, fail	manquer
Fehler *m* [Irrtum]	error, mistake	erreur *f*, faute *f*, bévue *f*
Fehler *m* [Mangel]	fault, flaw, defect, discontinuity, inhomogeneity, imperfection	défaut *m*, discontinuité *f*, inhomogénité *f*, défectuosité *f*, irrégularité *f*
Fehler *m* [Versagen]	failure, outage, malfunction, leakage, trouble	panne *f*, raté *m*, défaillance *f*
Fehler *m*, absoluter	absolute error	erreur *f* absolue
Fehler *m*, kritischer	critical defect	défaut *m* critique
Fehler *m*, künstlicher	artificial defect, artificial flaw	défaut *m* artificiel, discontinuité *f* artificielle
Fehler *m*, mittlerer	mean error	erreur *f* moyenne
Fehler *m*, natürlicher	natural flaw	discontinuité *f* naturelle
Fehler *m*, oberflächennaher	defect near to the surface, subsurface flaw	défaut *m* proche de la surface

Fehler *m*, relativer	relative error	erreur *f* relative
Fehler *m*, unterkritischer	subcritical defect	défaut *m* sous-critique
Fehlerabtastung *f*	flaw scanning, scanning of the defect	palpage *m* de la discontinuité, balayage *m* du défaut, sondage *m* du défaut
Fehleranalyse *f*	defect analysis	analyse *f* de défaut *m*
Fehlerannehmbarkeit *f*	acceptability of defects *pl*	acceptabilité *f* de défauts *m/pl*
Fehleranzeige *f*	flaw indication, discontinuity indication	indication *f* de défaut *m*, indication *f* de discontinuité *f*
Fehlerart *f*	defect nature, defect sort, kind of flaw	nature *f* du défaut, sorte *f* de défaut *m*
Fehlerauffindbarkeit *f*	detectability of imperfections *pl*, flaw detectability	détectabilité *f* de défauts *m/pl*
Fehlerauffinden *n*	detection of imperfections *pl*	détection *f* de défauts *m/pl*
Fehlerauffindwahrscheinlichkeit *f*	flaw detection probability	probabilité *f* de détection *f* des défauts *m/pl*
Fehlerauflösung *f*, extreme	extremely high flaw resolution	résolution *f* de défauts *m/pl* extrême
Fehleraufsuchen *n*	fault finding, detection of defects *pl*, revealing defects *pl*	détection *f* de défauts *m/pl*
Fehlerausdehnung *f*	flaw extension	extension *f* du défaut
Fehlerausscheidung *f*	fault rejection	rejet *m* de défaut *m*
Fehlerausscheidungswahrscheinlichkeit *f*	probability of fault rejection	probabilité *f* de rejet *m* de défaut *m*
fehlerbehaftet	defective, faulty, flawed, imperfect, containing faults *pl*	défectueux, fautif, contenant des défauts *m/pl*, imparfait, endommagé
Fehlerbehebung *f*	fault clearance, removal of defects *pl*, deletion of errors *pl*	élimination *f* des défauts *m/pl*, relève *m* de la panne
Fehlerbeseitigung *f*	→ Fehlerbehebung *f*	
Fehlerbewertung *f*	defect evaluation	évaluation *f* du défaut
Fehlerecho *n*	flaw echo, defect echo	écho *m* de défant
Fehlerechohöhe *f*	flaw echo height	hauteur *f* de l'écho *m* de défaut *m*
Fehlereingrenzung *f*	fault locating, fault finding, trouble shooting	localisation *f* du défaut
Fehlerentdeckung *f*	fault detection, flaw detecting, revealing of defects *pl*	détection *f* de défauts *m/pl*, révélation *f* de défauts *m/pl*
Fehlerentwicklung *f*	evolution of defects *pl*	évolution *f* de défauts *m/pl*
Fehlererkennbarkeit *f*	flaw detectibility	sensibilité *f* de détection *f* d'un défaut

Fehlererkennen *n*	flaw detecting, fault detection	détection *f* de défauts *m/pl*
Fehlerfeststellen *n*	revealing of defects *pl*	révélation *f* de défauts *m/pl*
Fehlerform *f*	defect shape	forme *f* de défaut *m*
fehlerfrei *adj*	faultless, defectfree, correct	sans défaut *m*, sans faute *f*, correct
Fehlerfunktion *f*	error function	fonction *f* d'erreur *f*
Fehlergefährlichkeit *f*	gravity of flaw	gravité *f* de défaut *m*
Fehlergrenze *f* [lokal]	defect boundary, defect border, defect limit	limite *f* de défaut *m*, bord *m* de défaut *m*
Fehlergrenze *f* [Toleranz]	margin of error	limite *f* d'erreur *f*
Fehlergröße *f* [geometrisch]	defect size, flaw size, imperfection size	extension *f* de défaut *m*, dimension *f* du défaut
Fehlergröße *f* [mathematisch]	error magnitude, error quantity	grandeur *f* d'erreur *f*, grandeur *f* fautive
Fehlergrößenabschätzung *f* [geometrisch]	defect size estimation, flaw size evaluation, sizing of defects *pl*	évaluation *f* de l'extension *f* du défaut
Fehlergrößenbestimmung *f*	→ Fehlergrößenabschätzung *f*	
fehlerhaft *adj*	defective, faulty, flawed, imperfect, containing faults *pl*	défectueux, fautif, contenant des défauts *m/pl*, imparfait, endommagé
Fehlerintegral *n*	error integral	intégrale *f* d'erreur *f*
Fehlerkennzeichnung *f*	flaw characterization	caractérisation *f* des défauts *m/pl*
Fehlerkorrektur *f*	error correction	correction *f* d'erreur *f*
Fehlerkurve *f*	error curve	courbe *f* d'erreur *f*
Fehlerlokalisierung *f*	fault locating, flaw finding, trouble shooting	localisation *f* du défaut
fehlerlos *adj*	faultless, correct, defect-free	sans faute *f*, sans défaut *m*, correct
Fehlermarkierung *f*	flaw marking, defect marking	marquage *m* de défauts *m/pl*
Fehlernachweis *m*	flaw detection	détection *f* de défauts *m/pl*
Fehlernachweisvermögen *n*	flaw detection capability	détactabilité *f* de défauts *m/pl*
Fehlerorientierung *f*	defect orientation	orientation *f* du défaut
Fehlerortbestimmung *f*	fault locating, flaw localization, defect location	localisation *f* du défaut
Fehlerortung *f*	→ Fehlerortbestimmung *f*	
Fehlerprüfgerät *n*	flaw detector	détecteur *m* de défauts *m/pl*
Fehlerprüfung *f*	defectoscopy, fault detection	défectoscopie *f*, détection *f* de défauts *m/pl*
Fehlerquelle *f*	source of error, cause of error	source *f* d'erreur *f*, cause *f* d'erreur *f*
Fehlerrand *m*	defect border, defect boundary	bord *m* de défaut *m*

Fehlerrandabtastung *f*	scanning of the defect border	balayage *m* du bord de défaut
Fehlerrate *f*	error rate	taux *m* d'erreurs *f/pl*
Fehlerrechnung *f*	computation of error	calcul *m* d'erreur *f*
Fehlersignal *n* [vom Fehler herrührendes Signal]	flaw signal, defect signal	signal *m* provenant du défaut
Fehlersignal *n* [fehlerhaftes Signal]	faulty signal, wrong signal, defective signal	faux signal *m*, signal *m* fautif, signal *m* incorrect
Fehlerstatistik *f*	statistics of error	statistique *f* d'erreur *f*
Fehlersuche *f*	probing, flaw detection, fault finding, detection of defects *pl*, revealing of defects *pl*	détection *f* de défauts *m/pl*, sondage *m*, recherche *f* des défauts *m/pl*, révélation *f* de défauts *m/pl*
Fehlersuchgerät *n*	flaw detector, fault finding device	détecteur *m* de défauts *m/pl*
Fehlerursache *f*	cause of error, source of error	cause *f* d'erreur *f*, source *f* d'erreur *f*
Fehlerverteilung *f*	flaw distribution, distribution of imperfections *pl*	distribution *f* de défauts *m/pl*
Fehlerzulässigkeit *f*	acceptability of defects *pl*	acceptabilité *f* de défauts *m/pl*
Fehlmessung *f*	false measurement	fausse mesure *f*
Fehlordnung *f*	disarrangement, imperfection	désarrangement *m*, imperfection *f*
Fehlstelle *f*	flaw, defect, void, inclusion, segregate, cavity	défaut *m*, lacune *f*, inclusion *f*, perturbation *f*
Fehlstelle *f*, flächenhafte	flat defect, laminar void	défaut *m* plat, lacune *f* laminée
Fehlstrom *m*	fault current, stray current	courant *m* de fuite *f*
Feilspäne *f*	filings *pl*	limaille *f*
Feinabgleich *m*	fine alignment, sharp tuning	alignement *m* à vernier *m*, accord *m* précis
Feinablesung *f*	vernier reading	lecture *f* au vernier
Feinabstimmung *f*	sharp tuning, fine alignment	accord *m* précis, alignement *m* à vernier *m*
Feinabtastung *f*	fine scanning	exploration *f* fine
Feinblech *n*	thin sheet, thin sheet metal	tôle *f* mince, tôle *f* fine
Feineinsteller *m*	vernier	vernier *m*
Feineinstellung *f*	fine adjusting, fine regulation, vernier control	réglage *m* fin, réglage *m* à vernier *m*
Feinfokus *m*	microfocus	micro-foyer *m*
Feinfokusröhre *f*	microfocus tube	tube *m* à micro-foyer *m*
Feingefüge *n*	microstructure	microstructure *f*
Feinkorn *n*	fine grain, fine particle	grain *m* fin,
Feinkornbaustahl *m*	fine-grained structural steel	acier *m* à grains *m/pl* fins, acier *m* de construction *f* à grains *m/pl* fins

Feinkornstahl *m*, hochfester	high-strength quenched fine-grained steel	acier *m* à grains *m/pl* fins et résistance *f* élevée
feinkörnig *adj*	fine-grained, fine-granular, compact-grained	à grains *m/pl* fins, finement granulé
feinmaschig *adj*	fine-meshed	à mailles *f/pl* étroites
Feinmeßinstrument *n*	precision instrument	instrument *m* de précision *f*
Feinstrahl *m*	narrow beam	rayon *m* serré, faisceau *m* étroit
Feinstruktur *f*	microstructure, fine structure	microstructure *f*
Feinstrukturuntersuchung *f*	microanalysis	microanalyse *f*
Feld *n* [Landwirtschaft]	field, ground, plain	champ *m*, campagne *f*, plaine *f*
Feld *n* [physikalisch]	field	champ *m*
Feld *n* [Schalttafel]	panel, compartment	panneau *m*, compartiment *m*
Feld *n*, beschleunigendes	accelerating field	champ *m* accélérateur, champ *m* d'accélération *f*
Feld *n*, elektrisches	electric field	champ *m* électrique
Feld *n*, erdmagnetisches	terrestrial magnetic field, geomagnetic field	champ *m* magnétique terrestre, champ *m* magnétique de terre *f*
Feld *n*, erregendes	exciting field	champ *m* excitant
Feld *n*, erregtes	induced field	champ *m* induit
Feld *n*, homogenes	homogeneous field	champ *m* homogène
Feld *n*, induziertes	induced field	champ *m* induit
Feld *n*, magnetisches	magnetic field	champ *m* magnétique
Feld *n*, rotierendes	rotating field, rotary field	champ *m* tournant
Feld *n*, schwaches	weak field	champ *m* faible
Feld *n*, starkes	strong field	champ *m* intense
Feld *n*, stationäres	stationary field	champ *m* stationnaire
Feld *n*, zirkulares	circular field	champ *m* circulaire
Feld *n*, zusammengesetztes	combined field	champ *m* composé
Feldausmessen *n*	field sounding	sondage *m* du champ
Feldbild *n*	field pattern, field configuration	configuration *f* du champ
Felddichte *f*	field density	densité *f* de champ *m*
Felderregung *f*	field excitation	excitation *f* de champ *m*
Felderzeugung *f*	field generation	génération *f* de champ *m*
Feldformfaktor *m*	field form factor	facteur *m* de forme *f* de champ *m*
Feldgleichung *f*	field equation	équation *f* de champ *m*
Feldgröße *f*	field quantity	grandeur *f* de champ *m*
Feldkontrast *m*	field contrast	contraste *m* de champ *m*
Feldlinie *f*	field line, line of force, line of flux	ligne *f* de champ *m*, ligne *f* de force *f*, ligne *f* de flux *m*

Feldliniendichte *f*	field line density, flux density	densité *f* des lignes *f/pl* de force *f*, densité *f* de champ *m*, densité *f* de flux *m*
Feldmagnet *m*	field magnet, inductor	aimant *m* de champ *m*, inducteur *m*
Feldschwächung *f*	field weakening	affaiblissement *m* du champ
Feldspule *f*	field coil, exciting coil, induction coil	bobine *f* de champ *m*, bobine *f* excitatrice, bobine *f* d'induction *f*, bobine *f* inductrice
Feldstärke *f*, elektrische	electric field intensity, electric field strength	intensité *f* de champ *m* électrique
Feldstärke *f*, magnetische	magnetic field intensity, magnetic field strength, magnetic intensity	intensité *f* de champ *m* magnétique
Feldstärkemessung *f*	field intensity measurement	mesure *f* d'intensité *f* de champ *m*
Feldstärkemesser *m*	field intensity meter, field strength meter	mesureur *m* d'intensité *f* de champ *m*
Feldstärkemeßgerät *n*	→ Feldstärkemesser *m*	
Feldstärkung *f*	field intensifying	intensification *f* du champ
Feldstörung *f*	field perturbation	perturbation *f* du champ
Feldtheorie *f*	field theory	théorie *f* du champ
Feldvektor *m*	field vector	vecteur *m* de champ *m*
Feldverdrängung *f*	field displacement	déplacement *m* de champ *m*
Feldverstärkung *f*	field intensifying	intensification *f* du champ
Feldverteilung *f*	field distribution	distribution *f* du champ
Feldverzerrung *f*	field distortion	distorsion *f* de champ *m*
Feldwicklung *f*	field winding, field coil	enroulement *m* inducteur, bobine *f* de champ *m*
Feldzerfall *m*	field decay	décomposition *f* de champ *m*
Fenster *n* [Röntgenröhre]	window	hublot *m*, fenêtre *f*
Fern...	remote-..., tele..., distance..., distant	... à distance *f*, télé...
Fernablesung *f*	distant reading	lecture *f* à distance *f*
Fernantrieb *m*	telecontrol, remote control	télécommande *f*, commande *f* à distance *f*
fernbedient *adj*	remote-controlled, telecontrolled	commandé à distance *f*, télécommandé
Fernbedienung *f*	telecontrol, remote control, distant control, long distance control	télécommande *f*, commande *f* à distance *f*
fernbetätigt *adj*	→ fernbedient *adj*	
Fernbetätigung *f*	→ Fernbedienung *f*	

Fernfeld *n*	far field	champ *m* lointain, champ *m* libre, champ *m* éloigné
ferngeregelt *adj*	remote-controlled, telecontrolled	commandé à distance *f*, télécommandé, téléréglé
ferngesteuert *adj*	→ ferngeregelt *adj*	
Fernlenkung *f*	teleguide, remote control	téléguidage *m*
Fernmeldesatellit *m*	telecommunication satellite	satellite *m* de télécommunications *f/pl*
Fernmeldeturm *m*	telecommunication tower	tour *f* de télécommunications *f/pl*
Fernmessung *f*	telemetering, remote measurement	télémesure *f*, mesure *f* à distance *f*
Fernregelung *f*	telecontrol, remote control, distant control	télécommande *f*, commande *f* à distance *f*
Fernseh-Aufnahmeröhre *f*	television camera tube, television pick-up tube	tube *m* de prise *f* de vue *f* en télévision *f*
Fernsehaufzeichnung *f*	television recording, video recording	enregistrement *m* de télévision *f*, enregistrement *m* vidéo
Fernsehbild *n*	television picture	image *f* de télévision *f*
Fernsehbildaufzeichnung *f*	television recording, video recording	enregistrement *m* de télévision *f*, enregistrement *m* vidéo
Fernsehbildröhre *f*	television picture tube, television tube	tube *m* image de télévision *f*, tube *m* de télévision *f*
Fernsehen *n* [FS]	television [TV]	télévision *f* [TV]
Fernseher *m* [Fernsehgerät]	television set, telly	téléviseur *m*, récepteur *m* de télévision *f*, récepteur *m* vidéo
Fernsehkamera *f*	television camera, telecamera	caméra *f* de télévision *f*, télécaméra *f*
Fernsehröhre *f*	television tube	tube *m* de télévision *f*
Fernsehsignal *n*	television signal, video signal	signal *m* de télévision *f*, signal *m* vidéo
Fernsteuerung *f*	telecontrol, remote control	télécommande *f*, commande *f* à distance *f*
fernüberwacht *adj*	teleattended, telecontrolled	télésurveillé
Fernüberwachung *f*	remote control, telesurveillance, telesupervision	télésurveillance *f*, surveillance *f* à distance *f*
Fernwirkung *f*	remote effect, teleaction	effet *m* à distance *f*, téléaction *f*
Fernzone *f*	far zone, distant zone	zone *f* éloignée, zone *f* distante
Ferrit *n*	ferrite	ferrite *m*
Ferritgehalt *m*	ferrite content	teneur *f* en ferrite *m*
ferritisch *adj*	ferritic	ferritique
Ferritkern *m*	ferrite core	noyau *m* en ferrite *m*
Ferritkorn *n*	ferrite grain	grain *m* ferritique
ferromagnetisch *adj*	ferromagnetic	ferromagnétique

Ferrosonde *f*	ferro-probe	ferro-sonde *f*
Fertigerzeugnis *n*	finished product	produit *m* fini
Fertigprodukt *n*	→ Fertigerzeugnis *n*	
fertigstellen *v*	finish, achieve	finir, achever
Fertigteil *n*	finished part, prefabricated element	pièce *f* finie, élément *m* préfabriqué
Fertigung *f*	production, fabrication	production *f*, fabrication *f*
Fertigungsband *n*	production line, assembly line	chaîne *f* de montage *m*, tapis *m* roulant
Fertigungskontrolle *f*	production control	contrôle *m* de production *f*
Fertigungsüberwachung *f*	→ Fertigungskontrolle *f*	
fest [Aggregatzustand]	solid	solide
fest [beständig] *adj*	permanent, stationary, durable	permanent, stationnaire, durable, fixe
fest [festhaltend] *adj*	tight, rigid, fixed	tendu, rigide, fixé
fest [Gewebe] *adj*	close	carteux
fest [massiv] *adj*	massive, solid, consistent, compact	massif, solide, consistant, compact, dur
fest [nicht losgehend] *adj*	fast, immovable	fixé, indétachable, immobile
fest [Preis] *adj*	fixed	fixe
fest [Stahl] *adj*	resistant	résistant
fest [standfest] *adj*	stable	stable
fest [unerschütterlich] *adj*	steady, firm, strong	ferme, fort, dur, robuste
Festfrequenz *f*	fixed frequency	fréquence *f* fixe
festhalten [anhalten] *v*	stop, lock, hold down	arrêter, serrer
festhalten [speichern] *v*	record, map, register	enregistrer
Festigkeit *f* [Dichtigkeit]	compactness, firmness	compacité *f*, fermeté *f*
Festigkeit *f* [mechanisch]	resistance, strength	résistance *f*
Festigkeit *f* [Stabilität]	stability, solidity	stabilité *f*, solidité *f*
Festigkeitsberechnung *f*	calculation of strength	calcul *m* de résistance *f*
Festigkeitsgrenze *f*	limit of resistance, breaking strength	limite *f* de résistance *f*, résistance *f* critique, résistance *f* à la rupture
Festigkeitsprüfung *f*	strength test	essai *m* de résistance *f*
Festkörper ...	solid-state ..., solid ...	... à corps *m* solide, ... solide
Festkörper *m*	solid	solide *m*, corps *m* solide
Festkörper-Dosimeter *n*	solid-state dosimeter	dosimètre *m* à solide *m*
Festkörperlaser *m*	solid-type laser	laser *m* solide, laser *m* à corps *m* solide
festlegen [befestigen] *v*	fix	fixer
festlegen [definieren] *v*	define, determine	définir, déterminer
Festlegung *f* [Befestigung]	fixation	fixation *f*
Festlegung *f* [Definition]	definition	définition *f*
festmachen *v*	fasten, fix	fixer, serrer
festsetzen [arretieren] *v*	arrest, clamp, stop	arrêter, bloquer, serrer
feststehend *adj*	stable, stationary, fixed, still	stable, fixe, stationnaire, tranquille
feststellbar [nachweisbar] *adj*	detectable	détectable, décelable

Feststellbarkeit *f* [Erkennbarkeit]	detectability, perceptibility	détectabilité *f*, perceptibilité *f*, réceptivité *f*
Feststellbarkeitsgrenze *f*	limit of perceptibility	limite *f* de perceptibilité *f*
feststellen [arretieren] *v*	arrest, stop, clamp, fasten, bolt, set, adjust	arrêter, bloquer, serrer, fixer, ajuster
feststellen [erkennen] *v*	detect, spot, determinate, prove, ascertain, appoint	détecter, déterminer, trouver, déceler, découvrir, éprouver, constater, connaître
Feststellung *f* [Arretierung]	stop, catch, lock, fixation	fixation *f*, blocage *m*
Feststellung *f* [Ermittlung]	detection, determination, identification, evaluation	détection *f*, détermination *f*, identification *f*, évaluation *f*
Feststellvorrichtung *f*	locking device, arresting device, fixing device, stop, stopper, catch	dispositif *m* de blocage *m*
Feststoff *m*	solid	solide *m*, corps *m* solide
Feststoffeinschluß *m*	solid inclusion	inclusion *f* solide
festwerden *v*	solidify	solidifier
fett *adj*	fat, fatty, oily	gras, graisseux, huileux
Fett *n*	fat, grease	graisse *f*
fettig *adj*	fatty, oily	graisseux, huileux
Feuchte *f*	→ Feuchtigkeit *f*	
Feuchtigkeit *f*	humidity, moisture	humidité *f*
feuchtigkeitsbeständig *adj*	moisture-resistant, moisture-proof, humidity-proof, non-hygroscopic	imperméable à l'humidité *f*, protégé contre l'humidité *f*, non-hygroscopique
Feuchtigkeitsgehalt *m*	moisture content	teneur *f* d'humidité *f*, degré *m* d'humidité *f*
Feuchtigkeitsmesser *m*	hygrometer	hygromètre *m*
Feuchtigkeitsprüfung *f*	humidity test, moisture test	essai *m* d'humidité *f*, épreuve *f* hygrométrique
feuchtigkeitssicher *adj*	moisture-resistant, moisture-proof, humidity-proof, non-hygroscopic	imperméable à l'humidité *f*, protégé contre l'humidité *f*, non-hygroscopique
feuchtigkeitsunempfindlich *adj*	→ feuchtigkeitssicher *adj*	
feueraluminiert *adj*	fused aluminum coated	à revêtement *m* d'aluminium *m*
feuerbeständig *adj*	fireproof, fire-resistant, non-combustible	réfractaire, résistant à la flamme, incombustible
feuerfest *adj*	→ feuerbeständig *adj*	
feuergefährlich *adj*	inflammable, combustible	inflammable, combustible
Feuerrost *m*	iron grate, grill	grille *f*, gril *m*
feuersicher *adj*	→ feuerbeständig *adj*	
Feuerverzinken *n*	hot dip galvanizing, hot galvanization	galvanisation *f* à chaud, zincage *m* à chaud, zingage *m* au feu

Feuerverzinnen *n*	hot tin-coating, fire-tinning, fire-scouring	étamage *m* au feu, étamage *m* à chaud
Fiber *f*	fibre, fiber (USA)	fibre *f*
Fiberoptik *f*	fiber-optical device	arrangement *m* optique à fibre *f*
Fiberwerkstoff *m*	fibrous material	matériau *m* fibreux
Figur *f*	figure	figure *f*
Film *m* [Filmstreifen]	film	film *m*, pellicule *f*
Film *m* [Schicht]	coat, coating, film	couche *f*, film *m*, dépôt *m*
Film *m*, feinkörniger	fine-grained film	film *m* à grains *m/pl* fins
Film *m*, grobkörniger	coarse-grained film	film *m* à grains *m/pl* gros
Film *m*, langsamer	slow film	film *m* lent
Film *m*, mittelschneller	medium-speed film	film *m* à rapidité *f* moyenne
Film *m*, schneller	fast film	film *m* rapide
Filmauswertung *f* [Radiographie]	film interpretation	interprétation *f* de la pellicule
Filmbehandlung *f*	film processing	traitement *m* de film *m*, traitement *m* de pellicule *f*
Filmbetrachtungsgerät *n*	film viewing apparatus	appareil *m* d'observation *f* du film
Filmdosimeter *n*	film dosimeter	dosimètre *m* à film *m*
Filmempfindlichkeit *f*	film sensibility	sensibilité *f* du film
filmfern [Radiographie] *adj*	far from the film	loin du film
Film-Fokus-Abstand *m*	film-focus distance, film-source distance	distance *f* film-foyer, distance *f* entre film *m* et foyer *m*, distance *f* pellicule/foyer
Film-Folien-System *n*	film-screen system	système *m* film/écran
Filmgradient *m*	film gradient	gradient *m* de film *m*
Filmklasse *f*	film class	classe *f* de pellicule *f*
Filmkontrast *m*	film contrast	contraste *m* de film *m*
Filmkorngröße *f*	film grain size	grosseur *f* du grain de pellicule *f*
Filmkörnigkeit *f*	film granulation	granulation *f* du film
filmnah [Radiographie] *adj*	near the film	proche du film
Film-Objekt-Abstand *m*	film-object distance	distance *f* film-objet
Filmschwärzung *f*	film blackening	noircissement *m* de la pellicule, noircissement *m* du film
Filmverarbeitung *f*	film processing	traitement *m* du film
Filter *n*	filter, screen	filtre *m*, écran *m*
Filter *n*, akustisches	acoustic filter	filtre *m* acoustique
Filter *n*, mechanisches	mechanic(al) filter	filtre *m* mécanique
Filter *n*, optisches	optical filter	filtre *m* optique
Filter *n*, rotes	red screen	écran *m* rouge
Filter *n*, rotfreies	screen free from red	écran *m* exempt de rouge
Filtercharakteristik *f*	filter characteristic	caractéristique *f* du filtre
Filterkurve *f*	filter curve	courbe *f* du filtre

filtern *v*	filter	filtrer
Filterung *f*	filtration	filtration *f*
Filtrierung *f*	→ Filterung *f*	
Filz *m*	felt	feutre *m*
Finite-Element-Methode *f*	finite element method	méthode *f* des éléments *m/pl* finis
Fischschwanzausbildung *f* [Walzfehler]	fishtail formation	formation *f* de queue *f* d'aronde *f*
fixieren *v*	fix	fixer
flach *adj*	flat, plain, smooth	plat, plan, lisse
Flachbiegeversuch *m*	plane bending test	essai *m* de flexion *f* plane
Flachbodenbohrung *f*	flat-bottom drill hole, flat-bottomed drill hole	forure *f* à fond *m* plat
Flachbodenloch *n*	flat bottom hole	trou *m* à fond *m* plat
Flachdraht *m*	flat wire	fil *m* plat, fil *m* aplati
Fläche *f* [Ebene]	plane, plain, face	plaine *f*, plan *m*
Fläche *f* [Flächeninhalt]	area	aire *f*
Fläche *f* [Oberfläche]	surface, superficies *pl*	surface *f*, superficie *f*
Fläche *f* [Querschnittsfläche]	section, cross section	section *f*, coupe *f*, aire *f*
Fläche *f*, gekrümmte	curved surface	surface *f* courbée
Fläche *f*, schräge	inclined surface	surface *f* inclinée
Fläche *f*, wirksame	active section, effective area	section *f* effective, aire *f* active
Flacheisen *n*	flat iron	fer *m* plat
Flächendruck *m*	surface pressure	pression *f* superficielle
Flächenelement *n*	surface element	élément *m* de surface *f*
flächenhaft *adj*	flat, laminar	plat, aplati, laminé
Flächeninhalt *m*	area, superficies *pl*	aire *f*, superficie *f*
Flächenintegral *n*	surface integral	intégrale *f* de surface *f*
Flächenkrümmung *f*	surface curvature	courbure *f* de surface *f*
Flächennormale *f*	surface normal	normale *f* de surface *f*
Flächenträgheitsmoment *n*	impulsive moment, angular impulse	moment *m* d'inertie *f* géométrique, impulsion *f* angulaire
Flachmagnet *m*	flat-type magnet	aimant *m* plat
Flachprobe *f*, gekerbte	notched flat specimen	éprouvette *f* plate entaillée
Flachspule *f*	flat coil, pancake coil, disk coil	bobine *f* plate, bobine *f* en galette *f*
Flachstahl *m*	flat steel	acier *m* plat
Flammpunkt *m*	flash point, burning point	point *m* d'inflammation *f*, température *f* d'inflammation *f*
Flanke *f*	flank, slope, edge	flanc *m*, pente *f*
Flankenbindefehler *m* [Schweißnaht]	incomplete flank fusion	manque *m* de fusion *f* dans le flanc
Flankensteilheit *f* [Impuls]	edge steepness	raideur *f* de flanc *m*
Flansch *m*	flange, collar, nozzle	bridge *f*, bourrelet *m*, collet *m*
Flanschverbindung *f*	flanged joint	raccord *m* à brides *f/pl*

Fleck *m* [Schmutzfleck]	blot, stain, spot	tache *f*
Fleck *m* [Stelle]	spot	spot *m*, lieu *m*, place *f*
Flecken *m* [Stelle]	spot	spot *m*, lieu *m*, place *f*
Fleckhelligkeit *f*	spot brightness	luminosité *f* du spot
Fleckschärfe *f*	spot sharpness	finesse *f* de spot *m*
flexibel *adj*	flexible, movable, mobile	flexible, souple, mobile
Fliehkraft *f*	centrifugal force	force *f* centrifuge
Fliese *f*	flag, slab	dalle *f*, carreau *m*
Fließband *n*	assembly line, production line	chaîne *f* de montage *m*, chaîne *f* de production *f*, table *f* roulante
Fließbandfertigung *f*	line production	production *f* à la chaîne
fließen *v*	flow, run	couler, s'écouler, courir
Fließfertigung *f*	line production	production *f* à la chaîne
Fließgrenze *f*	yield point, yield strength	limite *f* d'écoulement *m*
Fließmechanismus *m*	flow mechanism	mécanisme *m* du fluage
Fließpapier *n*	absorbent paper	papier *m* buvard
Fließvermögen *n*	fluidity	fluidité *f*
Fließwasserspalt *m*	running water film	film *m* d'eau *f* courante
Fließwiderstand *m*	yield resistance	résistance *f* d'écoulement *m*
Fluenz *f*	fluence	fluence *f*
Flugwesen *n*	aeronautics *pl*	aéronautique *f*
Flugzeug *n*	aircraft, airplane (USA)	avion *m*
Fluidität *f*	fluidity	fluidité *f*
Fluor *n* [F]	fluorine	fluor *m*
Fluoreszenz *f*	fluorescence	fluorescence *f*
Fluoreszenz-Dosimetrie *f*	fluorescence dosimetry	dosimétrie *f* à fluorescence *f*
Fluoreszenzleuchtschirm *m*	fluorescent screen	écran *m* à fluorescence *f*, écran *m* fluorescent
Fluoreszenz-Magnetpulverprüfung *f*	fluorescent magnetic particle test	magnétoscopie *f* à fluorescence *f*
Fluoreszenz-Rißprüfung *f*	fluorescent crack detection	ressuage *m* fluorescent
Fluoreszenzschirm *m*	fluorescent screen	écran *m* à fluorescence *f*, écran *m* fluorescent
fluoreszieren *v*	fluoresce	fluorescer
fluoreszierend *adj*	fluorescent	fluorescent
flüssig *adj*	liquid, fluid	liquide, fluide
Flüssigeisen *n*	liquid iron	fer *m* fondu
Flüssiggas *n*	liquefied natural gas [LNG]	gaz *m* naturel liquéfié [GNL]
Flüssigkeit *f*	liquid, fluid	liquide *m*
Flüssigkeit *f*, durchdringende	penetrant liquid, penetrant	liquide *m* pénétrant
Flüssigkeitsankopplung *f*	liquid coupling	couplage *m* liquide
Flüssigkeitskontakt *m*	liquid contact	contact *m* à liquide *m*
Flüssigkeitsoberfläche *f*	surface of liquid	surface *f* du liquide
Flüssigkontakt *m*	liquid contact	contact *m* à liquide *m*
Flüssigkopplung *f*	liquid coupling	couplage *m* liquide

Flüssigkristall *m*	liquid crystal	cristal *m* liquide
Fluß *m* [Strömung]	flow, flux, stream, current	flux *m*, écoulement *m*, courant *m*
Fluß *m*, magnetischer	magnetic flow	flux *m* magnétique
Flußdiagramm *n* [Computer]	flow chart	diagramme *m* de calcul *m*, ordinogramme *m*
Flußdichte *f*	flux density, field line density	densité *f* de flux *m*, densité *f* de champ *m*, densité *f* des lignes *f/pl* de force *f*
Flußeisen *n*	ingot iron	fer *m* homogène, fer *m* fondu
Flußlinie *f*	line of flux, field line	ligne *f* de flux *m*, ligne *f* de champ *m*
Flußmesser *m*	flowmeter, fluxmeter	fluxmètre *m*
Flußstahl *m*	ingot steel, mild steel	acier *m* homogène, acier *m* fondu, acier *m* doux
Fokus *m*	focus	foyer *m*
Fokusabstand *m*	focal length	distance *f* focale,
Fokusprüfkopf *m*	focusing transducer, focalized transducer	palpeur *m* focalisé, palpeur *m* avec focalisation *f*, transducteur *m* focalisé
Fokusschlauch *m*	focus tube	tube *m* de focalisation *f*
Fokussier-Prüfkopf *m*	→ Fokusprüfkopf *m*	
Fokussierung *f*	focusing	focalisation *f*
Fokussierung *f*, elektrische	electric focusing	focalisation *f* électrique
Fokussierung *f*, magnetische	magnetic focusing	focalisation *f* magnétique
Folge *f* [Aufeinanderfolge]	succession, suite, sequence	succession *f*, séquence *f*, suite *f*
Folge *f* [Konsequenz]	consequence, result	conséquence *f*, résultat *m*
Folie *f* [allgemein]	foil	feuille *f*
Folie *f* [Radiologie]	screen	écran *m*
Folie *f*, fluormetallische [Radiographie]	fluorine-metallic screen	écran *m* fluormétallique
Folie *f*, hintere [Radiographie]	rear screen	écran *m* postérieur
Folie *f*, vordere [Radiographie]	front screen	écran *m* antérieur
Folienunschärfe *f*	screen haziness, screen defocusing, dimly focused screen	défocalisation *f* de l'écran *m*, écran *m* défocalisé
Folienverstärkung *f* [Radiographie]	amplifying by screen, screen amplification	amplification *f* par écran *m*
Folienverstärkungsfaktor *m* [Radiographie]	screen amplification factor, screen factor	facteur *m* d'amplification *f* de l'écran *m*, facteur *m* d'écran *m*
Fono . . .	→ Phono . . .	
Förderband *n*	conveyor belt	courroie *f* transporteuse
Förderer *m* [Förderanlage]	conveyor	transporteur *m*
Form *f* [Bauform]	model, type, execution	modèle *m*, type *m*, exécution *f*

Form *f* [Gestalt]	shape, contour, form, profile	forme *f*, profil *m*, façon *f*, morphologie *f*
Form *f* [Gießform]	mould, mold (USA), pattern	moule *m*, creux *m*
Formabweichung *f*	shape deviation	tolérance *f* de forme *f*
Formänderung *f*	deformation	déformation *f*
Formbarkeit *f*	formability	formabilité *f*
Formbeständigkeit *f*	shape stability	stabilité *f* géométrique
Formblech *n*	profiled sheet	tôle *f* profilée
Formeisen *n*	profile iron	fer *m* profilé, profilé *m*
Formel *f*	formula	formule *f*
formen [bilden] *v*	form	former
formen [gestalten] *v*	develop, form	développer, former
formen [Gießerei] *v*	mould, mold (USA)	mouler
Formfaktor *m*	form factor, shape factor	facteur *m* de forme *f*
Formfehler *m* [Gestaltung]	imperfect shape	forme *f* défectueuse
Formgebung *f*	shaping, formation, forming operation	formation *f*, opération *f* de formage *m*
formlos *adj*	amorphous	amorphe
Formstahl *m*	shaped steel, profiled steel	acier *m* profilé
Formteil *n*	shaped piece	pièce *f* profilée
Fortpflanzungsgeschwindigkeit *f*	speed of propagation	vitesse *f* de propagation *f*
Fourier-Analyse *f*	Fourier analysis	analyse *f* de Fourier
Fourier-Integral *n*	Fourier integral	intégrale *f* de Fourier
Fourier-Reihe *f*	Fourier series *pl*	série *f* de Fourier
Fourier-Transformation *f*	Fourier transformation	transformation *f* de Fourier
Fourier-Transformationsholographie *f*	Fourier transformation holography	holographie *f* à transformation *f* de Fourier
Fourier-Zerlegung *f*	Fourier analysis	analyse *f* de Fourier
fräsen *v*	mill, shape	fraiser, façonner
Fraunhofersche Linien *f/pl*	Fraunhofer lines *pl*	lignes *f/pl* de Fraunhofer
Freibewitterungsversuch *m*	open-air weathering test	essai *m* de résistance *f* aux intempéries *f/pl*
Freigabe *f*	release, releasing, tripping, opening	déclenchement *m*, libération *f*, relâchement *m*
freigeben *v*	release, trip, liberate, disengage, set free	déclencher, libérer, relâcher, dégager
Freiheitsgrad *m*	degree of freedom	degré *m* de liberté *f*
freilegen *v*	uncover	découvrir
Freiluftanlage *f*	outdoor installation	installation *f* extérieure
freimachen *v*	release, liberate, set free, disengage	déclencher, libérer, relâcher, dégager
Freiraum *m*	free space	espace *m* libre
Freisetzung *f*	release, releasing, tripping, opening	déclenchement *m*, libération *f*, relâchement *m*
freitragend *adj*	self-contained	non soutenu
Fremdatom *n*	foreign atom, impurity	atome *m* étranger, impureté *f*

Fremdbestandteil *m*	contaminant, admixture, impurity, addition	contamination *f*, impureté *f*, addition *f*
Fremdeinschluß *m*	foreign inclusion	inclusion *f* étrangère
fremderregt *adj*	separately excited	à excitation *f* séparée
Fremdfeld *n*	external field, separate field	champ *m* étranger, champ *m* extérieur
Fremdkörper *m*	foreign matter, foreign body	corps *m* étranger, substance *f* étrangère
Fremdmetalleinschluß *m*	foreign metallic inclusion	inclusion *f* métallique étrangère
Fremdmodulation *f*	external modulation	modulation *f* extérieure
Fremdspannung *f*	external voltage, non-weighted voltage	tension *f* extérieure, tension *f* non-pondérée
Fremdstoff *m*	crude particle	infection *f*
Fremdsynchronisation *f*	external synchronization	synchronisation *f* externe
Fremdvergleich *m*	exterior comparison	comparaison *f* extérieure
Frequenz *f*, augenblickliche	instantaneous frequency	fréquence *f* instantanée
Frequenz *f*, harmonische	harmonic frequency, harmonic	fréquence *f* harmonique, harmonique *f*
Frequenz *f*, kritische	critical frequency	fréquence *f* critique
Frequenz *f*, momentane	instantaneous frequency	fréquence *f* instantanée
Frequenz *f*, normierte	reference frequency, normalized frequency	fréquence *f* de référence *f*, fréquence *f* normalisée
frequenzabhängig *adj*	frequency-dependent	dépendant de la fréquence
Frequenzabhängigkeit *f* von der Frequenz	dependence on frequency	dépendance *f* de la fréquence
Frequenzabstand *m*	frequency spacing	écart *m* entre fréquences *f/pl*
Frequenzabtastung *f*	frequency scanning	balayage *m* de fréquences *f/pl*
Frequenzabweichung *f*	frequency deviation, frequency tolerance, frequency departure, frequency shift, frequency swing	déviation *f* de fréquence *f*, tolérance *f* de fréquence *f*
Frequenzanalysator *m*	frequency analyser	analyseur *m* de fréquences *f/pl*
Frequenzanalyse *f*	frequency analysis, harmonic analysis	analyse *f* de fréquences *f/pl*, analyse *f* harmonique
Frequenzänderung *f*	frequency variation, pulling	variation *f* de fréquence *f*
Frequenzauswanderung *f*	frequency departure, frequency swing, frequency shift	déviation *f* de fréquence *f*
Frequenzband *n*, breites	wide frequency band	large bande *f* de fréquences *f/pl*
Frequenzband *n*, enges	small frequency band	bande *f* de fréquences *f/pl* étroite
Frequenzband *n*, schmales	→ Frequenzband *f*, enges	

Frequenzband *n*, übertragenes	transmitted frequency band, pass-band	bande *f* de fréquences *f/pl* transmise, bande *f* passante
Frequenzbandbegrenzung *f*	limitation of frequency band	limitation *f* de la bande de fréquences *f/pl*
Frequenzbandbeschneidung *f*	cutting off of frequency band, clipping of frequency band	coupure *f* de la bande de fréquences *f/pl*
Frequenzbandbreite *f*	frequency band width	largeur *f* de la bande de fréquences *f/pl*
Frequenzbanderweiterung *f*	enlarging of frequency band	élargissement *m* de la bande de fréquences *f/pl*
Frequenzbandkompression *f*	frequency band compression	compression *f* de la bande de fréquences *f/pl*
Frequenzbandverbreiterung *f*	enlarging of frequency band	élargissement *m* de la bande de fréquences *f/pl*
Frequenzbereich *m*	frequency range	gamme *f* des fréquences *f/pl*
Frequenzbeständigkeit *f*	frequency constancy, frequency stability	constance *f* de fréquence *f*, stabilité *f* de fréquence *f*
Frequenzbestimmung *f*	frequency determination	détermination *f* de la fréquence
Frequenzcharakteristik *f*	frequency characteristic, frequency curve	caractéristique *f* de fréquence *f*, courbe *f* de fréquence *f*
Frequenzeinstellung *f*, selbsttätige	automatic frequency control (A.F.C.)	contrôle *m* automatique de fréquence *f*
Frequenzgang *m*	frequency response	réponse *f* en fréquence *f*, courbe *f* de réponse *f* en fonction *f* de la fréquence
Frequenzgemisch *n*	frequency mixture	mélange *m* de fréquences *f/pl*
Frequenzgenauigkeit *f*	frequency accuracy	précision *f* de fréquence *f*
Frequenzkennlinie *f*	frequency characteristic, frequency curve	caractéristique *f* de fréquence *f*, courbe *f* de fréquence *f*
Frequenzkonstanz *f*	frequency constancy, frequency stability	constance *f* de fréquence *f*, stabilité *f* de fréquence *f*
Frequenzmesser *m*	frequency meter	fréquencemètre *m*
Frequenzmessung *f*	frequency measurement	mesure *f* de fréquence *f*
Frequenzregelung *f*	frequency control	réglage *m* de fréquence *f*
Frequenzregler *m*	frequency regulator, frequency control	régulateur *m* de fréquence *f*
Frequenzschwankung *f*	frequency fluctuation, frequency variation	fluctuation *f* de fréquence *f*, variation *f* de fréquence *f*
Frequenzspektrum *n*	frequency spectrum	spectre *m* des fréquences *f/pl*
Frequenzstabilität *f*	frequency stability	stabilité *f* de fréquence *f*

Frequenzteiler *m*	frequency divider	diviseur *m* de fréquence *f*
Frequenzumsetzer *m*	frequency converter	convertisseur *m* de fréquence *f*
Frequenzumwandlung *f*	frequency transformation	transformation *f* de fréquence *f*
frequenzunabhängig *adj*	frequency-independent	indépendant de la fréquence
Frequenzvergleich *m*	frequency comparison	comparaison *f* de fréquence *f*
Frequenzverlagerung *f*	frequency transposition, frequency translation	transposition *f* de fréquence *f*, translation *f* de fréquence *f*
Frequenzverlauf *m*	frequency curve, frequency characteristic	courbe *f* de fréquence *f*, caractéristique *f* de fréquence *f*
Frequenzverteilung *f*	frequency distribution	distribution *f* des fréquences *f/pl*
Frequenzvervielfacher *m*	frequency multiplier	multiplicateur *m* de fréquence *f*
Frequenzwähler *m*	frequency selector	sélecteur *m* de fréquence *f*, commutateur *m* de fréquences *f/pl*
Frequenzwandler *m*	frequency transformer, frequency changer	transformateur *m* de fréquence *f*, changeur *m* de fréquence *f*
Frequenzwechsel *m*	frequency changing	changement *m* de fréquence *f*
Frequenzwobblung *f*	frequency wobbling	wobbulation *f* de fréquence *f*
Fresnelsche Zonenplatte *f*	Fresnel zone plate	plaque *f* de zones *f/pl* de Fresnel
Friktion *f*	friction	friction *f*
Frischluft *f*	fresh air	air *m* frais
Front *f*	front, front side, face	front *m*, face *f*, devant *m*
Frontplatte *f*	front panel	panneau *m* frontal
frostbeständig *adj*	antifreezing	résistant à la gelée
Fügetechnik *f*	bonding technique	technique *f* d'assemblage *m*
Fühler *m*	sensor, probe	palpeur *m*, sonde *f*, senseur *m*
führen *v*	guide, direct, conduct, lead	guider, diriger, conduire
Führung *f* [Fahrzeug]	drive, driving, pilotage	pilotage *m*
Führung *f* [Leitung]	direction, management	direction *f*
Führung *f* [mechanisch]	guide	guide *m* guidage *m*, glissière *f*, pignon *m*
Führung *f* [Verhalten]	conduct	conduite *f*
Führungsleiste *f*	guide strip	barre *f* de guidage *m*
Führungsschiene *f*	guide rail, guide bar	barre *f* de guidage *m*
Führungsstift *m*	guide pin	broche *f* de guidage *m*, cheville *f* de guidage *m*

füllen *v*	fill, charge, load	remplir, charger
Füllen *n*	filling, charging, loading	remplissage *m*, chargement *m*
Füllhalter-Dosimeter *n*	pencil dosimeter	dosimètre *m* en stylo *m*
Füllhöhe *f*	filling height	hauteur *f* de remplissage *m*
Füllstand *m*	→ Füllhöhe *f*	
Füllung *f*	filling, charge, loading	remplissage *m*, chargement *m*
Fundament *n*	foundation, base, basement, bed, bottom, bedplate, substructure, pedestal	fondation *f*, fondement *m*, base *f*, pied *m*, piédestal *m*, socle *m*, plancher *m*
Funk *m*	radio, wireless	radio *f*
Funke *m*	spark	étincelle *f*
funkeln *v*	scintillate	scintiller
Funkeln *n*	scintillation, scintillating	scintillation *f*
funken [drahtlos aussenden] *v*	emit, radio, radiotelegraph, broadcast, wireless	émettre, radiotélégraphier
funken [Funken bilden] *v*	spark, flash	étinceler, faire feu *m*
Funken *m*	spark	étincelle *f*
Funkenerosion *f*	spark erosion	érosion *f* par étincelles *f/pl*
funkgesteuert *adj*	radio-controlled	commandé par radio *f*
Funksprechanlage *f*	radiotelephone system	système *m* radiotéléphonique
Funksteuerung *f*	wireless control, radio guidance, telecontrol	guidage *m* radioélectrique, télécontrôle *m*
Funktion *f*, abgeleitete	derived function	fonction *f* dérivée
Funktion *f*, trigonometrische	trigonometric function	fonction *f* trigonométrique
funktionieren *v*	function	fonctionner
Funktionskontrolle *f*	functional test	essai *m* de fonctionnement *m*
Funktionsprüfung *f*	→ Funktionskontrolle *f*	
Funktionsweise *f*	mode of operation	mode *m* opératoire
Furche *f*	chamfer, stria, ridge, groove, slot, flute, scratch, channel	cannelure *f*, rainure *f*, ride *f*, égratignure *f*, éraflure *f*, fente *f*, fissure *f*, lézarde *f*
Fusion *f*	fusion	fusion *f*
Fusionskraftwerk *n*	nuclear fusion power plant	centrale *f* génératrice à fusion *f* nucléaire
Fuß *m* [Sockel]	pedestal, base	pied *m*, base *f*, socle *m*, piédestal *m*
Fußboden *m*	floor	plancher *m*
fußgesteuert *adj*	foot-controlled	commandé par pied *m*

G

gabeln *v*	fork, bifurcate	bifurquer
Gabelstapler *m*	fork truck	chariot *m* à fourche *f*
Gabelung *f*	branch, branching, branching-off, bifurcation, ramification	branchement *m*, bifurcation *f*, ramification *f*
Galvanisieren *n*	galvanizing, galvanoplastics *pl*, electroplating	galvanisation *f*, galvanoplastie *f*
Galvanometer *n*	galvanometer	galvanomètre *m*
galvanotechnisch *adj*	galvanotechnical	galvanotechnique
Gamma-Bestrahlung *f*	gamma irradiation	irradiation *f* gamma
Gamma-Durchstrahlung *f*	gamma radiation	radiation *f* gamma
Gamma-Eisen *n*	gamma iron, austenite	fer *m* du type gamma, austénite *m*
Gamma-Filmaufnahme *f*	gamma radiogram	prise *f* de vue *f* gammagraphique
Gammagraphie *f*	gamma radiography	gammagraphie *f*, radiographie *f* gamma
Gamma-Intensität *f*	gamma intensity	intensité *f* gamma
Gamma-Kamera *f*	gamma camera	caméra *f* gamma
Gammametrie *f*	gammametry	gammamétrie *f*
Gammaprüfung *f* [Gammastrahlprüfung]	gammagraphy, gammagraphic test(ing), gamma-ray examination, gamma-ray radiography test, gamma-radiometric test	gammagraphie *f*, contrôle *m* par rayons *m/pl* gamma
Gamma-Radiographie *f*	gamma radiography	radiographie *f* gamma, gammagraphie *f*
Gamma-Rückstreuung *f*	gamma backscattering	rétrodiffusion *f* gamma
Gammaspektroskopie *f*	gamma spectroscopy	spectroscopie *f* gamma
Gammastrahl *m*	gamma ray	rayon *m* gamma
Gammastrahler *m*	gamma radiator	radiateur *m* gamma
Gammastrahler *m*, künstlicher	artificial gamma radiator	radiateur *m* gamma artificiel
Gammastrahlprüfung *f*	gammagraphy, gammagraphic test(ing), gamma-ray examination, gamma-ray radiography test, gamma-radiometric test	gammagraphie *f*, contrôle *m* par rayons *m/pl* gamma
Gammastrahlung *f*	gamma radiation	radiation *f* gamma
Gammazerfall *m*	gamma disintegration	désintégration *f* gamma
Gang *m*, in ~ bringen *v*	set going, put into action, set to work, start, put in motion, drive	mettre en marche *f*, mettre en service *m*, démarrer, actionner

Gangunterschied *m* [Phasendifferenz]	phase difference	différence *f* de phase *f*
Ganzdurchströmung *f*	total flow	flux *m* total
Ganzkörperdosis *f*	total body dose	dose *f* relative au corps entier
Ganzkörperzähler *m*	whole body counter	compteur *m* pour le corps entier
Garantie *f*	guarantee, warrenty, guaranty (USA)	garantie *f*
Gasbeton *m*	aerated concrete	béton *m* aéré
Gas *n*, komprimiertes	compressed gas	gaz *m* comprimé
Gas *n*, verdünntes	rarefied gas	gaz *m* raréfié
Gasanalyse *f*	gas analysis	analyse *f* de gaz *m*
Gasbehälter *m*	gas tank, gas holder, gasometer	réservoir *m* à gaz *m*, gazomètre *m*
gasdicht *adj*	gastight	imperméable aux gaz, étanche aux gaz
Gaseinschluß *m*	gas cavity	soufflure *f*
Gasentladung *f*	gas discharge	décharge *f* dans le gaz
Gasentwicklung *f*	gas formation, gas generation, gassing	génération *f* de gaz *m*, dégagement *m* du gaz
gasförmig *adj*	gaseous	gazeux
Gas-Laser *m*	gas laser	laser *m* au gaz
Gasleitung *f* [Rohrleitung]	gas conduit, gas-main, gas tubing, gas tube	conduite *f* de gaz *m*, tuyau *m* à gaz *m*
Gasometer *m*	gasometer, gas tank, gas holder	gazomètre *m*, réservoir *m* à gaz *m*
Gaspore *f*	gas pore	soufflure *f* sphéroïdale
Gasrohr *n*	gas tube	tuyau *m* à gaz *m*
Gasschmelzschweißen *n*	gas fusion welding	soudage *m* autogène
Gatter *n*	gate	porte *f*
Gaußsche Fehlerverteilung *f*	Gaussian error distribution	distribution *f* d'erreurs *f/pl* de Gauss
Gaze *f*	gauze	gaze *f*
Gebersystem *n*	transmitter system	système *m* de transmetteurs *m/pl*
Gebiet *n* [Fach]	branch, profession, department	branche *f*, ressort *m*, métier *m*, profession *f*
Gebiet *n* [Zone]	region, area, zone, field, sphere, domain, district	région *f*, zone *f*, domaine *m*, district *m*, regime *m*
Gebiet *n*, verseuchtes	contaminated area, contaminated ground	terrain *m* contaminé
geblättert *adj*	laminated, foliated	laminé, folié
gebogen *adj*	bent, curved	courbé
Gebrauch *m*	use, usage, utilization, application	usage *m*, utilisation *f*, application *f*
gebrauchen *v*	use, employ, utilize	utiliser, employer, se servir (de)
Gebrauchsanweisung *f*	instructions *pl* for use, instruction manual	mode *m* d'emploi *m*, instruction *f* d'emploi *m*

gedämpft *adj*	damped, attenuated	amorti, atténué
gedämpft; schwach ~ *adj*	weakly damped, slightly damped	légèrement amorti
gedämpft; stark ~ *adj*	strongly damped	fortement amorti
geeignet (~ für, ~ zu) *adj*	suited (~ to, ~ for), suitable (~ to, ~for), fit (~ for), proper (~ to), qualified (~ for)	propre (à), adaptable (à), qualifié (pour), capable (de)
gefährlich *adj*	dangerous	dangereux
Gefälle *n*	drop, decrease, fall, dip, slope	chute *f*, décroissance *f*, baisse *f*, pente *f*
Gefäß *n*	box, case, casing, can, tin, receptacle, tank, tub, vat, basin, cage, container	boîte *f*, boîtier *m*, cuve *f*, récipient *m*, caisse *f*, cage *f*, bac *m*, vase *m*, container *m*
gefrieren *v*	congeal, freeze	congeler, glacer
Gefrierpunkt *m*	freezing point	point *m* de congélation *f*
Gefüge *n*	microstructure, structure, texture	microstructure *f*, structure *f*, texture *f*
Gefügebestandteil *m*	structural component	microconstituant *m*
Gefügeparameter *m*	structural parameter	paramètre *m* structural
Gefügeuntersuchung *f*	structure examination, structural investigation	examen *m* structural, étude *f* de la structure
Gefügezustand *m*	structural condition	état *m* structural
Gegendruck *m*	counter pressure	contre-pression *f*
Gegen-EMK *f*	counter-emf, counter electromotive force, back-emf	force *f* contre-électromotrice
Gegengewicht *n*	counter-weight	contre-poids *m*
Gegeninduktion *f*	mutual induction	induction *f* mutuelle
Gegenkraft *f*	counter force	contre-force *f*
gegenläufig *adj*	in opposite direction	à mouvement *m* opposé
Gegenphase *f*	opposite phase, anti-phase	phase *f* opposée, phase *f* contraire
gegenseitig *adj*	mutual, reciprocal	mutuel, réciproque
Gegenspannung *f* [elektrisch]	counter-voltage	contre-tension *f*
Gegenstrom *m*	counter-current	contre-courant *m*
Gegenströmung *f*	counterflow, counter-current flow, counter-current	contre-courant *m*
Gegenüberstellung *f*	confrontation	confrontation *f*
Gegenuhrzeigersinn *m*; im ~	anti-clockwise, counter-clockwise, in counter-clockwise direction	dans le sens antihoraire, dans le sens inverse des aiguilles *f/pl* d'une montre
Gegenwirkung *f*	counter-action, counter-effect, reaction	réaction *f*, antagonisme *m*
Gehalt *m*	contents *pl*, content	contenu *m*, teneur *f*, contenance *f*

Gehäuse *n*	cabinet, housing, case, box, body, enclosure	boîtier *m*, ébénisterie *f*, caisse *f*, cage *f*
Geiger-Müller-Zählrohr *n*	Geiger-Müller counter tube	tube *m* compteur Geiger-Müller
gekapselt *adj*	enclosed, encapsulated, canned	gainé, blindé, cuirassé, clos
gekoppelt *adj*	coupled	couplé
gekreuzt *adj*	crossed, cruciform	croisé, en croix *f*
gekrümmt *adj*	crooked, curved	courbé, courbe, curviligne
Gelbfilter *m*	yellow screen	écran *m* jaune
Gelenkverbindung *f*	hinge joint, knuckle joint	assemblage *m* articulé
gemäßigt *adj*	moderate, temperate	modéré
Gemenge *n*	mixture	mélange *m*
Gemisch *n*	→ Gemenge *n*	
genau *adj*	accurate, precise, exact, sharp	exact, précis
Genauigkeit *f*	accuracy, precision, exactitude	précision *f*, exactitude *f*
geneigt *adj*	inclined	incliné
Generator *m*	generator	générateur *m*, génératrice *f*
Geometriefehler *m*	geometric distortion	distorsion *f* de géométrie *f*
gerade [aufrecht] *adj*	right	droit
gerade [Linie] *adj*	straight, linear, rectilinear, straightlined	rectiligne, linéaire, en ligne *f* droite, droit
gerade [Zahl] *adj*	even	pair
geradlinig *adj*	straight-lined, linear	rectiligne, linéaire
Gerät *n*	apparatus, device, set, unit, instrument, facility, gear, arrangement	appareil *m*, instrument *m*, dispositif *m*, poste *m*
Geräteempfindlichkeit *f*	instrument sensitivity	sensibilité *f* d'instrument *m*
Gerätejustierung *f*	instrument adjustment	ajustage *m* d'instrument *m*
geräumig *adj*	spacious, roomy	spacieux
Geräusch *n*, bewertetes	weighted noise	bruit *m* pondéré
Geräusch *n*, unbewertetes	unweighted noise, flat noise	bruit *m* non pondéré
Geräusch *n*, unregelmäßiges	random noise	bruit *m* erratique
Geräuschabstand *m*	signal-to-noise ratio, S/N ratio	écart *m* entre signal *m* et bruit *m*, rapport *m* signal *m* sur bruit *m*
Geräuschanalyse *f*	noise analysis	analyse *f* du bruit
Geräuschanteil *m*	noise component	composante *f* de bruit *m*
geräuscharm *adj*	low-noise . . .	à faible bruit *m*, à bruit *m* réduit
Geräuschfaktor *m*	noise factor	facteur *m* de bruit *m*
Geräuschhintergrund *m*	noise background	fond *m* de bruit *m*
Geräuschleistung *f*	psophometric power	puissance *f* psophométrique
Geräuschmessung *f*	noise measurement	mesure *f* du bruit
Geräuschpegel *m*	noise level	niveau *m* de bruit *m*
Geräuschpegelanalyse *f*	noise level analysis	analyse *f* du niveau de bruit *m*

Geräuschunterdrückung *f*	noise suppression	suppression *f* des bruits *m/pl*
Geräuschuntergrund *m*	noise background	fond *m* de bruit *m*
gerichtet *adj*	directional, directive	dirigé, directif
gesamt *adj*	total, entire, whole, integral, complete	total, entier, intégral, complet, global
Gesamtbelastung *f*	total load	charge *f* totale
Gesamtdosis *f*	accumulated dose	dose *f* accumulée
Gesamtgewicht *n*	total weight, full weight	poids *m* total, poids *m* brut
Gesamtlast *f*	total load	charge *f* totale
Gesamtunschärfe *f*	total unsharpness	flou *m* total
Gesamtwert *m*	integral value	valeur *f* intégrale
Gesamtzahl *f*	total number	totalité *f*
geschehen lassen *v*	occur, happen, act, crop up, appear(as)	se faire, se présenter (comme), paraître
geschichtet *adj*	laminated, foliated	laminé, feuillé
geschlitzt *adj*	slotted	à encoches *f/pl*
Geschwindigkeit *f*	speed, velocity	vitesse *f*, rapidité *f*, célérité *f*
Geschwindigkeitsregelung *f*	speed control	réglage *m* de vitesse *f*
gesenkschmieden *v*	swage	forger à matrice *f*
Gesenkschmiedestück *n*	swage-forging	pièce *f* matriciée
Gestalt *f*	shape, form, profile, contour, figure	forme *f*, profil *m*, façon *f*, figure *f*, morphologie *f*
Gestaltung *f*	design, shaping, formation, perfection, construction	façonnage *m*, formation *f*, perfectionnement *m*, développement *m*
Gestaltungsfehler *m*	design defect	défaut *m* de conception *f*
Gestell *n*	chassis, frame, desk, deck	châssis *m*, platine *f*, bâti *m*
gestört *adj*	disturbed, troubled, defective, faulty, jammed, out of order	perturbé, dérangé, troublé, failleux, défectueux
gestreut *adj*	diffuse, diffused, scattered, stray	diffus, diffusé
getrennt [abgeschaltet] *adj*	disconnected, open, cut off	déconnecté, ouvert, coupé
getrennt [separat] *adj*	separate, detached	séparé, détaché
gewalzt *adj*	rolled, laminar, flat	laminé, cylindré, plat, aplati
Gewebe *n* [Körper]	tissue	tissu *m*
Gewebe *n* [Textilerzeugnis]	textile, web, woven fabric, cloth, stuff	tissu *m*, étofte *f*, toile *f*, drap *m*
Gewebeschicht *f*	tissue layer	couche *f* de tissu *m*
Gewicht *n*	weight	poids *m*
Gewichtigkeit *f*	weighting	pondération *f*, importance *f*
Gewinde *n*	thread	filet *m*
Gewindebolzen *m*	threaded bolt	tige *f* filetée
Gewindedurchmesser *m*	thread diameter	diamètre *m* de filet *m*
Gewindelänge *f*	thread length	longueur *f* de filet *m*
Gewindemuffe *f*	threaded collar	manchon *m* fileté

Gewindestift *m*	threaded pin	cheville *f* filetée
Gewinn *m*	gain, yield, profit, efficiency, response	gain *m*, profit *m*
gewöhnen *v*	adapt, match, adjust, fit, equate, assimilate, accommodate	adapter, accomoder, accorder, égaliser, assimiler rajuster
gewölbt *adj*	vaulted, convex	arqué, bombé, convexe
Gezeitenkraftwerk *n*	tidal power plant	usine *f* électrique marémotrice
gezogen, nahtlos ~ adj	seamless drawn	étiré sans soudure *f*
gießen [Metall] *v*	cast, found	fondre, couler, mouler
Gießen *n*	cast, casting	fondage *m*, fonte *f*
Gießerei *f* [Fabrik]	foundry, casting house	fonderie *f*
Gießerei *f* [Gießereiwesen]	casting	fonderie *f*
Gießform *f*	mould, mold (USA), pattern	moule *m*, creux *m*
Gießharz *n*	epoxy resin, synthetic	résine *f* moulée, résine *f* synthétique
Gießstrahl *m*	pouring jet	jet *m* de coulée *f*
Gipfelpunkt *m*	apex, climax, culmination point	apex *m*, point *m* culminant
Gips *m*	plaster, gypsum	plâtre *m*, gypse *m*
Gitter *n* [Beugungsgitter]	diffraction grid, diffraction grating, grating	réseau *m* de diffraction *f*, réseau *m*
Gitter *n* [Elektronenröhre]	grid	grille *f*
Gitter *n* [Gittergeflecht]	grating, trellis-work, fence	treillage *m*, treillis *m*, grille *f*
Gitter *n* [Kristallgitter]	lattice	réseau *m*
Gitteraufbau *m* [Kristall]	space-lattice structure	structure *f* du réseau
Gittergeflecht *n*	trellis-work, grating, fence	treillage *m*, treillis *m*, grille *f*
Gitterlücke *f* [Kristall]	vacancy	vacance *f*, lacune *f*
Gitterspektrum *n*	diffraction grating spectrum	spectre *m* de réseau *m*
Gitterstörstelle *f*	lattice deformation	défaut *m* de réseau *m*
Gitterstruktur *f* [Kristall]	space-lattice structure	structure *f* du réseau
Gittervorspannung *f*	grid bias, grid polarization voltage	tension *f* de grille *f*, tension *f* de polarisation *f* de grille *f*
Glanz *m*	brilliancy, brightness	brillant *m*, brillance *f*, éclat *m*
glänzend *adj*	brilliant, bright, clear, polished, splendid	brillant, poli, blanc, luisant, splendide
gläsern *adj*	glassy, of glass, vitreous	de verre *m*, vitreux
Glasfaser *f*	glass fiber	fibre *f* de verre *m*
glasfaserverstärkt *adj*	glass fiber reinforced	renforcé par fibres *f/pl* de verre *m*
Glas-Metall-Verbindung *f*	glas-metal-joint	assemblage *m* verre/métal
Glasur *f*	glazing, glaze	glaçure *f*

Glaswolle *f*	glass wool	laine *f* de verre *m*
glatt *adj*	smooth, even, flat, plain	plan, plat, lisse, poli
glätten *v*	flatten, smooth, plane	aplatir, aplanir, planer, niveler, égaliser
Glattrohr *n*	smooth tube	tube *m* lisse
Glättung *f*	smoothing, flattening	lissage *m*, aplatissement *m*, égalisation *f*
Gleichartigkeit *f*	homogeneousness	homogénité *f*, homogénéité *f*
gleichbleibend *adj*	constant, continuous, steady	constant, continu
Gleichfeld-Verfahren *n*	steady field method	méthode *f* à champ *m* continu
gleichförmig *adj*	uniform, homogeneous, isomorphous	uniforme, homogène, isomorphe
Gleichförmigkeit *f*	uniformity	uniformité *f*
Gleichgewicht *n*	balance	balance *f*
Gleichgewicht *n*, im ~	balanced	balancé
Gleichheit *f* [Ausgeglichenheit]	parity	parité *f*
Gleichheit *f* [Gleichartigkeit]	homogeneousness	homogénité *f*, homogénéité *f*
Gleichheit *f* [Gleichwertigkeit]	equality, equivalence	égalité *f*, équivalence *f*
Gleichheit *f* [Gleichzeitigkeit]	simultaneousness, synchronism, contemporaneousness	simultanéité *f*, synchronisme *m*
Gleichheit *f* [Übereinstimmung]	agreement, correspondence, conformity, accordance, consistence, consistency, harmony	accord *m*, concordance *f*, correspondance *f*, harmonie *f*, identité *f*
Gleichlauf *m*	synchronous run, synchronism	marche *f* synchrone, synchronisme *m*
gleichlaufend *adj*	synchronous	synchrone
Gleichlaufschwankung *f*	variation of synchronism	variation *f* de synchronisme *m*
Gleichmaßdehnung *f*	percentage elongation before reduction	allongement *m* uniforme
gleichmäßig *adj*	homogeneous, uniform, regular, constant, continuous	homogène, uniforme, régulier, constant, continu
Gleichmäßigkeit *f*	homogeneity, uniformity, constancy, permanence	homogénité *f*, homogénéité *f*, uniformité *f*, constance *f*, permanence *f*
gleichphasig *adj*	equiphase, in phase	en phase *f*, de même phase *f*
gleichpolig *adj*	homopolar	homopolaire
gleichrichten *v*	rectify, redress	redresser
Gleichrichter *m*	rectifier, demodulator, detector	redresseur *m*, démodulateur *m*, détecteur *m*

Gleichrichtung *f*	rectification, demodulation, detection	redressement *m*, démodulation *f*, détection *f*
gleichschenklig *adj*	isosceles	isocèle
gleichsinnig *adj*	in the same sense, in the same direction, unidirectional, equidirectional	dans le même sens, dans la même direction, unidirectionnel
Gleichspannung *f*	direct-current voltage (d.c. voltage)	tension *f* continue
Gleichstrom *m*	direct current (d.c.)	courant *m* continu
Gleichstrommagnet *m*	d.c. magnet	électro-aimant *m* à courant *m* continu
Gleichung *f* [aufstellen] *v*	set up an equation, put up an equation	mettre en équation *f*
Gleichung *f* [lösen] *v*	solve an equation	résoudre une équation
Gleichung *f* mit zwei Unbekannten *f/pl*	equation with two unknowns *pl*	équation *f* à deux inconnues *f/pl*
Gleichung *f*, unbestimmte	indeterminate equation	équation *f* indéterminée
gleichwertig *adj*	equivalent	équivalent
Gleichwertigkeit *f*	equality, equivalence	égalité *f*, équivalence *f*
gleichzeitig *adj*	simultaneous, isochronous, synchronous, concurrent	simultané, isochrone, synchrone, concurrent
Gleichzeitigkeit *f*	simultaneousness, synchronism, contemporaneousness	simultanéité *f*, synchronisme *m*
Gleis *n*	track	voie *f*
gleiten *v*	slide, glide, slip	glisser, déraper, patiner
Gleiten *n*	sliding, gliding, slipping	glissage *m*, glissement *m*, dérapage *m*, patinage *m*
Gleitfläche *f*	sliding surface, slide face	surface *f* de glissement *m*, surface *f* de glissière *f*
Gleitmittel *n*	lubricant	lubrifiant *m*
Gleitmodul *m*	modulus of sliding movement	module *m* de glissement *m*, module *m* d'élasticité *f* au cisaillement
Gleitreibung *f*	sliding friction	friction *f* de glissement *m*, frottement *m* de glissement *m*
Gleitstück *n*	slipper, slide block, sliding part	patin *m*, pièce *f* coulissante
Glied *n* [Kettenglied]	link, flat link	chaînon *m*, maillon *m*
Glied *n* [mathematisch]	term	terme *m*
Glied *n* [Teil]	section, element, part	section *f*, partie *f*, élément *m*
Glied *n* [Zwischenglied]	member, link	membre *m*, bielle *f*
Gliederung *f*	division, formation, arrangement, structure	division *f*, configuration *f*, arrangement *m*, structure *f*
glimmen [glühen] *v*	glow, heat	faire rougir, rougir, brûler, chauffer
Glimmer *m*	mica	mica *m*

Glocke *f* [akustisch]	bell	cloche *f*
Glocke *f* [Haube]	dome, cap, hood, top	dôme *m*, coupole *m*, chapiteau *m*, dessus *m*, cloche *f*
Glocke *f* [Lampe]	shell	verrine *f*, globe *m*
glockenförmig *adj*	bell-shaped	en forme *f* de cloche *f*
Glockenimpuls *m*	bell-shaped pulse	impulsion *f* en forme *f* de cloche *f*
Glockenkurve *f*	Gaussian curve	courbe *f* de Gauss
Glühbehandlung *f*	annealing	recuit *m*
Glühbirne *f*	bulb	ampoule *f*
Glühdornprüfung *f*	glowing needle test	essai *m* au poinçon
glühen [glimmen] *v*	glow, heat	chauffer, rougir, faire rougir, brûler
glühen [Stahl] *v*	anneal, temper	recuire, adoucir, faire revenir
Glühen *n* [Glüherscheinung]	glow, glowing, incandescence	rougissement *m*, incandescence *f*
Glühen *n* [Stahl]	annealing	recuit *m*
Glühfarbe *f*	heat colour	couleur *f* de recuit *m*
Glühkatode *f*	glow cathode, incandescent cathode	cathode *f* incandescente
Glühofen *m*	annealing furnace	four *m* à recuire
Glühtemperatur *f*	annealing temperature	température *f* de recuit *m*
Goldplattierung *f*	gold plating	placage *m* d'or *m*
Grad *m* [Ausmaß]	grade	taux *m*
Grad *m* [Gleichung]	order	ordre *m*
Grad *m* [Temperatur, Winkel]	degree	degré *m*
Gradation *f*	gradation	gradation *f*
Gradeinteilung *f*	graduation, scale	graduation *f*, division *f* par degrés *m/pl*, échelle *f*
Gradient *m*	gradient	gradient *m*
gradlinig *adj*	straight-lined, rectilinear	en ligne *f* droite, rectiligne
Granulat *n*	granulated material	granulé *m*
Granulation *f* [Kornbildung]	granulation	granulation *f*
Granulation *f*, optische	speckle	speckle *m*, granulation *f* optique
Graphik *f*	graph, graphic(al) representation	graphique *m*, représentation *f* graphique
graphisch *adj*	graphic(al)	graphique
Graphit *m*	graphite	graphite *m*
Graphitgehalt *m*	graphite content	teneur *f* en graphite *m*
Gras *n*	grass, echo grass	herbe *f*, herbe *f* d'échos *m/pl*
Grat *m* [Echogras]	ridge, edge, arris	ébarbure *f*, bavure *f*, matage *m*
Grauguß *m*	grey cast iron	fonte *f* grise

Graukeil *m*	grey wedge, grey scale, neutral wedge	échelle *f* de gris *m*
Grauskala *f*	→ Graukeil *m*	
Graustufe *f*	shade of grey	échelon *m* du gris
Grauwert *m*	grey-scale value	valeur *f* de l'échelle *f* de gris *m*
Gravitation *f*	gravitation	gravitation *f*
Gravitationsfeld *n*	gravitation field	champ *m* de gravitation *f*
Grenzbedingungen *f/pl*	boundary conditions *pl*	conditions *f/pl* de limite *f*
Grenzbelastung *f*	limit load, maximum load	charge *f* limite, charge *f* maximum
Grenzdämpfung *f*	critical damping	amortissement *m* critique
Grenzdosis *f*	maximum dose, permissible dose	dose *f* maximum, dose *f* maximale, dose *f* admissible
Grenze *f* [Begrenzung]	boundary, limit, limitation, delimitation, demarcation, border	limite *f*, limitation *f*, borne *f*, frontière *f*, bordure *f*, délimitation *f*
Grenze *f* [Land]	frontier	frontière *f*
Grenze *f* [Schwelle]	barrier	barrière *f*
Grenzempfindlichkeit *f*	limit sensitivity	sensibilité *f* limite
Grenzfall *m*	limit case, limiting case, border-line case	cas *m* limite
Grenzfläche *f*	boundary surface, bounding surface, interface	surface *f* limite, surface *f* de séparation *f*, interface *f*
Grenzfläche *f*, flüssig-feste	liquid-solid interface	interface *f* liquide-solide
Grenzflächenkorrosion *f*	interfacial corrosion	corrosion *f* interfaciale
Grenzformänderungskurve *f* [GFK]	formability limit curve (F.L.C.), forming limit curve	courbe *f* limite de formage *m* [CLF]
Grenzfrequenz *f*	limit frequency, limiting frequency, cut-off frequency, break frequency	fréquence *f* limite, fréquence *f* de coupure *f*
Grenzkörperdosis *f*	limit of body dose	dose *f* incorporée limite, dose *f* incorporée maximum
Grenzlast *f*	limit load, maximum charge	charge *f* limite, charge *f* maximum
Grenzleistung *f*	limit power	puissance *f* limite
Grenzreichweite *f*	maximum range	portée *f* maximum
Grenzschicht *f*	boundary layer	couche *f* limite
Grenzspannung *f* [elektrisch]	maximum voltage	tension *f* extrême
Grenzspannung *f* [mechanisch]	critical tension	tension *f* critique
Grenztemperatur *f*	limiting temperature	température *f* limite
Grenzwellenlänge *f*	boundary wavelength	longueur *f* d'onde *f* limite
Grenzwert *m*	limit value, limit	valeur *f* limite, limite *f*
Griff *m*	handle, grasp, hold	poignée *f*, manette *f*

grob *adj*	coarse, rough	gros, grossier, brut
Grobabstimmung *f*	coarse tuning	accord *m* approximatif
Grobblech *n*	heavy plate	tôle *f* forte
Grobeinstellung *f*	coarse adjustment, rough setting	réglage *m* grossier
grobkörnig *adj*	coarse-grained, large-grained	à gros grains *m/pl*
Grobkornstruktur *f*	coarse-grained structure	structure *f* à gros grains *m/pl*
Grobregelung *f*	coarse control	contrôle *m* grossier
Grobschätzung *f*	coarse estimate	estimation *f* approximative, supputation *f*
Grobstruktur *f*	macrostructure, coarse structure	macrostructure *f*
Grobstrukturuntersuchung *f*	macroanalysis	macroanalyse *f*
Größe *f* [Ausmaß]	size, extent, dimension	taille *f*, étendue *f*, dimension *f*
Größe *f* [mathematisch-physikalisch]	magnitude, quantity, parameter	grandeur *f*, quantité *f*, paramètre *m*
Größe *f*, dreidimensionale	three-dimensional parameter	grandeur *f* tridimensionnelle
Größe *f*, komplexe	complex quantity	quantité *f* complexe, grandeur *f* complexe
Größe *f*, natürliche	actual size, full size	grandeur *f* efficace, vraie grandeur *f*
Größe *f*, resultierende	resulting quantity, resultant	résultante *f*
Größe *f*, skalare	scalar quantity	grandeur *f* scalaire
Größe *f*, vektorielle	vectorial quantity, vector quantity	quantité *f* vectorielle, quantité *f* de vecteur *m*
Größe *f*, veränderliche	variable quantity	quantité *f* variable
Größe *f*, zweidimensionale	two-dimensional parameter	grandeur *f* bidimensionelle
Größengleichung *f*	equation of magnitudes *pl*	équation *f* de grandeurs *f/pl*
Größenordnung *f*	order of magnitude, dimension, extent	ordre *m* de grandeur *f*, dimension *f*, étendue *f*
Großmolekül *n*	macromolecule	macromolécule *f*
Großrohr *n*	large diameter pipe	tube *m* de grand diamètre *m*
Großsignal *n*	large signal	signal *m* fort
Größtwert *m*	maximum value	valeur *f* maximum
Grübchen *n* [Materialfehler]	dimple	fossette *f*
Grube *f* [Kohlengrube]	mine, colliery	mine *f*, minière *f*, houillère *f*
Grube *f* [Vertiefung]	pit	creux *m*, fosse *f*
Grund *m* [Basis]	base, basement, foundation	base *f*, fondement *m*
Grund *m* [Boden]	ground, bottom, soil, earth	fond *m*, terre *f*, terrain *m*, sol *m*
Grund *m* [Ursache]	reason, cause	raison *f*, cause *f*, motif *m*

gründen [errichten] *v*	plant, found, install, erect, mount	fonder, établir, élever, construire, ériger, planter, bâtir, monter
Grundfläche *f*	base, area, sole	base *f*, plan *m*
Grundfrequenz *f*	fundamental frequency, basic frequency	fréquence *f* fondamentale
Grundgeräusch *n*	background noise	bruit *m* de fond *m*
Grundharmonische *f*	fundamental harmonic	harmonique *f* fondamentale
Grundlage *f* [Basis]	base, basis	base *f*
Grundlage *f* [Prinzip]	principle, fundamental, basic principle	principe *m*
Grundlagenforschung *f*	basic research	recherche *f* fondamentale
Grundlinie *f*	base line, base	ligne *f* de base *f*, base *f*
Grundmaterial *n* [Ausgangsmaterial]	starting material, parent material	matière *f* première
Grundmaterial *n* [Trägermaterial]	base material, substrate	matière *f* de base *f*, support *m*, substrat *m*
Grundplatte *f*	base plate, bed-plate, bottom plate, foundation plate	plaque *f* de base *f*, plateau *m* de fond *m*, plaque *f* de fondation *f*
Grundprinzip *n*	basic principle	principe *m*
Grundprüfung *f*	initial test, primary test	contrôle *m* initial, essai *m* primaire
Grundschwingung *f*	fundamental oscillation	oscillation *f* fondamentale, fondamentale *f*
Grundstoff *m* [Ausgangsmaterial]	parent material, starting material	matière *f* première
Grundstoff *m* [Element]		élément *m*
Grundstoff *m* [Trägermaterial]		matière *f* de base *f*, support *m*, substrat *m*
Gründung *f* [Fundament]		fondement *m*, base *f*, fondation *f*
Grundwelle *f*	fundamental wave	onde *f* fondamentale, fondamentale *f*
Grundwerkstoff *m* [Ausgangsmaterial]	starting material, parent material	matière *f* première
Grundwert *m*	initial value	valeur *f* initiale
Gruppe *f*	group, set, aggregate, bank, battery	groupe *m*, groupement *m*, agrégat *m*, formation *f*, batterie *f*
Gruppengeschwindigkeit *f*	group velocity	vitesse *f* de groupe *m*
Gruppenstrahler *m*	radiator assembly, radiation assembly	ensemble *m* de radiateurs *m/pl*
Gruppenstrahler *m*, phasengesteuerter	phased array	ensemble *m* de radiateurs *m/pl* commandé par phase *f*
gruppieren *v*	group, array	grouper, agrouper, disposer
Gummi *n* [Kautschuk]	rubber, caoutchouc	caoutchouc *m*

Gummi *n* [Klebstoff]	gum	gomme *f*, colle *f*
Gummihandschuh *m*	rubber glove	gant *m* en caoutchouc *m*
Guß *m*	cast, casting, founding	fondage *m*, fonte *f*
Guß *m*, austenitischer	austenitic cast	fonte *f* austénitique
Gußeisen *n*	cast iron	fer *m* fondu, fonte *f*
Gußeisen *n*, duktiles	ductile cast iron	fonte *f* ductile
Gußeisen *n* mit Lamellengraphit *m*	lamellar graphite cast iron, grey cast iron	fonte *f* au graphite à lamelles *f/pl*, fonte *f* grise
Gußeisenschweißen *n*	welding of cast iron	soudage *m* des fontes *f/pl*
Gußstahl *m*	cast steel	acier *m* moulé
Gußstück *n*	casting	pièce *f* coulée, fonte *f* coulée, coulé *m*
Güte *f*	quality	qualité *f*
Gütefaktor *m*	quality factor, Q-factor	facteur *m* de qualité *f*, facteur *m* Q
Güteminderung *f*	quality decrease, quality reduction	réduction *f* de qualité *f*
Gütesicherung *f*	quality assurance	assurance *f* de qualité *f*
Gütevorschrift *f*	quality specification	spécification *f* de qualité *f*

H

Haarriß *m*	hairline crack, microcrack, capillary flaw	micro-fissure *f*, fissure *f* capillaire, micro-fente *f*, tapure *f*
Haarrißbildung *f*	hairline cracking	microfissuration *f*
haften [ankleben] *v*	adhere, stick, cling (~ to)	adhérer, coller, être fixé, tenir (à)
Haften *n*	adhesion, adherence	adhésion *f*, adhérence *f*
Haftfestigkeit *f*	adhesive force, adhesive power	force *f* adhésive, pouvoir *m* adhésif
Haftung *f*	adherence, adhesion	adhérence *f*, adhésion *f*
Haftvermögen *n*	adhesive power, adhesive force	pouvoir *m* adhésif, force *f* adhésive
Haftzone *f*	adhesion zone	zone *f* d'adhérence *f*
Haken *m*	hook, crook, lug, ear	crochet *m*, croc *m*, anse *f*, oreille *f*, épaulement *m*, porte-agrafe *m*, saillie *f*
halbautomatisch *adj*	semi-automatic	semi-automatique
Halbfabrikat *n*	semi-finished product	produit *m* demi-fini
halbieren *v*	halve, bisect	partager en deux, dédoubler
Halbkugel *f*	hemisphere	hémisphère *m*
Halbleiter *m*	semiconductor	semiconducteur *m*

Halbleiterdetektor *m*	semiconductor detector	détecteur *m* à semiconducteur *m*
Halbleiterlaser *m*	semiconductor laser	laser *m* à semi-conducteur *m*
Halbraum *m*, freier	free half-space	demi-espace *m* libre
Halbwelle *f*	half wave	demi-onde *f*
Halbwertbreite *f*	half-value width, half width	largeur *f* de moitié *f*
Halbwertschicht *f* [HWS]	half-value layer (H.V.L.), half-value thickness	épaisseur *f* d'intensité *f* moitié, épaisseur *f* de demi-absorption *f*, épaisseur *f* moitié
Halbwertzeit *f* [Radiologie]	half-value time, half-time, half-life period	période *f* de demi-vie *f*
Halbwertzeit *f*, biologische	biological half-life	période *f* biologique
Halbzeug *n*	semi-finished product	produit *m* demi-fini, semi-produit *m*
Hall-Effekt *m*	Hall effect	effet *m* de Hall
Hall-Generator *m*	Hall generator	générateur *m* de Hall
Hall-Spannung *f*	Hall voltage	tension *f* de Hall
Haltbarkeit *f*	durability, resistance, stability, consistency	durabilité *f*, stabilité *f*, consistance *f*, endurance *f*
halten [anhalten] *v*	stop	arrêter, s'arrêter
halten [festhalten] *v*	hold, keep, retain	garder, retenir, maintenir
halten [tragen] *v*	support, sustain	porter, supporter, soutenir, tenir
Halter *m* [Festhalten]	holder, handle, fastener	soutien *m*, support *m*, agrafe *f*, bras *m*
Halterung *f*	holder, support, fixture, fastening device	support *m*, attache *f*, serrage *m*, dispositif *m* de fixation *f*
Haltevorrichtung *f*	→ Halterung *f*	
Haltezeit *f*	holding time	temps *m* de maintien *m*
Handabtastung *f*	manual scanning	exploration *f* manuelle, palpage *m* manuel
handbedient *adj*	hand-operated, manual, by hand	à exploitation *f* manuelle, à main *f*, à la main, manuel
handbetätigt *adj*	→ handbedient *adj*	
handbetrieben	→ handbedient *adj*	
Handeinstellung *f*	hand setting, adjustment by hand, manual adjustment	réglage *m* manuel, ajustage *m* à main *f*
Handgriff *m* [Griff]	handle, knob handle	poignée *f*, manette *f*
Handgriff *m* [Tätigkeit]	manipulation	manipulation *f*
Handregelung *f*	hand regulation, manual control	régulation *f* à la main, commande *f* à main *f*, contrôle *m* manuel
Handschuhkasten *m*	glove box	boîte *f* à gants *m/pl*

Handsteuerung *f*	manual control	contrôle *m* manuel, commande *f* à main *f*
hängen *v*	hang, suspend	pendre, suspendre
harmonisch *adj*	harmonic(al)	harmonique
Harmonische *f*	harmonic	harmonique *f*
Harmonische *f*, geradzahlige	even-order harmonic	harmonique *f* paire
Harmonische *f*, ungeradzahlige	odd harmonic	harmonique *f* impaire
Härte *f*	hardness	dureté *f*
Härteborste *f* [Härteriß]	quenching crack	taille *f* de trempe *f*, perçure *f* de trempe *f*, crevasse *f* de trempe *f*
Härtegrad *m*	degree of hardness	degré *m* de dureté *f*
Härtemeßgerät *n*	sclerometer, hardness tester	scléromètre *m*, duromètre *m*
härten *v*	harden, temper	tremper, durcir, endurcir
Härten *n*	hardening, tempering	durcissement *m*, trempe *f*
Härteprüfung *f*	hardness test	essai *m* de dureté *f*
Härteriß *m*	quenching crack	taille *f* de trempe *f*, perçure *f* de trempe *f*, crevasse *f* de trempe *f*
Härteskala *f*, **Härteskale** *f*	scale of hardness	échelle *f* de dureté *f*
Härtetiefe *f*	hardness depth	profondeur *f* de dureté *f*
Hartfasermaterial *n*	hard-fiber material	matière *f* en fibre *f* dure, matière *f* masonite
Hartgummi *n*	hard rubber, ebonite	caoutchouc *m* durci, ébonite *f*
Hartkupfer *n*	hard copper	cuivre *m* dur
Hartlot *n*	brazing solder, hard solder	soudure *f* forte, soudure *f* dure
hartlöten *v*	braze, hardsolder	souder fortement
Hartlöten *n*	brazing, hard-soldering	soudage *m* fort
Hartlötung *f*	→ Hartlöten *n*	
Hartlötverbindung *f*	hard-soldered joint, brazed joint	jonction *f* par soudage *m* fort
Hartmetall *n*	hard metal, cemented metal	métal *m* dur
Härtung *f*	hardening, tempering	durcissement *m*, trempe *f*
Harz *n*	resin	résine *f*
Harz *n*, synthetisches	synthetic resin	résine *f* synthétique
harzhaltig *adj*	resinous	résineux
harzig *adj*	→ harzhaltig *adj*	
Haube *f*	cap, hood, dome, top	chapiteau *m*, dessus *m*, coupole *m*, dôme *m*, calotte *f*, capot *m*, cloche *f*
Haufen *m*	heap, pile, bundle, cluster	tas *m*, pile *f*, liasse *f*, amas *m*
häufen *v*	accumulate	accumuler

häufig [oftmalig] *adj*	frequent, repeated, iterative, reiterative	fréquent, itératif, réitératif
häufig [zahlreich] *adj*	numerous, abundant	nombreux, abondant
Häufigkeit *f* [Anhäufung]	abundance, accumulation	abondance *f*, accumulation *f*
Häufigkeit *f* [zeitlich]	frequency, iteration	fréquence *f*, itération *f*
Häufigkeit *f*, anomale	anomalous abundance	abondance *f* anomale
Häufigkeitsfunktion *f*	frequency function	fonction *f* de fréquence *f*
Häufigkeitsverteilung *f*	abundance distribution	distribution *f* de l'abondance *f*
Häufung *f*	accumulation, enrichment, concentration, pile	accumulation *f*, enrichissement *m*, concentration *f*, encombrement *m*, tas *m*
Hauptabmessung *f*	principal dimension	dimension *f* principale
Hauptsache *f*	principal axis, major axis	axe *m* principal, grand axe *m*
Hauptbestandteil *m*	main constituent, chief ingredient, main component	partie *f* principale, élément *m* principal, ingrédient *m* principal
Hauptecho *n*	main echo	écho *m* principal, écho *m* primaire
Hauptfeld *n*	main field	champ *m* principal
Hauptgerät *n*	master set, main instrument	appareil *m* principal, instrument *m* principal
Hauptkeule *f*	main lobe, major lobe	lobe *m* principal
Hauptsignal *n*	main signal	signal *m* principal
Hauptspannung *f* [im Material]	principal stress	contrainte *f* principale
Hauptsteuerpult *n*	central control desk	pupitre *m* de commande *f* central
Hauteffekt *m*	skin effect	effet *m* de peau *f*, effet *m* pelliculaire, effet *m* Kelvin
Hautwirkung *f*	→ Hauteffekt *m*	
Hebelarm *m*	lever arm	bras *m* de levier *m*
heben *v*	lift, hoist, raise, increase	lever, élever, soulever, hausser
heißgewalzt *adj*	hot rolled	laminé à chaud
Heißleiter *m*	thermistor	thermistor *m*
Heißriß *m*	hot crack	fissure *f* à chaud
Heizdauer *f*	heating time, heating-up period	temps *m* de chauffage *m*
Heizelement *n*	heating element	élément *m* chauffant
heizen *v*	heat	chauffer
Heizen *n*	heating	chauffage *m*
Heizfaden *m*	filament, heater	filament *m*, fil *m* de chauffage *m*
Heizkessel *m*	boiler, furnace	chaudière *f*, chaudron *m*
Heizkörper *m*	radiator, heating element	radiateur *m*
Heizung *f* [Erwärmung]	heating	chauffage *m*

Heizung *f* [Heizkörper]	radiator	radiateur *m*
Heizung *f*, induktive	induction heating	chauffage *m* par induction *f*
Helium *n* [He]	helium	hélium *m*
hell [akustisch] *adj*	treble	aigu
hell [optisch] *adj*	bright, clear, light, brilliant	clair, vif, brillant, éclairé
Helligkeit *f*	brightness, luminosity, clearness, illumination	brillance *f*, luminosité *f*, éclairement *m*, illumination *f*
hemmen *v*	stop, intercept, delay, obstruct	arrêter, intercepter, obstruer
Heranbildung *f* [Entwicklung]	development, formation	développement *m*, formation *f*, mise *f* au point
herausfinden *v*	detect, spot, discover, find (~ out)	détecter, découvrir, trouver, déceler
herausführen [auslenken] *v*	deflect, divert	dévier, défléchir
herausführen [herausleiten] *v*	take out	sortir
herausheben [betonen] *v*	accentuate, boost, emphasize	accentuer
herausleiten *v*	take out	sortir
herausschießen *v*	eject, expel, emit, eliminate	éjecter, expulser, éliminer, émettre
heraustreten *v*	leave, pass out	sortir, quitter
Herkunft *f*	origin, origination	origine *f*
Herleitung *f*	derivation	dérivation *f*
herrichten *v*	install, mount, set up, erect, arrange, array, assemble, place, provide, construct	arranger, ranger, installer, construire, assembler, empiler, élever, placer, dresser, disposer, monter
Herrichtung *f*	dressing, grading, treatment, processing	traitement *m*, classement *m*, triage *m*
herstellen *v*	produce, manufacture, make, generate	faire, fabriquer, produire, générer, créer
Herstellung *f*	production, fabrication, manufacture, making	production *f*, fabrication *f*, génération *f*
herunterfallen *v*	drop, fall	tomber, baisser
hervorheben [betonen] *v*	accentuate, emphasize, boost	accentuer
Hilfs...	auxiliary ..., emergency ..., reserve ..., provisional ..., subsidiary ...	... auxiliaire, ... provisoire, ... de réserve *f*
Hilfslinie *f*	auxiliary line	ligne *f* auxiliaire
Hilfsmittel *n*	auxiliary means, resource	moyen *m* auxiliaire, ressource *f*
Hindernis *n*	obstacle	obstacle *m*
hindurchlassen *v*	let through, allow to pass, transmit	laisser passer
hinlegen *v*	lay out, pay out, place	placer, poser, marqueter

Hinstellen *n*	putting up, erection, installation	placement *m*, pose *f*, arrangement *m*, érection *f*, établissement *m*, installation *f*
hintereinander *adj*	successive, consecutive, sequential	consécutif, successif, séquentiel
Hinterflanke *f* [Impuls]	trailing edge, lagging edge	flanc *m* arrière, flanc *m* postérieur
Hinterfolie *f* [Radiographie]	back screen, rear screen	écran *m* arrière, écran *m* postérieur
Hintergrund *m*	background	fond *m*
Hintergrundbestimmung *f*	background determination	détermination *f* du fond
Hintergrundgeräusch *n*	background noise, internal noise, random noise	bruit *m* de fond *m*, bruit *m* propre, bruit *m* erratique
Hintergrundrauschen *n*	→ Hintergrundgeräusch *n*	
Hintergrundstrahlung *f*	background radiation	radiation *f* ambiante
Hintergrundüberwachung *f*	background monitoring	contrôle *m* du fond
Hinterseite *f*	back side, back, reverse side	côté *m* postérieur, côté *m* de derrière, derrière *m*, arrière *m*, dos *m*
Hinterteil *n*	back part, back	partie *f* postérieure, dos *m*
hin und her *adv*	to and fro, forth and back, alternating, reciprocating	aller et retour, alternatif, alterné
Hin- und Herbiegeversuch *m*	reverse bend test	essai *m* de pliages *m/pl* alternés
hinzufügen *v*	add, complete	additionner, ajouter, compléter
Hinzufügen *n*	addition	addition *f*
Hitzdraht *m*	hot wire	fil *m* chaud
hitzebeständig *adj*	heat-proof, heat-resistant	résistant à la chaleur
Hitzebeständigkeit *f*	resistance to heat	résistance *f* à la chaleur
hitzeempfindlich *adj*	sensitive to heat	sensible à la chaleur
Hitzeempfindlichkeit *f*	sensitivity to heat	sensibilité *f* à la chaleur
hitzefest *adj*	heat-proof, heat resistant, heat resisting	résistant à la chaleur
Hitzefestigkeit *f*	resistance to heat, heatproofness	résistance *f* à la chaleur
hochauflösend *adj*	high-resolution ...	... à haute résolution *f*
Hochbau *m* [Hochbauwesen]	overground work, overground workings *pl*, superstructures *pl*	construction *f* au-dessus du sol, superstructures *f/pl*
Hochbau *m* [hohes Gebäude]	building above ground	bâtiment *m* élevé
Hochbauwesen *n*	overground workings *pl*, superstructures *pl*	construction *f* au-dessus du sol, superstructures *f/pl*
Hochdruckbehälter *m*	high pressure vessel	récipient *m* sous haute pression *f*
hochempfindlich *adj*	highly sensitive	très sensible
hochenergetisch *adj*	high-energy ...	... à haute énergie *f*

hochfest *adj*	high-resistant	à grande résistance *f*
hochfrequent *adj*	high-frequent	à haute fréquence *f*
Hochfrequenz *f* [HF]	high frequency (h.f.)	haute fréquence *f* [h.f.]
Hochfrequenzsignal *n*	high-frequency signal	signal *m* à haute fréquence *f*
Hochfrequenzstörung *f*	high-frequency interference	perturbation *f* à haute fréquence *f*
Hochfrequenz-Ultraschall *m*	high-frequency ultrasound	ultra-son *m* à haute fréquence *f*
Hochgeschwindigkeits...	high speed ...	... à grande vitesse *f*
hochheben *v*	lift, lift up, pick up, take up, hoist, jack up, raise	lever, enlever, soulever, relever, hausser, ramasser
Hochlast...	high power ...	à grande puissance *f*, à haut pouvoir *m*
hochlegiert *adj*	high-alloyed, high-alloy ...	hautement allié, allié à haute teneur *f*
Hochleistungs...	high power ...	à haut pouvoir *m*, à grande puissance *f*
Hochleistungsultraschall *m*	macrosonics *pl*, high-power ultrasonics *pl*	ultrasonique *f* à haute puissance *f*
Hochofen *m*	blast furnace	haut fourneau *m*
hochprozentig *adj*	of high percentage, concentrated	de haute teneur *f*, concentré
hochrein *adj*	highly pure, high-purity ...	extra pur
Hochspannung *f*	high tension, high voltage	haute tension *f*
Hochspannungsgenerator *m*	high-voltage generator	génératrice *f* à haute tension *f*
Hochspannungsprüfung *f*	high-voltage test	essai *m* de rigidité *f* diélectrique
Hochspannungswicklung *f*	high-tension winding	enroulement *m* haute tension
Höchstanforderung *f*	ideal requirement	exigence *f* idéale
Höchstbeanspruchung *f*	maximum stress, peak stress	effort *m* maximum
Höchstbelastung *f*	maximum load, limit load, peak load	charge *f* maximum, charge *f* limite, charge *f* admissible
höchstempfindlich *adj*	super-sensitive	supersensible
Höchstlast *f*	maximum load, limit load, peak load	charge *f* maximum, charge *f* limite, charge *f* admissible
Hochstrom...	high current ..., heavy-current ...	de courant *m* fort, à grand débit *m*
Höchstwert *m*	maximum value, peak value	valeur *f* maximum, valeur *f* de crête *f*
Hochtemperatur...	high-temperature ...	à haute température *f*

Hochtemperaturvorsatz *m*	high-temperature adapter	adaptateur *m* pour hautes températures *f/pl*, pièce *f* intercalaire pour hautes températures *f/pl*
hochtemperiert *adj*	high-temperature ...	à haute température *f*
Hochvakuum *n*	high vacuum	vide *m* poussé
Höhe *f* [geographisch]	elevation	élévation *f*
Höhe *f* [geometrisch]	height, altitude	hauteur *f*, altitude *f*
Höhe *f* [Pegel]	level, pitch	niveau *m*
Höhe *f* [Ton]	treble	aigu *m*, aiguë *f*
Höhenanzeige *f*	altitude indication	indication *f* de hauteur *f*
Höhenanzeiger *m*	altitude indicator	indicateur *m* de hauteur *f*
Höhepunkt *m*	culmination point, apex, climax	point *m* culminant, apex *m*
hohl [ausgehöhlt] *adj*	hollow, cored	creux, creusé
hohl [konkav] *adj*	concave	concave
Hohlleiter *m*	hollow waveguide	guide *m* d'ondes *f/pl*
Hohlprofil *n*	hollow section	profilé *m* creux
Hohlraum *m*	cavity, void, hollow space	cavité *f*, espace *m* vide
Hohlraumresonator *m*	cavity resonator	résonateur *m* à cavité *f*
Hohlspiegel *m*	concave mirror	miroir *m* concave
Höhlung *f*	cavity, hollow, groove	cavité *f*
Hohlzylinder *m*	hollow cylinder	cylindre *m* creux
Hologramm *n*	hologram	hologramme *m*
Hologrammerzeugung *f*	hologram generation	génération *f* d'hologramme *m*
Hologrammrekonstruktion *f*	hologram reconstruction	réconstruction *f* de l'hologramme *m*
Holographie *f*	holography	holographie *f*
Holographie *f*, akustische	acoustical holography	holographie *f* acoustique
holographisch	holographic(al)	holographique
Holz *n*	wood	bois *m*
hölzern *adj*	wooden	en bois *m*
Holzfaser *f*	wood fiber	fibre *f* en bois *m*
Holzschutz *m*	wood protection	protection *f* de bois *m*
homogen *adj*	homogeneous, isomorphous	homogène, isomorphe
Homogenität *f*	homogeneity, uniformity, constancy, permanency, permanence	homogénité *f*, uniformité *f*, constance *f*, permanence *f*
Honigwabenstruktur *f*	honeycomb structure	structure *f* à nids *m/pl* d'abeilles *f/pl*
Hookesches Gesetz *n*	Hooke's law, stress-strain diagram	loi *f* de Hooke, diagramme *m* des efforts *m/pl* et des allongements *m/pl*
hörbar *adj*	audible	audible
Hörfrequenz *f*	audio frequency	fréquence *f* audible
horizontal *adj*	horizontal	horizontal
Horizontalablenkung *f*	horizontal deflection	balayage *m* horizontal, déviation *f* horizontale

Horizontaldiagramm *n*	horizontal pattern	diagramme *m* horizontal
Horizontalebene *f*	horizontal plane	plan *m* horizontal
Hörschall *m*	audio sound, sound	son *m* audible
Hub *m* [Frequenzhub]	frequency sweep, frequency swing, frequency deviation	excursion *f* de fréquence *f*
Hub *m* [Höhe]	lift	levée *f*
Hub *m* [Kolbenhub]	stroke, throw	course *f*, coup *m*
Hülle *f*	envelope, cover, sheath, sleeve, shell	enveloppe *f*, gaine *f*, manchon *m*, douille *f*
Hüllkurve *f*	envelope	enveloppante *f*, enveloppe *f*
Hüllrohr *n*	can, jacket	tube *m* de gaine *f*, tube *m* de gainage *m*
Hüllrohrstopfen *m*	can plug, jacket plug	bouchon *m* du tube de gaine *f*
Hülse *f*	sleeve, shell	cosse *f*, douille *f*
Huygenssches Prinzip *n*	Huygens principle	principe *m* de Huygens
hydraulisch *adj*	hydraulic	hydraulique
Hydrostatik *f*	hydrostatics *pl*	hydrostatique *f*
hydrostatisch *adj*	hydrostatic(al)	hydrostatique
Hygrometer *n*	hygrometer	hygromètre *m*
Hysterese *f*	hysteresis	hystérèse *f*, hystérésis *f*
Hystereseschleife *f*	hysteresis loop	boucle *f* d'hystérésis *f*
Hystereseverlust *m*	hysteresis loss	perte *f* par hystérésis *f*
Hysteresis *f*	hysteresis	hystérésis *f*, hystérèse *f*

I

ideal *adj*	ideal	idéal
Identifizierung *f*	identification	identification *f*
identisch *adj*	identical	identique
Identität *f*	identity	identité *f*
Illustration *f*	illustration, figure	illustration *f*, figure *f*
illustrieren *v*	illustrate	illustrer
imaginär *adj*	imaginary	imaginaire
Immersionstechnik *f*	immersion technique	technique *f* d'immersion *f*
Immission *f*	immission	immission *f*
Impedanz *f*, akustische	acoustic impedance	impédance *f* acoustique
Impedanzdiagramm *n*	impedance diagram	diagramme *m* d'impédance *f*
Impedanzmessung *f*	impedance measurement	mesure *f* d'impédance *f*
imprägnieren *v*	impregnate	imprégner
Imprägniermittel *n*	impregnating medium, impregnating matter, impregnant	moyen *m* d'imprégnation *f*, matière *f* imprégnante

Imprägnierung *f*	impregnation	imprégnation *f*
Impuls *m* [Kraftstoß]	impulse, impulsion, shock	impulsion *f*, choc *m*
Impuls *m* [Stromstoß]	pulse	impulsion *f*
Impuls *m* [Zählstoß]	count	coup *m*
Impuls *m*, abgehender	emitted pulse	impulsion *f* émise
Impuls *m*, ausgesendeter	→ Impuls *m*, abgehender	
Impuls *m*, begrenzter	chopped pulse	impulsion *f* limitée
Impuls *m*, kurzzeitiger	short-duration pulse, pip, blip, burst	impulsion *f* à courte durée *f*
Impuls *m*, rechteckförmiger	rectangular pulse, square-topped pulse	impulsion *f* rectangulaire
Impuls *m*, reflektierter	reflected pulse	impulsion *f* réfléchie
Impuls *m*, steiler	steep-front pulse	impulsion *f* à front *m* raide
Impuls *m*, trapezförmiger	trapezoidal pulse	impulsion *f* trapézoïdale
Impuls *m*, umlaufender	rotating pulse, circulating pulse	impulsion *f* rotatoire, impulsion *f* tournante
Impuls *m*, unipolarer	single-polarity pulse	impulsion *f* à polarité *f* unique
Impuls *m*, verzögerter	delayed pulse	impulsion *f* retardée
Impuls *m* formen	to shape the pulse	former l'impulsion *f*
Impulsabfall *m*	pulse decay	amortissement *m* de l'impulsion *f*
Impulsabfallzeit *f*	pulse decay time	temps *m* de descente *f* d'impulsion *f*, temps *m* de relâchement *m*
Impulsabflachung *f*	pulse tilt, pulse sag	aplatissement *m* d'impulsion *f*
Impulsabstand *m*	pulse spacing, pulse interval, pulse separation	intervalle *m* d'impulsions *f/pl*, écartement *m* d'impulsions *f/pl*
Impulsabtrennung *f*	pulse separation, pulse clipping	séparation *f* des impulsions *f/pl*
Impulsamplitude *f*	pulse amplitude, pulse height, pulse elevation	amplitude *f* d'impulsion *f*, hauteur *f* d'impulsion *f*, élévation *f* d'impulsion *f*
Impulsamplitudenverteilung *f*	pulse height distribution	distribution *f* d'amplitudes *f/pl* d'impulsion *f*
Impulsanregung *f*	pulse excitation, pulse triggering	excitation *f* d'impulsion *f*
Impulsanstieg *m*	pulse rise	montée *f* d'impulsion *f*
Impulsanstiegszeit *f*	pulse rise time	temps *m* de montée *f* d'impulsion *f*
Impulsauslösung *f* [Auslösung durch Impuls]	triggering by pulse	déclenchement *m* par impulsion *f*
Impulsauslösung *f* [Auslösung von Impulsen]	pulse triggering, pulse excitation	déclenchement *m* d'impulsion *f*, excitation *f* d'impulsion *f*
Impulsauswahl *f*	pulse selection	sélection *f* d'impulsions *f/pl*
Impulsbasis *f*	pulse base	base *f* d'impulsion *f*

Impulsbegrenzer *m*	pulse clipper	limiteur *m* d'impulsion *f*
Impulsbegrenzung *f*	pulse clipping, pulse stripping	limitation *f* d'impulsion *f*
Impulsbetrieb *m*	pulsed operation	fonctionnement *m* pulsatoire
Impulsbreite *f*	pulse width, pulse length, pulse duration	largeur *f* d'impulsion *f*, longueur *f* d'impulsion *f*, durée *f* d'impulsion *f*
Impulsdach *n*	pulse top	toit *m* d'impulsion *f*
Impulsdauer *f*	pulse duration, pulse width, pulse length	durée *f* d'impulsion *f*, largeur *f* d'impulsion *f*, longueur *f* d'impulsion *f*
Impulsdehnung *f*	pulse stretch	élargissement *m* d'impulsion *f*
Impulsdekodierer *m*	pulse decoder	décodeur *m* d'impulsions *f/pl*
Impulsdichte *f* [Zählrate]	counting rate	taux *m* de comptage *m*
Impulsdurchgang *m*	pulse transmission	transmission *f* d'impulsions *f/pl*, transfert *m* d'impulsions *f/pl*
Impulsecho *n*	pulse echo, pulse reply, pulse response	écho *m* d'impulsion *f*, réponse *f* d'impulsion *f*
Impulsechoverfahren *n*	pulse echo method, pulse echo mode	méthode *f* par échos *m/pl* d'impulsions *f/pl*, sondage *m* par impulsion *f* et écho *m*
Impulsenergie *f*	pulse energy	énergie *f* d'impulsion *f*
Impulsentzerrung *f*	pulse correction, pulse restoration, pulse regeneration	correction *f* d'impulsion *f*, mise *f* en forme *f* d'impulsions *f/pl*
Impulserneuerung *f*	pulse restoration	restauration *f* d'impulsion *f*
Impulserzeuger *m*	pulse generator, pulser	générateur *m* d'impulsions *f/pl*
Impulserzeugung *f*	pulse generation	génération *f* d'impulsions *f/pl*
Impulsflanke *f*	pulse edge, pulse slope, pulse flank	flanc *m* d'impulsion *f*
Impulsflanke *f*, vordere	pulse front	front *m* d'impulsion *f*
Impulsflankensteilheit *f*	pulse steepness, pulse slope	raideur *f* de flanc *m* d'impulsion *f*
Impulsfolge *f*	pulse train, pulse sequence, pulse group, pulse repetition	train *m* d'impulsions *f/pl*, série *f* d'impulsions *f/pl*, séquence *f* d'impulsions *f/pl*, succession *f* d'impulsions *f/pl*, cadence *f* d'impulsions *f/pl*
Impulsfolgefrequenz *f*	pulse repetition frequency, pulse repetition rate, pulse recurrence frequency	fréquence *f* de répétition *f* d'impulsions *f/pl*

Impulsform *f*	pulse shape	forme *f* d'impulsion *f*, profil *m* d'impulsion *f*
Impuls *m*, formen *v*	shape the pulse	former l'impulsion *f*
impulsformend *adj*	pulse-shaping	formant l'impulsion *f*
Impulsformung *f*	pulse shaping	formation *f* d'impulsion *f*
Impulsfrequenz *f*	pulse (repetition) frequency	fréquence *f* de répétition *f* d'impulsions *f/pl*
Impulsfront *f*	pulse front	front *m* d'impulsion *f*
Impulsfuß *m*	pulse base	base *f* d'impulsion *f*
Impulsgabe *f*	pulse emission, pulsing	émission *f* d'impulsions *f/pl*
Impulsgeber *m* [Auslöser]	pulse trigger, timer	déclencheur *m* d'impulsions *f/pl*
Impulsgeber *m* [Generator]	pulse generator, pulser	générateur *m* d'impulsions *f/pl*
Impulsgemisch *n*	pulse mixture	mélange *m* d'impulsions *f/pl*
Impulsgenerator *m*	pulse generator, pulser	générateur *m* d'impulsions *f/pl*
impulsgesteuert *adj*	pulse-controlled, pulse-driven	commandé par impulsions *f/pl*
Impulshinterflanke *f*	pulse decay	amortissement *m* de l'impulsion *f*
Impulshöhe *f*	pulse height, pulse elevation, pulse amplitude	hauteur *f* d'impulsion *f*, amplitude *f* d'impulsion *f*, élévation *f* d'impulsion *f*
Impulshöhenmesser *m*	pulse-height meter	dispositif *m* de mesure *f* d'amplitudes *f/pl* d'impulsion *f*
Impulshöhenverteilung *f*	pulse height distribution	distribution *f* d'amplitudes *f/pl* d'impulsion *f*
Impulsintervall *n*	pulse interval, pulse spacing, pulse separation	intervalle *m* d'impulsions *f/pl*, écartement *m* d'impulsions *f/pl*
Impulskompression *f*	pulse compression	compression *f* d'impulsion *f*
Impulskorrektur *f*	pulse correction, pulse restoration, pulse regeneration	correction *f* d'impulsion *f*, mise *f* en forme *f* d'impulsions *f/pl*
Impulskurve *f*	pulse curve, pulse shape	profil *m* d'impulsion *f*
Impulslage *f*	pulse position	position *f* d'impulsion *f*
Impulslänge *f*	pulse length, pulse width, pulse duration	longueur *f* d'impulsion *f*, largeur *f* d'impulsion *f*, durée *f* d'impulsion *f*
Impulslaufzeit *f*	pulse transit time, pulse propagation time	temps *m* de transit *m* d'impulsion *f*, temps *m* de propagation *f* d'impulsion *f*
Impulsleistung *f*	pulse power	puissance *f* impulsionnelle

Impulsmesser *m*	pulse meter	mesureur *m* d'impulsions *f/pl*, analyseur *m* d'impulsions *f/pl*
Impulsmessung *f*	pulse measurement	mesure *f* d'impulsions *f/pl*
Impulsmethode *f*	pulse method	méthode *f* par impulsions *f/pl*
Impulsmitte *f*	pulse center	centre *m* d'impulsion *f*
Impulsmodulation *f*	pulse modulation	modulation *f* par impulsions *f/pl*
Impuls-Neutronenquelle *f*	pulsed neutron source	source *f* de neutrons *m/pl* pulsatoire
Impulsperiode *f*	pulse period	période *f* d'impulsions *f/pl*
Impulsphase *f*	pulse phase	phase *f* d'impulsion *f*
Impulsrate *f*	pulse rate	taux *m* d'impulsions *f/pl*
Impuls-Reflexionsverfahren *n* [Ultraschall]	pulse-reflection method	méthode *f* à réflexion *f* d'impulsions *f/pl*
Impulsregelung *f* [Regelung durch Impulse]	pulse control	commande *f* par impulsions *f/pl*
Impulsregelung *f* [Regelung des Impulses]	control of the pulse	réglage *m* d'impulsion *f*
Impulsregeneration *f*	pulse regeneration	régénération *f* d'impulsion *f*
Impulsreihe *f*	pulse train, pulse group, pulse sequence	train *m* d'impulsions *f/pl*, série *f* d'impulsions *f/pl*, séquence *f* d'impulsions *f/pl*
Impulsschall *m*	pulsed sound	son *m* par impulsions *f/pl*
Impulsserie *f*	pulse series *pl*, pulse train, pulse group	série *f* d'impulsions *f/pl*, train *m* d'impulsions *f/pl*
Impulssignal *n*	pulse signal	signal *m* impulsionnelle
Impulsspannung *f*	pulse voltage	tension *f* impulsionnelle
Impulsspeicher *m*	pulse storage device, pulse memory	mémoire *f* d'impulsions *f/pl*, totalisateur *m* d'impulsions *f/pl*
Impulsspektrometrie *f*	pulse spectrometry	spectrométrie *f* d'impulsions *f/pl*
Impulsspektrum *n*	pulse spectrum	spectre *m* d'impulsion *f*
Impulsspitze *f*	pulse spike	pointe *f* d'impulsion *f*
Impulsstärke *f*	pulse intensity, pulse amplitude	intensité *f* d'impulsion *f*, amplitude *f* d'impulsion *f*
Impulssteuerung *f*	control by pulses *pl*	commande *f* par impulsions *f/pl*
Impulssumme *f*	pulse sum	somme *f* d'impulsions *f/pl*
Impulstechnik *f*	pulse technique	technique *f* d'impulsions *f/pl*
Impulsteilung *f*	pulse division	démultiplication *f* d'impulsions *f/pl*
Impulstrennung *f*	pulse separation, pulse clipping	séparation *f* des impulsions *f/pl*

Impulsüberlagerung *f*	pulse superposition, pile-up of pulses *pl*	superposition *f* d'impulsions *f/pl*
Impulsüberschneidung *f*	pulse overlap	superposition *f* d'impulsions *f/pl*
Impulsübertragung *f*	pulse transmission	transmission *f* d'impulsions *f/pl*, transfert *m* d'impulsions *f/pl*
Impuls-Ultraschallanlage *f*	ultrasonic pulse system	système *m* ultrasonore à impulsions *f/pl*
Impulsumkehrung *f*	pulse inversion	inversion *f* d'impulsion *f*
Impulsuntersetzung *f*	pulse demultiplication, pulse division	démultiplication *f* d'impulsions *f/pl*
Impulsverbesserung *f*	pulse correction, pulse restoration, pulse regeneration	correction *f* d'impulsion *f*
Impulsverbreiterung *f*	pulse stretching	élargissement *m* d'impulsion *f*
Impulsverfahren *n*	pulse method	méthode *f* à impulsions *f/pl*
Impulsverformung *f*	pulse deformation	déformation *f* d'impulsion *f*
Impulsverstärker *m*	pulse amplifier	amplificateur *m* d'impulsions *f/pl*
Impulsverzerrung *f*	pulse distortion	distorsion *f* d'impulsion *f*
Impulsverzögerung *f*	pulse delay	retard *m* d'impulsion *f*
Impulsvorderflanke *f*	leading edge of the pulse	flanc *m* frontal de l'impulsion *f*
Impulswahl *f*	pulse selection	sélection *f* d'impulsions *f/pl*
Impulswiedergabe *f*	pulse response, pulse reproduction	réponse *f* d'impulsion *f*, reproduction *f* d'impulsion *f*
Impuls-Wirbelstromverfahren *n*	pulsed eddy current method	méthode *f* des courants *m/pl* de Foucault à impulsions *f/pl*
Impulszähler *m*	pulse counter, pulse summator	compteur *m* d'impulsions *f/pl*
Impulszählung *f*	pulse counting, pulse summation	comptage *m* d'impulsions *f/pl*
Impulszug *m*	pulse train	train *m* d'impulsions *f/pl*
Impulszwischenraum *m*	pulse interval, pulse spacing, pulse separation	intervalle *m* d'impulsions *f/pl*, écartement *m* d'impulsions *f/pl*
inaktiv *adj*	inactive	inactif
Inbetriebnahme *f*	start-up, putting into service, setting to work	mise *f* en service *m*, mise *f* en marche *f*
indifferent *adj*	indifferent	indifférent
Indikator *m*	indicator	indicateur *m*
indirekt *adj*	indirect	indirect
Indium *n* [In]	indium	indium *m*

indizieren *v*	indicate	indiquer
Induktion *f*, magnetische	magnetic induction	induction *f* magnétique
Induktionseffekt *m*	induction effect	effet *m* d'induction *f*
Induktionserwärmung *f*	induction heating, inductive heating	chauffage *m* par induction *f*, chauffage *m* inductif
Induktionsfeld *n*	induction field	champ *m* d'induction *f*
Induktionsfluß *m*	induction flux	flux *m* inducteur
Induktionsheizung *f*	induction heating, inductive heating	chauffage *m* par induction *f*, chauffage *m* inductif
Induktionsofen *m*	induction furnace	four *m* à induction *f*
Induktionsspannung *f*	induced voltage	tension *f* induite
Induktionsspule *f*	induction coil, exciting coil, field coil	bobine *f* d'induction *f*, bobine *f* inductrice, bobine *f* excitatrice, bobine *f* de champ *m*
Induktionsstrom *m*	induced current, induction current	courant *m* induit, courant *m* d'induction *f*
Induktionsverfahren *n*	current induction method	méthode *f* par induction *f*
Induktionswirkung *f*	induction effect	effet *m* d'induction *f*
induktiv *adj*	inductive	inductif
Induktivität *f*	inductance	inductance *f*
induktivitätsfrei *adj*	non-inductive	non inductif
induktivitätslos *adj*	→ induktivitätsfrei *adj*	
Induktivitätsmesser *m*	inductance meter	selfmètre *m*
Industriefernsehen *n*	industrial television, closed-circuit television	télévision *f* industrielle, télévision *f* en court-circuit *m*
Industrieofen *m*	industrial furnace	four *m* industriel
Industrieroboter *m*	industrial robot	robot *m* industriel
induzieren *v*	induce	induire
Information *f* [über]	information (about)	information *f* [sur]
Informationsinhalt *m*	information content	teneur *f* en informations *f/pl*
Informationsspeicher *m*	data storage device, information recording system	dispositif *m* enregistreur de données *f/pl*
Informationstheorie *f*	information theory	théorie *f* de l'information *f*
Informationsverarbeitung *f*	information processing	traitement *m* de l'information *f*
infrarot *adj*	infrared	infra-rouge
Infrarotbereich *m*	infrared region	région *f* infra-rouge
Infrarotdetektor *m*	infrated detector	détecteur *m* infra-rouge
Infrarotempfänger *m*	infrared receiver	récepteur *m* infra-rouge
Infrarotgerät *n*	infrared apparatus	appareil *m* infra-rouge
Infrarotkamera *f*	infrared camera	caméra *f* infra-rouge
Infrarotlampe *f*	infrared lamp	lampe *f* infra-rouge
Infrarotoptik *f*	infrared optics *pl*	optique *f* infra-rouge
Infrarotsehen *n*	noctovision	noctovision *f*
Infrarotspektroskopie *f*	infrared spectroscopy	spectroscopie *f* infra-rouge
Infrarotstrahl *m*	infrared ray	rayon *m* infra-rouge

Infrarotstrahler *m*	infrared radiator	radiateur *m* infra-rouge, émetteur *m* de rayonnement *m* infra-rouge
Infrarotstrahlung *f*	infrared radiation	rayonnement *m* infrarouge, radiation *f* infrarouge
Infrarotverfahren *n*	infrated technique, infrared method	technique *f* infra-rouge, méthode *f* infra-rouge
Inhalt *m* [Fläche]	area	aire *f*
Inhalt *m* [Gegenstand]	subject	sujet *m*
Inhalt *m* [Raum]	volume, content, cubic capacity, pondage	volume *m*, capacité *f*, contenance *f*
Inhalt *m* [Veröffentlichung]	contents *pl*	contenu *m*
Inhaltsangabe *f*	summary	résumé *m*, sommaire *m*
Inhaltsbestimmung *f* [Fläche]	quadrature	quadrature *f*
Inhaltsbestimmung *f* [Volumen]	cubature, volumetric measurement	cubature *f*
Inhaltsverzeichnis *n*	table of contents *pl*, index	table *f* des matières *f/pl*, index *m*
inhomogen *adj*	inhomogeneous	inhomogène, non homogène
Inhomogenität *f*	inhomogeneity	inhomogénité *f*
Initial...	→ Anfangs...	
Initialriß *m*	incipient crack	fissure *f* initiale
injizieren *v*	inject, impress	injecter, empreindre
inkohärent *adj*	incoherent	incohérent
Inkohärenz *f*	incoherence	incohérence *f*
Inkorporation *f*	incorporation	incorporation *f*
Innendruckversuch *m*	interior pressure test	épreuve *f* de pression *f* intérieure
Innendurchlaufspule *f*	inner passing coil	bobine *f* de traversée *f* intérieure
Innendurchmesser *m*	inner diameter (ID), inside diameter, internal diameter	diamètre *m* intérieur
Innenfehler *m*	internal defect	défaut *m* interne
Innenfläche *f*	inner surface	face *f* intérieure, paroi *f* intérieure
Innensonde *f*, umlaufende	encircling inner probe	sonde *f* intérieure tournante
Innenspule *f*, umlaufende	encircling inner coil	bobine *f* intérieure tournante
Innentemperatur *f*	interior temperature, internal temperature	température *f* d'intérieur *m*, température *f* intérieure
Innenweite *f*	clear, inside diameter	ouverture *f*, diamètre *m* intérieur
Innere *f*	interior, core, heart, kernel	intérieur *m*, cœur *m*, noyau *m*

in situ *lat.* (vor Ort)	in situ, at the site, on site	in situ, au chantier, sur chantier *m*
In-situ-Prüfung *f*	in-situ test, on-site test	inspection *f* in situ, contrôle *m* au chantier
In-situ-Verfahren *n*	in-situ processing	procédure *f* in situ, procédure *f* sur chantier *m*
Inspektion *f*	inspection	inspection *f*
Inspektionsunsicherheit *f*	inspection uncertainty	incertitude *f* d'inspection *f*
inspizieren *v*	inspect, view	inspecter, examiner
instabil *adj*	instable	instable
Instabilität *f*	instability	instabilité *f*
Installation *f*	installation, establishment, plant	installation *f*, établissement *m*, poste *m*
instandhalten *v*	maintain	maintenir, entretenir
Instandhaltung *f*	maintenance, upkeep	maintenance *f*, entretien *m*
Instandhaltungsschweißen *n*	maintenance welding	soudage *m* d'entretien *m*
instandsetzen *v*	repair, service, overhaul	réparer, mettre en état *m*
Instandsetzung *f*	repair, servicing, overhaul, renovation	réparation *f*, mise *f* en état *m*, révision *f*, dépannage *m*
instruieren *v*	instruct	instruire
Instrument *n*	instrument, facility, apparatus	instrument *m*, appareil *m*
Instrument *n*, tragbares	portable instrument	instrument *m* portatif
Instrumentenablesung *f*	instrument reading	lecture *f* des instruments *m/pl*
Instrumentenanordnung *f*	instrument layout, instrumentation	disposition *f* des instruments *m/pl*, instrumentation *f*
Instrumentenbrett *n*	instrument board, instrument panel	tableau *m* d'instruments *m/pl*, panneau *m* d'instruments *m/pl*
Instrumentenempfindlichkeit *f*	instrument sensitivity	sensibilité *f* d'instrument *m*
Instrumentenfehler *m*	instrument error	erreur *f* d'instrument *m*, erreur *f* instrumentale
Instrumentenkorrektur *f*	instrument correction	correction *f* de l'instrument *m*
Instrumententafel *f*	instrument panel, instrument board	panneau *m* d'instruments *m/pl*, tableau *m* d'instruments *m/pl*
Integral *n*	integral	intégrale *f*
Integralregler *m*	integral action regulator	régulateur *m* à action *f* integrale
Integration *f*	integration	intégration *f*
Integration *f*, partielle	partial integration	intégration *f* partielle
Integrationsgerät *n*	integrating device, integrator	dispositif *m* intégrateur, intégrateur *m*
Integrationsverfahren *n*	integration method	méthode *f* d'intégration *f*
Integrationszeit *f*	integration time	temps *m* d'intégration *f*

Integrator *m*	integrator	intégrateur *m*
integrieren *v*	integrate	intégrer
Intensimeter *n*	intensimeter	intensimètre *m*
Intensität *f*	intensity	intensité *f*
Intensitätsmesser *m*	intensimeter	intensimètre *m*
Intensitätsmodulation *f*	intensity modulation	modulation *f* d'intensité *f*
Intensitätsverfahren *n*	intensity method	méthode *f* d'intensités *f/pl*
intensiv *adj*	intense, intensive	intensif
intensivieren *v*	intensify	intensifier
Interdigital-Wandler *m*	interdigital transducer	transducteur *m* interdigital
Interferenz *f*	interference, beat	interférence *f*, battement *m*
Interferenzabtastung *f*	interference scanning	exploration *f* interférentielle
Interferenzbild *n*	interference pattern	empreinte *f* d'interférences *f/pl*, figure *f* d'interférence *f*
Interferenzerscheinung *f*	interference phenomenon	phénomène *m* d'interférence *f*
Interferenzfilter *n*	interference filter	filtre *m* d'interférence *f*
Interferenzgebiet *n*	interference region, interference area, interference zone, trouble zone	région *f* d'interférences *f/pl*, zone *f* d'interférence *f*
Interferenzmesser *m*	interferometer	interféromètre *m*
Interferenzmuster *n*	interference pattern	empreinte *f* d'interférences *f/pl*, figure *f* d'interférence *f*
Interferenzstreifen *m*	interference string, interference fringe	frange *f* d'interférence *f*
Interferenzton *m*	interference tone, beat note	son *m* d'interférence *f*, battement *m*
Interferenzzone *f*	interference zone	zone *f* d'interférence *f*
interferieren *v*	interfere	interférer
Interferometer *n*	interferometer	interféromètre *m*
Interferometrie *f*, holographische	holographic interferometry, holographic interference pattern technique	interférométrie *f* holographique
intergranular *adj*	intergranular	intergranulaire
intermittierend *adj*	intermittent	intermittent
intermolekular *adj*	intermolecular	intermoléculaire
Interpretation *f*	interpretation, commentary	interprétation *f*, commentaire *m*
Intervall *n*	interval, spacing, clearance, distance	intervalle *m*, écart *m*, écartement *m*, distance *f*
invers *adj*	inverse	inverse
Inversionszone *f*	inversion zone	zone *f* d'inversion *f*
Inverter *m*	inverter	inverseur *m*
invertieren *v*	invert	invertiv, inverser
Inzidenz *f*	incidence	incidence *f*
Inzidenzwinkel *m*	incidence angle	angle *m* d'incidence *f*
Ionenaktivität *f*	ion activity	activité *f* d'ions *m/pl*
Ionenaustausch *m*	ion exchange	échange *m* d'ions *m/pl*

Ionenbeweglichkeit *f*	ionic mobility, ion mobility	mobilité *f* ionique, mobilité *f* des ions *m/pl*
Ionenbewegung *f*	motion of ions *pl*	mouvement *m* d'ions *m/pl*
Ionenbildung *f*	formation of ions *pl*	formation *f* d'ions *m/pl*
Ionenbündel *n*	ion beam	faisceau *m* ionique
Ionencluster *m*	ion cluster	essaim *m* d'ions *m/pl*
Ionendichte *f*	ion density	densité *f* d'ions *m/pl*, densité *f* ionique
Ionendosimeter *n*	ionic dosimeter, ionic quantimeter	dosimètre *m* d'ions *m/pl*
Ionendosis *f*	ion dose	dose *f* ionique
Ionenemission *f*	ion emission	émission *f* d'ions *m/pl*
Ionenimplantation *f*	ion implantation	implantation *f* d'ions *m/pl*
Ionenkonzentration *f*	concentration of ions *pl*	concentration *f* d'ions *m/pl*, concentration *f* ionique
Ionenladung *f*	ionic charge	charge *f* d'ion *m*
Ionennest *n*	ion cluster	essaim *m* d'ions *m/pl*
Ionenquelle *f*	ion source	source *f* d'ions *m/pl*
Ionenradiographie *f*	ion radiography	radiographie *f* ionique
Ionenschwarm *m*	ion cluster	essaim *m* d'ions *m/pl*
Ionenstoß *m*	ion impact	choc *m* d'ions *m/pl*
Ionenstrahl *m*	ion ray	rayon *m* ionique
Ionenstrahlbündel *n*	ion beam	faisceau *m* ionique
Ionenstrom *m*	ion current, ionic current, ionization current	courant *m* ionique, courant *m* d'ionisation *f*
Ionenwanderung *f*	ion migration	migration *f* d'ions *m/pl*
Ionisation *f*	ionization, ionizing	ionisation *f*
Ionisationsarbeit *f*	ionizing energy	énergie *f* d'ionisation *f*
Ionisationsdosimeter *n*	ion dosimeter, ion-meter	dosimètre *m* d'ionisation *f*, ionomètre *m*
Ionisationskammer *f*	ionization chamber	chambre *f* d'ionisation *f*
Ionisationsmanometer *n*	ionization manometer	manomètre *m* à ionisation *f*
Ionisationsrate *f*	ionization rate	taux *m* d'ionisation *f*
Ionisationsspannung *f*	ionization voltage	tension *f* d'ionisation *f*
Ionisationsstrom *m*	ionization current, ion current, ionic current	courant *m* d'ionisation *f*, courant *m* ionique
Ionisationszähler *m*	ionization counter	compteur *m* à ionisation *f*
ionisierbar *adj*	ionizable	ionisable
ionisieren *v*	ionize	ioniser
Ionisieren *n*	ionizing, ionization	ionisation *f*
Ionisierung *f*	→ Ionisieren *n*	Ionisation *f*
Ionisierungs...	→ Ionisations...	
Ionium *n* [Io]	ionium	ionium *m*
Ioniumalter *n* [Geologie]	ionium age	âge *m* d'ionium *m*
Ioniummethode *f*	ionium method	méthode *f* d'ionium *m*
Ionoradiographie *f*	→ Ionenradiographie *f*	
Iridium *n* [Ir]	iridium	iridium *m*

irreversibel *adj*	irreversible	irréversible
Irrtum *m*	error, mistake	erreur *f*, faute *f*, bévue *f*
isochron *adj*	isochronous, simultaneous	isochrone, simultané
Isolation *f* [elektrisch]	insulation	isolation *f*, isolement *m*
Isolation *f* [Trennung]	isolation, separation	isolation *f*, séparation *f*
Isolations...	→ Isolier...	
Isolationsfehler *m*	insulation defect, isolation fault	défaut *m* d'isolement *m*
Isolationsfestigkeit *f*	insulating strength	rigidité *f* diélectrique
Isolationsmaterial *n*	insulating material, insulant	matière *f* isolante, isolant *m*
Isolationsprüfer *m*	insulation indicator	indicateur *m* d'isolement *m*
Isolationsprüfung *f*	insulation test, isolation test	essai *m* d'isolation *f*
Isolationswiderstand *m*	insulation resistance, leakage resistance	résistance *f* d'isolement *m*
Isolier...	→ Isolations...	
isolieren [elektrisch] *v*	insulate	isoler
isolieren [trennen] *v*	isolate, separate	isoler, séparer
Isolierflüssigkeit *f*	insulating liquid	liquide *m* isolant
Isolierhülle *f*	insulating cover, insulating covering, insulating envelope	enveloppe *f* isolante, gaine *f* isolante, couverture *f* isolante
Isolierkörper *m*	insulating material, isolating piece	isolateur *m*, isolant *m*, pièce *f* isolante
Isoliermittel *n*	insulant, isolant	isolant *m*
Isolieröl *n*	insulating oil	huile *f* isolante
Isolierplatte *f* [Trennplatte]	isolating plate	plaque *f* isolante
Isolierscheibe *f*	insulating disk, isolating disk	disque *m* isolant, rondelle *f* isolante
Isolierschicht *f*	insulating sheath, isolating layer	couche *f* isolante
Isolierstoff *m*	insulant, isolant	isolant *m*
Isolierung *f* [elektrisch]	insulation, insulating	isolation *f*, isolement *m*
Isolierung *f* [Trennung]	isolation, separation	isolation *f*, séparation *f*
Isolierverbindung *f*	isolating joint	joint *m* isolant
isomer *adj*	isomeric	isomère, isomérique
isomorph *adj*	isomorphous	isomorphe
isotherm *adj*	isothermal	isotherme, isothermique
Isotop *n*, künstliches	artificial isotope	isotope *m* artificiel
Isotop *n*, radioaktives	radioactive isotope	isotope *m* radioactif
Isotopenanalysator *m*	isotope analyzer	analyseur *m* d'isotopes *m/pl*
Isotopenanreicherung *f*	isotope enrichment	enrichissement *m* d'isotopes *m/pl*, enrichissement *m* isotopique
Isotopenanwendung *f*	isotope application	application *f* d'isotopes *m/pl*
Isotopenauffänger *m*	isotopic target	cible *f* isotopique
Isotopenaustausch *m*	isotopic exchange	échange *m* isotopique

Isotopenbehälter *m*	isotope container	récipient *m* d'isotopes *m/pl*
Isotopenbehandlung *f*	isotope therapy	thérapie *f* isotopique
Isotopendosimetrie *f*	isotope dosimetry	dosimétrie *f* d'isotopes *m/pl*
Isotopenhäufigkeit *f*	isotopic abundance	abondance *f* isotopique, richesse *f* en isotopes *m/pl*
Isotopenmeßtechnik *f*	isotope measuring techniques *pl*	mesure *f* par isotopes *m/pl*
Isotopenradiographie *f*	isotope radiography	radiographie *f* isotopique, radiographie *f* à isotopes *m/pl*
Isotopentabelle *f*	isotope chart, isotope table	table *f* d'isotopes *m/pl*
Isotopentarget *n*	isotopic target	cible *f* isotopique
Isotopentechnik *f*	isotope technology, isotopic method, isotope technique	technique *f* des isotopes *m/pl*, méthode *f* isotopique
Isotopentrennung *f*	separation of isotopes *pl*	séparation *f* d'isotopes *m/pl*
Isotopenverdünnung *f*	isotope dilution	dilution *f* isotopique
Isotopenverfahren *n*	isotope technique, isotope technology, isotopic method	technique *f* des isotopes *m/pl*, méthode *f* isotopique, méthode *f* des isotopes *m/pl*
Isotopenspin *m*	isotopic spin	spin *m* isotopique
Isotopie *f*	isotopy, isotopism	isotopie *f*, isotopisme *m*
isotrop *adj*	isotropic	isotropique
Istmaß *n*	actual size, full size	cote *f* réelle, vraie grandeur *f*, grandeur *f* efficace
Istwert *m*	actual value, true value	vraie valeur *f*
Iteration *f*	iteration	itération *f*

J

Jahresdosis *f*	annual dose, yearly dose	dose *f* annuelle
Ja/Nein-Anzeige *f*	go/no-go-indication	indication *f* oui-non
Jochmagnetisierung *f*	yoke magnetization	aimantation *f* à culasse *f*
Jod *n* [J]	iodine	iode *m*
justierbar *adj*	adjustable	ajustable, réglable
justieren *v*	adjust, set, regulate, position	ajuster, régler, positionner, mettre au point
Justieren *n*	adjustment, adjusting, setting, regulation, positioning	ajustage *m*, ajustement *m*, réglage *m*, positionnement *m*
Justierkörper *m*	adjustment piece	pièce *f* d'ajustage *m*
Justierreflektor *m*	adjustment reflector	réflecteur *m* d'ajustage *m*

K

Kabel *n* [Fernmeldetechnik]	cable	câble *m*
Kabel *n* [Seil]	rope, cord, cable	corde *f*, câble *m*
Kabel *n*, abgeschirmtes	screened cable, shielded cable	câble *m* blindé
Kabel *n*, koaxiales	coaxial cable	câble *m* coaxial
kadmieren *v*	cadmium-plate	cadmier
Kadmium *n* [Cd]	cadmium	cadmium *n*
Kadmiumregelstab *m*	cadmium control rod	régulateur *m* de cadmium *m*
Kaiser-Effekt *m*	Kaiser effect	effet *m* Kaiser
kalibrieren *v*	calibrate	calibrer
Kalibrieren *n*	calibrating, calibration	calibrage *m*, calibration *f*
Kalibrierung *f*	→ Kalibrieren *n*	
Kalifornium *n* [Cf]	californium	californium *m*
Kalium *n* [K]	potassium	potassium *m*
Kalorimeter *n*	calorimeter	calorimètre *m*
Kalorimetrie *f*	calorimetry	calorimétrie *f*
Kalotte *f*	calotte	calotte *f*
kältebeständig *adj*	resistant to cold, anti-freezing	résistant au froid
Kältebeständigkeit *f*	resistance to cold	résistance *f* au froid
kältefest *adj*	anti-freezing, resistant to cold	résistant au froid
Kältefestigkeit *f*	→ Kältebeständigkeit *f*	
Kältemittel *n*	refrigerating agent	agent *m* réfrigérant
kaltgeformt *adj*	cold-formed	formé à froid
kaltgewalzt *adj*	cold-rolled	laminé à froid
Kaltkatode *f*	cold cathode	cathode *f* froide
Kaltluft *f*	cold air	air *m* froid
Kalt-Neutronen-Radiographie *f*	cold neutron radiography	radiographie *f* par neutrons *m/pl* lents
Kaltpressen *n*	cold pressing	estampage *m* à froid
Kaltriß *m*	cold crack	fissure *f* à froid
Kaltrißanfälligkeit *f*	susceptibility to cold cracking, cold cracking risk	susceptibilité *f* à la fissuration à froid, risque *m* de fissuration *f* à froid
Kaltrißempfindlichkeit *f*	sensitivity to cold cracking	sensibilité *f* à la fissuration à froid
Kaltrißwiderstand *m*	cold cracking resistance	résistance *f* à la fissuration à froid
Kaltschweißen *n*	cold welding	soudage *m* à froid
Kaltschweißstelle *f*	cold shot	décollement *m*
Kaltumformbarkeit *f*	cold formability	formage *m* à froid

Kaltverfestigung *f*	cold work hardening	durcissement *m* à froid, augmentation *f* de dureté *f* par écrouissage *m*
Kaltverformung *f*	cold forming, cold shaping	façonnage *m* à froid, déformation *f* à froid
Kaltziehen *n*	cold (wire) drawing	tréfilage *m* à froid
Kalzium *n* [Ca]	calcium	calcium *m*
Kamera *f*	camera	caméra *f*
kammartig	comb-type	en peigne *m*
Kammer *f*	box	boîte *f*
Kammwandler *m*	interdigital transducer	transducteur *m* interdigital
Kanal *m* [Entwässerung]	drain, sewer	drain *m*
Kanal *m* [Leitungskanal]	conduit, duct	conduit *m*, conduite *f*, tuyau *m*, caniveau *m*
Kanal *m* [Schacht]	hole, pass, channel	canal *m*
Kanal *m* [Schiffskanal]	canal	canal *m*
Kanal *m* [Übertragungsweg]	channel	voie *f*, canal *m*
Kanalabstand *m*	channel spacing	écart *m* intervoies
Kanalanordnung *f* [Kollimator]	channel arrangement	disposition *f* des voies *f/pl*
Kanalquerschnitt *m*	channel section	aire *f* de voie *f*
Kanalstrahlen *m/pl*	canal rays *pl*	rayons *m/pl* canaux
Kante *f*	edge, border	chanfrein *m*, arête *f*, bord *m*
Kante *f*, angeschrägte	tilted edge	rive *f* non orthogonal
kanten *v*	tilt, incline, slope	incliner, s'incliner, obliger
Kantenriß *m*	edge crack	fissure *f* de bord *m*
Kantenverwaschung *f* [Radiographie]	edge spread	oblitération *f* de bord *m*
Kantenverwaschungsfunktion *f* [Radiographie]	edge spread function	fonction *f* de l'oblitération *f* de bord *m*
kantig *adj*	cornered, cornerwise, angular	angulaire, angulé
Kapazität *f* [Fassungsvermögen]	capacity	capacité *f*
Kapazität *f* [Kondensator]	capacitance	capacitance *f*
Kapazitäts-Dehnungsmeßstreifen *m*	capacitive foil strain gauge	jauge *m* extensométrique capacitive
kapazitätsfrei *adj*	non-capacitive	sans capacité *f*
kapazitätslos *adj*	→ kapazitätsfrei	
Kapazitätswert *m* [Kondensator]	capacitance	capacitance *f*
kapazitiv *adj*	capacitive	capacitif
Kapillarität *f*	capillarity	capillarité *f*

Kappe *f*	cap, cover, hood, dome, top	capot *m*, chapiteau *m*, calotte *f*, chapeau *m*, têton *m*, dôme *m*, dessus *m*
Kapsel *f*	capsule	capsule *f*
Kapselung *f*	encapsulation, enclosing	blindage *m*, enceinte *f*
Karbonisation *f*	carbonization, carbonizing, carburizing	carbonisation *f*, carburisation *f*
Karbonyleisen *n*	carbonyl iron	fer *m* carbonyle
Karburierung *f*	carburizing	carburisation *f*
Kardangelenk *n*	Cardan joint, universal joint, spider	joint *m* Cardan, cardan *m*
kardanisch aufgehängt *adj*	with cardanic suspension, gimbals-mounted	à suspension *f* à Cardan, à joint *m* universel
Karte *f* [allgemein]	card	carte *f*
Karte *f* [Landkarte]	map	carte *f*
Karte *f* [Seekarte]	chart	carte *f*
Karte *f* [Ticket]	ticket	billet *m*
Kartei *f*	card index, card file, registry	fichier *m*, cartothèque *f*
Karteikarte *f*	index card, filing card	fiche *f*
kartengesteuert *adj*	card-controlled	commandé par cartes *f/pl*
Kaskade *f*	cascade	cascade *f*
Kaskadenschaltung *f*	cascade connection	connexion *f* en cascade *f*
Kaskadenstrahlung *f*	cascade radiation	émission *f* en cascade *f*
Kassette *f*	cassette	cassette *f*
Kasten *m*	case, casing, box	boîte *f*, boîtier *m*, caisse *f*
Katalog *m*	catalogue, catalog	catalogue *m*
Katalysator *m*	catalyst, catalyzer	catalyseur *m*
Kation *n*	cation	cation *m*
Kationenaustauscher *m*	cation exchanger	échangeur *m* de cations *m/pl*
Katode *f*, kalte	cold cathode	cathode *f* froide
Katodenstrahl *m*	cathode ray	rayon *m* cathodique
Katodenstrahlröhre *f*	cathode ray tube (CRT)	tube *m* cathodique
Katodenzerstäubung *f*	cathode sputtering	pulvérisation *f* cathodique, désagrégation *f* de cathode *f*
Kautschuk *m*	caoutchouc	caoutchouc *m*
Kavität *f*	cavity, void, hollow space	cavité *f*, espace *m* vide
Kavitation *f*	cavitation	cavitation *f*
Kegel *m*	cone, taper	cône *m*
kegelförmig *adj*	conical, cone-shaped	conique, en cône *m*
Kehlnaht *f* [Schweißen]	fillet joint, fillet weld, fillet	joint *m* d'angle *m*, soudure *f* d'angle *m*
kehlnahtgeschweißt *adj*	fillet welded	soudé par cordons *m/pl* d'angle *m*
Kehlnahtschweißung *f*	fillet weld	soudure *f* par cordons *m/pl* d'angle *m*

Kehrwert *m*	reciprocal value, reciprocal	valeur *f* réciproque, réciproque *f*
Keil *m*	wedge	coin *m*
keilförmig *adj*	wedge-shaped, tapered	en forme *f* de coin *m*, cunéiforme
Keilnut *f*	vee-groove, keyway, key groove	rainure *f* à coin *m*
Keimbildung *f*	nucleation	germination *f*
Kelvin-Temperatur *f*	absolute temperature, Kelvin temperature	température *f* absolue, température *f* Kelvin
Kenngröße *f*	characteristic data, parameter, characteristic	grandeur *f* caractéristique, paramètre *m*, caractéristique *f*
Kennlinie *f*	characteristic	caractéristique *f*
Kennlinie *f*, geknickte	bent characteristic	caractéristique *f* coudée
Kennlinie *f*, schwach ansteigende	slowly rising characteristic	caractéristique *f* à montée *f* faible
Kennlinie *f*, stark abfallende	rapidly declining characteristic	caractéristique *f* à chute *f* rapide
Kennlinienfeld *n*	field of characteristics *pl*, curve family	réseau *m* de caractéristiques *f/pl*, famillie *f* de courbes *f/pl* caractéristiques
Kennwert *m*	characteristic value	valeur *f* caractéristique
Kennzeichen *n* [Kriterium]	criterion	critère *m*
Kennzeichen *f* [Marke]	index, mark, sign, signature	index *m*, repère *m*, signature *f*
Kennzeichen-Analyse *f*	signature analysis	analyse *f* des signatures *f/pl*
Kennzeichnung *f*	marking, designation, identification	marquage *m*, repérage *m*, identification *f*
Keramik *f*	ceramics *pl*	céramique *f*
Keramikmetall *n*	ceramic-metal (cermet)	céramique *f* à metal *m*, cermet *m*
Keramikschwinger *m*	ceramic transducer, piezotransducer	transducteur *m* céramique, piézo-transducteur *m*
keramisch *adj*	ceramic	céramique
Kerbaufweitung *f*	notch opening	élargissement *m* de l'entaille *f*
Kerbe *f*	notch, slot	entaille *f*, encoche *f*, fente *f*
Kerbempfindlichkeit *f*	notch sensitivity	sensibilité *f* à l'entaille *f*
kerben *v*	notch, groove, indent	entailler, encocher, cocher
Kerbfestigkeit *f*	impact strength	résilience *f*
Kerbflanke *f*	notch flank	flanc *m* d'entaille *f*
Kerbriß *m*	toe-crack	fissure *f* par entaille *f*
Kerbschlagbiegeprobe *f*	notch bending test, Charpy impact test	essai *m* au choc sur éprouvette *f* entaillée
Kerbschlagversuch *m*	notched bar impact test	essai *m* de résilience *f* sur barreaux *m/pl* entaillés

Kerbschlagzähigkeit *f*	notch impact strength	résistance *f* au choc de l'éprouvette *f* entaillée
Kerbstelle *f*	notch point, notching point	point *m* d'entaillure *f*
Kern...	→ Atom...; Nuklear...	
Kern *m* [Atomkern]	nucleus	noyau *m*
Kern *m* [Inneres]	core, heart, kernel, interior, centre, center (USA)	noyau *m*, âme *f*, cœur *m*, intérieur *m*, centre *m*
kernangetrieben *adj*	nuclear-powered	à propulsion *f* nucléaire
Kernanregung *f*	nuclear excitation	excitation *f* nucléaire
Kernantrieb *m*	nuclear propulsion	propulsion *f* nucléaire, nucléopropulsion *f*
Kernaufbau *m*	nuclear constitution, nuclear structure	constitution *f* de noyau *m*, structure *f* nucléaire
Kernbaustein *m*	nuclear particle	particule *f* nucléaire
Kernbeschuß *m*	nuclear bombardment	bombardement *m* nucléaire
Kernbindungsenergie *f*	nuclear binding energy	énergie *f* de liaison *f* nucléaire
Kernblech *n*	core lamination, core plate, stamping	tôle *f* de noyau *m*
Kernbrennstoff *m*	nuclear fuel	combustible *m* nucléaire
Kerndaten *n/pl*	nuclear characteristics *pl*, nuclear data, nuclear constants *pl*	caractéristiques *f/pl* nucléaires, constantes *f/pl* nucléaires
Kerndipolmoment *n*	nuclear dipole moment	moment *m* de dipôle *m* nucléaire
Kerndurchmesser *m* [Atomkern]	nuclear diameter	diamètre *m* nucléaire
Kerndurchmesser *m* [Gewindekern]	core diameter	diamètre *m* de noyau *m*
Kerneigenschaften *f/pl*	nuclear properties *pl*	propriétés *f/pl* nucléaires
Kernelektron *n*	nuclear electron	électron *m* nucléaire
Kernenergie *f*	nuclear energy, atomic energy	énergie *f* nucléaire, énergie *f* atomique
Kernenergieanlage *f*	nuclear power plant	centrale *f* nucléaire
Kernenergieantrieb *m*	nuclear propulsion	propulsion *f* nucléaire, nucléopropulsion *f*
Kernenergieerzeugung *f*	nuclear power production	production *f* d'énergie *f* nucléaire
Kernenergiegewinnung *f*	→ Kernenergieerzeugung *f*	
Kernenergietriebwerk *n*	nuclear engine	engin *m* nucléaire, nucléopropulseur *m*
Kernfeld *n*	nuclear field	champ *m* nucléaire
Kernfluoreszenz *f*	nuclear fluorescence	fluorescence *f* nucléaire
Kernform *f* [Gießerei]	core mould, core mold (USA)	moule *m* à noyau *m*
Kernforschung *f*	nuclear research	recherches *f/pl* nucléaires
Kernphotoeffekt *m*	nuclear photoeffect	effet *m* photonucléaire
Kernfusion *f*	nuclear fusion	fusion *f* nucléaire
kerngetrieben *adj*	nuclear-powered	à propulsion *f* nucléaire

Kernkonstanten *f/pl*	nuclear constants *pl*, nuclear characteristics *pl*, nuclear data	constantes *f/pl* nucléaires, caractéristiques *f/pl* nucléaires
Kernkraft *f*	nuclear power, nuclear force	force *f* nucléaire
Kernkraftwerk *n*	nuclear power plant, nuclear power station, atomic power plant	centrale *f* nucléaire, centrale *f* d'énergie *f* nucléaire, centrale *f* d'énergie *f* atomique
Kernladung *f*	nuclear charge	charge *f* nucléaire
Kernladungszahl *f*	nuclear charge number, atomic number	nombre *m* des charges *f/pl* de noyau *m*, numéro *m* atomique
Kernmasse *f*	nuclear mass	masse *f* nucléaire
Kernmaterial *n*	nuclear material	matériaux *m/pl* nucléaires
Kernmaterie *f*	nuclear matter	matière *f* nucléaire
Kernmedizin *f*	nuclear medicine	médicine *f* nucléaire
Kernmodell *n*	nuclear model	modèle *m* du noyau
Kernniveau *n*	nuclear level, nuclear energy level	niveau *m* nucléaire
Kernpartikel *f*	nuclear particle	particule *f* nucléaire
Kernphysik *f*	nuclear physics *pl*, nucleonics *pl*	physique *f* nucléaire, nucléonique *f*
Kernquadrupol *m*	nuclear quadrupole	quadripôle *m* nucléaire
Kernrakete *f*	nuclear rocket, nuclear-powered rocket	fusée *f* nucléaire
Kernreaktion *f*	nuclear reaction	réaction *f* nucléaire
Kernreaktor *m*	nuclear reactor, atomic pile	réacteur *m* nucléaire, réacteur *m* atomique, pile *f* atomique
Kernreaktorbehälter *m*	nuclear vessel	cuve *f* de réacteur *m*
Kernreaktor-Neutronenquelle *f*	pile neutron source	source *f* de neutrons *m/pl* du réacteur nucléaire
Kernreaktorsicherheit *f*	nuclear reactor safety, reactor safety	sûreté *f* du réacteur nucléaire, sûreté *f* du réacteur, sécurité *f* du réacteur
Kernresonanz *f*, magnetische	magnetic nuclear resonance	résonance *f* nucléaire magnétique
Kernresonanzspektrographie *f*	nuclear resonance spectrography	spectrographie *f* à résonance *f* nucléaire
Kernschatten *m* [Optik]	core shadow, complete shadow	ombre *f* totale
Kernspaltung *f*	nuclear fission	fission *f* nucléaire
Kernspeicher *m*	core memory	mémoire *f* à noyau *m*
Kernspektroskopie *f*	nuclear spectroscopy	spectroscopie *f* nucléaire
Kernspektrum *n*	nuclear spectrum	spectre *m* nucléaire
Kernstabilität *f*	nuclear stability	stabilité *f* nucléaire
Kernstatistik *f*	nuclear statistics *pl*	statistique *f* nucléaire

Kernstrahlung *f*	nuclear radiation	rayonnement *m* nucléaire, radiation *f* nucléaire
Kernstruktur *f*	nuclear structure	structure *f* nucléaire
Kernstrahlungsmeßtechnik *f*	measuring technique of nuclear radiation	technique *f* des mesures *f/pl* de radiation *f* nucléaire
Kerntechnik *f*	nuclear technology, nuclear technique, atomic technique, nucleonics *pl*	technique *f* nucléaire, technique *f* atomique, atomistique *f*, nucléonique *f*
Kernteilchen *n*	nuclear particle	particule *f* nucléaire
Kerntreibstoff *m*	nuclear propellant	combustible *m* nucléaire
Kerntriebwerk *n*	nuclear engine	engin *m* nucléaire, propulseur *m* nucléaire, nucléopropulseur *m*
Kernumwandlung *f*	nuclear transmutation, nuclear transformation	transmutation *f* nucléaire
Kernverschmelzung *f*	nuclear fusion	fusion *f* nucléaire
Kernzerfall *m*	nuclear decay, nuclear disintegration	désintégration *f* nucléaire, désagrégation *f* nucléaire
Kernzersplitterung *f*	nuclear spallation	spallation *f* nucléaire
Kessel *m* [Druckbehälter]	vessel	cuve *f*, récipient *m*
Kessel *m* [Heizkessel]	boiler, steam boiler, furnace	chaudière *f*, chaudière *f*, chaudron *m*, chaudière *f* à vapeur *f*
Kessel *m* [Vorratskessel]	tank, reservoir	réservoir *m*
Kesselanlage *f* [Heizkessel]	boiler installation	installation *f* de chaudières *f/pl*
Kesselrohr *n* [Heizkessel]	boiler tube	tube *m* de chaudière *f*
Kette *f*	chain, string	chaîne *f*
Kettenglied *n*	link, flat link	chaînon *m*, maillon *m*
Kettenreaktion *f*	chain reaction	réaction *f* en chaîne *f*
Kettenreaktion *f*, nukleare	nuclear chain reaction	réaction *f* nucléaire en chaîne *f*
Keule *f* [Richtdiagramm]	lobe	lobe *m*
Keulenbreite *f*	lobe width	largeur *f* du lobe
Kinetik *f*	kinetics *pl*	cinétique *f*
kinetisch *adj*	kinetic	cinétique
kippen [elektrisch] *v*	sweep, scan	balayer
kippen [neigen] *v*	tilt, incline, slope	incliner, s'incliner, obliger, basculer
Kippfrequenz *f*	sweep frequency	fréquence *f* de balayage *m*
Kippschaltung *f*	flip-flop	flip-flop *m*
Klaffen *n*	gapping	baîllement *m*
Klammer *f* [Halteklammer]	clamp, cramp, clip	agrafe *f*, pince *f*, bride *f*, crampon *m*
Klammer *f*, eckige	square bracket	crochet *m*
Klammer *f*, geschweifte	brace	accolade *f*
Klammer *f*, runde	parenthesis	parenthèse *f*
Klangprüfung *f*	audible sound test	essai *m* sonore

Klappe *f*	flap, tab, lid	clapet *m*, trappe *f*
klar [deutlich] *adj*	clear, clean, distinct	clair
klar [rein] *adj*	bright, clear	pur, brillant
Klassifikation *f*	classification	classification *f*
klassifizieren *v*	classify	classifier
Klaue *f*	claw, clutch, jaw	griffe *f*, mâchoire *f*, joue *f*
Klebeband *n*	adhesive tape	ruban *m* adhésif
Klebemittel *n*	adhesive, adhesive substance, adhesive agent	adhésif *m*, agglutinant *m*, colle *f*, matière *f* adhésive
kleben *v*	adhere, stick, glue, gum	coller, adhérer
Kleben *n*	adhesion	collage *m*
Kleber *m*	adhesive	adhésif *m*
Klebestelle *f*	adhesive bond joint, contact spot	joint *m* collé, assemblage *m* par collage *m*
Klebestreifen *m*	adhesive tape	ruban *m* adhésif
Klebetechnik *f*	bonding technique	technique *f* de collage *m*
Klebstoff *m*	adhesive, adhesive agent, adhesive substance, gum	adhésif *m*, matière *f* adhésive, colle *f*, gomme *f*
Klebverbindung *f*	adhesive bond joint, adhesively bonded structure, adhesive bond	assemblage *m* collé, joint *m* collé, collage *m*, assemblage *m* par collage *m*
kleindimensional *adj*	of small dimensions *pl*	à petites dimensions *f/pl*
Kleinlastbereich *m*	low load range	zone *f* à petite charge *f*
Kleinrechner *m*	minicomputer	petit ordinateur *m*, mini-ordinateur *m*
Kleinsignal *n*	small signal	signal *m* faible
Kleinteil *n*	retail article, retail piece	petit article *m*, petite pièce *f*, petit objet *m*
Kleinwinkel-Streuung *f*	small-angle scattering	diffusion *f* aux petits angles *m/pl*
Kleinstwert *m*	minimum	minimum *m*
Klima *n*	climate	climat *m*
Klimabeständigkeit *f*	climatic resistivity	résistance *f* climatique
Klimaprüfung *f*	climatic test	essai *m* climatique, épreuve *f* climatique
Klimatest *m*	→ Klimaprüfung *f*	
klimatisch *adj*	climatic	climatique
klimatisieren *v*	climatize, air-condition	climatiser, conditionner
Klimatisierung *f*	climatization, air-conditioning	climatisation *f*, conditionnement *m* d'air *m*
Klimaversuch *m*	climatic test	épreuve *f* climatique, essai *m* climatique
Klinge *f*	blade	lame *f*
Klinke *f* [Handgriff]	handle	poignée *f*, manette *f*, manivelle *f*
Klinke *f* [Kontaktstecker]	jack	jack *m*
Klinke *f* [Sperre]	release, latch, pawl	loquet *m*, cliquet *m*

Klirrfaktor *m*	distortion factor, harmonic distortion factor	facteur *m* de distorsion *f*, taux *m* de distorsion *f* harmonique
Klystron *n*	klystron	klystron *m*
Knack *m*	click, crackle	clic *m*, crac *m*, craquement *m*
knacken *v*	click, crackle	cliquer, craquer, claquer
Knacken *n*	clicking, clicks *pl*, crackling	clic *m*, craquement *m*, claquement *m*
Knackgeräusch *n*	clicking noise, crackling noise	craquement *m*, claquement *m*
Knackstörung *f*	→ Knackgeräusch *n*	
Knall *m*	acoustic shock, bang, detonation	choc *m* acoustique, éclat *m*, détonation *f*
knallen *v*	bang, detonate	éclater, détoner
Knetlegierung *f*	wrought alloy	alliage *m* corroyé, alliage *m* de corroyage *m*
Knick *m* [Biegung]	bend, knick, buckle	coude *m*, courbure *f*
Knick *m* [Falte]	fold	pli *m*
Knick *m* [Sprung]	break, crack, crease	fêlure *f*, brisure *f*
Knickbeanspruchung *f* [Platte]	buckling stress	effort *m* de flambage *m*, effort *m* de flexion *f*, charge *f* de pliage *m*
knicken *v*	fold, break, buckle, bend	couder, casser, briser, se fêler, fléchir
Knickfestigkeit *f*	breaking strength, buckling strength	résistance *f* au pliage, résistance *f* au flambage
Knicklast *f*	breaking load	charge *f* de pliage *m*
Knickspannung *f*	buckling strain	tension *f* de flambage *m*
Knickversuch *m*	buckling test	essai *m* de flambage *m*
Kniestück *n*	elbow joint, knee, knee-shaped piece	coude *m*, raccord *m* courbé, jointure *f* en T
Knoten *m* [Knotenpunkt]	node	nœud *m*
Knoten *m* [Schleife]	kink	coque *f*, nœud *m*
Knotenblech *n*	junction plate, connection plate	tôle *f* de jonction *f*, plaque *f* d'éclissage *m*
Knotenpunkt *m*	nodal point	point *m* nodal
Knüppel *m* [vorgewalzter Block]	billet, bloom, bar	billette *f*, bloom *m*, barre *f*
Knüppelprüfung *f*	testing of billets *pl*	contrôle *m* des billettes *f/pl*
Koaleszenz *f*	coalescence	coalescence *f*
koaxial *adj*	coaxial	coaxial
Koaxialkabel *n*	coaxial cable	câble *m* coaxial
Kobalt *n* [Co]	cobalt	cobalt *m*
Kobaltgehalt *m*	cobalt content	teneur *f* en cobalt *m*
Kode *m*	code	code *m*
kodieren *v*	code, encode	coder
Kodierer *m*	coder	codeur *m*
Kodierung *f*	coding	codage *m*, codification *f*
Koeffizient *m*	coefficient	coefficient *m*

Koerzitivfeldstärke *f*	coercive intensity	intensité *f* coercitive
Koerzitivkraft *f*	coercive force, coercitivity	force *f* coercitive
Koffergerät *n*	portable set, portable	version *f* malette, portable *m*
kohärent *adj*	coherent	cohérent
kohärent-optisch	coherent-optical	cohérent-optique
Kohärenz *f*	coherence	cohérence *f*
Kohäsion *f*	cohesion	cohésion *f*
Kohäsionskraft *f*	cohesive force	force *f* de cohésion *f*
Kohlefaser *f*	carbon fiber	fibre *f* de carbone *m*
kohlefaserverstärkt *adj*	carbon fiber reinforced	renforcé par fibres *f/pl* de carbone *m*
Kohlendioxid *n*	carbon dioxide	dioxyde *m* de carbone *m*
Kohlengrube *f*	mine, colliery	mine *f*, minière *f*, houillère *f*
Kohlenstoff *m* [C]	carbon	carbone *m*
Kohlenstoffgehalt *m*	carbon content	teneur *f* en carbone *m*
Kohlenstoffstahl *m*	carbon steel	acier *m* au carbone
Kohlenwasserstoff *m*	carbon hydrogen, hydrocarbon	hydrogène *m* carbonique, hydrocarbure *m*
Kohlung *f*	carbonization, carbonizing	carbonisation *f*
Koinzidenz *f*	coincidence	coïncidence *f*
Koinzidenzmessung *f*	coincidence measurement	mesure *f* de coïncidence *f*
koinzidieren *v*	coincide	coïncider
Kokille *f*	ingot mould	lingotière *f*
Kollege *m*	colleague	collègue *m*
Kollimation *f*	collimation	collimation *f*
Kollimator *m*	collimator	collimateur *m*
Kollimatorfenster *n*	collimator window	fenêtre *f* du collimateur
Kollimatoröffnung *f*	collimator portal	trou *m* du collimateur
Kollimatorspalt *m*	collimating slit	fente *f* du collimateur
kollimieren *v*	collimate, fade out, blank	collimer, couper
Kollision *f*	collision, impact	collision *f*, impact *m*, choc *m*
Kolonne *f*	column	colonne *f*
Koma *f* [Linsenfehler]	coma	coma *f*
Kombination *f*	combination	combinaison *f*
kombinieren *v*	combine	combiner
Kommentar *m*	commentary, interpretation	commentaire *m*, interprétation *f*
kommerziell *adj*	commercial	commercial
kommutativ *adj*	commutative	commutatif
kompakt *adj*	compact, massive, solid	compact, massif, solide
Komparator *m*	comparator	comparateur *m*
kompatibel *adj*	compatible, adaptable	compatible, adaptable
Kompatibilität *f*	compatibility	compatibilité *f*
Kompensation *f*	compensation, equalization	compensation *f*, équilibrage *m*
Kompensationsmethode *f*	compensation method	méthode *f* de compensation *f*

Kompensationsspannung *f*	compensating voltage, transient voltage	tension *f* de compensation *f*, tension *f* compensatrice, tension *f* transitoire
Kompensationsspule *f*	compensating coil	bobine *f* compensatrice
Kompensationsstrom *m*	compensating current, transient current	courant *m* compensateur, courant *m* transitoire
Kompensationsverfahren *n*	compensation method	méthode *f* de compensation *f*
Kompensationswicklung *f*	compensating winding	enroulement *m* compensateur
Kompensator *m*	compensator, corrector	compensateur *m*, correcteur *m*
kompensieren *v*	compensate, balance, equalize	compenser, équilibrer, balancer, égaliser
komplementär *adj*	complementary	complémentaire
komplex *adj*	complex	complexe
Komplex *m*	complex, block	complexe *m*, ensemble *m*
kompliziert *adj*	complicated	compliqué
kompliziertgeformt *adj*	complicately shaped	compliquément formé, formé d'une manière compliquée
Komponente *f*	component	composante *f*
Komponentenzerlegung *f*	decomposition into components *pl*	décomposition *f* en composantes *f/pl*
Kompressibilität *f*	compressibility	compressibilité *f*
Kompression *f*	compression	compression *f*
Kompressionswelle *f*	compression wave, bulk wave	onde *f* de compression *f*, onde *f* compressive
Kompressor *m*	compressor	compresseur *m*
komprimieren *v*	compress	comprimer
Komprimieren *n*	compression	compression *f*
Komputer *m*	→ Computer *m*	
komputergesteuert *adj*	computer-controlled	commandé par calculateur *m* électronique, commandé par computer *m*
komputergestützt *adj*	computer-based, computer-aided, computer-assisted	assisté par computer *m*
Komputer-Tomographie *f*	computerized tomography	tomographie *f* commandée par ordinateur *m*
Kondensat *n*	condensate	condensé *m*, produit *m* de condensation *f*
Kondensation *f*	condensation	condensation *f*
Kondensator *m* [elektrisch]	capacitor	condensateur *m*
Kondensator *m* [Verdichter]	condenser	condenseur *m*
kondensieren *v*	condense	condenser
Kondensor *m* [Optik]	condenser	condenseur *m*
Kondition *f*	condition	condition *f*
Konditionierung *f*	conditioning	conditionnement *m*
Konfiguration *f*	configuration, structure, arrangement	configuration *f*, structure *f*, arrangement *m*

konform (mit) *adj*	conformal, conformable [~ to]	conforme (à)
Konformität *f*	conformity	conformité *f*
konisch *adj*	conical, cone-shaped, tapered	conique, en cône *m*
konjugiert *adj*	conjugate, conjugated	conjugué
konjugiert-komplex *adj*	conjugate-complex	conjugué-complexe
Konjunktion *f*	conjunction	conjonction *f*
Konsequenz *f*	consequence, result	conséquence *f*, résultat *m*
Konservierung *f*	conservation, preservation	conservation *f*
Konsistenz *f*	consistence, consistency, state, condition	consistance *f*, constitution *f*, condition *f*, état *m*
Konsole *f*	console	console *f*
konstant *adj*	constant, steady, continuous	constant, continu
Konstante *f*	constant	constante *f*
Konstanz *f*	constancy, steadiness, permanency, stability	constance *f*, permanence *f*, stabilité *f*
konstruieren [entwerfen] *v*	design, draw	dessiner, projeter
konstruieren [erbauen] *v*	construct, build, erect	construire
Konstruktion *f*	construction, erection, building-up, establisment	construction *f*, érection *f*
Konstruktionsfehler *m*	construction fault, constructional defect	défaut *m* de construction *f*, vice *m* de construction *f*
Konstruktionsteil *n*	structural part, component, structural member	élément *m* de construction *f*, pièce *f* de construction *f*
Kontainer *m*	container *m*	container *m*, caisse *f* de transport *m*
Kontakt *m*	contact, touch	contact *m*, attouchement *m*
Kontakt *m*, schlechter	poor contact	mauvais contact *m*
Kontaktabtastung *f*	contact scanning	exploration *f* par contact *m*
Kontaktautoradiographie *f*	contact autoradiography	autoradiographie *f* par contact *m*
Kontaktbestrahlung *f*	contact irradiation	irradiation *f* par contact *m*
Kontaktdauer *f*	contact time	temps *m* de contact *m*
Kontaktdruck *m*	contact pressure	pression *f* de contact *m*
Kontaktfehler *m*	contact fault	défaut *m* de contact *m*
Kontaktfläche *f*	contact surface	surface *f* de contact *m*
Kontaktkorrosion *f*	contact corrosion	corrosion *f* de contact *m*
kontaktlos *adj*	contactless, noncontact ...	sans contact *m*
Kontaktmaterial *n*	contact material	matériel *m* de contact *m*
Kontaktmittel *n*	contact medium, contact agent	agent *m* de contact *m*
Kontaktpotential *n*	contact potential	potentiel *m* de contact *m*
Kontaktstecker *m*	jack	jack *m*
Kontaktstelle *f*	contact point	point *m* de contact *m*
Kontaktstück *n*	contact piece, contact element, contact pad, contact maker	pièce *f* de contact *m*, élément *m* de contact *m*, plot *m* de contact *m*

Kontakttechnik *f*	contact technique	technique *f* de contact *m*
Kontaktverfahren *n* [chemisch]	contact process	procédé *m* de contact *m*
Kontaktzeit *f*	contact time	temps *m* de contact *m*
Kontamination *f*	contamination	contamination *f*
Kontaminationsmonitor *m*	contamination monitor	moniteur *m* de contamination *f*
Kontingent *n*	portion, proportion, quota	part *f*, portion *f*, contingent *m*, quote-part *f*
kontinuierlich *adj*	continuous	continu
Kontinuität *f*	continuity	continuité *f*
Kontinuum *n*	continuum	continuité *f*
Kontraktion *f*	contraction	contraction *f*
Kontrast *m*	contrast	contraste *m*
Kontrast *m*, geringer	low contrast, poor contrast	faible contraste *m*
Kontrast *m*, hoher	high contrast	contraste *m* élevé
Kontrastanhebung *f*	contrast expansion	expansion *f* du contraste, augmentation *f* du contraste
kontrastarm *adj*	poor in contrast	à faible contraste *m*, peu de contraste *m*
Kontrastbreite *f*	contrast width	largeur *f* du contraste
Kontrastempfindlichkeit *f*	contrast sensitivity	sensibilité *f* au contraste
Kontrastherabsetzung *f*	contrast reduction	réduction *f* du contraste
kontrastieren *v*	contrast	contraster
Kontrastierverfahren *n*	contrast method	procédé *m* de contraste *m*
Kontrastkriterium *n*	contrast criterium	critère *m* de contraste *m*
Kontrastmittel *n*	contrast agent, radiopaque medium	agent *m* de contraste *m*, substance *f* radio-opaque
kontrastreich *adj*	rich in contrast, contrasty	à contraste *m* élévé, de fort contraste *m*, très contrasté
Kontrastregelung *f*	contrast control	réglage *m* du contraste
Kontraststeigerung *f*	contrast expansion	expansion *f* du contraste, augmentation *f* du contraste
Kontrastumfang *m*	contrast ratio	rapport *m* de contraste *m*
Kontrastverminderung *f*	contrast reduction	réduction *f* du contraste
Kontrollabschnitt *m*	control section	section *f* de contrôle *m*
Kontrollbereich *m*	control area	région *f* controlée
Kontrolle *f* [Aufsicht]	supervision, watching, inspection, control, monitoring	surveillance *f*, inspection *f*, contrôle *m*
Kontrolle *f* [Regelung]	control, check, checking, surveillance, regulation	réglage *m*, régulation *f*, surveillance *f*, contrôle *m*
Kontrolle *f* [Überprüfung]	test, testing, check, inspection	contrôle *m*, essai *m*, épreuve *f*, inspection *f*

Kontrolle *f*, automatische	automatic control, self-checking	contrôle *m* automatique, autocontrôle *m*
Kontrolle *f*, kontinuierliche	continuous inspection	contrôle *m* en continu
Kontrolleinrichtung *f*	control unit, controller, inspection device, test equipment, monitor	dispositif *m* de contrôle *m*, équipement *m* d'essai *m*, appareil *m* de test *m*, installation *f* d'inspection *f*, moniteur *m*
Kontrollempfänger *m*	monitoring receiver, monitor	récepteur *m* moniteur, récepteur *m* témoin, moniteur *m*
Kontrollfehler *m*	test defect, reference fault	défaut *m* de référence *f*
kontrollieren [prüfen] *v*	test, check, verify, monitor, control	examiner, vérifier, contrôler
kontrollieren [regeln] *v*	control	régler, commander, contrôler
Kontrollkörper *m* [Eichkörper]	reference block, calibration block	bloc *m* d'étalonnage *m*, pièce *f* de référence *f*, pièce *f* témoin, pièce *f* de témoignage *m*, témoin *m*
Kontrollkörper *m* [Prüfobjekt]	test piece, test specimen	pièce *f* à contrôler, spécimen *m* à contrôler, éprouvette *f*
Kontrollraum *m*	control room	salle *f* de contrôle *m*
Kontrollzeichen *n*	check mark	repère *m* de contrôle *m*
Kontrollzone *f*	control zone	zone *f* de contrôle *m*
Kontur *f*	contour, outline, profile	contour *m*, profile *m*
Konturlinien-Holographie *f*	contour holography	holographie *f* à contours *m/pl*
Konus *m*	cone, taper	cône *m*
konusförmig *adj*	conical, cone-shaped	conique, en cône *m*
Konvektion *f*	convection	convection *f*
konvektiv *adj*	convective	convectif
konventionell *adj*	conventional, usual	conventionnel, usuel, usité, traditionnel
konvergent *adj*	convergent	convergent
Konvergenz *f*	convergence	convergence *f*
Konvergenzwinkel *m*	convergence angle	angle *m* de convergence *f*
konvergieren *v*	converge	converger
Konversion *f*	conversion, converting	conversion *f*
Konversionsfaktor *m*	conversion factor	facteur *m* de conversion *f*
Konversionslinie *f*	conversion line	ligne *f* de conversion *f*
Konversionsspektrum *n*	conversion spectrum	spectre *m* de conversion *f*
Konverter *m*	converter	convertisseur *m*
Konverterfolie *f* [Radiographie]	converter screen	écran *m* convertisseur
Konverterschirm *m*	→ Konverterfolie *f*	
Konvertierung *f*	converting, conversion	conversion *f*
Konvertierungszeit *f*	conversion time	temps *m* de conversion *f*

konvex *adj*	convex	convexe
Konvolution *f*	convolution	convolution *f*
Konzentration *f*	concentration, focusing	concentration *f*, focalisation *f*
konzentrieren *v*	concentrate, focus, bunch	concentrer, focaliser
Konzentrierspule *f*	concentrating coil, focusing coil	bobine *f* de concentration *f*, bobine *f* de focalisation *f*
konzentrisch *adj*	concentric	concentrique
Konzept *n*	conception, project, scheme	conception *f*, projet *m*, schéma *m*
Konzeption *f*	→ Konzept *n*	
Koordinate *f*	coordinate	coordonnée *f*
Koordinaten *f/pl*, kartesische	Cartesian coordinates *pl*	coordonnées *f/pl* cartésiennes
Koordinaten *f/pl*, rechtwinklige	rectangular coordinates *pl*	coordonnées *f/pl* rectangulaires
Koordinaten *f/pl*, sphärische	spherical coordinates *pl*	coordonnées *f/pl* sphériques
Koordinatenachse *f*	coordinate axis	axe *m* des coordonnées *f/pl*
Koordinatennullpunkt *m*	origin of coordinates *pl*	origine *f* des coordonnées *f/pl*
Koordinatensystem *n*	coordinate system	système *m* de coordonnées *f/pl*
Koordinatentransformation *f*	coordinate transformation	transformation *f* des coordonnées *f/pl*
Kopf *m* [allgemein]	head, top	tête *f*, sommet *m*, chapeau *m*, bout *m*
Kopf *m* [Prüfkopf]	head	tête *f*
Kopfwelle *f*	head wave	onde *f* de front *m*
Kopfzugversuch *m*	top tensile test	essai *m* de traction *f* en tête *f*
Kopie *f*	copy, duplicate, reproduction, calking	copie *f*, duplicata *m*, reproduction *f*, calque *m*
kopieren *v*	copy, reproduce, calk	copier, reproduire, calquer
koppeln *v*	couple	coupler
Koppeln *n*	coupling	couplage *m*
Kopplung *f*, feste	close coupling, tight coupling	couplage *m* serré
Kopplung *f*, induktive	inductive coupling	couplage *m* inductif, couplage *m* par induction *f*
Kopplung *f*, kapazitive	capacitive coupling	couplage *m* capacitif, couplage *m* par capacité *f*
Kopplung *f*, kritische	critical coupling	couplage *m* critique
Kopplung *f*, lose	loose coupling	couplage *m* lâche
Kopplung *f*, magnetoelastische	magnetoelastic coupling	couplage *m* magnétoélastique
Kopplung *f*, überkritische	hypercritical coupling	couplage *m* hypercritique
Kopplungselement *n*	coupling element	élément *m* de couplage *m*

Kopplungsfaktor *m*	coupling factor	facteur *m* de couplage *m*
Kopplungsfaktor *m*, elektromechanischer	electromechanical coupling factor	facteur *m* de couplage *m* électromécanique
Kopplungsglied *n*	coupling element	élément *m* de couplage *m*
Kopplungsgrad *m*	degree of coupling	degré *m* de couplage *m*
Kopplungskoeffizient *m*	coupling coefficient	coefficient *m* de couplage *m*
Kopplungsmittel *n*	coupling medium, coupling agent, couplant	agent *m* couplant, agent *m* mouillant
Kopplungsspalt *m*	coupling slot	fente *f* de couplage *m*
Kopplungsschicht *f*	coupling film	couche *f* de couplage *m*
Kopplungsspule *f*	coupling coil	bobine *f* de couplage *m*
Korn *n*	grain	grain *m*
Kornbildung *f*	granulation	granulation *f*
Korndichte *f*	grain density	densité *f* des grains *m/pl*
Korngrenze *f*	grain boundary	joint *m* de grains *m/pl*, limite *f* de granulation *f*
Korngrenzen...	intergranular	intergranulaire
Korngrenzenanreicherung *f*	grain boundary segregation	ségrégation *f* des limites *f/pl* de granulation *f*, ségrégation *f* intergranulaire
Korngrenzenriß *m*	intergranular crack	fissure *f* intergranulaire, fissure *f* entre grains *m/pl*
Korngröße *f*	grain size	grosseur *f* de grain *m*
körnig *adj*	granular, granulated, grained, grainy	granuleux, granulaire, granulé, grenu
Körnigkeit *f*	graininess, granulation, graining	granularité *f*, granulation *f*, grainage *m*
Kornorientierung *f*	grain orientation	orientation *f* des grains *m/pl*
Kornrauschen *n*	grain noise	bruit *m* des grains *m/pl*
Kornstruktur *f*	granular structure	structure *f* des grains *m/pl*
Körnung *f*	graining, granulation, graininess	grainage *m*, granulation *f*, granularité *f*
Kornvolumen *n*	grain volume	volume *m* de grain *m*
Kornwachstum *n*	grain growth	croissance *f* des grains *m/pl*
Korona *f*	corona	corona *f*
Körper *m*, schwarzer	black body	corps *m* noir
Körperdosis *f*	incorporated dose, body dose	dose *f* incorporée
Korpuskel *f*	corpuscle	corpuscule *f*
korpuskular *adj*	corpuscular	corpusculaire
Korpuskularstrahlung *f*	corpuscular radiation, particle radiation	rayonnement *m* corpusculaire, rayonnement *m* de particules *f/pl*
korrekt *adj*	correct	correct
Korrektion *f*	correction, amendment	correction *f*, corrigé *m*

Korrektionsfaktor *m*	correction factor	facteur *m* de correction *f*
Korrektionsglied *n*	correction term	terme *m* de correction *f*
Korrektur *f*	correction, amendment	correction *f*, corrigé *m*
Korrekturglied *n*	compensator, corrector, equalizer	compensateur *m*, correcteur *m*
Korrelation *f*	correlation	corrélation *f*
Korrelationsanalyse *f*	correlation analysis	analyse *f* de corrélation *f*
Korrelationsfunktion *f*	correlation function	fonction *f* de corrélation *f*
Korrelationsholographie *f*	correlation holography	holographie *f* à corrélation *f*
korrodieren *v*	corrode	corroder
korrodierend *adj*	corrosive	corrosif
korrosiv *adj*	corrosive	corrosif
Korrosion *f*	corrosion	corrosion *f*
Korrosion *f*, atmosphärische	atmospheric corrosion	corrosion *f* atmosphérique
Korrosion *f*, intergranulare	intergranular corrosion	corrosion *f* intergranulaire
korrosionsbeständig *adj*	corrosion-resistant, corrosion-proof, anti-corrosive	résistant à la corrosion, anti-corrosif
Korrosionsbeständigkeit *f*	corrosion resistance	résistance *f* à la corrosion
Korrosionsermüdung *f*	corrosion fatigue	fatigue *f* due à la corrosion
korrosionsfest *adj*	corrosion-proof, corrosion-resistant, anti-corrosive	anti-corrosif, résistant à la corrosion
Korrosionsfestigkeit *f*	corrosion resistance	résistance *f* à la corrosion
Korrosionsprüfung *f*	corrosion test	essai *m* de corrosion *f*
Korrosionsriß *m*	corrosion crack	fissure *f* par corrosion *f*
Korrosionsrißbildung *f*	corrosion cracking, stress corrosion cracking	fissuration *f* par corrosion *f*
Korrosionsschutz *m*	corrosion protection, anticorrosion	protection *f* contre la corrosion, anti-corrosion *f*
Korrosionsschutzmittel *n*	corrosion inhibitor	inhibiteur *m* de corrosion *f*
korrosionsvorbeugend	anti-corrosive, corrosion-proof, corrosion- resistant	anti-corrosif, résistant à la corrosion
Kosinuskurve *f*	cosine curve	courbe *f* cosinusoïdale
kosmisch *adj*	cosmic	cosmique
Kosten *f/pl*	cost, costs *pl*, expenses *pl*, charges *pl*	coûts *m/pl*, frais *m/pl*, dépenses *f/pl*
Kostenersparnis *f*	cost savings *pl*	épargne *f* en frais *m/pl*
kostensparend *adj*	cost saving	diminuant les frais *m/pl*
kostspielig *adj*	expensive	coûteux, dispendieux
Kraft *f*	force, power	force *f*, pouvoir *m*
Kraftfahrzeug *n*	motor vehicle	automobile *f*
Kraftfahrzeugbau *m*	construction of motor vehicles *pl*	construction *f* d'automobiles *f/pl*
Kraftfeld *n*	field of force	champ *m* de forces *f/pl*
kräftig *adj*	strong, powerful	fort, puissant, robuste
Kraftlinie *f*	line of force	ligne *f* de force *f*

Kraftliniendichte *f*	density of lines *pl* of force, flux density	densité *f* des lignes *f/pl* de force *f*, densité *f* de flux *m*
Kraftlinienverlauf *m*	path of the lines *pl* of force	parcours *m* des lignes *f/pl* de force *f*
Kraftlinienstreuung *f*	field line dispersion, field line scattering	dispersion *f* des lignes *f/pl* de force *f*
Kraftmesser *m*	dynamometer	dynamomètre *m*
Kraftrichtung *f*	sense of force	sens *m* de force *f*
Kraftstoß *m*	impulse, impulsion, shock	impulsion *f*, choc *m*
Kraftwagen *m*	motor car, car, automobile	voiture *f*, automobile *f*, auto *f*
Kraftwerk *n*	power plant, power station	usine *f* de force *f* motrice, centrale *f* génératrice
Kraftwirkung *f*	dynamic effect	effet *m* dynamique
Kraterbildung *f*	crater formation	cratérisation *f*
Kraterlunker *m*	crater pipe	retassure *f* de cratère *m*
Kraterriß *m*	crater crack	fissure *f* de cratère *m*, fissure *f* de solidification *f*
Kratzer *m*	scratch, scar, cut, chamfer	rayure *f*, égratignure *f*, rainure *f*, raie *f*
Kreis *m* [Geometrie]	circle	cercle *m*
Kreis *m* [Stromkreis]	circuit	circuit *m*
Kreisabschnitt *m*	segment of the circle, segment	segment *m* de cercle *m*, segment *m*
Kreisabtastung *f*	circular scanning	exploration *f* circulaire
Kreisausschnitt *m*	sector of the circle sector	secteur *m* de cercle *m*, secteur *m*
Kreisbahn *f*	circular orbit	orbite *f* circulaire
Kreisbeschleuniger *m*	circular accelerator	accélérateur *m* circulaire
Kreisbogen *m*	arc of the circle	arc *m* de cercle *m*
kreisen *v*	rotate, revolve, turn, circulate	tourner, circuler
Kreisen *n*	rotating, rotation, turning, turn, circulation	rotation *f*, tour *m*
Kreisfläche *f*	area of the circle	aire *f* du cercle
kreisförmig *adj*	circular	circulaire
Kreisinhalt *m*	area of the circle	aire *f* du cercle
Kreislauf *m*	cycle, circulation	cycle *m*, circulation *f*
Kreismembran *f*	circular diaphragm	diaphragme *m* circulaire
Kreisprozeß *m*	cycle	cycle *m*
Kreisquerschnitt *m*	circular cross-section	section *f* circulaire
Kreisrohr *n*	circular tube	tube *m* circulaire
kreisrund *adj*	circular, orbicular	circulaire, orbiculaire
Kreisscheiben-Ersatzfehler *m*	circular disk equivalent defect	défaut *m* équivalent en forme *f* d'un disque circulaire
Kreisscheibenfehler *m*	circular reflector, round defect	réflecteur *m* circulaire, défaut *m* rond

Kriterium *n*	criterion, criteria *pl*	critère *m*
kritisch *adj*	critical	critique
krumm *adj*	bent, curved, crooked	courbé, croche, tortu
krümmen *v*	bend, curve, crook	courber, plier
krummlinig *adj*	curvilinear, curved	curviligne, en courbe *f*
Krümmung *f*	curvature, curve, bend, buckling	courbure *f*, courbe *f*
Krümmungsradius *m*	radius of curvature	rayon *m* de courbe *f*
kryogenisch *adj*	cryogenic	cryogénique
Kryotechnik *f*	cryogenics *pl*	cryotechnique *f*
Krypton *n* [Kr]	krypton	krypton *m*
Kugel *f*	ball, bullet, sphere, globe	boule *f*, bille *f*, globe *m*, sphère *f*, balle *f*
Kugelabschnitt *m*	spherical segment	segment *m* sphérique
Kugelausschnitt *m*	spherical sector	secteur *m* sphérique
Kugelbehälter *m*	spherical tank, spherical reservoir	réservoir *m* sphérique
Kugelcharakteristik *f*	omni-direction characteristic	caractéristique *f* omnidirectionnelle
Kugeldruckprobe *f*	ball pressure test	essai *m* à bille *f*
Kugelform *f* [Gießform]	bullet mould	moule *m* à balles *f/pl*
Kugelform *f* [Kugelgestalt]	spherical shape, ball shape	forme *f* sphérique, forme *f* de boule *f*
kugelförmig *adj*	spherical, globular, ball-shaped	sphérique, globulaire
Kugelgeometrie *f*	spherical geometry	géométrie *f* sphérique
Kugelgestalt *f*	ball shape, spherical shape	forme *f* de boule *f*, forme *f* sphérique
Kugelgraphit *n*	spherical graphite, nodular graphite, spheroidal graphite	graphite *m* sphérique, graphite *m* nodulaire, graphite *m* sphéroïdal
Kugelhaufenreaktor *m*	pebble-bed reactor, pebble reactor	réacteur *m* pebble
Kugellager *n*	ball bearing	coussinet *m* à billes *f/pl*
Kugelsegment *n*	spherical segment	segment *m* sphérique
Kugelsektor *m*	spherical sector	secteur *m* sphérique
Kugelstrahler *m*	spherical radiator	radiateur *m* sphérique
Kugelwelle *f*	spherical wave	onde *f* sphérique
kühl *adj*	cool, frigid	frais, froid, réfrigérant
Kühlblech *n*	cooling plate, heat sink	tôle *f* de refroidissement *m*, ailette *f* de refroidissement *m*
Kühleinrichtung *f*	cooling device, refrigerating installation	installation *f* frigorifique, dispositif *m* de refroidissement *m*, installation *f* de réfrigération *f*
kühlen *v*	cool, refrigerate	réfrigérer, refroidir, frigorifier
Kühlen *n*	cooling, refrigeration, cooling-down	refroidissement *m*, réfrigération *f*

Kühler *m*	cooler, refrigerator	réfrigérant *m*, réfrigérateur *m*
Kühlflüssigkeit *f*	cooling fluid, cooling liquid	fluide *m* réfrigérant, solution *f* de refroidissement *m*, liquide *m* de refroidissement *m*
Kühlgas *n*	cooling gas	gaz *m* réfrigérant
Kühlmittel *n*	cooling medium, cooling agent, coolant	agent *m* de refroidissement *m*, agent *m* réfrigérant, réfrigérant *m*
Kühlraum *m*	cooling room	chambre *f* froide
Kühlrippe *f*	cooling fin	ailette *f* de refroidissement *m*
Kühlschlange *f*	cooling worm, cooling coil, serpentine cooler	hélice *f* de refroidissement *m*
Kühlschrank *m*	refrigerator	réfrigérateur *m*
Kühlspirale *f*	cooling worm, serpentine cooler	hélice *f* de refroidissement *m*
Kühlsystem *n*	cooling system	système *m* réfrigérateur
Kühlturm *m*	cooling tower, cooling column	tour *f* de réfrigération *f*
Kühlung *f*	cooling, cooling-down, refrigeration	refroidissement *m*, réfrigération *f*
Kühlvorrichtung *f*	cooling device, refrigerating installation	installation *f* de réfrigération *f*, dispositif *m* de refroidissement *m*, installation *f* frigorifique
Kühlwasser *n*	cooling water	eau *f* réfrigérante
Kulminationspunkt *m*	culmination point	point *m* culminant
kumulativ *adj*	cumulative, cumulating	cumulatif
Kunde *m*	customer, user, consumer, subscriber	utilisateur *m*, usager *m*, consommateur *m*, abonné *m*, client *m*
Kunstfolie *f*	plastic foil	feuille *f* plastique
Kunstharz *n*	epoxy resin, synthetic resin	résine *f* synthétique, résine *f* moulée
Kunstharzlack *m*	synthetic resin varnish	vernis *m* de résine *f* synthétique
künstlich *adj*	artificial, fictive	artificiel, fictif
Kunststoff *m*	plastics *pl*, synthetic material	plastique *f*, matière *f* plastique, matière *f* synthétique
Kunststoff *m*, glasfaserverstärkter	glass-fiber reinforced plastics *pl*	matière *f* plastique renforcée par fibres *f*/*pl* de verre *m*, plastique *f* renforcée par fibres *f*/*pl* de verre *m*
Kunststoff *m*, kohlefaserverstärkter	carbon-fiber reinforced plastics *pl*	matière *f* plastique renforcée par fibres *f*/*pl* de charbon *m*

Kunststoffbauelement *n*	plastic element	élément *m* en plastique *f*
Kunststoffolie *f*	plastic foil	feuille *f* plastique
Kunststoffrohr *n*	plastic tube	tube *m* plastique
Kunststoffschweißen *n*	welding of plastics *pl*	soudage *m* de matière *f* plastique
Kunststoff-Schweißverbindung *f*	weld in plastics *pl*	soudure *f* en matière *f* plastique
Kupfer *n* [Cu]	copper	cuivre *m*
Kupferblech *n*	copper sheet	tôle *f* de cuivre *m*
Kupferfilter *m*	copper filter	filtre *m* de cuivre *m*
Kupferfolie *f*	copper foil	feuille *f* de cuivre *m*
kupferhaltig *adj*	cupriferous, cupreous	cuprifère, cuprique, cuivreux
Kupfermantel *m*	copper sheath	enveloppe *f* cuivreuse, blindage *m* en cuivre *m*
Kupferplatte *f*	copper plate	plaque *f* de cuivre *m*
Kupferrohr *n*	copper tube	tube *m* en cuivre *m*
Kupferschicht *f*	copper layer	couche *f* de cuivre *m*
Kupferstab *m*	copper bar, copper rod	barre *f* de cuivre *m*
Kupferüberzug *m*	copper coating, cupreous film	pellicule *f* de cuivre *m*
Kupferverbindung *f*	copper alloy	alliage *m* de cuivre *m*
Kuppe *f*	dome, cap, hood	dôme *m*, coupole *m*, capot *m*
Kuppel *f*	top, dome, cover, cap, hood	coupole *m*, dôme *m*, cloche *f*, chapiteau *m*, dessus *m*, capot *m*, calotte *f*, chapeau *m*, têton *m*
kuppelförmig *adj*	dome-shaped	en forme *f* de dôme *m*
kuppeln *v*	link, couple	accoupler
Kupplung *f*	clutch, coupling	accouplement *m*, embrayage *m*
Kursus *m*	course	cours *m*
Kurve *f*, ansteigende	rising curve	courbe *f* montante
Kurve *f*, fallende	descending curve	courbe *f* descendante
Kurve *f*, flache	flat curve	courbe *f* plate
Kurve *f*, gestrichelte	dashed curve	courbe *f* en traits *m/pl* interrompus
Kurve *f*, punktierte	dotted curve	courbe *f* ponctuée
Kurve *f*, steile	steep curve	courbe *f* raide
Kurve *f*, theoretische	theoretical curve	courbe *f* théorique
Kurvenaufzeichnung *f*	plotting, mapping	tracement *m* de courbe *f*, construction *f* de courbe *f*
Kurvenblatt *n*	curve sheet, diagram, graph, chart	réseau *m* de courbes *f/pl*, diagramme *m*, graphique *m*
Kurvendarstellung *f*	curve representation, presentation, figure, graph, diagram, plot, chart, graphic representation, curve	représentation *f* graphique, présentation *f*, graphique *m*, diagramme *m*, figure *f*, courbe *f*

kreisscheibenförmig	circular-disk-shaped, round	en forme *f* de disque *m* circulaire, rond
Kreissegment *n*	segment of the circle	segment *m* de cercle *m*
Kreissektor *m*	sector of the circle	secteur *m* de cercle *m*
Kreisumfang *m*	circumference of the circle	circonférence *f* du cercle
kreuzen *v*	cross, traverse	croiser, traverser
kreuzförmig *adj*	crossed, cruciform	croise, en croix *f*
Kreuzkorrelation *f*	cross-correlation	corrélation *f* croisée
Kreuzkorrelation *f*, gleitende	running cross correlation	corrélation *f* croisés mobile
Kreuzkorrelationsanalyse *f*	cross correlation analysis	analyse *f* par corrélation *f* croisée
Kreuzkorrelationsfunktion *f*	cross-correlation function	fonction *f* de corrélation *f* croisée
Kreuzkorrelationskontrast *m*	cross correlation contrast	contraste *m* à corrélation *f* croisée
Kreuzspulmethode *f*	cross coil method	méthode *f* à bobine *f* croisée
Kreuzstrichraupe *f* [Schweißen]	crossed weld bead	cordon *m* de soudure *f* croisé
Kriechbeanspruchung *f* [Stahl]	creep loading	effort *m* de fluage *m*
Kriechen *n*	creep, creeping, creepage	fluage *m*
kriechfest *adj*	creep-resistant	résistant au fluage
Kriechfestigkeit *f*	creep resistance	résistance *f* contre le fluage
Kriechgeschwindigkeit *f*	creep rate	taux *m* de fluage *m*
Kriechspannung *f*	creep stress	contrainte *f* de fluage *m*
Kriechverhalten *n*	creep behaviour	comportement *m* au fluage, allure *f* du fluage
Kristall *m*	crystal	cristal *m*
Kristall *m*, doppelbrechender	birefringent crystal	cristal *m* biréfringeant
Kristallachse *f*	crystal axis	axe *m* de cristal *m*
Kristallaufbau *m*	crystal structure	structure *f* cristalline
Kristallbaufehler *m*	crystal structure defect	défaut *m* de la structure cristalline
Kristallbeugung *f*	crystal diffraction	diffraction *f* par cristal *m*
Kristalldetektor *m*	crystal detector	détecteur *m* à cristal *m*
Kristallgitter *n*	crystal lattice, crystal grating	réseau *m* cristallin
kristallin *adj*	crystalline	cristallin
Kristallisation *f*	crystallization	cristallisation *f*
Kristallisationsriß *m*	crystallization crack	fissure *f* par cristallisation *f*
kristallisch *adj*	crystalline	cristallin
kristallisieren *v*	crystallize	cristalliser, se cristalliser
Kristallstruktur *f*	crystal structure	structure *f* cristalline
Kristallzone *f*	crystal zone	zone *f* de cristal *m*
Kristallzwilling *m*	twin crystal	cristal *m* jumeau, jumeau *m*

Kurvendiskussion *f*	curve discussion	discussion *f* de courbe *f*
Kurvenschar *f*	curve family, field of characteristics *pl*	famille *f* de courbes *f*/*pl* caractéristiques, réseau *m* de caractéristiques *f*/*pl*
Kurvenschreiber *m*	curve recorder, curve tracer, curve follower	enregistreur *m* de courbes *f*/*pl*, traceur *m* de courbes *f*/*pl*
kurzfristig *adj*	temporary, short-term, abrupt, sudden, acute	temporaire, à court terme *m*, abrupt, brusque
Kurzimpuls *m*	short pulse	impulsion *f* de courte durée *f*
kurzschließen *v*	short-circuit	court-circuiter
Kurzschluß *m*	short circuit	court-circuit *m*
Kurzschlußfernsehen *n*	closed-circuit television, industrial television	télévision *f* en court-circuit *m*, télévision *f* industrielle
Kurzzeitanwendung *f*	short-terme use	application *f* de courte durée *f*
Kurzzeitbestrahlung *f*	acute exposure, acute irradiation, short-time exposure	exposition *f* brève
Kurzzeitimpuls *m*	short pulse	impulsion *f* de courte durée *f*
Kurzzeitprüfung *f*	accelerated test	essai *m* accéléré
Kybernetik *f*	cybernetics *pl*	cybernétique *f*
kybernetisch *adj*	cybernetic(al)	cybernétique

L

Labor *n*, **Laboratorium** *n*	laboratory	laboratoire *m*
Laborprüfung *f*	laboratory test, bench test	essai *m* en laboratoire *m*, essai *m* de laboratoire *m*
Laboruntersuchung *f*	laboratory examination	étude *f* en laboratoire *m*
Laborversuch *m*	laboratory experiment	expérience *f* en laboratoire *m*
Lack *m*	lacquer, varnish	laque *f*, vernis *m*
Lackabdrucktechnik *f*	replica technique	technique *f* réplique, méthode *f* réplique
Lackdraht *m*	lacquered wire	fil *m* verni
Lackschicht *f*	layer of varnish, coat of lacquer	couche *f* de vernis *m*
Ladeeinrichtung *f* [elektrisch]	charging device, charging unit, charger	dispositif *m* de charge *f*
Ladung *f* [Beladung]	charging, loading, filling	chargement *m*, remplissage *m*
Ladung *f*, elektrische	electric charge	charge *f* électrique

Ladungsaustausch *m*	charge exchange, charge transfer	échange *m* de charge *f*, transfert *m* de charge *f*
Ladungsträger *m*	charge carrier	porteur *m* de charge *f*
Ladungstrennung *f*	charge separation	séparation *f* de charges *f/pl*
Ladungsübergang *m*	charge transfer	transfert *m* de charge *f*
Ladungsverteilung *f*	charge distribution	distribution *f* des charges *f/pl*
Lage *f* [Schicht]	layer, coat	couche *f*
Lage *f* [Situation]	situation	situation *f*
Lage *f* [Standort]	site, location, position	emplacement *m*, position *f*
Lage *f* [Stellung]	position	position *f*
Lagebestimmung *f*	localization	localisation *f*
Lagenbindefehler *m* [Schweißen]	incomplete interpass fusion, lack of interrun fusion	manque *m* de fusion *f* entre passes *f/pl*
lagenweise *adj*	in layers *pl*	en couches *f/pl*
Lager *n* [Achslager]	bearing	coussinet *m*, palier *m*
Lager *n* [Camping]	camp, encampment	campement *m*, camp *m*
Lager *n* [Stütze]	support, rest, stay	support *m*, appui *m*
Lager *n* [Vorratslager]	store, stock, depot	dépôt *m*, magasin *m*
Lagerraum *m*	storage room, stockroom	dépôt *m*, salle *f* d'emmagasinage *m*
Lamb-Welle *f*	Lamb wave, plate wave, compressional wave	onde *f* de Lamb, onde *f* de plaque *f*, onde *f* de compression *f*, onde *f* Lamb
Lamé-Konstante *f*	Lamé constant	constante *f* de Lamé
lamellar *adj*	lamellar, laminated, foliated	lamellaire, lamellé, à lamelles *f/pl*, feuilleté
Lamellarriß *m*	lamellar crack, lamellar tearing	fissure *f* lamellaire, arrachement *m* lamellaire
Lamellarißbildung *f*	lamellar cracking, lamellar tearing	fissuration *f* lamellaire, formation *f* de fissures *f/pl* lamellaires
Lamellengraphit *m*	lamellar graphite	graphite *m* lamellaire
Lamellenriß *m*	→ Lamellarriß *m*	
Lamellenrißbildung *f*	→ Lamellarrißbildung *f*	
Lamellenrißneigung *f*	tendency to lamellar tearing	aptitude *f* à l'arrachement *m* lamellaire
lamelliert *adj*	laminated, lamellar, foliated	lamellé, lamellaire, à lamelles *f/pl*, feuilleté
Lamellierung *f*	lamination	lamination *f*, laminage *m*
laminar *adj*	laminar	laminé
Lampe *f*	lamp	lampe *f*
Längenänderung *f*	change of length	changement *m* de longueur *f*
langfristig *adj*	long-term	à long terme *m*
Langlebensdauer *f*	longevity	longévité *f*
langlebig *adj*	long-life, long-lived	de longue durée *f*, à longue période *f*

Langlebigkeit *f*	longevity	longévité *f*
Längs ...	→ Longitudinal ...	
langsam *adj*	slow	lent
Längsfehler *m*	longitudinal defect, longitudinal flaw	défaut *m* longitudinal
Längskerbe *f*	inter-run undercut	entaille *f* longitudinale
Längskraft *f*	longitudinal force, axial force	force *f* longitudinale, force *f* axiale
Längsnaht *f*	longitudinal joint, longitudinal seam	joint *m* longitudinal
Längsnute *f*	longitudinal slot	encoche *f* longitudinale
Längsrichtung *f*	longitudinal direction	sens *m* longitudinal
Längsriß *m*	longitudinal crack	fissure *f* longitudinale
Längsschnitt *m*	longitudinal section, axial section	section *f* longitudinale, coupe *f* longitudinale
Längsschweißnaht *f*	longitudinal weld	soudure *f* longitudinale
Längsschwingung *f*	longitudinal vibration, longitudinal oscillation	vibration *f* longitudinale, oscillation *f* longitudinale
Langzeit ...	protracted, long-time, extended-time, continuous, permanent, long-continued	à long temps *m*, de longue durée *f*, à longue échéance *f*, prolongé, continu, continué, permanent
Langzeitbestrahlung *f*	long-continued irradiation, protracted irradiation	irradiation *f* prolongée, irradiation *f* continue
Langzeitverhalten *n*	long-time behaviour	comportement *m* à longue échéance *f*
Langzeitversuch *m*	long-time test, long-period test	essai *m* à long temps *m*, essai *m* d'endurance *f*
Laplacesche Gleichung *f*	Laplacian equation	équation *f* de Laplace
Laplace-Operator *m*	Laplacian operator, Laplacian, delta operator	opérateur *m* laplacien, laplacien *m*, opérateur *m* delta
Laplace-Transformation *f*	Laplace's transformation	transformation *f* de Laplace
Lappen *m* [Richtdiagramm]	lobe	lobe *m*
Lappen *m* [Tuch]	rag	chiffon *m*
Lärm *m*	noise, crack, crash	bruit *m*, tapage *m*, craquement *m*
Lasche *f*	fish-plate, fish-bar, joint bar, tongue, butt strap, bridge	couvre-joint *m*, éclisse *f*, barrette *f*, attache f
Laschenschweißung *f*	bridge weld	soudure *f* à couvre-joint *m*
Laschenverbindung *f*	fish joint	assemblage *m* à couvre-joint *m*
Laser *m*	laser	laser *m*
Laser *m*, gepulster	pulsed laser	laser *m* pulsé

Laserabtastung *f*	laser scanning	exploration *f* par laser *m*
Laserfusion *f*	laser fusion	fusion *f* par laser *m*
Laser-Fusionstarget *n*	laser fusion target	cible *f* à fusion *f* par laser *m*
Laserphotographie *f*	laser photography	photographie *f* à laser *m*
Laserstrahl *m*	laser ray	rayon *m* laser
Laserstrahlung *f*	laser radiation	rayonnement *m* laser
Last *f*	→ Belastung *f*	
Last-Dehnungskurve *f*	load-elongation curve	courbe *f* charge-élongation
Lastkraftwagen *m* [Lkw]	lorry, truck (USA)	camion *m*
Lastspiel *n*	cycle	cycle *m*
Lastspielfrequenz *f*	stress cycle frequency	fréquence *f* d'alternances *f*/*pl*
Lastspielzahl *f*	number of stress cycles *pl*	nombre *m* des alternances *f*/*pl*, cycles *m*/*pl* d'effort *m*
Lastwechselzahl *f*	→ Lastspielzahl *f*	
Laue-Beugungsdiagramm *n*	Laue diffraction pattern, Laue's diagram	diagramme *m* de diffraction *f* de Laue, diagramme *m* de Laue
Laue-Diagramm *n*	Laue's diagram	diagramme *m* de Laue
Lauf *m*	running, run, course, operation	marche *f*, course *f*, opération *f*
laufen [fließen] *v*	flow, run	couler, s'écouler, courir
laufen [Maschine] *v*	run, move, operate	aller, marcher, fonctionner, opérer
Laufweg *m*	path	parcours *m*, trajet *m*
Laufzeit *f*	transit time, travel time	temps *m* de transit *m*, temps *m* de propagation *f*, temps *m* de parcours *m*
Laufzeitdifferenz *f*	transit-time difference	différence *f* de temps *m* de propagation *f*
Laufzeitfehler *m*	transit-time error	erreur *f* par temps *m* de transit *m*
Laufzeitmessung *f*	transit-time measurement	mesure *f* du temps de transit *m*
Laufzeitverfahren *n*	transit-time technique, time-delay technique, time-of-flight method	méthode *f* à temps *m* de transit *m*
Laufzeitverzögerung *f*	transit-time delay	retard *m* de temps *m* de propagation *f*
Lautsprecher *m*	loudspeaker, speaker	haut-parleur *m*
Lautstärke *f*	sound intensity, sound volume	intensité *f* du son, volume *m* sonore
Lawineneffekt *m*	avalanche effect	effet *m* d'avalanche *f*
Lebensdauer *f*	lifetime, fatique life	durée *f* de vie *f*
Lebensdauerverlängerung *f*	extension of life	extension *f* de la vie
Lebensdauervorhersage *f*	fatigue life prediction, life prediction	prédiction *f* de vie *f*

Lebenserwartung *f*	life expectancy	expectance *f* de vie *f*
leck *adj*	leaky	non étanche, perméable
Leck *n*	leak, leakage	fuite *f*
Leckfinder *m*	leak detector, leakage detector	détecteur *m* de fuites *f/pl*
Leckprüfer *m*	leak tester, leakage tester	détecteur *m* de fuites *f/pl*
Leckprüfung *f*	leakage test, leak test	essai *m* d'échantéité *f*
Leckstelle *f*	leak, leaky area	endroit *m* de fuite *f*
Lecksuche *f*	leak detection	recherche *f* de fuites *f/pl*, détection *f* de fuites *f/pl*
Lecksucher *m*	leakage detector, leak tester	détecteur *m* de fuites *f/pl*
leer *adj*	empty, void, vacuous	vide, évacué
leeren *v*	empty, evacuate, void, exhaust	vider, vidanger, évacuer
Leerlaufprüfung *f*	no-load test	essai *m* à vide *m*
leermachen *v*	→ leeren *v*	
Leerstelle *f* [Lochkarte]	blank	blanc *m*, perforation *f* manquante
Leerstelle *f* [Materialfehler]	void, vacancy	lacune *f*
Leerstellenagglomerat *n*	cluster (of voids)	agglomération *f* de lacunes *f/pl*
Leerstellen-Mikroriß *m*	microcrack of void	micro-fissure *f* d'une lacune
legieren *v*	alloy	allier
Legierung *f*	alloy	alliage *m*
Legierungsbestandteil *m*	alloying constituent	composant *m* d'alliage *m*
Legierungselement *n*	alloying element	élément *m* d'alliage *m*
Legierungsstahl *m*	alloy steel	acier *m* allié
Legierungszusammensetzung *f*	composition of the alloy	composition *f* de l'alliage *m*
Lehre *f* [Ausbildung]	instruction, apprenticeship, training, education, teaching	instruction *f*, apprentissage *m*, éducation *f*
Lehre *f* [Kaliber]	gauge, gage (USA), caliber, standard, pattern	calibre *m*, étalon *m*, jauge *f*, gabarit *m*
Lehre *f* [Theorie]	theory, science, doctrine	théorie *f*, science *f*, doctrine *f*
ausbilden [lehren] *v*	teach, instruct, train, educate	instruire
Lehrgang *m*	course	cours *m*
Lehrsatz *m*	theorem, rule, maxim	théorème *m*, règle *f*, thèse *f*
leicht [Gewicht] *adj*	light, slight	léger
leicht [nicht schwierig] *adj*	easy	facile
Leichtmetall *n*	light metal	métal *m* léger
Leichtwasserreaktor *m*	light-water reactor	réacteur *m* à eau *f* légère
leise *adj*	low, soft, slight, weak	bas, doux
leisten *v*	work, do, perform	effectuer, faire, débiter
Leistung *f*	power, output, input, performance, effect	puissance *f*, débit *m*, rendement *m*, effet *m*

Leistung *f*, abgegebene	delivered power, effective output, output	puissance *f* de sortie *f*, puissance *f* efficace
Leistung *f*, abgestrahlte	radiated power	puissance *f* rayonnée
Leistung *f*, aufgenommene	input power, input	puissance *f* d'entrée *f*, puissance *f* absorbée
Leistung *f*, effektive	effective power, active power, real power, actual power	puissance *f* efficace, puissance *f* active, puissance *f* réelle
Leistung *f*, gemessene	measured power, rated power	puissance *f* mesurée
Leistung *f*, indizierte	indicated power	puissance *f* indiquée
Leistung *f*, maximale	maximum power, maximum output	puissance *f* maximum, débit *m* maximum
Leistung *f*, mittlere	mean power, average output	puissance *f* moyenne, débit *m* moyen
Leistung *f*, scheinbare	apparent power	puissance *f* apparente
Leistung *f*, verfügbare	available power	puissance *f* disponible
Leistung *f*, zugeführte	input power, power input	puissance *f* d'entrée *f*
Leistungs ...	power ...	... de puissance *f*
Leistungsabfall *m*	decay of power	chute *f* de puissance *f*
Leistungsaufnahme *f*	power input, input	puissance *f* absorbée, consommation *f*
Leistungsbedarf *m*	power requirement	puissance *f* nécessaire
Leistungsfähigkeit *f* [Produktivität]	productivity, output	productivité *f*
Leistungsfähigkeit *f* [Wirksamkeit]	efficiency, performance	efficacité *f*, rendement *m*, performance *f*
Leistungsfaktor *m*	power factor	facteur *m* de puissance *f*
Leistungsgrenze *f*	power limit, load limit	limite *f* de puissance *f*
Leistungskurve *f*	power curve, load characteristic	courbe *f* de puissance *f*
leistungsmäßig *adj*	qualitative	qualitatif
Leistungsmesser *m*	powermeter, wattmeter	wattmètre *m*
Leistungsmeßkopf *m*	power head	sonde *f* de puissance *f*
Leistungspegel *m*	power level	niveau *m* de puissance *f*
Leistungsreaktor *m*	power reactor	réacteur *m* de puissance *f*
Leistungsregelung *f*	power control	réglage *m* de puissance *f*
leistungsschwach *adj*	low-power, low-level, low-energy, low-intensity	de peu de puissance *f*, (de) à faible puissance *f*, (de) à faible niveau *m*, (de) à faible énergie *f*, (de) à faible intensité *f*, mou (molle)
Leistungsschwankung *f*	power fluctuation	fluctuation *f* de puissance *f*
leistungsstark *adj*	high-power, high-level, high-energy, high-intensity, powerful	(de) à puissance *f* élevée, (de) à grande puissance *f*, (de) à grande intensité *f*, (de) à grand niveau *m*

Leistungssteigerung *f*	power increase, improving of the performance	augmentation *f* de puissance *f*, augmentation *f* des performances *f/pl*
Leistungsverbrauch *m*	power consumption	consommation *f* de puissance *f*
Leistungsverlust *m*	power loss	perte *f* de puissance *f*
Leistungsvermögen *n*	capacity	capacité *f*, rendement *m*
Leistungsverstärker *m*	power amplifier, final amplifier	amplificateur *m* de puissance *f*, samplificateur *m* final
leiten [Energie] *v*	conduct	conduire
leiten [führen] *v*	guide, lead	guider
leiten [steuern] *v*	steer, direct	diriger
leiten [übertragen] *v*	transmit, transfer	transmettre, transférer
leiten [vorstehen] *v*	manage, direct, guide, lead	commander, diriger, administrer
leitend *adj*	conductive, conducting	conductif, conducteur, conductible
Leiter *m* [Chef]	director, manager, boss	directeur *m*, chef *m*
Leiter *m* [Energie]	conductor, lead, wire	conducteur *m*, fil *m*, brin *m*
Leiter *f*	ladder	échelle *f*
Leiter *m*, guter	good conductor	bon conducteur *m*
Leiter *m*, isolierter	insulated conductor	conducteur *m* isolé
Leiter *m*, schlechter	bad conductor	mauvais conducteur *m*
leitfähig *adj*	conductive, conducting	conductible, conducteur (conductrice)
Leitfähigkeit *f*	conductivity, conductance	conductibilité *f*, conductance *f*, conductivité *f*
Leitfähigkeit *f*, elektrische	electric conductivity, electric conductance	conductance *f* électrique
Leitisotop *n*	tracer isotope	isotope *m* traceur, isotope *m* indicateur
Leitschicht *f*	conductive layer	couche *f* conductrice
Leitstrahl *m* [Pilotstrahl]	pilot beam, localizer	rayon *m* pilote, rayon *m* de guidage *m*
Leitstrahl *m* [Radiusvektor]	radius vector	vecteur *m* radial
Leitung *f* [Anleitung]	direction, management	direction *f*
Leitung *f* [elektrische]	circuit, link, line, channel	circuit *m*, ligne *f*, voie *f*, canal *m*
Leitung *f* [Fortleitung]	conduction	conduction *f*, conduite *f*
Leitung *f* [Rohrleitung]	piping, duct, line	conduite *f*, tuyauterie *f*, tuyau *m*, canalisation *f*
Leitung *f* [Zuleitung]	feeder, lead, leads *pl*	feeder *m*, conduite *f*
Leitung *f*, abgeschirmte	shielded line, screened circuit, screened line	circuit *m* blindé, ligne *f* blindée
Leitung *f*, akustische	acoustic line	ligne *f* acoustique
Leitung *f*, elektrische	electric line	ligne *f* électrique
Leitung *f*, koaxiale	coaxial line	ligne *f* coaxiale

Leitung *f*, metallische	metallic conduction	conduction *f* métallique
Leitungsband *n*	conduction band	bande *f* de conduction *f*
Leitungsdämpfung *f*	line attenuation	affaiblissement *m* de ligne *f*
Leitungselektron *n*	conduction electron	électron *m* de conduction *f*
Leitungsherabführung *f*	downlead	descente *f*
Leitungskanal *m*	conduit, duct	conduit *m*, conduite *f*, tuyau *m*, caniveau *m*
Leitungsrohr *n*	tube, pipe, duct	tube *m*, tuyau *m*, conduit *m*
Leitungsstörung *f*	line fault, trouble on line	dérangement *m* de ligne *f*
Leistungssystem *n* [elektrisch]	circuitry, cabling, cable running, link system	câblage *m*, système *m* de circuit *m*
Leitungssystem *n* [Rohrleitung]	tubing, pipe system, pipeline	tuyauterie *f*, système *m* de tubes *m/pl*
Leitungsverlauf *m*	cable running	tracé *m* de ligne *f*
Leitungszug *m*	→ Leitungsverlauf *m*	
Leitvermögen *n*	conductibility, conductivity, conductance	conductibilité *f*, conductance *f*, conductivité *f*
Leitwert *m*	conductance, admittance	conductance *f*, admittance *f*
lenken *v*	drive, guide, steer	diriger, conduire, guider
Lesen *n*, destruktives	destructive reading	lecture *f* destructive
Letaldosis *f*	lethal dose	dose *f* létale
Leuchtdichte *f*	luminous density, luminance	luminance *f*
Leuchtdichtemesser *m*	luminance indicator	indicateur *m* de luminance *f*
leuchten *v*	light, emit light, glow, shine	luire, briller, rayonner
Leuchtfarbe *f*	luminous paint, fluorescent paint	peinture *f* lumineuse, peinture *f* fluorescente
Leuchtfleck *m*	luminous spot, light spot	spot *m* lumineux, tache *f* fluorescente
Leuchtkraft *f*	luminous intensity, lighting power, illuminating power	intensité *f* lumineuse, pouvoir *m* éclairant
Leuchtschicht *f*	luminous coat, luminescent layer, fluorescent coat	couche *f* lumineuse, couche *f* fluorescente
Leuchtschirm *m*	fluorescent screen	écran *m* fluorescent
Leuchtschirm-Photographie *f*	fluorography	fluorographie *f*
Leuchtstoff *m*	luminescent material	substance *f* luminescente
Leuchtstoffröhre *f*	fluorescent tube	tube *m* fluorescent
Leuchtziffernanzeige *f*	luminous digital indication	indication *f* numérique lumineuse
Licht *n*, auffallendes	incident light	lumière *f* incidente
Licht *n*, diffuses	diffuse light, diffused light	lumière *f* diffuse, lumière *f* diffusée
Licht *n*, einfallendes	incident light	lumière *f* incidente

Licht *n*, polarisiertes	polarized light	lumière *f* polarisée
Licht *n*, reflektiertes	reflected light	lumière *f* réfléchie
Licht *n*, sichtbares	visible light	lumière *f* visible
Lichtabsorption *f*	light absorption	absorption *f* de lumière *f*
Lichtausbeute *f*	luminous efficiency	rendement *m* lumineux
Lichtausstrahlung *f*	emission of light, radiation of light	émission *f* de lumière *f*, rayonnement *m* lumineux
Lichtbogen *m*	electric arc, arc	arc *m* électrique, arc *m*
Lichtbogenentladung *f*	arc discharge	décharge *f* par arc *m*
Lichtbogenofen *m*, elektrischer	electric arc furnace	four *m* électrique à arc *m*
Lichtbogenschweißen *n*	arc welding	soudage *m* à l'arc *m*
Lichtbogenschweißnaht *f*	arc-welding seam	soudure *f* à l'arc *m*
Lichtbogenschweißung *f*	arc weld	soudure *f* à l'arc *m*
lichtbrechend *adj*	refractive, refracting	réfractif
Lichtbrechung *f*	refraction of light	réfraction *f* de la lumière
Lichtdämpfung *f*	dimming, light attenuation	absorption *f* de la lumière, atténuation *f* de la lumière
lichtdicht *adj*	light-tight	étanche à la lumière
Lichtdiffusion *f*	light diffusion	diffusion *f* de la lumière
lichtdurchlässig	translucent, transparent	translucide, transparent
Lichtdurchlässigkeit *f*	translucence, translucency, transparency	translucidité *f*, transparence *f*
lichtelektrisch *adj*	photoelectric	photoélectrique
lichtempfindlich *adj*	photosensitive, light-sensitive	sensible à la lumière, photosensible
Lichtempfindlichkeit *f*	photosensitivity, actinism	sensibilité *f* à la lumière, actinisme *m*
Lichtfilter *m*	light filter, optical filter	filtre *m* optique
Lichtfleck *m*	light spot	spot *m* lumineux, tache *f* lumineuse
Lichtintensität *f*	light intensity	intensité *f* de la lumière
Lichtleiter *m*	photo-conductor	conducteur *m* photoélectrique
Lichtmesser *m*	photometer	photomètre *m*
Lichtmodulation *f*	light modulation	modulation *f* de la lumière
Lichtquant *n*	light quantum, photon	quantum *m* de lumière *f*, photon *m*
Lichtquelle *f*	light source	source *f* de lumière *f*
Lichtstärke *f*	light intensity	intensité *f* de la lumière
Lichtstrahl *m*, reflektierter	reflected light beam, reflected ray	rayon *m* de lumière *f* réfléchi
Lichtstrahlabtastung *f*	light-beam scanning	exploration *f* par rayon *m* lumineux
Lichtstrahlung *f*	light radiation, emission of light	rayonnement *m* de lumière *f*, rayonnement *m* lumineux, émission *f* de lumière *f*

Lichtstreuung *f*	light diffusion	diffusion *f* de la lumière
Lichtstrom *m* [elektrisch]	light current	courant *m* d'éclairage *m*
Lichtstrom *m* [Lichtfluß]	luminous flux	flux *m* lumineux
lichtundurchlässig *adj*	light-tight, opaque	étanche à la lumière, opaque
Lichtwelle *f*	light wave	onde *f* de lumière *f*, onde *f* lumineuse
liefern *v*	deliver, supply	livrer, fournir
Lieferung *f*	delivery, supply	livraison *f*, fourniture *f*, remise *f*
liegend *adj*	horizontal, lying	horizontal, couché
Linac *m*	linac, linear accelerator	accélérateur *m* linéaire
Linearbeschleuniger *m* [Linac]	linear accelerator, linac	accélérateur *m* linéaire
linearisieren *v*	linearize	linéariser
Linearmotor *m*	linear motor	moteur *m* linéaire
Linie *f* [allgemein]	line	ligne *f*
Linie *f* [Spektrallinie]	line	raie *f*
Linie *f* [Strich]	dash, stroke, line	trait *m*, barre *f*, ligne *f*
Linie *f* [Verlauf]	path, line	parcours *m*, tracé *m*, ligne *f*
Linie *f*, dünne	thin line	trait *m* fin
Linie *f*, gestrichelte	dashed line	ligne *f* en tirets *m*/pl
Linie *f*, punktierte	dotted line	ligne *f* pointillée
Linie *f*, strichpunktierte	dash-dotted line	ligne *f* interrompue et pointillée
linienförmig *adj*	line-shaped, linear	en forme *f* de ligne *f*, linéaire
Linienholographie *f*, akustische	acoustical line holography	holographie *f* acoustique en ligne *f*
Linienintegral *n*	line integral	intégrale *f* de ligne *f*
Linienschreiber *m*	line recorder	enregistreur *m* à courbe *f* continue
Linienspektrum *n*	line spectrum	spectre *m* de raies *f/pl*, spectre *m* de lignes *f/pl*
Linienverwaschung *f*	line spread	oblitération *f* de ligne *f*
Linienverwaschungsfunktion *f* [Radiographie]	line spread function	fonction *f* de l'oblitération *f* de ligne *f*
Linienzug *m*	trace	tracé *m*
liniieren *v*	rule	régler, ligner
linksgängig *adj*	left-handed, anti-clockwise	à pas *m* à gauche, sinistrorsum
Linse *f* [Optik]	lens	lentille *f*
Linse *f* [Schweißen]	nugget	noyau *m* de soudure *f*
Linse *f*, akustische	acoustic lens	lentille *f* acoustique
Linse *f*, elektrostatische	electrostatic lens	lentille *f* électrostatique
Linse *f*, konkave	concave lens	lentille *f* concave
Linse *f*, konvexe	convex lens	lentille *f* convexe

Linse *f*, magnetische	magnetic lens	lentille *f* magnétique
Linse *f*, plankonkave	plano-concave lens	lentille *f* plan-concave
Linsenarray *n*	fly's-eye lens, lens-type array	arrangement *m* lenticulaire
Linsendicke *f* [Schweißen]	nugget thickness	épaisseur *f* du noyau de soudure *f*
linsenförmig *adj*	lens-shaped, lenticular	en forme *f* de lentille *f*, lenticulaire
Linsenmaßfehler *m*	imperfect nugget dimensions *pl*	incorrections *f/pl* du noyau de soudure *f*
Linsenmitte *f* [Schweißen]	middle of the nugget	centre *m* du noyau de soudure *f*
Linsenrand *m* [Schweißen]	nugget edge	bord *m* du noyau de soudure *f*
Linsensystem *n* [Optik]	lens system	système *m* de lentilles *f/pl*
Lissajoussche Figur *f*	Lissajous figure	figure *f* de Lissajous
Liste *f*	list, schedule, catalogue, catalog (USA)	liste *f*, catalogue *m*, relevé *m*
Literaturübersicht *f*	bibliography	bibliographie *f*
Lithium *n* [Li]	lithium	lithium *m*
Loch *n* [Elektronenfehlstelle]	hole	trou *m*
Loch *n* [Leerstelle]	void	vide *m*
Loch *n* [Lücke]	gap	évidement *m*, lacune *f*
Loch *n* [Öffnung]	opening, hole, orifice	ouverture *f*, trou *m*, orifice *m*
Loch *n* [Stanzloch]	punch, perforation, hole	perforation *f*, trou *m*
lochen *v*	perforate, punch, pierce, puncture	perforer, poinçonner, percer
Lochfraß *m*	pitting, localized corrosion	piqûre *f*
Lochkarte *f*	punch card	carte *f* perforée
lochkartengesteuert *adj*	punch-card-controlled	commandé par cartes *f/pl* perforées
Lochstreifen *n*	punched tape, perforated tape	bande *f* perforée
lochstreifengesteuert *adj*	punched-tape-controlled	commandé par bande *f* perforéé
Lochung *f*	perforation, punching	perforation *f*, poinçonnage *m*
locker *adj*	loose, slack	lâche, mou (molle), relâché, flasque
lockern *v*	loosen, untie	desserrer, défaire
logarithmisch *adj*	logarithmic(al)	logarithmique
Logarithmus *m*, natürlicher	natural logarithm	logarithme *m* naturel
Logik *f*	logic	logique *f*
logisch *adj*	logic(al)	logique
lokal *adj*	local	local
Lokaldosis *f*	local dose	dose *f* locale

Lokalisation *f*	localization	localisation *f*
lokalisieren *v*	localize	localiser
Lokalisierung *f*	→ Lokalisation *f*	
longitudinal *adj*	longitudinal	longitudinal
Longitudinal . . .	→ Längs . . .	
Longitudinalschwingung *f*	longitudinal vibration, longitudinal oscillation	vibration *f* longitudinale, oscillation *f* longitudinale
Longitudinalwelle *f*	longitudinal wave	onde *f* longitudinale
Lorentz-Funktion *f*	Lorentz function	fonction *f* de Lorentz
Lorentz-Transformation *f*	Lorentz transformation	transformation *f* de Lorentz
lösbar [chemisch] *adj*	soluble, dissolvable	soluble
lösbar [entfernbar] *adj*	removable	amovible, détachable
lösbar [Problem] *adj*	resolvable, solvable, dissoluble	résoluble
löschen [Licht] *v*	switch off, put out	mettre hors circuit *m*, éteindre
löschen [Lichtbogen] *v*	quench, extinguish, extinct	étouffer, souffler, éteindre
löschen [Magnetband] *v*	erase, degauss	effacer
Löschen n [Magnetband]	erasure, erasing	effacement *m*
Löschkopf *m*	erasing head, erase head	tête *f* d'effacement *m*
Loschmidtsche Zahl *f*	Loschmidt's number, Loschmidt constant	nombre *m* de Loschmidt
Löschpapier *n*	absorbent paper	papier *m* buvard
lose *adj*	loose, slack, movable, transportable	lâche, mou (molle), relâché, agile, mobile, transportable
Lösemittel *n*	solvant	dissolvant *m*, moyen *m* dissolvant
lösen [chemisch] *v*	dissolve, solve	dissoudre
lösen [losmachen] *v*	release, untie, demount, take away, detach, loosen, unbind, separate, remove, disconnect	détacher, séparer, enlever, s'éloigner, écarter, démonter, déconnecter
lösen [Problem] *v*	resolve, solve	résoudre
lösen [Vertrag] *v*	annul	annuler
Löslichkeit *f* [chemisch]	solubility, dissolubility	solubilité *f*
losmachen *v*	release, untie, demount, take away, detach, loosen, unbind	détacher, séparer, enlever, s'éloigner, écarter, démonter, déconnecter
Lösung *f* [Abblätterung]	peeling-off, peeling, lifting	exfoliation *f*, écaillage *m*, écaillement *m*
Lösung *f* [Chemie]	solution, dissolution	solution *f*
Lösung *f* [Entfernen]	detachment, separation	détachement *m*, séparation *f*
Lösung *f* [Lösemittel]	solvent, solvent remover	dissolvant *m*, moyen *m* dissolvant
Lösung *f* [Problem]	solution	solution *f*, résolution *f*
Lösung *f* [Trennung]	loosening, release, releasing, disconnection, separation, unlocking	desserrage *m*, déconnexion *f*, séparation *f*

Lösung *f*, graphische	graphic solution	solution *f* graphique
Lösung *f*, wäßrige	aqueous solution	solution *f* aqueuse
Lösungsglühen *n*	solution treatment	mise *f* en solution *f*
Lösungsmittel *n*	solvent, dissolvent	solvant *m*, dissolvant *m*, moyen *m* dissolvant
Lot *n* [Hartlot]	brazing solder	brasure *f*
Lot *n* [mathematisch]	perpendicular, perpendicular line	perpendiculaire *f*
Lot *n* [Senkblei]	plummet, lead, plumb	fil *m* à plomb *m*, plomb *m*, sonde *f*
Lot *n* [Weichlot]	tin-lead solder, soft solder	étain *m* à souder, soudure *f*
löten [hartlöten] *v*	braze	braser
löten [weichlöten] *v*	solder	souder, souder à l'étain *m*
Löten *n*, hartes	brazing	brasage *m*
Löten *n*, weiches	soldering	soudage *m*, soudage *m* à l'étain *m*
Lötstelle *f*, kalte	cold shot, dry joint	décollement *m*, soudure *f* sèche
Lotriß *m*	hot crack	fissure *f* à chaud
Lötverbindung *f*	soldered joint, soldered connection	joint *m* soudé
Love-Welle *f*	Love wave	onde *f* Love
Lücke *f*	gap, interval, discontinuity	lacune *f*, intervalle *m*, évidement *m*, discontinuité *f*
Luft *f* [physikalisch]	air	air *m*
Luft *f* [Spielraum]	clearance, play	jeu *m*
Luft *f*, feuchte	humid air	air *m* humide
Luft *f*, flüssige	liquid air	air *m* liquide
Luft *f*, komprimierte	compressed air	air *m* comprimé
Luft *f*, zuführen *v*	air, aerate, ventilate	aérer, ventiler
Luftbehälter *m*	air vessel	réservoir *m* d'air *m*
Luftblase *f*	air bubble	bulle *f* d'air *m*, poche *f* d'air *m*
luftblasenfrei *adj*	free from air bubbles *pl*	exempt de bulles *f/pl* d'air *m*
luftblasenlos *adj*	→ luftblasenfrei	
luftdicht *adj*	airtight, airsealed	étanche à l'air *m*, imperméable à l'air *m*, hermétique
Luftdruck *m* [allgemein]	air pressure	pression *f* d'air *m*
Luftdruck *m* [Normaldruck]	atmospheric pressure, barometric pressure	pression *f* atmosphérique, pression *f* barométrique
Luftdruckmesser *m*	barometer	baromètre *m*
lüften *v*	air, aerate, degas, ventilate	aérer, ventiler, déaérer, dégager le gaz, dégazer,
Lüfter *m*	air blower, fan, ventilator	aérateur *m*, ventilateur *m*
Luftfahrt *f*	aeronautics *pl*	aéronautique *f*

Luftfahrtindustrie *f*	aeronautical industry	industrie *f* aéronautique
Luftfahrttechnik *f*	aeronautical engineering, aerotechnics *pl* [USA]	technique *f* aéronautique
Luftfahrzeug *n*	aircraft, airplane [USA]	avion *m*
Luftfeuchtigkeit *f*	air humidity, atmospheric humidity	humidité *f* de l'air *m*
luftgekühlt *adj*	air-cooled	refroidi par air *m*
Luftgeschwindigkeit *f*	air speed	vitesse *f* de l'air *m*
Luftkissen *n*	air cushion	coussin *m* à air *m*
Luftkühlung *f*	air cooling	refroidissement *m* par air *m*
luftleer *adj*	evacuated	évacué, vide
Luftpumpe *f*	airpump	pompe *f* à air *m*, gonfleur *m*
Luftreibung *f*	air friction	friction *f* à air *m*
Luftschicht *f*	air space, air layer	couche *f* d'air *m*
Luftspalt *m*	air gap	espace *m* d'air *m*, entrefer *m*
Lüftung *f*	ventilation	ventilation *f*
Luftverdichtung *f*	air compression	compression *f* d'air *m*
Luftverdünnung *f*	air rarefaction	raréfaction *f* d'air *m*
Lumineszenz *f*	luminescence	luminescence *f*
lumineszierend *adj*	luminescent	luminescent
Lunker *m*	shrink hole, shrinkage cavity, pipe	retassure *f*
Lunkerbildung *f*	formation of shrink holes *pl*, formation of shrinkage cavities *pl*, piping	formation *f* de retassures *f/pl*, retassures *f/pl* se produisant dans les soudures *f/pl*
Lunkerverhütungsmittel *n*	anti-piping compound	agent *m* pour éliminer la retassure
Lupe *f*	magnifier	loupe *f*
Luppe *f*	slab, bloom	brame *f*, bloom *m*

M

Mäanderkurve *f*	meander curve, rectangular curve	courbe *f* méandre, courbe *f* rectangulaire
Machart *f*	make, fabrication, mark, workmanship	facture *f*, façon *f*, fabrication *f*, marque *f*
Magnesium *n* [Mg]	magnesium	magnésium *m*
Magnet *m*, permanenter	permanent magnet	aimant *m* permanent
Magnetband *n*	magnetic tape, tape, recording tape	bande *f* magnétique, bande *f*, bande *f* d'enregistrement *m*
Magnetbandaufnahme *f*	magnetic tape record	enregistrement *m* sur bande *f* magnétique

Magneteisen *n*	magnetic iron	fer *m* magnétique
Magnetfeld *n*	magnetic field	champ *m* magnétique
Magnetfeldmessung *f*	magnetic field measurement	mesure *f* du champ magnetique
Magnetfeldstärke *f*	magnetic field intensity	itensité *f* du champ magnétique
Magnetfluß *m*	magnetic flow	flux *m* magnétique
Magnetinduktion *f*	magnetic induction	induction *f* magnétique
Magnetinduktionssonde *f*	magnet-inductive probe	sonde *f* à induction *f* par aimant *m*
magnetisch *adj*	magnetic(al)	magnétique
magnetisierbar *adj*	magnetizable	aimantable, magnétisable
magnetisieren *v*	magnetize	aimanter, magnétiser
Magnetisierung *f*	magnetization	aimantation *f*, magnétisation *f*
Magnetisierungskurve *f*	magnetization curve	courbe *f* d'aimantation *f*
Magnetisierungsspule *f*	magnetizing coil	bobine *f* d'aimantation *f* tion *f*, courant *m* magnétisant
Magnetismus *m*, remanenter	remanent magnetism, residual magnetism	magnétisme *m* rémanent, magnétisme *m* résiduel
Magnetit *m*	magnetite	magnétite *f*
Magnetkern *m*	magnetic core	noyau *m* magnétique
Magnetkopf *m*	magnetic head	tête *f* magnétique
magnetoakustisch *adj*	magnetoacoustic	magnéto-acoustique
magnetoelastisch *adj*	magnetoelastic	magnéto-élastique
Magnetographie *f*	magnetography	magnétographie *f*
Magnetohydrodynamik *f*	magneto-hydrodynamics *pl*	magnéto-hydrodynamique *f*
magnetohydrodynamisch *adj*	magneto-hydrodynamic	magnéto-hydrodynamique
magnetoionisch *adj*	magneto-ionic	magnéto-ionique
Magnetometersonde *f*	magnetometer probe	sonde *f* magnétométrique
magnetooptisch *adj*	magnetooptical	magnéto-optique
Magnetostriktion *f*	magnetostriction	magnétostriction *f*
magnetostriktiv *adj*	magnetostrictive	magnétostrictif
Magnetplatte *f adj*	magnetic disk	disque *m* magnétique
Magnetpulver *n*, trockenes	dry magnetic powder	poudre *f* magnétique sèche
Magnetpulveranzeige *f*	magnetic particle indication	indication *f* par poudre *f* magnétique
Magnetpulverflüssigkeit *f*	magnetic ink	encre *f* magnétique
Magnetpulverprüfung *f*	magnetic power test, magnetic particle test, magnetoscopy, magnetoscopic test, magnetic particle flaw detection	essai *m* par poudre *f* magnétique, contrôle *m* par particules *f*/*pl* magnétiques, magnétographie *f*, contrôle *m* magnétoscopique
Magnetpulver-Prüfverfahren *n*	→ Magnetpulverprüfung *f*	
Magnetpulververfahren *n*	magnetic-particle method	méthode *f* à poudre *f* magnétique

Magnetron *n*	magnetron	magnétron *m*
Magnetsonde *f*	magnetic probe	sonde *f* magnétique
Magnetsondenverfahren *n*	magnetic probe method	méthode *f* à sonde *f* magnétique
Magnetspule *f*	magnet coil	bobine *f* d'aimant *m*
Magnetstrahl *m*	magnetic steel	acier *m* pour aimants *m/pl*
Magnetstreufeld *n*	magnetic stray field	champ *m* de dispersion *f* magnétique
Magnetsystem *n*	magnet system	système *m* magnétique
Magnetwicklung *f*	magnet winding	enroulement *m* d'aimant *m*
Makel *m*	imperfection, fault, defect	défaut *m*, défectuosité *f*
Makroanalyse *f*	macroanalysis	macroanalyse *f*
Makrolunker *m*	interdendritic shrinkage	retassure *f* interdendritique
makromolekular *adj*	macromolecular	macromoléculaire
Makroriß *m*	macrocrack	macro-fissure *f*
makroskopisch *adj*	macroscopic	macroscopique
Mangan *n* [Mn]	manganese	manganèse *m*
Mangangehalt *m*	manganese content	teneur *f* en manganèse *m*
manganhaltig *adj*	manganesiferous	manganésifère
Manganstahl *m*	manganese steel	acier *m* au manganèse
Mangel *m* [Fehler]	failure, outage, malfunction, imperfection, fault	faute *f*, défaut *m*, manque *m*, panne *f*, défaillance *f*, défectuosité *f*
Mangel *m* [Knappheit]	deficiency	déficit *m*, pénurie *f*
Mangel *m* [Rolle]	mangle, calender	calandre *f*
mangelhaft *adj*	imperfect, defective, containing faults *pl*	imparfait, défectueux, contenant des défauts *m/pl*
Manipulation *f*	manipulation	manœuvre *f*
Manipulator *m*	manipulator	manipulateur *m*
Manipulator *m*, ferngesteuerter	telecontrolled manipulator	manipulateur *m* télécommandé
Mannloch *n*	manhole	trou *m* d'homme *m*
Manometer *n*	manometer	manomètre *m*
Mantel *m*	cover, coat, jacket, shell, shield, envelope	enveloppe *f*, revêtement *m*, gaine *f*, enceinte *f*, enrobement *m*
manuell *adj*	manual	manuel
Marke *f* [Fabrikat]	brand, mark, make, product	marque *f*, produit *m*, fabrication *f*
Marke *f* [Kennzeichen]	index, sign, signature, mark	index *m*, repère *m*, signature *f*, signe *m*
markieren *v*	mark, sign, designate	marquer, signer, repérer
Markierungseinrichtung *f*	marking device	dispositif *m* de marquage *m*
Markierungsimpuls *m*	marker pulse	impulsion *f* de marquage *m*
Martensit *m*	martensite	martensite *f*
martensitisch *adj*	martensitic	martensitique
Maschinenbau *m*	mechanical engineering	construction *f* mécanique

Maschinengeräusch *n*	machine noise	bruit *m* de machine *f*
Maschinenteil *n*	machine part	élément *m* de machine *f*, pièce *f* mécanique
Maske *f*	mask	masque *m*
Masse *f* [Erde]	earth, ground (USA)	terre *f*, masse *f*
Masse *f* [physikalisch]	mass	masse *f*
Masse *f*, bewegte	moving mass	masse *f* mouvante
Masse *f*, effektive	effective mass	masse *f* effective
Masse *f*, kritische	critical mass	masse *f* critique
Masse *f*, plastische	plastic mass	masse *f* plastique
Masse *f*, ruhende	rest mass	masse *f* au repos
Massel *f*	ingot	lingot *m*, gueuse *f*
Massenabsorption *f*	mass absorption	absorption *f* de masse *f*, absorption *f* massique
Massenanalyse *f*	mass analysis	analyse *f* de masse *f*
Massenbestimmung *f*	mass assignment	détermination *f* de masse *f*
Massenfertigung *f*	mass production, batch production, bulk production, series manufacture	production *f* en masse *f*, fabrication *f* en série *f*
Massenherstellung *f*	→ Massenfertigung *f*	
Massenmittelpunkt *m*	centre of gravity, centre of mass	centre *m* de gravité *f*, centre *m* de masse *f*
Massenproduktion *f*	→ Massenfertigung *f*	
Massenschwächungskoeffizient *m*	mass attenuation coefficient	coefficient *m* d'atténuation *f* massique
Massenspektrographie *f*	mass spectrography	spectrographie *f* de masse *f*
Massenspektrometer *n*	mass spectrometer	spectromètre *m* de masse *f*
massenspektrometrisch *adj*	mass spectrometric	masse-spectrométrique
massenspektroskopisch *adj*	mass spectroscopic	masse-spectroscopique
Massenspektrum *n*	mass spectrum	spectre *m* de masse *f*
Massenstreuung *f*	mass dispersion, mass scattering	dispersion *f* de masse *f*, diffusion *f* massique
Massenteil *n* [Massenproduktion]	mass-produced part, batch product, bulk-manufactured piece	pièce *f* produite en masse *f*, article *m* de série *f*, pièce *f* fabriquée en grande série *f*
Massenteil *n* [Masseteilchen]	mass particle, mass element	élément *m* de masse *f*
Massenteilchen *n*	→ Massenteil *n*	
Masseteilchen *n*	→ Massenteil' *n*	
massiv *adj*	massive, solid, compact, consistent	massif, solide, consistant, dur
Mast *m*	mast, pylon, pole	mât *m*, pylône *m*, poteau *m*
Maß *n* [Abmessung]	measure, dimension	mesure *f*, dimension *f*
Maß *n* [Einheit]	unit	unité *f*
Maß *n* [Maßstab]	scale, measure, rate	mesure *f*, échelle *f*, norme *f*

Maßabweichung *f*, zulässige	allowance, tolerance	tolérance *f*
Maßfehler *m*	dimensional error, wrong dimension	erreur *f* de dimensionnement *m*, défaut *m* de cotes *f/pl*
Maßgenauigkeit *f*	dimensional accuracy	précision *f* dimensionnelle
Maßhaltigkeit *f*	accuracy, correctness	exactitude *f*
Maßlinie *f*	dimension line	ligne *f* de cote *f*
Maßskizze *f*	dimensioned sketch	croquis *m* coté
Maßstab *m* [Meßstab]	rule, scale rule, ruler, stick	règle *f*, règle *f* graduée, tige *f* de jauge *f*
Maßstab *m*; im ~ 1 : 1	scale 1 : 1, full size, full scale, correspondance	échelle *f* 1 : 1, en vraic grandeuer *f*, en grandeur *f* naturelle
Maßstab *m* [Zeichnung]	measure, scale	échelle *f*
Maßstab *m*, logarithmischer	logarithmic scale	échelle *f* logarithmique
Maßstab *m*, verkleinerter	reduced scale	échelle *f* réduite
Maßzahl *f*	dimension figure	cote *f*
Material *n* [Ausrüstung]	material	matériel *m*
Material *n* [Rohstoff]	material	matière *f*
Material *n* [Werkstoff]	material	matériau *m*, matériaux *m/pl*
Material *n*, absorbierendes	absorbing material	matière *f* absorbante, absorbant *m*
Material *n*, aktives	active material	matière *f* active
Material *n*, beanspruchtes	stressed material	matériaux *m/pl* chargés
Material *n*, biologisches	biological material	matière *f* biologique
Material *n*, elastisches	elastic(al) material	matière *f* élastique
Material *n*, faserverstärktes	fiber-reinforced material	matière *f* renforcée par fibres *f/pl*
Material *n*, ferromagnetisches	ferromagnetic material	matière *f* ferromagnétique
Material *n*, hitzeunempfindliches	heat-proof material	matière *f* résistant à la chaleur
Material *n*, plastisches	plastic material	matière *f* plastique
Material *n*, thermoplastisches	thermoplastic material	matière *f* thermoplastique
Material *n*, unmagnetisches	non-magnetic material	matière *f* non-magnétique
Materialbeanspruchung *f*	stress on material	effort *m* des matériaux *m/pl*
Materialeinsparung *f*	saving in material, saving of material	économie *f* de matériaux *m/pl*, épargne *f* en matière *f*
Materialersparnis *f*	→ Materialeinsparung *f*	
Materialfehler *m*	material flaw, material defect, material inhomogeneity	défaut *m* du matériau, défectuosité *f* du matériau
Materialfestigkeit *f*	material strength	résistance *f* du matériau
Materialkonstante *f*	material constant	constante *f* de matériau *m*

Materialkunde *f*	materials science	science *f* des matériaux *m/pl*
Materialprobe *f*	material specimen, material sample	échantillon *m* de matériau *m*, éprouvette *f* de matériau *m*
Materialprüfung *f* [Einzelprüfung]	material test, material examination	essai *m* de matériau *m*
Materialprüfung *f* [Prüfwesen]	testing of materials *pl*	contrôle *m* des matériaux *m/pl*
Materialtrennung *f* [Aussonderung]	material separation	séparation *f* des matériaux *m/pl*
Materialtrennung *f* [Materialungänze]	discontinuity	discontinuité *f*
Materialzusammensetzung *f*	material composition	composition *f* de la matière
Materie *f*	matter, substance	matière *f*, substance *f*
Materiewelle *f*	matter wave, de Broglie wave	onde *f* matérielle, onde *f* de Broglie
Matrix *f*	matrix	matrice *f*
Matrize *f*	die, stamper, stencil	matrice *f*, empreinte *f*, estampe *f*
matt *adj*	mat, dull, frosted	mat, terne, dépoli
Mauer *f*	wall	mur *m*
maximal *adj*	maximum	maximum
Maximalamplitude *f*	maximum amplitude	amplitude *f* maximum
Maximalbelastung *f*	maximum load	charge *f* maximum
Maximum *n*	maximum	maximum *m*
Mechanik *f*	mechanics *pl*	mécanique *f*
mechanisch *adj*	mechanic(al)	mécanique
mechanisch angetrieben	mechanically driven, mechanically operated	entraîné mécaniquement
mechanisieren *v*	mechanize	mécaniser
Mechanisierung *f*	mechanization	mécanisation *f*
Medium *n*	medium, agent	médium *m*, moyen *m*, agent *m*, substance *f*
Medium *n*, festes	solid	corps *m* solide, solide *m*
Mehrelementprüfkopf *m*	multi-element test probe, multiprobe	palpeur *m* à plusieurs éléments *m/pl*, sonde *f* multiélément, multipalpeur *m*
Mehrfachausnutzung *f*	multiple use	utilisation *f* multiple
Mehrfachbereich *m*	multirange	gamme *f* multiple
Mehrfachecho *n*	multiple echo	écho *m* multiple
Mehrfachechofolge *f*	multiple-echo succession	succession *f* d'écho *m* multiple
Mehrfachlegierung *f*	multiple alloy	alliage *m* multiple
Mehrfachnutzung *f*	multiple use	utilisation *f* multiple
Mehrfachreflexion *f*	multiple reflection	réflexion *f* multiple
Mehrfachregelung *f*	multiple control	contrôle *m* multiple
Mehrfachriß *m*	multiple crack	fissure *f* multiple

Mehrfachrückstreuung *f*	multiple backscattering	rétrodiffusion *f* multiple
Mehrfachschreiber *m*	multiple recorder	enregistreur *m* multicourbe
Mehrfachstreuung *f*	multiple scattering, plural scattering	diffusion *f* multiple
Mehrfachsystem *n*	multiple system	système *m* multiple
Mehrfarbenschreiber *m*	multicolour ink recorder	enregistreur *m* multicolore
Mehrfrequenz...	multifrequency ...	... multifréquence
Mehrfrequenz-Verfahren *n*	multifrequency method	méthode *f* multifréquence
Mehrfrequenz-Wirbelstromverfahren *n*	multifrequency eddy current method	méthode *f* des courants *m/pl* de Foucault à plusieurs fréquences *f/pl*
Mehrkanal...	multichannel...	... multicanal, ... multicanaux, à plusieurs canaux *m/pl*
Mehrkanal-Abtastsystem *n*	multichannel scanning system	système *m* d'exploration *f* multicanal
Mehrkopf-Tandemtechnik *f*	multi-probe tandem technique	technique *f* tandem à multi-palpeurs *m/pl*
mehrlagig *adj*	multi-layer	multicouche
Mehrparameterverfahren *n*	multi-parameter method	méthode *f* à paramètres *m/pl* multiples
mehrschichtig *adj*	multi-layer	multicouche
mehrstufig *adj*	multistage	à plusieurs étages *m/pl*
Mehrzweck...	multipurpose	à usage *m* multiple
Meißelversuch *m*	chipping test	essai *m* au burin
melden [alarmieren] *v*	alarm	alarmer
melden [mitteilen] *v*	report, inform, announce	annoncer, rapporter, informer
melden [signalisieren] *v*	signalize, signal	signaler
Membran *f*	diaphragm, membrane	diaphragme *m*, membrane *f*, pastille *f*
Membran *f*, rechteckförmige	rectangular diaphragm	diaphragme *m* rectangulaire
Menge *f*	amount, quantity magnitude	quantité *f*, taux *m*
mengenmäßig *adj*	quantitative	quantitatif
merklich *adj*	remarkable	remarquable
messen *v*	measure	mesurer
Messen *n*	measuring, measurement	mesurage *m*, mesure *f*
Messing *n*	brass	laiton *m*
Messung *f*, berührungslose	contactless measurement, noncontact measurement	mesure *f* sans contact *m*
Meßbereich *m*	measuring range	gamme *f* de mesure *f*
Meßbereichserweiterung *f*	range multiplying, measuring range extension	extension *f* de la gamme de mesure *f*
Meßblende *f*	measuring diaphragm	diaphragme *m* de mesure *f*
Meßeinrichtung *f*	measuring equipment, measuring installation, measuring device	équipement *m* de mesure *f*, installation *f* de mesure *f*, dispositif *m* de mesure *f*

Meßfehler *m*	error of measurement	erreur *f* de mesure *f*
Meßgenauigkeit *f*	measuring accuracy, accuracy in measurement	précision *f* de mesure *f*
Meßgerät *n*	measuring device, measuring apparatus, measuring instrument	appareil *m* de mesure *f*, dispositif *m* de mesure *f*, instrument *m* de mesure *f*
Meßgröße *f*	quantity to be measured	grandeur *f* mesurée
Meßinstrument *n*	measuring instrument	instrument *m* de mesure *f*
Meßkopf *m*	probe, measuring head, measuring head, transducer	tête *f* de mesure *f*, sonde *f*, transducteur *m*, palpeur *m*
Meßmethode *f*	measurement technique	méthode *f* de mesure *f*
Meßpunkt *m*	point of measurement, test point	point *m* de mesure *f*
Meßsonde *f*	measuring probe	palpeur *m*, sonde *f* de mesure *f*
Meßspannung *f*	measured voltage	tension *f* mesurée
Meßspule *f*	measuring coil, test coil	bobine *f* de mesure *f*, bobine *f* exploratrice
Meßeinrichtung *f*	measuring equipment, measuring installation	équipement *m* de mesure *f*, installation *f* de mesure *f*
Meßmethode *f*	measuring method	méthode *f* de mesure *f*
Meßpunkt *m*	point of measurement	point *m* de mesure *f*
Meßstelle *f*	→ Meßpunkt *m*	
Meßtechnik *f* [technische Disziplin]	measuring engineering	technique *f* des mesures *f/pl*
Meßtechnik *f* [Verfahrensart]	measuring technique, measuring method	méthode *f* de mesure *f*
Messung *f*	measurement	mesure *f*, mesurage *m*
Meßungenauigkeit *f*	inaccuracy of measurement	inexactitude *f* de mesure *f*
Meßunsicherheit *f*	incertitude of measurement	incertitude *f* de mesure *f*
Meßverfahren *n*	measuring method, measuring method	méthode *f* de mesure *f*
Meßverstärker *m*	measuring amplifier	amplificateur *m* de mesure *f*
Meßvorrichtung *f*	measuring equipment, measuring installation, measuring device	installation *f* de mesure *f*, équipement *m* de mesure *f*, dispositif *m* de mesure *f*
Meßwert *m*	measured value, datum, data *pl*	valeur *f* de mesure *f*, valeur *f* mesurée, donnée *f*
Meßwertausreißer *m*	outlier, run-away	fuyard *m*
Meßwertübertragung *f*	data transmission	transmission *f* des données *f/pl*
Metall *n*, heißgewalztes	hot rolled metal	métal *m* laminé à chaud

Metall *n*, kaltgewalztes	cold rolled metal	métal *m* laminé à froid
Metallbearbeitung *f*	metal working	usinage *m* de métal *m*
Metallbelag *m*	metal cover, metallic coating, metallic film	recouvrement *m* métallique, revêtement *m* métallique, couche *f* métallique, film *m* métallique
Metallblech *n*	sheet metal	tôle *f* métallique
Metallblock *m*	ingot	lingot *m*, barre *f*
Metallegierung *f*	metallic alloy, metal alloy	alliage *m* métallique
Metallfolie *f*	metallic foil, metal foil	feuille *f* métallique, feuille *f* mince de métal *m*
metallhaltig *adj*	metalliferous	métallifère
metallisieren *v*	metallize	métalliser
Metallkassette *f*	metal cassette	cassette *f* métallique
Metallkeramik *f*	ceramic-metal (cermet)	céramique *f* à métal *m*, cermet *m*
Metallklebstoff *m*	adhesive for metals *pl*	colle *f* pour métaux *m/pl*
Metallklebung *f*	bonded metal joint	collage *m* de métal *m*
Metallkunde *f*	metallurgy	métallurgie *f*
Metallniederschlag *m*	metallic deposit	précipité *f* métallique, dépôt *m* de métal *m*
Metallographie *f*	metallography	métallographie *f*
Metallpulver *n*	metallic powder	poudre *f* métallique
Metallschicht *f*	metallic coating, metal cover, metallic film	recouvrement *m* métallique, revêtement *m* métallique, couche *f* métallique, film *m* métallique
Metallüberzug *m*	metal covering, metallization	couche *f* métallique, métallisation *f*
Metalluntersuchung *f*	examination of metals *pl*, metallography	étude *f* des métaux *m/pl*, métallographie *f*
Metallurgie *f*	metallurgy	métallurgie *f*
metallurgisch *adj*	metallurgical	métallurgique
Metallverbindung *f* [chemisch]	metal compound	composé *m* métallique
Metallverbindung *f* [konstruktiv]	metallic joint	assemblage *m* métallique
Metallwerkstück *n*	metal workpiece	pièce *f* métallique
Methode *f*	→ Verfahren *n*	
Methode *f* der finiten Elemente *n/pl*	method of finite elements *pl*	méthode *f* des éléments *m/pl* finis
Methode *f* der kleinsten Quadrate *n/pl*	method of least squares *pl*	méthode *f* des plus petits carrés *m/pl*
Mikroanalyse *f*	microanalysis	microanalyse *f*
Mikrodefekt *m*	microdefect	microdéfaut *m*
Mikroelektronik *f*	microelectronics *pl*	microélectronique *f*

Mikrogefüge *n*	microstructure	microstructure *f*
Mikrohärte *f*	microhardness	microdureté *f*
Mikrolunker *m*	microshrinkage	microretassure *f*
Mikrophon *n*	microphone, micro, mike (USA)	microphone *m*, micro *m*
Mikrophotometer *n*	microphotometer	microphotomètre *m*
Mikrophotometrie *f*	microphotometry	microphotométrie *f*
Mikroporosität *f*	microporosity	microporosité *f*
Mikroradiographie *f*	microradiography	microradiographie *f*
Mikroriß *m*	microcrack, hairline crack, microfissure, capillary flaw	microfissure *f*, microfente *f*, fissure *f* capillaire, tapure *f*
Mikrorißbildung *f*	hairline cracking	microfissuration *f*
Mikroskop *n*	microscope	microscope *m*
Mikrosonde *f*	microprobe	microsonde *f*
Mikrospannung *f* [elektrisch]	microvoltage	micro-tension *f*
Mikrospannung *f* [mechanisch]	microstress	micro-tension *f*
Mikrostruktur *f*	microstructure, fine structure	microstructure *f*
Mikrotron *n*	microtron	microtron *m*
Mikrowelle *f*	microwave	micro-onde *f*
Mikrowellen-Anlage *f*	microwave apparatus	dispositif *m* à micro-ondes *f/pl*
Mikrowellentechnik *f*	microwave technique	technique *f* des micro-ondes *f/pl*
mindern *v*	reduce, decrease, diminish	réduire, décroître, diminuer
Minderung *f*	reduction, decrease, diminution	réduction *f*, décroissance *f*, diminution *f*, chute *f*
Minderwertiges *n*	waste, rejects *pl*, refuse, rubbish	déchet *m*, rebut *m*
Mindestabstand *m*	minimum distance, minimum spacing	distance *f* minimum, écartement *m* minimum
Mindestbelastung *f*	minimum load	charge *f* minimum
Mindestentfernung *f*	minimum spacing, minimum distance	écartement *m* minimum, distance *f* minimum
Mindestfehlergröße *f*	minimum flaw size	dimension *f* minimum du défaut
Mindestwert *m*	minimum value, minimum	valeur *f* minimum, minimum *m*
Mineral *n*	mineral	minéral *m*
Miniaturausführung *f*	miniature type	version *f* miniature
Minicomputer *m*	minicomputer	mini-ordinateur *m*, petit ordinateur *m*
Minimal...	→ Mindest...	
Minuspol *m*	negative pole	pôle *m* négatif
Minuszeichen *n*	minus sign, minus	signe *m* moins, moins *m*
Mischanlage *f*	mixing installation, mixing device, mixer	installation *f* de mixage *m*, dispositif *m* mélangeur, mélangeur *m*

Mischeinrichtung *f*	→ Mischanlage *f*	
mischen *v*	mix	mélanger, mixer
Mischferrit *n*	mixed ferrite	ferrite *m* mixte
Mischung *f*	mixture, mixing, mixtion, blending, combination	mélange *m*, mixage *m*, combinaison *f*
Mischungsverhältnis *n*	proportion of components *pl*, combination ratio, mixture	rapport *m* de mélange *m*, proportion *f* de mélange *m*
Mischverhältnis *n*	→ Mischungsverhältnis *n*	
Mischvorrichtung *f*	mixing installation, mixing device, mixer	installation *f* de mixage *m*, dispositif *m* mélangeur, mélangeur *m*
Mißformung *f*	anomaly, abnormity, irregularity	anomalie *f*, irrégularité *f*
mißgeformt *adj*	anomalous, abnormal, irregular	anormal, anomal, irrégulier
Mißverhältnis *n*	asymmetry, disproportion	asymétrie *f*, dissymétrie *f*, disproportion *f*
Mitkopplung *f*	positive feedback	réaction *f* positive
Mitlauf *m*	follow	accompagnement *m*
mitschwingen *v*	resonate	résonner
Mitte *f*	centre, middle, center (USA)	centre *m*, milieu *m*
mitteilen *v*	announce, report, inform	annoncer, rapporter, informer
Mittel *n* [Medium]	medium, means, agent	médium *m*, moyen *m*, milieu *m*, substance *f*, agent *m*
Mittel *n* [Mittelwert]	mean, average	moyenne *f*, moyen *m*
Mittel *n*, arithmetisches	arithmetic mean	moyenne *f* arithmétique
Mittel *n*, geometrisches	geometric(al) mean	moyenne *f* géométrique
Mittel *n*, wirksames	efficacious agent	agent *m* efficace
Mittelachse *f*	axis, axes *pl*, centre, center (USA)	axe *m*
mittelfristig *adj*	medium-term	à moyen terme *m*
Mittellinie *f*	centre line, midline	ligne *f* médiane, ligne *f* de centre *m*, médiane *f*
Mittelpunkt *m*	centre, center (USA), central point	centre *m*
Mittelstück *n*	centre, center (USA), core, heart, kernel, interior	centre *m*, cœur *m*, âme *f*, noyau *m*, intérieur *m*
Mittelwert *m*	mean value, mean, average value, average, standard value	valeur *f* moyenne, moyenne *f*, moyen *m*
Mittelwert *m*, quadratischer	root mean square value (RMS-value)	valeur *f* moyenne quadratique
Mittelwertbildung *f*	taking the mean	prise *f* de la moyenne
Mittenfrequenz *f*	centre frequency	fréquence *f* de milieu *m*
mittig *adj*	centric(al)	centrique, central
Mobilität *f*	mobility	mobilité *f*

Modell *n*	model, type, design, make, finish, structure, construction, style, pattern, finish	modèle *m*, type *m*, présentation *f*, style *m*, structure *f*, construction *f*, réalisation *f*
Modell *n*, mathematisches	mathematical model	modèle *m* mathématique
Modellversuch *m*	model test	essai *m* de maquette *f*
Modul *m*	modulus, module	module *m*
Modulation *f*	modulation	modulation *f*
Modulationsfaktor *m*	modulation factor	facteur *m* de modulation *f*
Modulationsfrequenz *f*	modulating frequency	fréquence *f* modulante
Modulationsgrad *m*	degree of modulation, modulation percentage	taux *m* de modulation *f*, pourcentage *m* de modulation *f*
Modulationsindex *m*	modulation index	indice *m* de modulation *f*
Modulationsspannung *f*	modulating voltage	tension *f* de modulation *f*
Modulationstiefe *f*	modulation depth	profondeur *f* de modulation *f*
Modulations-Transferfunktion *f* [MTF]	modulation transfer function [MTF]	fonction *f* de transfert *m* de la modulation *f* [FTM]
Modulations-Übertragungsfunktion *f* [MÜF] (Radiographie)	→ Modulations-Transferfunktion *f*	
Modulationsverfahren *n*	method of modulation	méthode *f* de modulation *f*
Modulationsverstärker *m*	modulation amplifier	amplificateur *m* de modulation *f*
Modulationsverzerrung *f*	modulation distortion	distorsion *f* de modulation *f*
Modulator *m*	modulator	modulateur *m*
modulieren *v*	modulate	moduler
Modultechnik *f*	module technique	technique *f* module
Moiré-Verfahren *n*	moiré method	méthode *f* moire
Molch *m* [Rohrleitungsprüfgerät]	pig, detector pig, scraper	racleur *m*, racleur-détecteur *m*
Molchmelder *m*	pig detector, scraper detector	détecteur *m* de racleurs *m/pl*
Molekül *n*	molecule	molécule *f*
molekular *adj*	molecular	moléculaire
Molekularstreuung *f*	molecular scattering	diffusion *f* moléculaire
Molekularstruktur *f*	molecular structure	structure *f* de molécule *f*, structure *f* moléculaire
Molybdän *n* [Mo]	molybdenum	molybdène *m*
Moment *m* [zeitlich]	moment	moment *m*, instant *m*
Moment *n*	torque, moment	couple *m*, moment *m*
momentan *adj*	instantaneous, momentary	instantané, momentané
Momentanfrequenz *f*	instantaneous frequency	fréquence *f* instantanée
Momentanwert *m*	momentary value, instantaneous value	valeur *f* instantanée
Monitor *m*	monitor	moniteur *m*
monochromatisch *adj*	monochrome, monochromatic	monochrome, monochromatique

monoton *adj*	monotone	monotone
Montage *f*	mounting, assembly, assemblage, installation, fitting, setting up, erection	montage *m*, assemblage *m*, installation *f*
Montageband *n*	assembly line, production line, line	chaîne *f* de montage *m*, tapis *m* roulant, chaîne *f*
Montageort *m*	building site, assembling site	chantier *m*
Monte-Carlo-Methode *f*	Monte-Carlo method	méthode *f* Monte Carlo
montieren *v*	mount, assemble, install, fit up, erect, attach	monter, assembler, installer, attacher
Moosgummi *n*	foamed rubber, rubber foam	caoutchouc *m* mousse
Mosaik *n*	mosaic	mosaïque *f*
Mosaikstruktur *f*	mosaic structure	structure *f* mosaïque
Mosaiktarget *n*	mosaic target	cible *f* mosaïque
Mößbauer-Effekt *m*	Moessbauer effect	effet *m* de Moessbauer
Mößbauer-Spektroskopie *f*	Moessbauer spectroscopy	spectroscopie *f* de Moessbauer
Motorantrieb *m*	motor drive	commande *f* par moteur *m*, entraînement *m* par moteur *m*
Motorfahrzeug *n*	motor vehicle	véhicule *f* à moteur *m*
motorgetrieben *adj*	motor-driven, power-driven	actionné par moteur *m*, entraîné par moteur *m*
Motorteil *n* [Bestandteil]	motor component, motor part	élément *m* de moteur *m*, pièce *f* de moteur *m*
Mulde *f*	trough, shell	cuvette *f*
Müll *m*	waste, scrap	déchets *m/pl*
Müll *m*, radioaktiver	radioactive waste	déchets *m/pl* radioactifs
Multifrequenzgerät *n*	multifrequency apparatus	appareil *m* multifréquence
Munition *f*	ammunition	munition *f*
Münze *f* [Geldstück]	coin	monnaie *f*
Muster *n* [Gefügebild]	pattern	texture *f*
Muster *n* [Gezeichnetes]	design, figure, pattern	dessin *m*
Muster *n* [Modell]	model, type	modèle *m*, type *m*
Muster *n* [Probe]	sample	échantillon *m*
Musterbild *n*	pattern	texture *f*
Mustererkennung *f*	pattern recognition, texture recognition	reconnaissance *f* de texture *f*
Musterprüfung *f*	sample test, sampling	essai *m* d'échantillon *m*, échantilonnage *m*
Mutter *f* [Schraubenmutter]	nut	écrou *m*

N

Nacharbeit *f*	subsequent treatment, subsequent machining, refinishing, after-treatment	traitement *m* complémentaire, repassage *m*, retouche *f*, réfection *f*
nacharbeiten *v*	rework, refinish	parachever, finir, repasser
Nachbarfrequenz *f*	adjacent frequency	fréquence *f* voisine, fréquence *f* adjacente
Nachbarschaft *f*	vicinity	voisinage *m*
Nachbarschicht *f*	neighbouring layer	couche *f* voisine
Nachbarwindung *f*	adjacent turn	spire *f* voisine
nachbearbeiten *v*	rework, refinish	repasser, parachever, finir
Nachbearbeitung *f*	subsequent treatment, subsequent machining, refinishing, after-treatment	traitement *m* complémentaire, repassage *m*, retouche *f*, réfection *f*
nachbeschleunigen *v*	post-accelerate, after-accelerate	post-accélérer
nachbilden *v*	copy, simulate, reproduce	copier, reproduire, simuler
Nachbildung *f*	copy, reproduction, simulation	copie *f*, reproduction *f*, simulation *f*
nacheilen [Phase] *v*	lag, retard	retarder, être déphasé en arrière
Nachfilter *m* [Radiographie]	rear filter	filtre *m* postérieur
Nachführung *f*	follow-up device, follow-up	guidage *m*, asservissement *m*
Nachimpuls *m*	after-pulse	impulsion *f* secondaire
nachprüfen [Richtigkeit] *v*	verify	vérifier
nachregeln *v*	readjust	rajuster, réajuster
Nachrichtenfluß *m*	information flow	flux *m* d'informations *f/pl*
nachstellbar *adj*	readjustable	rajustable
nachstellen *v*	readjust	rajuster, réajuster
Nachteil *m*	disavantage	désavantage *m*
Nachweis *m* [Beweis]	demonstration	démonstration *f*
Nachweis *m* [Entdecken]	detection, indication	détection *f*, indication *f*
nachweisbar *adj*	detectable, demonstrable, provable	détectable, décelable, démontrable
Nachweisempfindlichkeit *f*	detection sensitivity	sensibilité *f* de détection *f*
nachweisen [anzeigen] *v*	show, indicate, point out	indiquer, montrer
nachweisen [beweisen] *v*	demonstrate, prove, detect	démontrer, prouver, détecter
Nachweisgenauigkeit *f*	accuracy of detection	finesse *f* de détection *f*
Nachweisgrenze *f*	limit of detectability	limite *f* de détectabilité *f*

Nachweisgerät *n*	detector, indicator	détecteur *m*, indicateur *m*
Nachweisgrenze *f*	detection limit, minimum detectability	limite *f* de détection *f*, détectabilité *f* minimum
Nachwirkung *f*	after-effect, residual effect, remanence, persistence	rémanence *f*, persistance *f*
nadelförmig *adj*	needle-shaped	en forme *f* d'aiguille *f*
Nahauflösung *f*	near (surface) resolution	pouvoir *m* séparateur proche
Nahbereich *m*	near region, local range	zone *f* régionale, région *f* locale
Nahbestrahlung *f*	short-distance irradiation	irradiation *f* à courte distance *f*
nahe (bei) *adj* u. *adv*	close (~to), near (~to)	tout près(de)
Nahecho *n*	near echo	écho *m* de proche
Näherung *f* [Mathematik]	approximation	approximation *f*
Näherung *f* [räumlich]	approach, proximity	proximité *f*
Näherungsformel *f*	approximate formula	formule *f* approchée
Näherungsgleichung *f*	approximation equation	équation *f* d'approximation *f*
Näherungslösung *f*	approximative solution	solution *f* approximative
Nahfeld *n*	near field	champ *m* proche
Nahfeldlänge *f*	length of the near field	longueur *f* du champ proche
Naht *f* [allgemein]	seam	couture *f*
Naht *f* [Schweißnaht]	weld, seam	joint *m*
Nahtabbildung *f*	seam imaging, seam mapping	image *f* du joint soudé
Nahtabschnitt *m*	(welding) seam section	section *f* du joint (soudé)
Nahtfehler *m*	(welding) seam defect	défaut *m* de joint *m* (soudé)
Nahtflanke *f*	(welding) seam flank	flanc *m* du joint (soudé)
nahtlos *adj*	seamless, weldless	sans couture *f*, sans soudure *f*
Nahtnachführung *f* [Schweißnaht]	follow-up of weld	guidage *m* de la soudure
Nahtschweißung *f*	seam welding, line	soudure *f* en ligne *f* continue, soudure *f* en filet *m*, soudure *f* par couture *f*
Nahtwertigkeit *f*	seam evaluation, weld evaluation	évaluation *f* de la soudure
Nahzone *f*	near zone, local zone	zone *f* proche, zone *f* régionale
Naßpulvermethode *f*	wet powder method	méthode *f* à poudre *f* humide
Natrium *n* [Na]	sodium	sodium *m*
natriumgekühlt *adj*	sodium-cooled	refroidi par sodium *m*
Nebelkammer *f*	cloud chamber	chambre *f* à détente *f*
Nebenerzeugnis *n*	by-product	sous-produit *m*, produit *m* secondaire

Nebengeräusch *n*	undesired noise, extraneous noise, background noise	bruit *m* parasite, parasites *m/pl*
Nebenimpuls *m*	after-pulse	impulsion *f* secondaire
Nebenkeule *f* [Strahlungscharakteristik]	side lobe, minor lobe	lobe *m* secondaire
Nebenlappen *m*	→ Nebenkeule *f*	
Nebenprodukt *n*	by-product	sous-produit *m*, produit *m* secondaire
Nebenschluß *m*	by-pass, shunt	dérivation *f*, shunt *m*, by-pass *m*
Nebenstrahlung *f*	spurious radiation, undesired radiation, secondary radiation	rayonnement *m* secondaire, rayonnement *m* parasite, rayonnement *m* non-essentiel
Nebenzipfel *m* [Strahlungscharakteristik]	side lobe, minor lobe	lobe *m* secondaire
Negationszeichen *n*	negative sign	signe *m* négatif
Negativbild *n*	negative image	image *f* négative
Negativimpuls *m*	negative pulse	impulsion *f* négative
Negativzeichen *n*	negative sign	signe *m* négatif
neigen *v*	incline, decline, tilt, slope	incliner, s'incliner, décliner, obliger, basculer
Neigung *f*	slope, fall, descent, declination, declivity, dip, inclination	pente *f*, déclivité *f*, pente *f*, descente *f*, inclinaison *f*
Neigungswinkel *m*	angle of inclination	angle *m* d'inclinaison *f*
NE-Metall *n*	non-ferrous metal	métal *m* non ferreux, métal *m* autre que le fer
Nennbelastung *f*	rated load, nominal load	charge *f* nominale
Nennwert *m*	rated value, nominal value	valeur *f* nominale
Neon *n* [Ne]	neon	néon *m*
Nest *n* [Anhäufung]	cluster	essaim *m*, amas *m*
Netz *n* [Geflecht]	net	filet *m*
Netz *n* [Netzwerk]	network	réseau *m*
Netz *n* [Versorgungsnetz]	mains *pl*, supply, supply system, power system, network	secteur *m*, réseau *m*
Netzbetrieb *m*	mains *pl* operation, mains *pl* supply	alimentation *f* par secteur *m*
netzbetrieben *adj*	mains *pl* operated	opéré par secteur *m*, relié au secteur, alimenté par secteur *m*
Netzmittel *n*	wetting agent	détergent *m*, agent *m* humidificateur, agent *m* d'humectation *f*
Netzteil *n*	power supply, mains *pl* supply unit, power rack	bloc *m* secteur, bloc *m* d'alimentation *f*, tiroir *m* alimentation
Netzwerk *n*	network	réseau *m*
neuartig *adj*	novel	nouveau, nouvelle *f*

neutral *adj*	neutral	neutre
Neutralisation *f*	neutralization	neutralisation *f*
neutralisieren *v*	neutralize, compensate, equlibrate	neutraliser, compenser, équilibrer
Neutron *n*	neutron	neutron *m*
Neutronen *n/pl*, epithermische	epithermal neutrons *pl*	neutrons *m/pl* épithermiques
Neutronen *n/pl*, thermische	thermal neutrons *pl*	neutrons *m/pl* thermiques
Neutronenabsorption *f*	neutron absorption	absorption *f* de neutrons *m/pl*
Neutronenaktivierungsanalyse *f*	neutron activation analysis	analyse *f* d'activation *f* de neutrons *m/pl*
Neutronenauffänger *m*	neutron trap	piège *m* à neutrons *m/pl*
Neutronenbeschuß *m*	neutron bombardment	bombardement *m* de neutrons *m/pl*, bombardement *m* neutronique
Neutronenbestrahlung *f*	neutron irradiation	irradiation *f* neutronique
Neutronenbeugung *f*	neutron diffraction	diffraction *f* neutronique
Neutronenbombardement *n*	neutron bombardment	bombardement *m* de neutrons *m/pl*, bombardement *m* neutronique
Neutronenbündel *n*	neutron beam	faisceau *m* de neutrons *m/pl*, faisceau *m* neutronique
Neutronendetektor *m*	neutron detector	détecteur *m* de neutrons *m/pl*
Neutronendiffusion *f*	neutron diffusion	diffusion *f* de neutrons *m/pl*
Neutronendosimeter *n*	neutron dosimeter	dosimètre *m* des neutrons *m/pl*
Neutronendosis *f*	neutron dose	dose *f* neutronique
Neutroneneinfang *m*	neutron capture	capture *f* de neutrons *m/pl*
Neutronenemission *f*	neutron emission	émission *f* de neutrons *m/pl*
Neutronenenergie *f*	neutron energy	énergie *f* neutronique
Neutronenerzeuger *m*	neutron generator, neutron producer	générateur *m* de neutrons *m/pl*
Neutronenerzeugung *f*	neutron generation, neutron production	génération *f* de neutrons *m/pl*, production *f* de neutrons *m/pl*
Neutronenfalle *f*	neutron trap	piège *m* à neutrons *m/pl*
Neutronenfänger *m*	neutron absorber, neutron sponge	absorbant *m* de neutrons *m/pl*
Neutronenfluenz *f*	neutron fluence	fluence *f* de neutrons *m/pl*
Neutronenfluß *m*	neutron flux	flux *m* de neutrons *m/pl*, flux *m* neutronique
Neutronenflußmesser *m*	neutron flux meter	appareil *m* de mesure *f* de flux *m* neutronique
Neutronengenerator *m*	neutron generator, neutron producer	générateur *m* de neutrons *m/pl*

Neutronenkollimator *m*	neutron collimator	collimateur *m* neutronique
Neutronenkonzentration *f*	neutron concentration	concentration *f* de neutrons *m/pl*
Neutronenmeßkopf *m*	neutron probe	sonde *f* neutronique
Neutronenmoderator *m*	neutron moderator	modérateur *m* neutronique
Neutronennachweiskammer *f*	neutron detecting chamber	chambre *f* à détection *f* des neutrons *m/pl*
Neutronenquelle *f*	neutron source	source *f* de neutrons *m/pl*
Neutronenradiographie *f*	neutron radiography	radiographie *f* neutronique, neutroradiographie *f*, neutrographie *f*
Neutronenradiographie *f*, schnelle	fast neutron radiography	radiographie *f* par neutrons *m/pl* rapides
Neutronenschutz *m*	neutron protection, neutron shield	protection *f* contre les neutrons *m/pl*
Neutronenmeßkopf *m*	neutron probe	sonde *f* neutronique
Neutronensonde *f*	→ Neutronenmeßkopf *m*	
Neutronenspektrometrie *f*	neutron spectrometry	spectrométrie *f* neutronique
Neutronenspektroskopie *f*	neutron spectroscopy	spectroscopie *f* neutronique
Neutronenspektrum *n*	neutron spectrum	spectre *m* neutronique
Neutronenstrahl *m*	neutron ray, neutron beam	rayon *m* neutronique, faisceau *m* neutronique
Neutronenstrahler *m*	neutron emitter	émetteur *m* de neutrons *m/pl*
Neutronenzählrohr *n*	neutron counter	compteur *m* de neutrons *m/pl*
Nichteisenmetall *n*	non-ferrous metal	métal *m* non ferreux, métal *m* autre que le fer
Nichtentdeckung *f*	non-detection	non-détection *f*
Nichtentdeckungsrate *f*	non-detection rate	taux *m* de non-détection *f*
Nichtleiter *m*	nonconductor	non-conducteur *m*
nichtlinear *adj*	non-linear	non-linéaire
Nichtlinearität *f*	non-linearity	non-linéarité *f*
nichtmagnetisch *adj*	non-magnetic	non-magnétique
Nichtmetall *n*	non-metal, metalloid	métalloïde *m*
nichtmetallisch *adj*	nonmetallic(al)	non-métallique, amétallique
nichtproportional *adj*	non-proportional	non proportionnel
nichtradioaktiv *adj*	non-radioactive	non radioactif
nichtrostend *adj*	stainless	inoxydable
nichtschwingend *adj*	non-oscillatory	non oscillant
nichtstationär *adj*	nonstationary	non-stationnaire
Nickel *n* [Ni]	nickel	nickel *m*
Nickellegierung *f*	nickel alloy	alliage *m* de nickel *m*, alliage *m* au nickel
Nickelstahl *m*	nickelsteel	acier *m* au nickel
Niederenergie-Radiographie *f*	low-energy radiography	radiographie *f* à faible énergie *f*

Niederfrequenz *f*	low frequency	basse fréquence *f*
Niederfrequenzstörung *f*	low-frequency disturbance	perturbation *f* de basse fréquence *f*
Niederschlag *m* [Belag]	deposit, deposition, sediment, coating, clothing, film	dépôt *m*, sédiment *m*, sédimentation *f*, enveloppe *f*, film *m*, couche *f*
Niederschlag *m* [chemisch]	precipitation, precipitate	précipitation *f*, précipité *m*
Niederschlag *m* [Regen]	rain, rainfall, fall-out	pluies *f/pl*, rétombées *f/pl*, précipitations *f/pl*
Niederschlag *m*, galvanischer	electrodeposition	précipitation *f* électrolytique
Niederschlag *m*, radioaktiver	radioactive deposit	dépôt *m* radioactif
niederschlagen; sich ~*v*	deposit, precipitate	sédimenter, déposer, précipiter
niedersetzen [absetzen] *v*	put down, set down	déposer, placer
Niederspannung *f*	low tension, low voltage	basse tension *f*
niedriggekohlt *adj*	low-carbonized	faiblement carbonisé
niedriglegiert *adj*	low-alloy ...	faiblement allié, allié à faible teneur *f*
niedrigschmelzend *adj*	low-melting, fusible	fusible, à basse température *f* de fusion *f*
Niet *m*	rivet	rivet *m*
Nietung *f*	riveting, rivet joint	rivetage *m*, assemblage *m* par rivets *m/pl*
Nietverbindung *f*	→ Nietung *f*	
Niob *n* [Nb]	niobium	niobium *m*
Niveau *n*	level	niveau *m*
Nockenwelle *f*	camshaft	arbre *m* à cames *f/pl*
Nomenklatur *f*	nomenclature	nomenclature *f*
nominal *adj*	nominal	nominal
nominell *adj*	→ nominal	
Nomogramm *n*	nomogram	nomogramme *m*
Norm *f*	standard, norm	standard *m*, norme *f*, étalon *m*
Normal...	standard ..., normal ..., unit ...	... standardisé, ... normal, ... normalisé, ... unité, ... étalon
Normalausführung *f*	standard model	exécution *f* normale, modèle *m* standardisé
Normalbedingungen *f/pl*	normal conditions *pl*, standard specifications *pl*, normal temperature and pressure (NTP)	conditions *f/pl* normales, température *f* et pression *f* normales
Normalbelastung *f*	normal load	charge *f* normale
Normaldosis *f*	normal dosis	dose *f* normale
Normaldruck *m*	normal pressure, atmospheric pressure	pression *f* normale, pression *f* atmosphérique
Normaleinfall *m*	normal incidence	incidence *f* normale

Normaleinschaltung *f*	normal scanning, ultrasonic scanning with normal probe	palpage *m* normal, palpage *m* ultrasonore normal
Normaleinschub *m*	standard plug-in unit	tiroir *m* rack, tiroir *m* normalisé
Normalgeschwindigkeit *f*	normal speed	vitesse *f* normale
Normalisation *f*	normalization	normalisation *f*
normalisieren *v*	normalize, standardize	normaliser, standardiser
Normalisierung *f*	normalization	normalisation *f*
Normalpegel *m*	normal level, standard level	niveau *m* standardisé, niveau *m* étalon
Normalprüfkopf *m*	standard probe, normal probe, conventional probe	palpeur *m* normal, palpeur *m* conventionnel, palpeur *m* droit
Normalstellung *f*	normal position, usual position	position *f* normale, position *f* usuelle
normen *v*	standardize, normalize	standardiser, normaliser
normieren *v*	→ normen	
Normierung *f*	normalization	normalisation *f*
Normsignal *n*	standard signal	signal *m* normalisé, signal *m* standardisé, signal *m* étalon
Normtestkörper *m*	standardized test piece	pièce *f* de référence *f* standardisée
Normung *f*, internationale	international standardization *f*	standardisation *f* internationale
normwidrig *adj*	abnormal	anormal, anomal
Normzustand *m*	standard state, standard condition	état *m* normal, conditions *f/pl* normales
Notbetrieb *m*	emergency operation, emergency service, auxiliary working	service *m* de détresse *f*, service *m* de secours *m*, service *m* auxiliaire
notieren *v*	note	noter
Notierung *f*	notification, notice	notation *f*
Notsignal *n*	emergency signal, danger signal	signal *m* de détresse *f*, signal *m* d'urgence *f*
Notwendigkeit *f*	necessity	nécessité *f*
nuklear *adj*	nuclear	nucléaire
Nuklear...	→ Atom..., Kern...	
Nuklearenergie *f*	nuclear energy, atomic energy	énergie *f* nucléaire, énergie *f* atomique
Nuklearmedizin *f*	nuclear medicine	médecine *f* nucléaire
Nukleonenladung *f*	nucleon charge	charge *f* nucléonique
Nukleonik *f*	nucleonics *pl*	nucléonique *f*
Nuklid *n*	nuclide	nuclide *m*
Nullage *f*	null position, zero adjustment	position *f* zéro
Nullanzeiger *m*	null indicator, null detector	indicateur *m* de zéro *m*
Nulldurchgang *m*	zero passage, passage through zero	passage *m* par zéro *m*

Nulleffekt *m*	background, natural background radiation	fond *m*, mouvement *m* propre, rayonnement *m* du mouvement propre naturel
Nulleffektbestimmung *f*	background determination	détermination *f* du fond
Nulleffektüberwachung *f*	background monitoring	contrôle *m* du fond
Nulleinstellung *f*	zero setting, zero adjustment	réglage *m* de zéro *m*, ajustage *m* de zéro *m*
Nullinie *f*	zero line, base line	ligne *f* zéro, ligne *f* neutre
Nullinstrument *n*	null instrument, zero indicator	indicateur *m* de zéro *m*
Nullmethode *f*	null method	méthode *f* de zéro *m*
Nullpegel *m*	zero level, reference level	niveau *m* zéro, niveau *m* de référence *f*
Nullprüfung *f*	preservice inspection	inspection *f* en préservice *m*
Nullpunkt *m* [allgemein]	zero point, zero	point *m* zéro, zéro *m*
Nullpunkt *m* [Koordinaten]	origin	origine *f*
Nullpunkt *m* [Sternpunkt]	neutral point, star point	point *m* neutre
Nullpunkteinstellung *f*	zero adjustment	ajustage *m* du zéro, remise *f* à zéro *m*
Nullstellung *f*	zero position, neutral position, zeroizing	position *f* de zéro *m*, position *f* neutre
numerieren *v*	number	numéroter
numerisch *adj*	numerical	numérique
Nummernanzeige *f*	number indication	indication *f* de numéros *m/pl*
Nut *f*	notch, slot	rainure *f*, encoche *f*
Nute *f*	→ Nut *f*	
Nutzarbeit *f*	useful work, effective work	travail *m* utile, travail *m* effectif
Nutzeffekt *m*	efficiency	effet *m* utile
Nutzenergie *f*	useful energy	énergie *f* utile
Nutzlast *f*	useful load, active load, actual load	charge *f* utile, charge *f* active, charge *f* efficace
Nutzleistung *f*	useful power, efficiency	puissance *f* utile, effet *m* utile
nützlich *adj*	useful, usable, net	utilisable, utile, efficace
nutzen *v*	use, utilize, employ	utiliser, employer, se servir(de)
nutzlos *adj*	useless	inutile, inutilisable
Nutzquerschnitt *m*	useful cross-section	section *f* utile
Nutzsignal *n*	useful signal	signal *m* utile
Nutz-Strahlenbündel *n*	useful beam, primary beam	faisceau *m* primaire
Nutz-Strahlenkegel *m*	→ Nutz-Strahlenbündel *n*	
Nutzung *f*	utilization, use, using, application	utilisation *f*, usage *m*, application *f*

O

Oberfläche *f*	surface, superficies *pl*	surface *f*, superficie *f*
Oberfläche *f*, ebene	plane surface	surface *f* plane
Oberfläche *f*, gekrümmte	curved surface	surface *f* courbée
Oberfläche *f*, unter der ~	subsurface ...	... sous surface *f*
Oberflächenausstülpung *f*	surface protuberance	protubérance *f* superficielle
Oberflächenbearbeitung *f*	surface treatment	traitement *m* superficiel
Oberflächenbehandlung *f*	→ Oberblächenbearbeitung *f*	
Oberflächenbeschaffenheit *f*	surface structure, surface quality, surface finish	structure *f* de surface *f*, qualité *f* de surface *f*, état *m* de surface *f*
Oberflächenbestrahlung *f*	surface irradiation	irradiation *f* superficielle
Oberflächendichte *f*	surface density	densité *f* de surface *f*
Oberflächendiffusion *f*	surface diffusion	diffusion *f* superficielle
Oberflächendosis *f*	surface dose	dose *f* de surface *f*
Oberflächendruck *m*	surface pressure	pression *f* superficielle
Oberflächeneinfluß *m*	surface influence	influence *f* de la surface
Oberflächenelement *n*	surface element	élément *m* de surface *f*
Oberflächenenergie *f*	surface energy	énergie *f* superficielle
Oberflächenentspannung *f*	surface detensioning	détension *f* superficielle
Oberflächenfehler *m*	surface defect	défaut *m* de surface *f*, défaut *m* superficiel, imperfection *f* superficielle
Oberflächenformfehler *m*	→ Oberflächenfehler *m*	
Oberflächenhärte *f*	surface hardness	dureté *f* de surface *f*, dureté *f* superficielle
Oberflächenhärtung *f*	case-hardening, surface hardening	trempe *f* de la surface, cémentation *f*
Oberflächenleitfähigkeit *f*	surface conductivity	conductivité *f* de la surface
Oberflächenleitung *f*	surface conductance	conductance *f* superficielle
oberflächennah *adj*	near to the surface, subsurface	proche de la surface
Oberflächenöffnung *f*	surface opening	partie *f* ouverte en surface *f*
Oberflächenoxidation *f*	surface oxidation	oxydation *f* de surface *f*
Oberflächenpore *f*	surface pore	piqûre *f*
Oberflächenprüfung *f*	surface inspection, surface examination	inspection *f* de surface *f*, examen *m* de surface *f*
Oberflächenrauheit *f*	surface roughness	rugosité *f* de surface *f*
Oberflächenriß *m*	surface crack, surface-breaking crack	fissure *f* à la surface, fissure *f* superficielle

Oberflächenschichtverfahren *n*, spannungsoptisches	photoelastic surface coating method	procédé *m* pour le décèlement optique des tensions *f/pl* par couche *f* superficielle
Oberflächenspannung *f*	surface tension	tension *f* superficielle
Oberflächentemperatur *f*	surface temperature	température *f* superficielle
Oberflächenungänze *f*	surface discontinuity	discontinuité *f* de surface *f*
Oberflächenwelle *f*	surface wave, Rayleigh wave	onde *f* de surface *f*, onde *f* superficielle, onde *f* de Rayleigh
Oberflächenwellendispersion *f*	surface wave dispersion	dispersion *f* d'onde *f* superficielle
Oberflächenwellengeschwindigkeit *f*	surface wave velocity, Rayleigh wave velocity	célérité *f* de l'onde *f* de surface *f*, vitesse *f* de l'onde *f* de Rayleigh
Oberflächenwellen-Prüfkopf *m*	surface wave probe	palpeur *m* à ondes *f/pl* de surface *f*
Oberflächenwiderstand *m*	surface resistance	résistance *f* de surface *f*
Oberflächenwulst *m*	surface protuberance	protubérance *f* superficielle
Oberschwingung *f*	harmonic oscillation, harmonic	oscillation *f* harmonique, harmonique *f*
Oberteil *n*	upper part	partie *f* supérieure
Oberwellenanalyse *f*	harmonic analysis	analyse *f* harmonique
oberwellenfrei *adj*	free from harmonics *pl*	sans harmoniques *f/pl*
Objekt *n*, bewegtes	moved object	object *m* agité
Objektiv *n*	objective	objectif *m*
Objektkontrast *m*	object contrast	contraste *m* d'objet *m*
Objektstrahl *m*	object ray	rayon *m* d'objet *m*
Objektumfang *m*	object extent	étendue *f* d'objet *m*
Ochsenauge *n* [Schweißfehler]	lack of side fusion (in a welding seam)	défaut *m* de fusion *f* en œil-de bœuf *m*
ODER-Funktion *f*	OR-function, disjunction	fonction *f* OU, disjonction *f*
Ofen *m*, elektrischer	electric furnace	four *m* électrique
offen *adj*	open, opened	ouvert, découvert
öffnen [allgemein] *v*	open	ouvrir
öffnen [Stromkreis] *v*	interrupt, disconnect, break, open	couper, interrompre, déconnecter, ouvrir
Öffnung *f* [Apertur]	aperture	ouverture *f*
Öffnung *f* [Durchbruch]	hole, opening, orifice	trou *m* ouverture *f*, orifice *f*, percement *m*
Öffnungswinkel *m*	aperture angle	angle *m* d'ouverture *f*
Off-Shore-Konstruktion *f*	off-shore construction	construction *f* off-shore
oftmalig *adj*	frequent, repeated, iterative, re-iterated	fréquent, itératif, réitératif
Okular *n*	ocular	oculaire *m*
Öl *n*	oil	huile *f*
Öleindringverfahren *n*	oil-and-chalk method	essai *m* de ressuage *m* d'huile *f*
ölen *v*	oil, lubricate	huiler, lubrifier

Ölfilm *m*	oil film	film *m* huileux, couche *f* d'huile *f*
ölgekühlt *adj*	oil-cooled	refroidi par huile *f*
ölig *adj*	oily	huileux
Ölschicht *f*	oil film	couche *f* d'huile *f*, film *m* huileux
On-Line-Real-Time-System *n*	on line real time system	système *m* on-line à temps réel
opak *adj*	opaque, light-tight	opaque, étanche à la lumière
Opazität *f*	opacity	opacité *f*
Operationsverstärker *m*	operational amplifier	amplificateur *m* opérationnel
Operator *m*	operator	opérateur *m*
Optik *f*	optics *pl*	optique *f*
optimal *adj*	optimum	optimum
optimieren *v*	optimize	optimiser
Optimierung *f*	optimization, optimizing	optimisation *f*
Optimum *n*	optimum	optimum *m*
optisch *adj*	optic(al)	optique
Ordinatenachse *f*	ordinate axis, axis of ordinates *pl*	axe *m* des ordonnées *f/pl*
ordnen *v*	file, classify, arrange	classer, classifier, arranger
Ordnungszahl *f* [allgemein]	ordinal number, ordinal	nombre *m* ordinal
Ordnungszahl *f* [Atom]	atomic number, nuclear charge number	nombre *m* atomique, nombre *m* des charges *f/pl* de noyau *m*
Ordnungszahl *f*, hohe	high atomic number	nombre *m* atomique élevé
Ordnungszahl *f*, niedrige	small atomic number	nombre *m* atomique faible
organisch *adj*	organic	organique
orientieren *v*	orient	orienter
Orientierung *f*	orientation	orientation *f*
original *adj*	original	original
Ort *m*	place, location	place *f*, lieu *m*, endroit *m*
Ort *m*, vor ~	in situ, at the site	in situ, au chantier
orthogonal *adj*	orthogonal	orthogonal
örtlich *adj*	local	local
ortsabhängig *adj*	spatially dependent	dépendant de la position spatiale
Ortsbestimmung *f*	localization	localisation *f*
Ortsdosis *f*	local dose	dose *f* locale
Ortdosisleistung *f*	local dose power	puissance *f* de la dose locale
ortsfest *adj*	stationary, fixed	stationnaire, immobile, fixe
ortsgebunden *adj*	→ ortsfest *adj*	
ortsveränderlich *adj*	movable, mobile, portable	mobile, transportable
Ortung *f*	location	localisation *f*
Ortungssystem *n*	location system	système *m* de localisation *f*
Osmium *n* [Os]	osmium	osmium *m*
Oszillator *m*	oscillator	oscillateur *m*

Oszillatorfrequenz *f*	oscillator frequency	fréquence *f* d'oscillateur *m*, fréquence *f* oscillatrice
oszillieren *v*	oscillate	osciller
Oszillograph *m*	oscillograph	oscillographe *m*
Oszillogramm *n*	oscillogram	oscillogramme *m*
Oszilloskop *n*	oscilloscope	oscilloscope *m*
Output *m*	output	output *m*, puissance *f* de sortie *f*
Oxidation *f*	oxidation	oxydation *f*
Oxideinschluß *m*	oxide inclusion	inclusion *f* d'oxyde *m*
oxidfest *adj*	oxide-proof, inoxidable	inoxydable
Oxidfilm *m*	oxide film, oxide coating	film *m* d'oxyde *m*, couche *f* d'oxyde *m*
Oxidhaut *f* [Schweißfehler]	oxide inclusion	inclusion *f* d'oxyde *m*
oxidierbar *adj*	oxidable	oxydable
Oxidschicht *f*	oxide coating, oxide film	couche *f* d'oxyde *m*, film *m* d'oxyde *m*

P

P-Bild *n*	P-scan, P-scope	présentation *f* P
P-Bild-Darstellung *f*	P representation	représentation *f* du type P
P-Bild-Verfahren *n*	P-scanning method, P-scope method	méthode *f* à présentation *f* P
Paarbildung *f*	pairing, pair production, pair creation	production *f* de paires *f/pl*, création *f* de paires *f/pl*
Paket *n* [Bündel]	bunch, pack, packet	paquet *m*, groupe *m*
Paket *n* [Postpaket]	parcel	colis *m*, paquet *m*
Palladium *n* [Pd]	palladium	palladium *m*
Paneel *n*	panel, board	panneau *m*
Panne *f*	failure, outage, malfunction, trouble, leakage, fault, disturbance, mishap, defect, breakdown, average	raté *m*, panne *f*, défaillance *f*, trouble *m*, accident *m*, avarie *f*, défaut *m*, manque *m*, déficience *f*, faute *f*, défectuosité *f*
Pannenbeseitigung *f*	fault clearance, fault removal, trouble-shooting	dépannage *m*, relève *m* du dérangement
panzern *v*	armour, armor (USA), shield, screen, protect	cuirasser, blinder, protéger
Papier *n*	paper	papier *m*
Parabel *f*	parabola	parabole *f*
Parabolreflektor *m*	parabolic reflector	réflecteur *m* parabolique
Paraffin *n*	paraffin	paraffine *f*
Parallaxe *f*	parallax	parallaxe *f*
Parallaxenfehler *m*	parallactic error	erreur *f* parallactique

parallel *adj*	parallel	parallèle
Parallelbewegung *f*	parallel movement	mouvement *m* parallèle
Parallelführung *f*	parallel guide	guidage *m* parallèle
Parallelität *f*	parallelism	parallélisme *m*
Parallellauf *m*	parallel running, parallel operation, parallel working	marche *f* en parallèle, exploitation *f* en parallèle
parallelschalten *v*	shunt, parallel, connect in parallel, couple in parallel	shunter, brancher en parallèle, monter en parallèle, connecter en parallèle
Parallelschaltung *f*	shunt, parallel connection, parallel circuit	shuntage *m*, montage *m* en parallèle, mise *f* en parallèle, connexion *f* en parallèle
Parallelverlauf *m*	parallelism	parallélisme *m*
Parallelzweig *m*	shunt branch, parallel branch	branche *f* parallèle
paramagnetisch *adj*	paramagnetic(al)	paramagnétique
Paramagnetismus *m*	paramagnetism	paramagnétisme *m*
Parameter *m*	parameter, characteristic data	paramètre *m*, grandeur *f* caractéristique
parametrisch *adj*	parametric(al)	paramétrique
parasitär *adj*	parasitic, parasite	parasitaire, parasite
Parasitärstrahlung *f*	spurious radiation, parasitic radiation	rayonnement *m* parasite
paraxial *adj*	paraxial	paraxial
Parität *f*	parity	parité *f*
Partialdruck *m*	partial pressure	pression *f* partielle
Partialdurchströmung *f*	partial flow	flux *m* partiel
partiell *adj*	partial	partiel
Partikel *f*	particle	particule *f*
Passage *f*	passage, traverse	passage *m*, traversée *f*
passend *adj*	matched, fit	propre, ajusté
passieren *v*	pass, let through	passer, faire passer
passiv *adj*	passive	passif
Paßstück *n*	adapter, matching unit, matcher	adaptateur *m*, pièce *f* d'adaptation *f*, pièce *f* adaptatrice
Paste *f*	paste	pâte *f*
Patent *n*	patent	brevet *m*
Patentablauf *m*	expiration	expiration *f*
Patentanspruch *m*	claim	revendication *f*
Pause *f* [Kopie]	copy, duplicate, calking, tracing, print	copie *f*, calque *m*, tirage *m*, bleu *m*
Pause *f* [Ruhe]	rest, stop, break, intermission, pause	repos *m*, silence *f*, pause *f*, intermission *f*
pausen *v*	copy, calk	copier, calquer
Pebble-Reaktor *m*	pebble reactor, pebble-bed reactor	réacteur *m* pebble

Pegel *m*	level, pitch	niveau *m*
Pegel *m*, absoluter	absolute level	niveau *m* absolu
Pegel *m*, relativer	relative level	niveau *m* relatif
Pegeldiagramm *n*	level diagram	diagramme *m* des niveaux *m/pl*
Pegelmesser *m*	level meter, level indicator, hypsometer	appareil *m* de mesure *f* de niveau *m*, hypsomètre *m*, décibelmètre *m*
Pegelschreiber *m*	level recorder, level recording set	enregistreur *m* de niveau *m*
Pellet *n*	pellet	aggloméré *m*
Pendelbewegung *f*	pendulum motion	mouvement *m* de pendule *m*
Pendelfrequenz *f*	oscillating frequency	fréquence *f* du mouvement pendulaire
pendeln *v*	oscillate, vibrate, swing, hunt	osciller, vibrer, balancer, balayer, pomper
Pendeln *n*	swinging, oscillating, vibration, hunting	oscillation *f*, vibration *f*, balancement *m*, balayage *m*, pompage *m*
Pendelschlagprobe *f*	Charpy test	essai *m* Charpy, essai *m* au mouton-pendule
Pendelschlagwerk *n*	pendulum impact testing machine	mouton-pendule *m*
Penetrameter *n*	penetrameter, penetrometer	pénétramètre *m*, pénétromètre *m*
Penetrier...	→ Eindring...	
Penetrometer *n*	→ Penetrameter *n*	
perfekt *adj*	perfect, unobjectable	parfait, sans défaut *m*, accompli
perforieren *v*	perforate, punch, puncture, pierce period	perforer, percer, poinçonner
Periode *f*	period	période *f*
periodisch *adj*	periodic(al)	périodique
peripher *adj*	peripheral	périphérique
Peripherie *f*	periphery	périphérie *f*
peripherisch *adj*	peripheral	périphérique
Perkussionsverfahren *n*	percussion method	méthode *f* de percussion *f*
Perlit *m*	perlite	perlite *f*
Perlit *n*, kugeliges	globular perlite, globular pearlite	perlite *f* globulaire
perlitisch *adj*	perlitic	perlitique
permanent *adj*	permanent, stationary, durable	permanent, stationnaire, durable, fixe
Permanentmagnet *m*	permanent magnet	aimant *m* permanent
Permeabilität *f*, feldstärkeabhängige	field strength dependent permeability	perméabilité *f* dépendant de l'intensité *f* du champ
Permeabilität *f*, relative	relative permeability	perméablité *f* relative
Permeabilitätsmesser *m*	permeameter	perméamètre *m*
Personal *n*	personnel, staff	personnel *m*

Personalüberwachung *f*	personnel monitoring	contrôle *m* individuel
Personendosimetrie *f*	dosage measurement of personnel	mesure *f* de dose *f* du personnel
Personendosis *f*	personal dose	dose *f* personnelle
Pflege *f*	maintenance	maintenance *f*, entretien *m*
Pflichtenheft *n*	specifications *pl*, performance specifications *pl*	cahier *m* de charges *f/pl*
Pfosten *m*	pole, post	poteau *m*, montant *m*, pieu *m*
Phänomen *n*	phenomenon, phenomena *pl*	phénomène *m*
Phantom *n*	phantom	fantôme *m*
Phase *f*	phase	phase *f*
Phase *f*; in ~	in phase	en phase *f*
Phaselock-Technik *f*	phaselock technique	technique *f* phaselock
phasenabhängig *adj*	phase-dependent, phase-sensitive	dépendant de la phase, sensible à la phase
Phasenänderung *f*	phase variation, phase change	variation *f* de phase *f*, changement *m* de phase *f*
Phasenanzeiger *m*	phase indicator	indicateur *m* de phase *f*
Phasenausgleich *m*	phase equalization, phase compensation, phase correction	équilibrage *m* de phase *f*, compensation *f* de phase *f*, correction *f* de phase *f*
Phasenbedingung *f*	phase condition	condition *f* de phases *f/pl*
Phasenbestimmung *f*	phase determination	détermination *f* de la phase
Phasendiagramm *n*	phase diagram	diagramme *m* des phases *f/pl*
Phasendifferenz *f*	phase difference	différence *f* des phases *f/pl*
Phasendrehung *f*	phase rotation	rotation *f* de phase *f*
phasenempfindlich *adj*	phase-sensitive, phase-dependent	sensible à la phase, dépendant de la phase
Phasenentzerrung *f*	phase correction, phase compensation, phase equalization	correction *f* de phase *f*, compensation *f* de phase *f*, équilibrage *m* de phase *f*
Phasenfehler *m*	phase error	erreur *f* de phase *f*
Phasengang *m*	phase response	allure *f* de phase *f*, réponse *f* de phase *f*
Phasengeschwindigkeit *f*	phase velocity	vitesse *f* de phase *f*
phasengesteuert *adj*	phased	contrôlé par phase *f*
phasengleich *adj*	in phase	en phase *f*
Phasengleichgewicht *n*	phase equilibrium	équilibre *m* des phases *f/pl*
Phasengleichheit *f*	phase coincidence	coïncidence *f* des phases *f/pl*, concordance *f* de phases *f/pl*
Phasengrenze *f*	interphase, phase boundary	couche *f* limite entre deux phases *f/pl*

Phasengrenzschicht *f*	→ Phasengrenze *f*	
Phasenhub *m*	phase deviation, phase swing, phase excursion	déviation *f* de phase *f*, écart *m* de phase *f*, excursion *f* de phase *f*
Phasenkompensation *f*	phase compensation, phase equalization	compensation *f* de phase *f*, équilibrage *m* de phase *f*
Phasenkonstante *f*	phase constant	constante *f* de phase *f*
Phasenkontrastverfahren *n* [Ultraschallabbildung]	phase contrast method	méthode *f* de contraste *m* de phases *f/pl*
Phasenlage *f*	phase position	position *f* de phase *f*
Phasenlaufzeit *f*	phase delay-time	temps *m* de propagation *f* de phase *f*
Phasenmesser *m*	phase meter	phasemètre *m*
Phasenmessung *f*	phase measurement	mesure *f* de phase *f*
Phasenmodulation *f*	phase modulation	modulation *f* de phase *f*
Phasennachbildung *f*	phase lag, phase lagging	retard *m* de phase *f*, déphasage *m* en arrière
Phasenregelung *f*	phase control, phasing control	réglage *m* de phase *f*
Phasenregler *m*	phase control, phase regulator	régulateur *m* de phase *f*
Phasenschieber *m*	phase shifter	régulateur *m* de phase *f*
Phasensprung *m*	phase jump	changement *m* brusque de phase *f*
Phasenstabilisierung *f*	phase stabilization	stabilisation *f* de phase *f*
Phasenstabilität *f*	phase stability	stabilité *f* de phase *f*
Phasensteuerung *f*	phase control	commande *f* de phase *f*
Phasensynchronisation *f*	phase synchronization	synchronisation *f* de phase *f*
Phasenteilung *f*	phase splitting, phase division	division *f* de phase *f*
Phasentransformation *f*	phase transformation, phase conversion	transformation *f* de phase *f*, conversion *f* de phase *f*
Phasenübereinstimmung *f*	phase coincidence	coïncidence *f* des phases *f/pl*, concordance *f* de phases *f/pl*
Phasenumkehrung *f*	phase inversion	inversion *f* de phase *f*
Phasenumwandlung *f*	phase conversion, phase transformation	conversion *f* de phase *f*, transformation *f* de phase *f*
Phasenunterschied *m*	phase difference	différence *f* des phases *f/pl*
Phasenverschiebung *f*	phase displacement, phase shift, phase difference	déphasage *m*, décalage *m* de phase *f*
Phasenverschiebungswinkel *m*	phase displacement angle, phase angle	angle *m* de décalage *m* de phase *f*, angle *m* de déphasage *m*
phasenverschoben *adj*	phase-displaced, phase-shifted, out-of-phase, dephased	déphasé, décalé en phase *f*

Phasenverteilung *f*	phase distribution	distribution *f* de phase *f*
Phasenverzerrung *f*	phase distortion	distorsion *f* de phase *f*
Phasenvoreilung *f*	phase advancing, phase lead	avance *f* de phase *f*, déphasage *m* en avant
Phasenwinkel *m*	phase angle	angle *m* de déphasage *m*
Phasenwinkelmodulation *f*	phase-angle modulation	modulation *f* d'angle *m* de phase *f*
Phosphor *m* [P]	phosphorus, phosphor	phosphore *m*
Phosphoreszenz *f*	phosphorescence	phosphorescence *f*
phosphorhaltig *adj*	phosphoric	phosphorique
Photo *n* [Lichtbild]	photo, photograph	photo *f*, photographie *f*
Photoeffekt *m*	photoeffect, photoelectric effect	effet *m* photoélectrique
photoelektrisch *adj*	photo-electric	photoélectrique
Photoelektron *n*	photo-electron	photoélectron *m*
Photoelektronenspektroskopie *f*	photoelectron spectroscopy	spectroscopie *f* photoélectronique
Photoelektronen-Vervielfacher *m*	photo-electron multiplier	photomultiplicateur *m*
Photoelement *n*	photo-electric cell	élément *m* photoélectrique
Photoemission *f*	photoemission, photoelectric emission	photoémission *f*, émission *f* photoélectrique
Photographie *f* [Lichtbild]	photograph, photo	photographie *f*, photo *f*
Photographie *f* [Lichtbildkunst]	photography	photographie *f*
photographieren *v*	photograph, photo, take a photo	photographier, prendre (une photo)
Photokatode *f*	photo-cathode	photo-cathode *f*
Photokopie *f*	photocopy, photographic reproduction	photocopie *f*, copie *f* photographique, reproduction *f* photographique
Photoleiter *m*	photo-conductor	conducteur *m* photoélectrique
Photolumineszenz *f*	photoluminescence	photoluminescence *f*
Photometer *n*	photometer	photomètre *m*
Photometrie *f*	photometry	photométrie *f*
Photon *n*	photon, light quantum	photon *m*, quantum *m* de lumière *f*
Photonenemission *f*	emission of photons *pl*	émission *f* de photons *m/pl*
Photonenquelle *f*	photon source	source *f* de photons *m/pl*
Photoneutron *n*	photoneutron	photoneutron *m*
photonuklear *adj*	photonuclear	photonucléaire
Photopapier *n*	photographic paper	papier *m* photographique
Photostrom *m*	photo-current	courant *m* photoélectrique
Photovervielfacher *m*	photomultiplier	photomultiplicateur *m*
Photozelle *f*	photocell	cellule *f* photoélectrique
Physik *f*, angewandte	applied physics *pl*	physique *f* appliquée
Physiker *m*	physicist	physicien *m*
Pickel *m*	pimple	bouton *m*

Pick-up *m*	pick-up	pick-up *m*
Piezo-Effekt *m*	piezoelectric effect	effet *m* piézoélectrique
piezoelektrisch *adj*	piezoelectric(al)	piézoélectrique
Piezoschwinger *m*	piezo-transducer, ceramic transducer	transducteur *m* céramique, piézo-transducteur *m*
Pilotsignal *n*	pilot signal	signal *m* pilote
Pilotstrahl *m*	pilot beam, guiding beam, localizer beam	rayon *m* pilote, rayon *m* de guidage *m*
plan *adj*	plane, plain, even, flat smooth	plan, plain, plat, lisse, uni
Plan *m* [Entwurf]	plan, design, drawing, project, sketch, layout	plan *m*, projet *m*, dessin *m*, croquis *m*
planen *v*	plan, project	projeter, envisager
Planheit *f*	flatness	planitude *f*
planieren *v*	planish, plane, smooth, flatten, level	aplanir, planer, niveler
planmachen *v*	→ planieren *v*	
planparallel *adj*	plane parallel	à plans *m/pl* parallèles
Planung *f*	planning, future prospect, laying-out	projet *m*, conception *f*, développement *m* prévu
Plasmaschwingung *f*	plasma oscillation	oscillation *f* du plasma
Plasmaverbindungsschweißen *n*	plasma welding	soudage *m* au plasma
Plastik...	→ Kunststoff...	
plastisch *adj*	plastic	plastique
Plastizität *f*	plasticity	plasticité *f*
Platin *n* [Pt]	platinum	platine *m*
Platin-Doppeldrahtsteg *m* [Radiographie]	platinum double-wire traverse	traverse *f* à double fils *m/pl* en platine *m*
Platindraht *m*	platinum wire	fil *m* de platine *m*
Platine *f* [Montageplatte]	plate, board, deck, desk	platine *f*, plaque *f*, plaquette *f*
Platine *f* [Stanzerei]	blank	disque *m*
Platine *f* [Walzwerk]	sheet billet, sheet bar, flat bar, mill bar	larget *m*, platine *f*
platinhaltig *adj*	platiniferous	platinifère
platinieren *v*	platinize	platiner
Platinlegierung *f*	platinum alloy	alliage *m* de platine *m*
platt *adj*	laminar, flat, rolled	plat, aplati, laminé, cylindré
Plättchen *n*	flat, blank	flan *m*, lamette *f*, plaquette *f*, pastille *f*
Platte *f* [allgemein]	plate	plaque *f*
Platte *f* [Schallplatte]	record, disk	disque *m*
Platte *f*, gekerbte	notched plate	tôle *f* entaillée, plaque *f* entaillée
Plattenfehler *m*	plate defect	défaut *m* de plaque *f*
Plattenhalter *m*	plate holder	dispositif *m* de serrage *m* de plaque
Plattentestkörper *m*	plate-shaped test block	bloc *m* de référence *f* en plaque *f*

Plattenwelle *f*	plate wave, Lamb wave, compressional wave	onde *f* de plaque *f*, onde *f* de Lamb, onde *f* Lamb
Plattenwellenverfahren *n*	Lamb wave method	procédé *m* à ondes *f/pl* de plaque *f*
plattieren *v*	plate, clad	plaquer, doubler
plattiert *adj*	plated, clad	revêtu, plaqué, doublé
Plattierung *f*	cladding, plating	revêtement *m* métallique, placage *m*, plaqué *m*
Platz *m* [allgemein]	place	place *f*
Platz *m* [Lage]	position	position *f*
Platz *m* [öffentlicher Platz]	square	place *f*
Platz *m* [Sitzplatz]	seat	siège *m*, place *f* assise
Platz *m* [Stelle]	site, location, ground, place	lieu *m*, endroit *m*, place *f*, emplacement *m*, terrain *m*, site *m*
platzen [bersten] *v*	burst, crack	crever, fêler, fendre
platzen [explodieren] *v*	explode, detonate, burst	éclater, exploser, explosionner, détoner
Platzen *n*	burst	crevassage *m*
Plexiglasunterlage *f*	plexiglass shoe	semelle *f* en plexiglas *m*
plötzlich *adj*	sudden, abrupt, acute, short-term, temporary	abrupt, brusque, à court terme *m*, aigu, temporaire
Pluszeichen *n*	plus sign, positive sign	signe *m* plus, signe *m* positif
Plutonium *n* [Pu]	plutonium	plutonium *m*
pneumatisch *adj*	pneumatic	pneumatique
Poisson-Zahl *f*	Poisson's number	nombre *m* de Poisson
Pol *m*, magnetischer	magnetic pole	pôle *m* magnétique
Pol *m*, negativer	negative pole	pôle *m* négatif
Polabstand *m*	pole distance	distance *f* entre pôles *m/pl*, distance *f* polaire
Polardiagramm *n*	polar diagram	diagramme *m* polaire
Polarisation *f*, zirkulare	circular polarization	polarisation *f* circulaire
Polarisationsebene *f*	plane of polarization	plan *m* de polarisation *f*
Polarisationsfehler *m*	polarization error	erreur *f* de polarisation *f*
Polarisationsfilter *m*	polarization filter	filtre *m* de polarisation *f*
Polarisationsrichtung *f*	direction of polarization	direction *f* de polarisation *f*, sens *m* de polarisation *f*
Polarisationsspannung *f*	polarizing voltage	tension *f* de polarisation *f*
polarisieren *v*	polarize	polariser
polarisiert, horizontal ~ *adj*	horizontally polarized	polarisé horizontalement
Polarität *f*	polarity	polarité *f*
Polaritätsbestimmung *f*	determination of polarity	détermination *f* de polarité *f*
Polaritätsprüfer *m*	polarity tester	vérificateur *m* de polarité *f*
Polaritätsprüfung *f*	polarity test	essai *m* de polarité *f*, vérification *f* de polarité *f*

Polaritätsumkehr *f*	polarity reversal	inversion *f* de polarité *f*
Polaritätswechsel *m*	polarity change	alternation *f* de polarité *f*, alternance *f* de polarité *f*
Polarkoordinaten *f/pl*	polar coordinates *pl*	coordonnées *f/pl* polaires
Polbestimmung *f*	determination of polarity	détermination *f* de polarité *f*
Polentfernung *f*	pole distance	distance *f* polaire, distance *f* entre pôles *m/pl*
polieren *v*	polish	polir, vernir
Polkopf *m*	polar head, polar post	tête *f* polaire, boulon *m* polaire
Polonium *n* [Po]	polonium	polonium *m*
Polprüfer *m*	pole tester, polarity indicator	vérificateur *m* de polarité *f*, indicateur *m* de polarité *f*
Polschuh *m*	pole shoe, pole tip, pole piece	corne *f* polaire, pièce *f* polaire
Polstärke *f*	pole strength, polar intensity	intensité *f* polaire
Polstrahl *m*	polar line, radius vector	rayon *m* polaire, vecteur *m* radial
Polstück *n*	pole piece, pole tip, pole shoe	pièce *f* polaire, corne *f* polaire
Polung *f*	polarization, polarity	polarisation *f*, polarité *f*
Polwechsel *m*	pole changing, polar alternation	alternance *f* polaire, alternation *f* polaire
Polwicklung *f*	magnetic field coil	enroulement *m* polaire, bobine *f* d'inducteur *m*
Polyamid *n*	polyamide	polyamide *m*
Polyäthylen *n* [PE]	polyethylene, polythylene, polythene	polyéthylène *m*, polythylène *m*, polythène *m*
Polyester *m*	polyester	polyester *m*
Polyethylen *n* [PE]	→ Polyäthylen *n*	
Polykarbonat *n*	polycarbonate	polycarbonate *m*
polymer *adj*	polymer	polymère
Polymerisation *f*	polymerization	polymérisation *f*
Polystyrol *n*	polystyrene	polystyrène *m*, polystyrol *m*
Polyurethan *n*	polyurethane	polyuréthane *m*
Polyvinylchlorid *n* [PVC]	polyvinyl chloride	chlorure *m* de polyvinyle *m*
Pore *f*	pore, pit	soufflure *f*, pore *m*
Porenbildung *f*	pore formation	formation *f* de pores *m/pl*
Porendiffusion *f*	porous diffusion	diffusion *f* poreuse
porenfrei *adj*	without pores, without pits *pl*	exempt de pores *m/pl*
Porennest *n*	clustered porosity	nid *m* de soufflures *f/pl*
Porenzeile *f*	linear porosity	soufflures *f/pl* alignées, soufflures *f/pl* en chapelet *m*
porig *adj*	porous	poreux

Porigkeit *f*	porosity	porosité *f*
porös *adj*	porous	poreux
Porosität *f*	porosity	porosité *f*
Portion *f*	portion	portion *f*
Porzellan *n*	porcelain	porcelaine *f*
Position *f*	position	position *f*
Positivbild *n*	positive image	image *f* positive
Positivmodulation *f*	positive modulation	modulation *f* positive
Positron *n*	positron	positron *m*
Positronenstrahlung *f*	positron radiation	radiation *f* de positrons *m/pl*
Posten *m* [Haufen]	lot, parcel, batch, quantity	lot *m*, quantité *f*
Posten *m* [Listennummer]	item, entry	article *m*, lot *m*
Posten *m* [Station]	post, station	poste *m*, station *f*
Posten *m* [Stellung]	post, situation	charge *f*, place *f*
Potentialabfall *m*	potential drop, decrease of potential	chute *f* de potentiel *m*
Potentialanstieg *m*	increase of potential	accroissement *m* de potentiel *m*
Potentialdifferenz *f*	potential difference	différence *f* de potentiel *m*
Potentialgefälle *n*	potential gradient	gradient *m* de potentiel *m*
Potentialgradient *m*	→ Potentialgefälle *n*	
Potentialschwelle *f*	potential threshold	seuil *m* de potentiel *m*
Potentialsonden-Verfahren *n*	electrical potential method, electrical resistance probe method, direct-current conduction method	procédé *m* potentiel électrique, méthode *f* rhéométrique à courant *m* continu
Potentialsprung *m*	potential discontinuity	discontinuité *f* de potentiel *m*
Potentiometerregelung *f*	potentiometer control	réglage *m* par potentiomètre *m*
Potenzgesetz *n*	power law	loi *f* des puissances *f/pl*
potenzieren *v*	power, raise to a power	élever à une puissance
Potenzreihe *f*	power series *pl*	série *f* en puissances *f/pl*
praktisch *adj*	practical	pratique
Prallelektrode *f*	dynode	dynode *f*
Prallplatte *f*	baffle plate, deflecting plate, deflection plate, deflector plate	chicane *f*, plaque *f* déflectrice, déflecteur *m*, plaque *f* de déviation *f*
Präparat *n*	preparation	préparation *f*
präparieren *v*	prepare	préparer
Praseodym *n* [Pr]	praseodymium	praséodyme *m*
Praxis *f*	practice	pratique *f*
Praxis *f*, in der ~	in praxi, in praxis	in praxi, en pratique *f*
Präzision *f*	precision	précision *f*
Präzisionsmeßinstrument *n*	precision measuring instrument	instrument *m* de mesure *f* de précision *f*
prellen [aufprallen] *v*	impact, bound, bounce, hit, strike	heurter (contre)

prellen [zurückprallen] *v*	rebound	rebondir
pressen [auspressen] *v*	squeeze out	pressurer
pressen [drücken] *v*	press	presser, serrer
pressen [komprimieren] *v*	compress	comprimer, briquetter
Preßluft *f*	compressed air, pressurized air	air *m* comprimé
Preßschweißen *n*	pressure welding	soudage *m* à (com)pression *f*, soudage *m* par (com)pression *f*
Preßschweißung *f*	pressure weld	soudure *f* à (com)pression *f*, soudure *f* par (com)pression *f*
Preßstoff *m*	pressed material	matière *f* comprimée
Preßstück *n*	pressed piece, pressed part, cake, compact	pièce *f* pressée, pièce *f* emboutie à la presse, briquette *f*
Preßteil *n*	→ Preßstück *n*	
primär *adj*	primary	primaire
Primärelektron *n*	primary electron	électron *m* primaire
Primärkreislauf *m* [Kernreaktor]	primary circuit	circuit *m* primaire
Primärspule *f*	primary coil	bobine *f* primaire
Primärstrahl *m*	primary beam	faisceau *m* primaire
Primärstrahler *m*	primary emitter, primary radiator	émetteur *m* primaire, radiateur *m* primaire
Primärstrahlung *f*	primary emission, primary radiation	émission *f* primaire, rayonnement *m* primaire, radiation *f* primaire
Primärwicklung *f*	primary winding	enroulement *m* primaire
Prinzip *n*	principle, fundamental, scheme	principe *m*, schéma *m*
Prinzipschaltbild *n*	schematic diagram	schéma *m* de principe *m*
Priorität *f*	priority	priorité *f*
Prisma *n*, gerades	right prism	prisme *m* droit
Proaktinium *n* [Pa]	proactinium	proactinium *m*
Probe *f* [Erprobung]	test, testing, assay, check, check-up, checking, sampling, trial	essai *m*, épreuve *f*, test *m*, contrôle *m*
Probe *f* [Mathematik]	proof	preuve *f*
Probe *f* [Probekörper]	sample, specimen, test piece, assay	échantillon *m*, éprouvette *f*, spécimen *m*, pièce *f* à essayer, pièce *f* d'essai *m*
Probe *f*, ferromagnetische	ferromagnetic specimen	échantillon *m* ferromagnétique
Probeabzug *m*	proof sheet, specimen	épreuve *f* d'imprimerie *f*
Probekörper *m*	sample, specimen, test piece, assay	échantillon *m*, éprouvette *f*, spécimen *m*, prise pièce *f* d'essai *m*, pièce *f* à essayer
Probenahme *f*	sampling, essay	prise *f* d'échantillon *m*, échantillonnage *m*, essai *m*

Probendicke *f*	thickness of test piece	épaisseur *f* de l'éprouvette *f*
Probenentnahme *f*	essay, sampling	échantillonnage *m*, prise *f* d'échantillon *m*, essai *m*
Probenform *f*	shape of the test piece	forme *f* de l'éprouvette *f*
Probenherstellung *f*	production of specimen(s)	production *f* d'échantillon *m*
Probenlage *f*	position of the test piece	position *f* de l'échantillon *m*
Probenmaterial *n*	testpiece material	matériau *m* de la pièce à essayer
Probentemperatur *f*	sample temperature	température *f* de l'éprouvette *f*
Probenwechsler *m*	sample changer	échangeur *m* d'échantillons *m/pl*
Probestab *m*	sample, test bar, trial rod	éprouvette *f*
Probestück *n*	sample, specimen, test piece	pièce *f* à essayer, éprouvette *f*, spécimen *m*
probieren *v*	try, prove, check, test	essayer, vérifier, éprouver, tester, contrôler
Problem *n*	problem	problème *m*
Produkt *n*	product	produit *m*
Produktion *f*	production, manufacture, fabrication, generation, output	production *f*, fabrication *f*, génération *f*
Produktionskosten *f/pl*	production costs *pl*, manufacturing costs *pl*	frais *m/pl* de production *f*
Produktionssteigerung *f*	increase of production	augmentation *f* de production *f*
Produktivität *f*	productivity	productivité *f*
produzieren *v*	produce, make, manufacture, generate	produire, fabriquer, faire, générer, créer
Profil *n*	profile, section, intersection, cutting through, contour, outline, view	profile *m*, section *f*, coupe *f*, intersection *f*, contour *m*, vue *f*
Profileisen *n*	profile iron, section iron	fer *m* profilé, profilé *m*
Profilmaterial *n*	profile material, section	matériaux *m/pl* profilés, profilé *m*
Profilstahl *m*	profile steel, section steel	acier *m* profilé
Programmablauf *m*	program flow, running-down	écoulement *m* de programme *m*, suite *f* de programme *m*
Programmfolge *f*	program sequence	séquence *f* de programme *m*
programmgesteuert *adj*	program-controlled	commandé par programme *m*
programmieren *v*	program	programmer
Programmieren *n*	programming	programmation *f*
Programmierung *f*	→ Programmieren *n*	

Programmregler *m*	program control, timer	régulateur *m* de programme *m*
Programmwähler *m*	program selector	sélecteur *m* de programme *m*
Projekt *n*	project	projet *m*
Projektierung *f*	planning, laying-out	conception *f*, projet *m*
Projektion *f*	projection	projection *f*
projizieren *v*	project	projeter
Proliferation *f*	proliferation	prolifération *f*
Proliferationsaktivität *f*	proliferation activity	activité *f* de prolifération *f*
proliferativ *adj*	proliferative	prolifératif
Proportion *f*	proportion	proportion *f*
proportional *adj*	proportional	proportionnel
Proportionalität *f*	proportionality	proportionnalité *f*
Protokoll *n*	protocol, minutes *pl*, record	procès-verbal *m*
Protokoll *n* aufnehmen *v*	draw up the minutes *pl*, take down the minutes *pl*	rédiger le procès-verbal, dresser le procès-verbal
Protokoll *n* führen *v*	keep the minutes *pl*	écrire le procès-verbal
Proton *n*	proton	proton *m*
Protonenradiographie *f*	proton radiography	radiographie *f* par protons *m/pl*
Protonenspektrum *n*	proton spectrum	spectre *m* protonique
Protonenstrahl *m*	proton beam, proton ray	faisceau *m* de protons *m/pl*, rayon *m* protonique
Protonenstreuung *f*	proton scattering	diffusion *f* des protons *m/pl*
protrahiert *adj*	protacted, extended-time..., long-time..., long-continued, continuous, permanent	prolongé, à longue échéance *f*, à long temps *m*, continu, continué, permanent
Protrahierung *f*	protraction	protraction *f*, prolongation *f*
Prozentsatz *m*	percentage	pourcentage *m*
prozentual *adj*	per cent	en pourcent
Prozeß *m* [Ablauf]	process, operation	procès *m*, processus *m*, opération *f*
Prozeß *m* [Verfahren]	technique, procedure, method	technique *f*, procédé *m*, méthode *f*
Prozeßrechner *m*	process computer	ordinateur *m* de processus *m*
Prüfablauf *m*	test technique	technique *f* d'essai *m*, technique *f* de contrôle *m*
Prüfabschnitt *m*	test section	section *f* d'essai *m*
Prüfanlage *f*	test unit, test equipment, testing system, testing apparatus, inspection device, checking device	équipement *m* d'essai *m*, installation *f* d'inspection *f*, appareil *m* de test *m*, dispositif *m* de contrôle *m*

Prüfbarkeit *f*	possibility of testing	possibilité *f* de contrôle *m*
Prüfbedingung *f*	test condition	condition *f* d'essai *m*, condition *f* de contrôle *m*
Prüfbereich *m*	testing range	zone *f* contrôlée
Prüfbericht *m*	test report, examination report	rapport *m* d'essai *m*, rapport *m* d'épreuve *f*, procès-verbal *m* d'essai *m*
Prüfbestimmung *f*	test specification	spécification *f* d'essai *m*, règlement *m* d'essai *m*
Prüfdauer *f*	testing time, test duration	temps *m* d'essai *m*, durée *f* de contrôle *m*
Prüfeinrichtung *f*	test equipment, test unit, testing system, testing apparatus, inspection device, checking device	équipement *m* d'essai *m*, installation *f* d'inspection *f*, appareil *m* de test *m*, dispositif *m* de contrôle *m*
Prüfempfindlichkeit *f*	test sensitivity, sensitivity of testing	sensibilité *f* d'essai *m*
prüfen [kontrollieren] *v*	test, control, verify, check, monitor	contrôler, vérifier, examiner
prüfen [untersuchen] *v*	prove, test	prouver, essayer, contrôler, examiner
Prüfer *m* [Person]	tester, operator	opérateur *m*, technicien *m* d'essai *m*, contrôleur *m*, vérificateur *m*
Prüfer *m* [Prüfgerät]	tester, testing device	appareil *m* vérificateur
Prüfergebnis *n*	test result, testing result	résultat *m* d'essai *m*, résultat *m* du contrôle
Prüffeld *n*	test bay, test room, test floor	banc *m* d'essai *m*, atelier *m* d'essais *m/pl*, salle *f* de contrôle *m*
Prüfflüssigkeit *f*	magnetic ink	encre *f* magnétique
Prüfflüssigkeit *f*, farbige	coloured magnetic ink	encre *f* colorée
Prüffrequenz *f*	test frequency	fréquence *f* d'essai *m*
Prüfgerät *n*	testing apparatus, test instrument, test unit, checking device	dispositif *m* de contrôle *m*, instrument *m* de contrôle *m*, appareil *m* de test *m*, installation *f* d'essai *m*
Prüfgeschwindigkeit *f*	testing speed, test speed	vitesse *f* de contrôle *m*
Prüfimpuls *m*	test pulse	impulsion *f* de contrôle *m*
Prüfingenieur *m*	test engineer	ingénieur *m* d'essai *m*
Prüfklasse *f*	test class	classe *f* d'essai *m*
Prüfkopf *m*	test head, probe, transducer, measuring head, scanning head, serching head, search head, acceptor	tête *f* de mesure *f*, tête *f* de détection *f*, palpeur *m*, sonde *f*, transducteur *m*, capteur *m*
Prüfkopf *m*, fokussierender	focusing transducer, focusing probe	palpeur *m* focalisant, palpeur *m* avec focalisation *f*

Prüfkopfanordnung *f*	probe arrangement	disposition *f* du palpeur
Prüfkopfführung *f*	scanner guide	guidage *m* du palpeur
Prüfkopfhalter *m*	probe holder	support-palpeur *m*
Prüfkopfhalterung *f*	→ Prüfkopfhalter *m*	
Prüfkopfumschalter *m*	probe switch, probe switch unit	commutateur *m* de palpeur *m*
Prüfkopfverschiebung *f*	probe displacement	déplacement *m* de palpeur *m*
Prüfkörper *m* [Bezugsprobe]	test block, standard specimen	éprouvette-étalon *f*, bloc *m* de référence *f*
Prüfkörper *m* [Prüfobjekt]	test sample, test specimen, test piece	pièce *f* d'essai *m*, éprouvette *f*, objet *m* à essayer
Prüfkreis *m*	test circuit, test connection	circuit *m* d'essai *m*, circuit *m* d'épreuve *f*
Prüfkriterium *n*	test criterium, test criteria *pl*	critère *m* de contrôle *m*
Prüflabor(atorium) *n*	testing laboratory	laboratoire *m* d'essai *m*
Prüflampe *f*	test lamp	lampe *f* de contrôle *m*, lampe *f* témoin
Prüflast *f*	test load	charge *f* d'essai *m*
Prüflehre *f*	master gauge	calibre *m* étalon
Prüfleistung *f*	test performance	rendement *m* du contrôle, débit *m* d'essai *m*
Prüfling *m*	test piece, sample, specimen, test specimen, test sample	pièce *f* d'essai *m*, objet *m* à essayer, éprouvette *f*, spécimen *m* de test *m*, pièce *f* à contrôler, pièce *f* contrôlée, pièce *f* examinée, échantillon *m*
Prüfmedium *n*	test medium, test agent	agent *m* d'essai *m*
Prüfmittel *n*	test means *pl*	moyens *m*/*pl* d'essai *m*
Prüfmolch *m*	detector pig, pig, scraper	racleur-détecteur *m*, racleur *m*
Prüfmuster *n*	test sampe, test specimen, sample, specimen, test piece	éprouvette *f*, pièce *f* à essayer, pièce *f* d'essai *m*, spécimen *m*, échantillon *m*, pièce *f* à contrôler, spécimen *m* de test *m*
Prüfobjekt *n*	test specimen, test sample, test object	objet *m* à essayer, pièce *f* d'essai *m*, objet *m* à contrôler
Prüfparameter *m*	test parameter	paramètre *m* d'essai *m*
Prüfpersonal *n*	test personnel, test staff	personnel *m* de contrôle *m*
Prüfplatz *m*	test desk	table *f* d'essais *m*/*pl*
Prüfprogramm *n*	test program, check program	programme *m* d'essai *m*, programme *m* de contrôle *m*
Prüfprotokoll *n*	test report	protocole *m* d'essai *m*, procès-verbal *m* d'essai *m*

Prüfpunkt *m*	test point	point *m* de contrôle *m*
Prüfraum *m*	testing room	salle *f* de contrôle *m*
Prüfrichtung *f*	direction of testing	direction *f* du test
Prüfschaltung *f*	test circuit, test connection	circuit *m* d'essai *m*, circuit *m* d'épreuve *f*
Prüfsignal *n*	test signal	signal *m* de contrôle *m*
Prüfsonde *f*	search probe	sonde *f* d'essai *m*
Prüfspur *f*	test track	piste *f* de contrôle *m*
Prüfstand *m*	test stand, test bed	plateforme *f* d'essai *m*, banc *m* d'essai *m*
Prüfstation *f*	test station, testing station	station *f* d'essai *m*, poste *m* d'essai *m*
Prüfsteg *m* [Bildgüte-Prüfsteg]	wire grid type image quality indicator	indicateur *m* de qualité *f* d'image *f* à traverses *f/pl* en fils *m/pl* métalliques
Prüfstelle *f*	test point, test station, testing station	poste *m* d'essai *m*, point *m* de contrôle *m*, station *f* d'essai *m*
Prüfstück *n*	test piece, piece to be tested, test sample, test specimen, test object, sample, specimen	pièce *f* à essayer, pièce *f* à contrôler, pièce *f* contrôle, pièce *f* examinée, pièce *f* d'essai *m*, éprouvette *f*, échantillon *m*
Prüftechnik *f*	test technique, technique of testing	technique *f* de contrôle *m*, technique *f* d'essai *m*
Prüftechniker *m*	tester, operator	technicien *m* d'essai *m*, contrôleur *m*
Prüftrupp *m*	test team	équipe *f* d'essai *m*
Prüfumfang *m*	extensiveness of testing	étendue *f* d'essai *m*
Prüfung *f*	test, testing, inspection, check, check-up, checking	essai *m*, contrôle *m*, inspection *f*, épreuve *f*
Prüfung *f*, elektrische	electric test	contrôle *m* électrique
Prüfung *f*, klimatische	climatic test	essai *m* climatique, épreuve *f* climatique
Prüfung *f*, kontinuierliche	continuous test(ing), continuous inspection	contrôle *m* en continu, essai *m* en continu
Prüfung *f*, lückenlose	uninterrupted test, complete test	contrôle *m* ininterrompu, essai *m* complet
Prüfung *f*, magnetische	magnetic test(ing)	contrôle *m* magnétique
Prüfung *f*, mechanische	mechanical test	contrôle *m* mécanique
Prüfung *f*, zerstörende	destructive test, destructive testing	contrôle *m* destructif
Prüfung *f*, zerstörungsfreie	nondestructive test, nondestructive testing, nondestructive inspection, nondestructive examination	contrôle *m* non destructif, essai *m* non destructif, inspection *f* non destructive, examen *m* non destructif
Prüfung *f* in Tauchtechnik *f*	test using immersion technique	contrôle *m* sous immersion *f*

Prüfung *f* vor Inbetriebnahme *f*	preservice inspection	inspection *f* préservice
Prüfungsbericht *m*	test report, examination report	rapport *m* d'essai *m*, rapport *m* d'épreuve *f*, procès-verbal *m* d'essai *m*
Prüfungsergebnis *n*	test result, testing result	résultat *m* du contrôle, résultat *m* d'essai *m*
Prüfverfahren *n*	test method, testing procedure, technique of testing, test technique	technique *f* d'essai *m*, technique *f* de contrôle *m*, méthode *f* d'essai *m*
Prüfverfahren *n*, berührungsloses	contactless test method	méthode *f* d'essai *m* sans contact *m*
Prüfvorrichtung *f*	testing equipment, testing system, testing apparatus, test unit, test instrument, testing device, inspection device, checking device	dispositif *m* de contrôle *m*, installation *f* de contrôle *m*, installation *f* d'essai *m*, appareil *m* vérificateur, équipement *m* d'essai *m*, appareil *m* de test *m*, installation *f* d'inspection *f*
Prüfvorschrift *f*	test specifications *pl*	spécifications *f/pl* d'essai *m*, règlement *m* d'essai *m*
Prüfwert *m*	test data *pl*	données *f/pl* d'essai *m*
Prüfzeichen *n*	proof certificate, test mark	repère *m* d'essai *m*, marque *f* d'épreuve *f*
Prüfzone *f*	testing zone	zone *f* à contrôler, zone *f* de contrôle *m*, zone *f* de sondage *m*
Puls *m* [Impuls]	pulse	impulsion *f*
Puls *m* [Impulsfolge]	pulse train, pulse group, pulse sequence, pulse repetition	train *m* d'impulsions *f/pl*, série *f* d'impulsions *f/pl*, cadence *f* d'impulsions *f/pl*, succession *f* d'impulsions *f/pl*, séquence *f* d'impulsions *f/pl*
Puls...	→ Impuls...	
Pulsation *f*	pulsation	pulsation *f*
pulsieren *v*	pulse	pulser
Pulsieren *n*	pulsation	pulsation *f*
Pulver *n*, feuchtes	humid powder, wet powder	poudre *f* humide, poudre *f* mouillée
Pulver *n*, lumineszierendes	luminescent powder	poudre *f* luminescente
Pulver *n*, trockenes	dry powder	poudre *f* sèche
pulverförmig *adj*	powdery	pulvérulent
pulverisieren *v*	powder	pulvériser
Pulverisieren *n*	powdering	pulvérisation *f*
Pulvermetallurgie *f*	powder metallurgy	métallurgie *f* des poudres *f/pl*

Pumpanlage *f*	pumping installation, pumping system, pump assembly	installation *f* de pompage *m*, système *m* de pompage *m*
Pumpe *f*	pump	pompe *f*
pumpen *v*	pump	pomper
Pumpsystem *n*	pumping system	système *m* de pompage *m*
Punkt *m*	point, spot, dot	point *m*, spot *m*
punktartig *adj*	punctual, point . . .	ponctuel
punktförmig *adj*	→ punktartig *adj*	
punktgeschweißt *adj*	spot-welded	soudé par points *m/pl*
Punktquelle *f*	point source	source *f* ponctuelle
punktieren *v*	dot, stipple	pointiller
Punktschweißnaht *f*	spot-weld seam	soudure *f* par points *m/pl*
Punktschweißen *n*	spot welding	soudage *m* par points *m/pl*
Punktschweißung *f*	spot weld	soudure *f* par points *m/pl*
Pyrotechnik *f*	pyrotechnics *pl*	pyrotechnique *f*
Pyrometer *m*	pyrometer	pyromètre *m*

Q

Quadratmittel *n*	root-mean-square value (R.M.S. value)	valeur *f* moyenne quadratique, moyenne *f* quadratique
quadrieren *v*	square, raise to the second power	élever au carré, former le carré
Quadrierung *f*	squaring	élévation *f* au carré
Quadrupol *m*	quadrupole, quadripole	quadripôle *m*
Quadrupolstrahlung *f*	quadrupole radiation	rayonnement *m* quadripolaire
Qualifikation *f*	qualification	qualification *f*
qualifizieren *v*	qualify	qualifier
Qualifizierung *f*	qualification	qualification *f*
Qualität *f*	quality	qualité *f*
qualitativ *adj*	qualitative	qualitatif
Qualitätsbeurteilung *f*	quality evaluation, quality judgement	appréciation *f* de la qualité *f*, estimation *f* de la qualité
Qualitätskontrolle *f*	quality control	contrôle *m* de la qualité
Qualitätsminderung *f*	quality reduction, quality decrease	réduction *f* de qualité *f*
Qualitätssicherung *f*	quality assurance	assurance *f* de qualité *f*
Qualitätsstahl *m*	high-quality steel	acier *m* de premier choix *m*
Qualitätsverbesserung *f*	improvement of quality	amélioration *f* de qualité *f*
Qualitätsverminderung *f*	quality reduction, quality decrease	réduction *f* de qualité *f*
Quant *n*	quantum, quanta *pl*	quantum *m*, quanta *m/pl*

quanteln *v*	quantize	quantifier
Quantelung *f*	quantization	quantification *f*, division *f* en quanta *m/pl*
Quantenausbeute *f*	quantum yield, quantum gain	rendement *m* quantique
Quantenemission *f*	quantum emission	émission *f* quantique
Quantenenergie *f*	quantum energy	énergie *f* quantique
Quantenmechanik *f*	quantum mechanics *pl*	mécanique *f* quantique
Quantenoptik *f*	quantum optics *pl*	optique *f* quantique
Quantenrauschen *n*	quantum noise	bruit *m* des quanta *m/pl*, bruit *m* quantique
Quantenstrahlung *f*	quantum radiation	rayonnement *m* quantique
Quantisierung *f*	quantization	quantification *f*, division *f* en quanta *m/pl*
Quantisierungsrauschen *n*	quantization noise	bruit *m* de quantification *f*
Quantität *f*	quantity, amount, magnitude	quantité *f*, taux *m*
quantitativ *adj*	quantitative	quantitatif
Quantum *n*	quantum, quanta *pl*	quantum *m*, quanta *m/pl*
Quarz *m*	quartz	quartz *m*
quarzgesteuert *adj*	quartz-controlled, crystal-controlled crystal . . .	commandé par quartz *m*, commandé par cristal *m*, . . . à quartz *m*, . . . à cristal *m*
Quarzkristall *m*	quartz crystal	cristal *m* de quartz *m*
quasi-stationär *adj*	quasi-stationary	quasi-stationnaire
Quecksilber *n* [Hg]	mercury	mercure *m*
Quelle *f*	source, origin	source *f*, origine *f*
Quelle *f*, hochaktive	high-activity source	source *f* de grande activité *f*
Quelle *f*, punktförmige	point source	source *f* ponctuelle
Quelle *f*, radioaktive	radioactive source	source *f* radioactive
Quellendurchmesser *m*, effektiver	effective source diameter	diamètre *m* effectif de la source
Quellort *m*	source point	point *m* de source *f*, source *f*
Quellenpunkt *m*	→ Quellort *m*	
quer [quer hindurchgehend] *adj*	transversal	transversal
quer [quer laufend] *adj*	transverse, cross	transversal, oblique
Quer . . .	transverse, cross, lateral	transversal, oblique, latéral
Querabmessung *f*	lateral dimension	dimension *f* latérale
Querabtastung *f*	transverse scanning	palpage *m* transversal
Querauflösungsvermögen *n*	transverse resolution power	pouvoir *m* de résolution *f* transversal
Querbeanspruchung *f*	transverse strain	effort *m* transversal
Querbelastung *f* [elektrisch]	shunt load, shunt loading	charge *f* shuntée
Querbelastung *f* [mechanisch]	transverse load, lateral loading	charge *f* transversale, charge *f* latérale

Querbewegung *f*	transverse motion, transverse movement, cross movement, lateral motion	mouvement *m* transversal, mouvement *m* latéral
Querbiegefestigkeit *f*	transverse strength, lateral strength	résistance *f* au cisaillement
Querempfindlichkeit *f*	transverse sensitivity	sensibilité *f* transversale
Querfehler *m*	transverse defect, lateral defect	défaut *m* transversal
Querfeld *n*	transverse field, cross field	champ *m* transversal
Querfestigkeit *f*	transverse strength, lateral strength	résistance *f* au cisaillement
Querkerbe *f*	coarse ripple	entaille f transversale
Querkraft *f*	shear force, shearing force, lateral force	force *f* transversale, force *f* de cisaillement *m*, poussée *f* transversale
Querprüfung *f*	transverse scanning	palpage *m* transversal
Querriß *m*	transverse crack, cross-crack	fissure *f* transversale, crique *f* transversale, fente *f* transversale
Querschnitt *m*	cross section, transverse section, lateral section, section	section *f* transversale, section *f*, section *f* droite, coupe *f* transversale, coupe *f* en travers, vue *f* en coupe*f*
Querschnittsfläche *f*	cross-sectional area, plan area	aire *f* de section *f*
Querschnittsform *f*	shape of cross section	forme *f* de la section
Querschnittsverringerung *f*	reduction of area	striction *f*, réduction *f* de l'aire *f* de section *f*
Querverschiebung *f*	transverse displacement, cross adjustment	déplacement *m* transversal, ajustage *m* transversal
Querverstellung *f*	cross adjustment	ajustage *m* transversal
Querwelle *f* [Maschinenteil]	transverse shaft	arbre *m* transversal
Querwelle *f* [Schwingung]	transverse wave	onde *f* transversale
Quetschversuch *m*	compression test, pressure test, crushing test, flattening test	essai *m* de (com)pression *f*, essai *m* d'aplatissement *m*

R

Rad *n*	wheel	roue *f*
Radachse *f*	shaft, axle, arbor, spindle	arbre *m*, essieu *m*, pivot *m* axe *m*
Radialkomponente *f*	radial component	composante *f* radiale

Radialschwingung *f*	radial oscillation, radial vibration	oscillation *f* radiale, vibration *f* radiale
Radiator *m*	radiator	radiateur *m*
radioaktiv *adj*	radioactive	radioactif
radioaktiv machen *v*	radioactivate, activate, stimulate, excite, incite, energize	radioactiver, activer, stimuler, exciter, inciter
Radioaktivität *f*, künstliche	artificial radioactivity	radioactivité *f* artificielle
Radioaktivität *f*, natürliche	natural radioactivity	radioactivité *f* naturelle
Radioelement *n*	radio-element, radioactive element	radio-élément *m*, élément *m* radioactif
Radiogramm *n*	radiogram	radiogramme *m*
Radiographie *f*	radiography	radiographie *f*
Radiographie *f*, hochauflösende	high-resolution radiography	radiographie *f* à haute résolution *f*
radiographisch	radiographic(al)	radiographique
Radioisotop *n*	radioisotope	radioisotope *m*
Radiologie *f*	radiology	radiologie *f*
radiologisch *adj*	radiologic(al), roentgenologic(al)	radiologique, roentgenologique
radiolytisch *adj*	radiolytic(al)	radiolytique
Radiometer *n*	radiometer	radiomètre *m*
Radiometrie *f*	radiometry	radiométrie *f*
radiometrisch *adj*	radiometric(al)	radiométrique
Radionuklid *n*	radionuclide	radionuclide *m*
Radioskopie *f*	radioscopy	radioscopie *f*
Radiosonde *f*	radioprobe	radiosonde *f*
Radium *n* [Ra]	radium	radium *m*
Radiumpräparat *n*	radium drug	préparation *f* de radium *m*
Radiotracer *m*	radiotracer, radioactive tracer	radiotraceur *m*, traceur *m* radioactif, indicateur *m* radioactif
Radiotracermethode *f*	radiotracer method, radioactive tracer technique	méthode *f* des traceurs *m/pl* radioactifs, technique *f* des radioéléments *m/pl* traceurs
Radiusvektor *m*	radius vector, polar line	vecteur *m* radial, rayon *m* polaire
Radon *n* [Rn]	radon	radon *m*
Radsatz *m*	wheel set	train *m* de roues *f/pl*
Raketenmotor *m*	rocket engine, rocket motor	moteur *m* à fusées *f/pl*
Rand *m* [Begrenzung]	boundary, border, limit, limitation, delimitation, periphery, demarcation	bordure *f*, limite *f*, limitation *f*, délimitation *f*, périphérie *f*, borne *f*, frontière *f*
Rand *m* [Kante]	edge, border, rim, corner	bord *m*, arête *f*, coin *m*, chanfrein *m*
Rand *m* [Kontur]	contour, outline	contour *m*
Randauflockerung *f*	smearing-out of boundary	érosion *f* de paroi *f*

Randbedingungen *f/pl*	marginal conditions *pl*, boundary conditions *pl*	conditions *f/pl* marginales, conditions *f/pl* de limite *f*
Randfeld *n*	fringing field	champ *m* de bord *m*
Randgebiet *n*	border region, border zone	région *f* du bord, zone *f* extérieure
Randlinie *f*	contour, outline, profile	contour *m*, profil *m*
Randoxidation *f*	surface oxidation	oxydation *f* de surface *f*
Randriß *m*	edge crack	fissure *f* de bord *m*, fissure *f* dans le bord
Randschicht *f*	peripheral layer, exterior layer	couche *f* périphérique, couche *f* extérieure
Randüberhöhung *f* [Schweißnaht]	seam rise	haussement *m* du bord
Randverwaschung *f*	smearing-out of boundary	érosion *f* de paroi *f*
Randzone *f*	marginal zone, border region, border zone, edge, rim, shell, skin	zone *f* marginale, zone *f* extérieure, région *f* du bord, bord *m*, arête *f*, chanfrein *m*
Raster *m*	grid, raster, screen, grating	grille *f*, treillis *m*, trame *f*, réseau *m*
Rasterelektronenmikroskop *n*	scanning electron microscope	microscope *m* électronique à balayage *m*
Rastermethode *f*	grid method	méthode *f* de treillis *m*
Rastermikroskop *n*	scan microscope, raster microscope	microscope *m* de trame *f*, microscope *m* à grille *f*
rastern [punktweise abtasten] *v*	scan (point by point)	balayer (point par point)
Rate *f*	rate	taux *m*, quote-part *f*
rationalisieren *v*	rationalize	rationaliser
Rauchgasprüfung *f*	flue-gas test	vérification *f* de gaz *m* de fumée *f*
rauh *adj*	rough, coarse, rude	rugueux, brut, rude, gros, grossier
Rauheit *f*	roughness	rugosité *f*
Rauhigkeit *f*	→ Rauheit *f*	
Raum *m* [Ort]	place, locus	place *f*, local *m*, lieu *m*
Raum *m* [Spielraum]	play, clearance, spacing	jeu *m*, écartement *m*
Raum *m* [Volumen]	volume, capacity	volume *m*, capacité *f*
Raum *m* [Weltraum]	soace	espace *m*
Raum *m* [Zimmer]	room, cell	salle *f*, chambre *f*, pièce *f*, cellule *f*
Raum *m*, freier	free space	espace *m* libre
Raum *m*, leerer	vacancy, void	espace *m* vide, vide *m*
raumabhängig *adj*	space-dependent	dépendant de l'espace *m*
Raumabhängigkeit *f*	space dependence	dépendance *f* de l'espace *m*
Raumauflösung *f*	spatial resolution	résolution *f* spatiale
Raumauflösungsvermögen *n*	spatial resolving power	pouvoir *m* de résolution *f* spatiale
Raumeinsparung *f*	space saving	épargne *f* en volume *m*, économie *f* de place *f*

Raumfahrt *f*	astronautics *pl*	astronautique *f*
Raumflug *m*	space flight	vol *m* spatial
Raumgeräusch *n*	room noise, ambient noise, environmental noise	bruit *m* de salle *f*, bruit ambiant
Raumgitter *n*	space lattice	réseau *m* spatial
Rauminhalt *m*	volume, cubic contents *pl*, cubic capacity, contents *pl*	volume *m*, capacité *f*, contenance *f*
Raumklimatisierung *f*	room air conditioning	climatisation *f* des locaux *m/pl*
Raumkurve *f*	space curve	courbe *f* spatiale
Raumladung *f*	space charge	charge *f* spatiale, charge *f* d'espace *m*
Raumladungsdichte *f*	space-charge density	densité *f* de charges *f/pl* spatiales
Raumladungsgebiet *n*	space-charge region, space-charge zone	région *f* de charges *f/pl* spatiales, zone *f* de charges *f/pl* d'espace *m*
Raumladungswelle *f*	space-charge wave	onde *f* à charge *f* spatiale
Raumladungszone *f*	space-charge zone	zone *f* de charges *f/pl* d'espace *m*
räumlich *adj*	spatial, space . . ., three-dimensional, cubic	spatial, . . . d'espace *m*, à trois dimensions *f/pl*, cubique
Raumlicht *n*	ambient light	lumière *f* ambiante
Raumreflexion *f*	space reflection	réflexion *f* spatiale
Raumsehen *n*	stereoscopy	stéréoscopie *f*
Raumsonde *f*	space probe	sonde *f* d'espace *m*
raumsparend *adj*	space-saving	à encombrement *m* réduit, peu encombrant, à grande économie *f* d'espace *m*
Raumstrahl *m*	space ray, spatial ray	rayon *m* spatial
Raumstrahlung *f*	spatial radiation	rayonnement *m* spatial
Raumstreuung *f*	spatial scattering	diffusion *f* spatiale
Raumtemperatur *f*	room temperature, ambient temperature, environmental temperature	température *f* de salle *f*, température *f* ambiante
Raumvektor *m*	space vector	vecteur *m* spatial
Raumwelle *f*	space wave	onde *f* d'espace *m*, onde *f* spatiale
Raumwinkel *m*	solid angle	angle *m* solide
Raupe *f*, aufgeschweißte	welding bead, weld deposit	cordon *m* de soudure *f*, dépôt *m* de soudage *m*
Rauschabstand *m*	signal-to-noise ratio, S/N ratio	rapport *m* signal *m* sur bruit *m*, écart *m* entre signal *m* et bruit *m*
Rauschanalyse *f*	noise analysis	analyse *f* du bruit
Rauschanteil *m*	noise component	composante *f* de bruit *m*

rauscharm *adj*	low-noise ...	à faible bruit *m*, à bruit *m* réduit
Rauschen *n*, elektronisches	electronic noise	bruit *m* électronique
Rauschfaktor *m*	noise factor	facteur *m* de bruit *m*
Rauschgrenze *f*	noise limit	limite *f* de bruit *m*
Rauschhintergrund *m*	noise background	fond *m* de bruit *m*
Rauschmessung *f*	noise measurement	mesure *f* du bruit
Rauschpegel *m*	noise level	niveau *m* de bruit *m*
Rauschunterdrückung *f*	noise suppression	suppression *f* du bruit
Rauschuntergrund *m*	noise background	fond *m* de bruit *m*
Rayleigh-Scheibe *f*	Rayleigh disk	disque *m* de Rayleigh
Rayleigh-Strahlung *f*	Rayleigh radiation	radiation *f* de Rayleigh
Rayleigh-Streuung *f*	Rayleigh scattering	dispersion *f* de Rayleigh
Rayleigh-Welle *f*	Rayleigh wave, surface wave	onde *f* de Rayleigh, onde *f* Rayleigh, onde *f* de surface *f*, onde *f* superficielle
Rayleigh-Winkel *m*	Rayleigh angle	angle *m* de Rayleigh
Reagens *n*	reagent, chemical agent	réactif *m*, substance *f* chimique
reagieren *v*	react	réagir
Reaktanz *f*	reactance	réactance *f*
Reaktion *f*	reaction, counter-effect	réaction *f*, contre-effet *m*
Reaktion *f*, nukleare	nuclear reaction	réaction *f* nucléaire
Reaktionsdauer *f*	reaction time	durée *f* de réaction *f*, temps *m* de réaction *f*
Reaktionsgeschwindigkeit *f*	reaction rate	vitesse *f* de réaction *f*
Reaktionsmittel *n*	reagent	réactif *m*
Reaktionsschwelle *f*	reaction threshold	seuil *m* de réaction *f*
Reaktionsvermögen *n*	reactivity	réactivité *f*
Reaktionszeit *f*	reaction time	temps *m* de réaction *f*
Reaktionszone *f*	reaction zone	zone *f* de réaction *f*
Reaktivierung *f*	reactivation	réactivation *f*
Reaktivität *f*	reactivity	réactivité *f*
Reaktoranlage *f*	reactor plant	installation *f* de réacteur *m*, installation *f* atomique
Reaktorbau *m*	reactor engineering, reactor construction, reactor art	construction *f* de pile *f*
Reaktorbauteil *n*	reactor component	composante *f* de réacteur *m*
Reaktorbehälter *m*	reactor vessel, nuclear vessel	cuve *f* de réacteur *m*
Reaktorbetrieb *m*	reactor operation, reactor working, reactor in service	exploitation *f* du réacteur, réacteur *m* en service *m*
Reaktorcore *m*	reactor core	cœur *m* de réacteur *m*
Reaktordruckbehälter *m*	reactor pressure vessel	cuve *f* de pression *f* de réacteur *m*
Reaktordruckbehälterstahl *m*	steel for reactor pressure vessels *pl*	acier *m* pour cuves *f/pl* de pression *f* de réacteur *m*

Reaktoreinschluß *m*	reactor containment, reactor envelope, reactor shell	enveloppe *f* de réacteur *m*
Reaktorgefäß *n*	reactor vessel, reactor tank	cuve *f* de réacteur *m*, récipient *m* de réacteur *m*
Reaktorhülle *f*	reactor shell, reactor envelope, reactor containment	enveloppe *f* de réacteur *m*
Reaktorkern *m*	reactor core	cœur *m* de réacteur *m*
Reaktorkomponente *f*	reactor component	composante *f* de réacteur *m*
Reaktormantel *m*	reactor envelope, reactor shell, reactor containment	enveloppe *f* de réacteur *m*
Reaktormüll *m*	reactor waste	déchets *m/pl* de réacteur *m*
Reaktorsicherheit *f*	reactor safety	sûreté *f* du réacteur, sécurité *f* du réacteur
Reaktorsicherheitsprüfung *f*	reactor safety test	essai *m* de sûreté *f* du réacteur
Reaktorwerkstoff *m*	reactor material	matériaux *m/pl* pour le réacteur
Realisierung *f*	realization	réalisation *f*
Realteil *m*	real part, real component	partie *f* réelle, composante *f* réelle
Real-Time-Verfahren *n*	real-time technique	technique *f* en temps *m* réel
Rechenanlage *f*	computer	ordinateur *m*, computer *m*, calculatrice *f*
Rechenbeispiel *n*	example of calculation	exemple *m* de calcul *m*
Rechenmaschine *f*	computer, calculator	machine *f* à calculer, ordinateur *m*, computer *m*, calculatrice *f*
Rechenprogramm *n*	computer program, flow diagram	programme *m* de calcul *m*, ordinogramme *m*
Rechenzentrum *n*	data processing centre, computer centre	centre *m* de traitement *m* de données *f/pl*
rechnen *v*	calculate, compute, evaluate, estimate, reckon	calculer, compter, évaluer
Rechner *m*	computer, calculator	machine *f* à calculer, ordinateur *m*, computer *m*, calculatrice *f*, calculateur *m*
Rechner *m*, elektronischer	electronic computer	calculatrice *f* électronique, calculateur *m* électronique
rechnergesteuert *adj*	computer-controlled	commandé par computer *m*, commandé par calculateur *m* électronique

rechnergestützt *adj*	computer-aided, computer-assisted, computer-based, computerized	assisté par computer *m*
Rechnung *f* [Berechnung]	calculation, calculus, evaluation	calcul *m*, compte *m*, évaluation *f*
rechteckförmig *adj*	rectangular	rectangulaire
rechteckig *adj*	→ rechteckförmig	
Rechteckimpuls *m*	rectangular pulse, square-topped pulse	impulsion *f* rectangulaire
Rechteckkurve *f*	rectangular curve, meander curve	courbe *f* rectangulaire, courbe *f* méandre
Rechteckmembran *f*	rectangular diaphragm	diaphragme *m* rectangulaire
Rechteckspule *f*	rectangular coil	bobine *f* rectangulaire
rechtwinklig *adj*	right-angled, rectangular	rectangulaire
Recycling *n*	recycling	recyclage *m*
Reduktion *f*	reduction	réduction *f*
reduzieren *v*	reduce, diminish, decrease	réduire, décroître, diminuer
Reduzierung *f*	reduction, decrease, diminution	réduction *f*, diminution *f*, décroissement *m*, chute *f*
reell *adj*	real	réel
Referenzfehler *m*	reference fault, reference defect	défaut *m* de référence *f*
Referenzstandard *m*	reference standard	standard *m* de référence *f*
Referenzstrahl *m*	reference ray	rayon *m* de référence *f*
Referenzstück *n*	reference piece, reference block	bloc *m* de référence *f*
reflektieren *v*	reflect	réfléchir
Reflektor *m*, scheibenförmiger	disk reflector	réflecteur *m* en forme *f* de disque *m*
Reflektorfläche *f*	reflector area	aire *f* de réflecteur *m*
Reflektorgröße *f*	reflector size	grandeur *f* du réflecteur
Reflexion *f* [an]	reflection [from], reverberation	réflexion *f* [de, à, par], réverbération *f*
Reflexion *f*, totale	total reflection	réflexion *f* totale
Reflexionsfaktor *m*	reflection factor	facteur *m* de réflexion *f*
Reflexionsfläche *f*	reflecting surface	surface *f* réfléchissante
Reflexionsgrad *m*	reflection coefficient	coefficient *m* de réflexion *f*
Reflexionskoeffizient *m*	→ Reflexionsgrad *m*	
Reflexionsschicht *f*	reflecting layer	couche *f* de réflexion *f*
Reflexionsverfahren *n*	reflection method	méthode *f* de réflexion *f*
Reflexionsverlust *m*	reflection loss	perte *f* de réflexion *f*, perte *f* due à la réflexion
Reflexionsvermögen *n*	reflective power	pouvoir *m* de réflexion *f*
Reflexionswinkel *m*	reflection angle	angle *m* de réflexion *f*
Refraktion *f*	refraction	réfraction *f*
Refraktometer *n*	refractometer	réfractomètre *m*
Regel *f* [Lehrsatz]	rule, theorem, maxim	règle *f*, théorème *m*, thèse *f*
Regel *f* [Vorschrift]	regulation, standard, norm	régulation *f*, standard *m*, norme *f*

regelbar *adj*	controllable, adjustable	contrôlable, réglable
Regelbereich *m*	control range	étendue *f* de réglage *m*, gamme *f* de réglage *m*
Regeleinrichtung *f*	regulating device, adjusting device	dispositif *m* de réglage *m*
Regelglied *n*	control element	dispositif *m* de réglage *m*
Regelgröße *f*	controlled variable	grandeur *f* réglée
Regelkreis *m*	control loop	circuit *m* de réglage *m*
regelmäßig *adj*	regular, homogeneous, uniform, constant, continuous	régulier, homogène, uniforme, constant, continu
regeln [einstellen] *v*	adjust, set, regulate, position	adjuster, régler, mettre au point
regeln [kontrollieren] *v*	control, monitor	contrôler, commander, surveiller
Regelstab *m* [Kernreaktor]	control rod, regulating rod	barre *f* de contrôle *m*, barre *f* de commande *f*, barre *f* de réglage *m*
Regelsystem *n*	control system, regulating system	système *m* de réglage *m*
Regeltechnik *f*	control technology	technique *f* de réglage *m*
Regelung *f* [Nachstellen]	adjustment, setting, regulation, positioning	réglage *m*, régulation *f*, ajustage *m*, positionnement *m*
Regelung *f* [Überwachung]	control, monitoring, surveillance, check, checking	contrôle *m*, surveillance *f*
Regelung *f*, automatische	automatic control	réglage *m* automatique
Regelung *f*, unverzögerte	instantaneous control	réglage *m* instantané
Regelungssystem *n*	regulating system, control system	système *m* de réglage *m*
Regelungstechnik *f*	control technology	technique *f* de réglage *m*
Regelvorrichtung *f*	regulating device, adjusting device	dispositif *m* de réglage *m*
regelwidrig *adj*	abnormal, anomalous, irregular	anormal, anomal, irrégulier
Regelwidrigkeit *f*	anomaly, abnormity, irregularity	anomalie *f*, irrégularité *f*
Regeneration *f*	regeneration	régénération *f*
regenerieren *v*	regenerate	régénérer
Register *n*	register	registre *m*
registrieren *v*	record, register, store, accumulate, map	enregistrer, accumuler
Registriergerät *n*	recorder, recording unit, recording instrument	enregistreur *m*, instrument *m* enregistreur
Registrierung *f*	recording, registration, pick-up, mapping	enregistrement *m*, prise *f*
Regler *m*	controller, regulator	régulateur *m*, contrôleur *m*
Regler *m*, automatischer	automatic controller	régulateur *m* automatique
regulär *adj*	regular	régulier

regulieren *v*	regulate, adjust	régler, ajuster
reiben *v*	rub, abrade, scrub, grind, polish	frotter, abraser, polir, émoudre
Reibfläche *f*	rubbing surface, friction surface	surface *f* de friction *f*, surface *f* de frottement *m*
Reibschweißen *n*	friction welding	soudage *m* par friction *f*
Reibung *f*	friction, rubbing	friction *f*, frottement *m*
Reibung *f*, gleitende	sliding friction	friction *f* de glissement *m*, frottement *m* de glissement *m*
Reibung *f*, innere	internal friction, molecular friction	frottement *m* intérieur, friction *f* moléculaire
Reibungskoeffizient *m*	friction coefficient	coefficient *m* de friction *f*
Reichweite *f*	range, coverage, extent	portée *f*, étendue *f*
Reifendecke *f*	tire, shoe, casing	bandage *m*, enveloppe *f*
Reihe *f* [Anordnung]	row, line, column	rangée *f*, ligne *f*, colonne *f*
Reihe *f* [Serie]	series *pl*, progression	série *f*, progression *f*
Reihenfolge *f*	order of sequence, sequence, succession	ordre *m* de séquence *f*, suite *f*, sucession *f*
rein [klar] *adj*	bright, clear, pure	pur, brillant, net
rein [sauber] *adj*	clean	nettoyé
Reinheitsgrad *m*	degree of purity	degré *m* de pureté *f*
Reinigung *f*	cleaning, cleansing, purification, clearing	nettoyage *m*, nettoiement *m*, purification *f*, épuration *f*
Reinsteisen *n*	high-purity iron	fer *m* de haute pureté *f*
reißen [bersten] *v*	burst, crack	crever, fêler, fendre
reißen [zerreißen] *v*	tear, rupture	déchirer, arracher
Reißfestigkeit *f*	resistance to tearing	résistance *f* à la déchirure
Reißlack *m*	crack-detecting coating	vernis *m* givré
Reißlast *f*	breaking load	charge *f* de pliage *m*, limite *f* de déchirement *m*
Reizschwelle *f*	sensation threshold	seuil *m* de sensation *f*
Rekombination *f*	recombination	récombination *f*
Rekonstruktion *f*, numerische	numerical reconstruction	reconstruction *f* numérique
Rekorder *m*	recorder, recording unit, recording instrument, recording apparatus	enregistreur *m*, recorder *m*, dispositif *m* d'enregistrement *m*, instrument *m* enregistreur
Rekristallisation *f*	recrystallization	récristallisation *f*
Relais *n*	relay	relais *m*
Relation *f*	relation	relation *f*
relativ *adj*	relative	relatif
relativistisch	relativistic(al)	relativiste
Relativkalibrieren *n*	relative calibrating	calibrage *m* relatif
Relaxationseffekt *m*	relaxation effect	effet *m* de relaxation *f*
Relief *n*	relief	relief *m*

remanent *adj*	remanent	rémanent
Remanenz *f*	remanence, remanent magnetism	rémanence *f*, magnétisme *m* rémanent
Remanenzmagnetismus *m*	→ Remanenz *f*	
Reparatur *f*	repair, overhaul, renovation, redressing, refit, refitment, servicing, mending	réparation *f*, mise *f* en état *m*, révision *f*, dépannage *m*, raccommodage *m*, réfection *f*
reparieren *v*	repair, restore, overhaul, mend, mend up, patch, redress, service	réparer, mettre en état *m*, refaire, raccommoder
Replica-Technik *f*	replica technique	technique f réplique, méthode *f* réplique
Reproduktion *f*	reproduction, copy, simulation	reproduction *f*, copie *f*, simulation *f*
reproduzierbar *adj*	reproducible	reproduisable
Reproduzierbarkeit *f*	reproducibility	reproductibilité *f*
reproduzieren *v*	reproduce	reproduire
Reserve *f* [Ersatz]	reserve, spare	réserve *f*
Reserve *f* [Sicherheit]	margin	marge *f*
Reserveteil *n*	spare part, spare component	pièce *f* de rechange *m*, pièce *f* de réserve *f*
Resonanz *f*, paraelektrische akustische	paraelectrical acoustic resonance – PEAR	résonance *f* acoustique paraélectrique
Resonanzabsorption *f*	resonance absorption	absorption *f* de résonance *f*
Resonanzbedingung *f*	resonance condition	condition *f* de résonance *f*
Resonanzfrequenz *f*	resonance frequency, resonant frequency	fréquence *f* de résonance *f*
Resonanzkurve *f*	resonance curve	courbe *f* de résonance *f*
Resonanzlinie *f*	resonance line	raie *f* de résonance *f*
Resonanzmethode *f*	resonance method	méthode *f* de la résonance
Resonanzpeak *m*	resonance peak	pic *m* de résonance *f*, crête *f* de résonance *f*
Resonanzschärfe *f*	sharpness of resonance	acuité *f* de résonance *f*
Resonanzspitze *f*	resonance peak	crête *f* de résonance *f*, pic *m* de résonance *f*
Resonanzstelle *f*	resonance point	point *m* de résonance *f*
Resonanzstreuung *f*	resonance scattering	diffusion *f* par résonance *f*
Resonanzverfahren *n*	resonance method	méthode *f* de la résonance
Resorbierbarkeit *f*	resorptivity	pouvoir *m* de résorption *f*
resorbieren *v*	resorb	résorber
Resorption *f*	resorption	résorption *f*
Resorptionsfähigkeit *f*	resorptivity	pouvoir *m* de résorption *f*
Resorptionsvermögen *n*	→ Resorptionsfähigkeit *f*	
Rest *m*	rest, remainder, residue, remains *pl*	reste *m*, résidu *m*
Reste *m/pl*	debris *pl*, fragments *pl*, remains *pl*	débris *m/pl*, décombres *m/pl*, ruines *f/pl*
Restfeld *n*	residual field	champ *m* résiduel

Restfeld *n*, magnetisches	magnetic residual field, remanent field	champ *m* résiduel magnétique, champ *m* rémanent
Restfeldstärke *f*	residual field intensity	intensité *f* résiduelle du champ
Restmagnetismus *m*	remanent magnetism, residual magnetism, remanence	magnétisme *m* rémanent, magnétisme *m* résiduel, rémanence *f*
Restspannung *f* [im Material]	residual stress	tension *f* interne, tension *f* résiduelle
Resultat *n*	result, consequence	résultat *m*, conséquence *f*
Resultierende *f*	resultant, resulting quantity	résultante *f*
Retention *f*	retention	rétention *f*
Retentionsvermögen *n*	retention power, retentivity	pouvoir *m* de rétention *f*
reversibel *adj*	reversible	réversible
reziprok *adj*	reciprocal	réciproque
Reziprozität *f*	reciprocity	réciprocité *f*
Rhenium *n* [Re]	rhenium	rhénium *m*
Rheologie *f*	rheology	rhéologie *f*
Rheometer *n*	rheometer	rhéomètre *m*
Rhodium *n* [Rh]	rhodium	rhodium *m*
Richtantenne *f*	directional antenna, directive antenna	antenne *f* directrice, antenne *f* directionnelle
Richtcharakteristik *f*	directional characteristic, directional pattern	caractéristique *f* directionnelle, diagramme *m* directif
richten [ausrichten] *v*	rectify, dress, straighten	rectifier, dresser
richten [leiten] *v*	guide, direct, concentrate, bunch, focus, beam	guider, diriger, orienter, concentrer, focaliser
richtig *adj*	correct, exact	correct, exact
richtigstellen *v*	correct, amend, set right	corriger, rectifier
Richtlinie *f* [Leitlinie]	guide line	directrice *f*
Richtlinie *f* [Vorschrift]	direction, instruction, order, prescription	directive *f*, instruction *f*, préscription *f*
Richtmaschine *f*	straightening machine	machine *f* à dresser
Richtsender *m*	directional transmitter	émetteur *m* directif
Richtstrahl *m*	directional ray, radiated beam	rayon *m* directif, faisceau *m* dirigé
Richtstrahlung *f*	directional radiation, directed radiation	rayonnement *m* directionnel, radiation *f* directive
Richtung *f*	direction, sense	direction *f*, sens *m*
richtungsabhängig *adj*	direction-dependent	dépendant de la direction
Richtungsabhängigkeit *f*	dependence on direction	dépendance *f* de la direction
Richtungsbestimmung *f*	direction finding, goniometry	détermintation *f* de direction, goniométrie *f*
Richtungsempfindlichkeit *f*	directional sensitivity	sensibilité *f* directionnelle
richtungsunabhängig *adj*	non-directional, direction-independent	indépendant de la direction
Richtungsverteilung *f*	directional distribution	distribution *f* directionnelle

Richtwirkung *f*	directional effect, directivity, guiding effect	effet *m* directif
Riefe *f*	scratch, scar, cut, channel, groove, stria	rayure *f*, caniveau *m*, rainure *f*, éraflure *f*, raie *f*, strie *f*
Rille *f*	groove, rabbet, slot, gorge	fêlure *f*, rainure *f*, gorge *f*
Ringaufdornversuch *m*	ring expanding test	essai *m* de dilatation *f* d'anneau *m*
Ringbeschleuniger *m*	circular accelerator	accélérateur *m* circulaire
Ringfaltversuch *m*	flattening test	essai *m* d'aplatissement *m*
ringförmig *adj*	annular, ring-shaped, circular	annulaire, circulaire
Ringmagnet *m*	ring magnet, annular magnet	aimant *m* annulaire
Ringzugversuch *m*	ring tensile test	essai *m* de traction *f* à l'anneau *m*
Rinne *f*	channel, trough, groove	gouttière *f*, cannelure *f*, couloir *m*, rainure *f*
Rippe *f*	rib, nerve, fin	nervure *f*, ailette *f*
Rippenrohr *n*	gilled tube, ribbed pipe	tuyau *m* à nervures *f/pl*, tube *m* à ailettes *f/pl* circulaires
Riß *m*	crack, discontinuity, flaw, break, gap	fissure *f*, crique *f*, fêlure *f*, crevasse *f*, discontinuité *f*, fente *f*
Riß *m*, abgestumpfter	truncated crack	fissure *f* tronquée
Riß *m*, bogenförmiger	arc crack	fissure *f* en forme *f* d'arc *m*
Riß *m*, feiner	hairline crack	tapure *f*, micro-fissure *f*
Riß *m*, intergranularer	intergranular crack	fissure *f* intergranulaire
Riß *m*, interkristalliner	intercrystalline crack	fissure *f* intercristalline
Riß *m*, kreisbogenförmiger	circular arc crack	fissure *f* en forme *f* d'arc *m* de cercle *m*
Riß *m*, kreisscheibenförmiger	penny-shaped crack	fissure *f* en forme *f* de disque *m*
Riß *m*, kritischer	critical crack	fissure *f* critique
Riß *m*, kurzer	short crack	fissure *f* courte
Riß *m*, langer	long crack	fissure *f* oblongue
Riß *m*, makroskopischer	macroscopic crack	fissure *f* macroscopique
Riß *m*, materialdurchdringender	part-through crack	fissure *f* à travers le matériau
Riß *m*, mikroskopischer	microscopic crack	fissure *f* microscopique
Riß *m*, oberflächennaher	near surface crack, subsurface crack	fissure *f* près de la surface, fissure *f* proche de la surface
Riß *m*, sternförmiger	radiating crack	fissure *f* rayonnante
Riß *m*, submikroskopischer	submicroscopic crack, microcrack	fissure *f* sous-microscopique, micro-fissure *f*
Riß *m*, transgranularer	transgranular crack	fissure *f* transgranulaire

Riß *m*, transkristalliner	transcrystalline crack	fissure *f* transcristalline
Riß *m*, unterkritischer	subcritical crack	fissure *f* sous-critique
Riß *m*, verästelter	branching crack	fissure *f* ramifiée
Riß *m*, wandernder	running crack	fissure *f* progressive
Rißanfälligkeit *f*	crack susceptibility, crack sensitivity, tendency to cracking	susceptibilité *f* aux fissure *f/pl*, sensibilité *f* aux criques *f/pl*, tendance *f* à la fissuration
Rißanfang *m*	crack start, origin of crack	origine *f* de fissure *f*
Rißanhäufung *f*	concentration of cracks *pl*, amassing of cracks *pl*, cluster of cracks *pl*	concentration *f* de fissures *f/pl*, amas *m* de fissures *f/pl*
Rißart *f*	crack type	type *m* de fissure *f*
Rißaufspaltung *f*	crack cleavage	clivage *m* de fissure *f*
Rißaufweitung *f*	crack opening	élargissement *m* de fissure *f*
Rißaufweitungsverschiebung *f*	crack opening displacement [C.O.D.]	déplacement *m* de l'élargissement *m* de fissure *f*
Rißausbreitung *f*	crack propagation, crack growth	propagation *f* de fissure *f*
Rißausbreitung *f*, stabile	stable crack propagation	propagation *f* stable de fissure *f*
Rißausbreitung *f*, unterkritische	subcritical crack propagation	propagation *f* sous-critique de fissure *f*
Rißausbreitung *f*, verzögerte	delayed crack propagation	propagation *f* retardée de criques *f/pl*
Rißausbreitungsgeschwindigkeit *f*	crack propagation velocity	vitesse *f* de propagation *f* de fissure *f*
Rißausbreitungswiderstand *m*	crack propagation resistance	résistance *f* à la propagation de fissure *f*
Rißausdehnung *f*	crack extent	étendue *f* de fissure *f*
Rißauslösung *f*	onset of cracking	amorçage *m* de fissure *f*
Rißbearbeitung *f*	crack processing	traitement *m* de criques *f/pl*
Rißbeginn *m*	crack origination, crack start, crack initiation	origine *f* de fissure *f*, commencement *m* de la fissuration
Rißbeginnverzögerung *f*	retarding the crack initiation, retardation of the crack incipiency	retard *m* du commencement de la crique, retardement *m* de l'amorce *f* de crique *f*
Rißbewegung *f*	crack motion, crack movement	mouvement *m* de la fissure
Rißbildung *f*	crack formation, formation of cracks *pl*, cracking	formation *f* de fissures *f/pl*, fissuration *f*, crevassage *m*
Rißbildungsanfälligkeit *f*	susceptibility to crack formation, susceptibility to cracking	susceptibilité *f* à la fissuration
Rißbreite *f*	crack width	largeur *f* de fissure *f*

Rißdichte *f*	crack density, crack concentration	densité *f* de fissures *f/pl*, concentration *f* de fissures *f/pl*
Rißebene *f*	crack plane	plan *m* de la fissure
Rißeinleitung *f*	crack initiation	initiation *f* de fissuration *f*
Rißempfindlichkeit *f*	sensitivity to cracking, susceptibility to cracking, tendency to cracking	sensibilité *f* à la fissuration, susceptibilité *f* aux criques *f/pl*, tendance *f* à la fissuration
Rißende *n*	crack end, crack closure	bout *m* de fissure *f*, arrêt *m* de fissure *f*
Rißentstehung *f*	cracking, crack formation, crack initiation	fissuration *f*, crevassage *m*, formation *f* des fissures *f/pl*, initiation *f* de fissure *f*
Rißentwicklung *f*	crack development, evolution of cracks *pl*	développement *m* de la fissure, évolution *f* de fissures *f/pl*
Rißerkennbarkeit *f*	detectability of cracks *pl*	détectabilité *f* de fissure *f*
Rißermittlung *f*	crack detection	détection *f* de fissures *f/pl*
Rißerscheinung *f*	phenomenon of crack formation, cracking phenomenon, cracking	phénomène *m* de fissuration *f*
Rißfehler *m*	crack type defect	défaut *m* en forme *f* de fissure *f*
Rißfestigkeit *f*	resistance to cracking	résistance *f* à la fissuration
Rißfeststellen *n*	crack detecting	détection *f* de fissures *f/pl*
Rißform *f*	crack shape, crack structure	forme *f* de fissure *f*, structure *f* de fissure *f*
Rißfortpflanzung *f*	crack propagation, crack growth	propagation *f* de fissure *f*
Rißfortschrittsgeschwindigkeit *f*	crack propagation velocity	vitesse *f* de propagation *f* de fissure *f*
Rißfortschrittsrate *f*	crack propagation rate	taux *m* de propagation *f* de fissure *f*
rißfrei *adj*	crackless, free from cracks *pl*	sans fissure *f*
Rißfreiheit *f*	freedom from cracks *pl*	absence *f* de fissures *f/pl*
Rißfront *f*	crack front, crack face	front *m* de fissure *f*
Rißfrüherkennung *f*	early reconition of a crack	récognition *f* prématurée d'une fissure
Rißgebiet *n*	crack region, crack zone	région *f* de la fissure, zone *f* de la fissure
Rißgefahr *f*	danger of cracking	danger de fissuration *f*
Rißgeschwindigkeit *f*	crack propagation velocity	vitesse *f* de propagation *f* de fissure *f*
Rißgrenze *f*	crack border	bord *m* de fissure *f*
Rißgröße *f*	crack size	étendue *f* de fissure *f*, grandeur *f* de fissure *f*

Rißgrund *m*	crack ground, root of the crack	fond *m* de fissure *f*, racine *f* de fissure *f*
rissig *adj*	cracked	fêlé, crevassé, lézardé
Rissigwerden *n*	cracking	fissuration *f*, crevassage *m*, déchirure *f*, déchirement *m*
Rißkante *f*	crack edge	arête *f* de fissure *f*, bord *m* de fissure *f*
Rißkonzentration *f*	concentration of cracks *pl*, amassing of cracks *pl*	concentration *f* de fissures *f/pl*, amas *m* de fissures *f/pl*
Rißlänge *f*	crack length	longueur *f* de fissure *f*
rißlos *adj*	crackless, free from cracks *pl*	sans fissure *f*
Rißmodell *n*	crack model	modèle *m* de fissure *f*
Rißnachweisvermögen *n*	crack detection capability	détectabilité *f* de fissures *f/pl*
Rißneigung *f*	cracking tendency	tendance *f* à la fissuration
Rißnest *n*	cluster of cracks *pl*	nid *m* de fissures *f/pl*
Rißoberfläche *f*	crack surface	surface *f* de fissure *f*
Rißöffnung *f*	crack opening	ouverture *f* de fissure *f*, élargissement *m* de fissure *f*, écartement *m* de fissure *f*
Rißöffnungsverschiebung *f*	crack opening displacement [C.O.D.]	déplacement *m* de l'écartement *m* de la fissure
Rißorientierung *f*	crack orientation	orientation *f* de la fissure
Rißprofil *n*	crack profile	profil *m* de la fissure
Rißprüfmittel *n*	crack detecting means *pl*, testing agent for crack detection	moyen *m* de détection *f* de fissures *f/pl*, agent *m* de contrôle *m* pour la détection de fissures *f/pl*
Rißprüfmolch *m*	crack detector pig	racleur-détecteur *m* de fissures *f/pl*
Rißprüfung *f*	crack test	contrôle *m* de la fissuration
Rißrand *m*	crack edge	bord *m* de fissure *f*, arête *f* de fissure *f*
Rißschließen *n*	crack closure	fermeture *f* de la fissure
Rißspitze *f*	crack tip	extrémité *f* de la fissure
Rißspitzenabstumpfen *n*	truncation of the crack tip	tronquage *m* de l'extrémité *f* de la fissure
Rißspitzenöffnung *f*	crack tip opening	écartement *m* de l'extrémité *f* de la fissure
Rißspitzenöffnungsverschiebung *f*	crack tip opening displacement [CTOD]	déplacement *m* de l'écartement *m* de l'extrémité *f* de la fissure
Rißspitzenradius *m*	crack tip radius	rayon *m* de l'extrémité *f* de la fissure
Rißstelle *f*	crack place, crack position	endroit *m* de la fissure, position *f* de fissure *f*

Rißstillstand *m*	crack arrest	arrêt *m* de la fissuration, fin *f* de la fissuration
Rißstruktur *f*	crack structure, crack shape	structure *f* de fissure *f*, forme *f* de fissure *f*
Rißtiefe *f*	crack depth	profondeur *f* de fissure *f*
Rißtyp *m*	crack type	type *m* de fissure *f*
Rißüberwachung *f*	crack surveillance, crack monitoring	surveillance *f* des fissures *f/pl*
Rißufer *n*	crack border	bord *m* de fissure *f*
Rißumrandung *f*	crack boundary	bordure *f* de fissure *f*
Rißverfolgung *f*	tracking of cracks *pl*	poursuite *f* de criques *f/pl*
Rißverhalten *n*	crack behaviour	comportement *m* de la fissure
Rißverlängerung *f*	crack elongation	élongation *f* de la fissure
Rißverlängerungsgeschwindigkeit *f*	crack elongation velocity	vitesse *f* d'élongation *f* de la fissure
Rißverlauf *m*	crack shape	allure *f* de fissure *f*
Rißvermehrung *f*	augmentation of cracks *pl*, increase of cracking	augmentation *f* de fissures *f/pl*, croissance *f* de fissuration *f*, accroissement *m* de fissuration *f*
Rißverwerfung *f*	crack warping	fracture *f* de fissure *f*
Rißverzögerung *f*	crack retardation	retardation *f* de fissuration *f*
Rißverzweigung *f*	crack branching, crack bifurcation	branchement *m* de fissure *f*, bifurcation *f* de fissure *f*
Rißwachstum *n*	crack growth	croissance *f* de fissure *f*, propagation *f* de fissure *f*
Rißwachstum *n*, kriechendes	creep crack growth	propagation *f* de fissure *f* rampante
Rißwachstumsgeschwindigkeit *f*	crack growth velocity, crack propagation rate	vitesse *f* de propagation *f* de fissure *f*
Rißwachstumskinetik *f*	kinetics *pl* of crack growth	cinétique *f* de croissance *f* de fissure *f*
Rißwachstumsschritt *m*	crack growth step	pas *m* de propagation *f* de la fissure
Rißwachstumsverhalten *n*	crack growth behaviour	comportement *m* à la croissance de criques *f/pl*
Rißwachstumswiderstand *m*	crack growth resistance	résistance *f* contre la croissance de la fissure
Rißwanderung *f*	crack motion, crack movement	mouvement *m* de la fissure
Rißwiderstand *m*	crack resistance	résistance *f* contre la fissuration
Rißwurzel *f*	root of the crack, crack ground	racine *f* de fissure *f*, fond *m* de fissure *f*
Rißzähigkeit *f*	fracture toughness	résistance *f* contre la fissuration
Rißzone *f*	crack zone, crack region, crack area	zone *f* de la fissure, région *f* de la fissure
Rißzunahme *f*	→ Rißvermehrung *f*	

Ritz *m*	slit, slot, scratch, scar	fente *f*, rayure *f*, égratignure *f*
Ritze *f*	→ Ritz *m*	
Ritzversuch *m*	sclerometric test	essai *m* sclérométrique
Roboter *m*	robot	robot *m*
roh *adj*	raw, rough, crude	cru, brut
Roheisen *n*	pig iron	fer *m* brut
Rohling *m*	bloom, blank	ébauche *f*
Rohmaterial *n*	raw material	matières *f/pl* premières
Rohr *n*	tube, pipe, duct, conduit	tube *m*, tuyau *m*, conduit *m*, conduite *f*
Rohr *n*, biegsames	flexible tube	tube *m* flexible
Rohr *n*, dickes	big diameter tube	tube *m* à grand diamètre *m*
Rohr *n*, dickwandiges	thick-walled tube	tube *m* à paroi *f* épaisse
Rohr *n*, dünnes	small diameter tube	tube *m* à petit diamètre *m*
Rohr *n*, dünnwandiges	thin-walled tube	tube *m* à paroi *f* mince
Rohr *n*, flexibles	flexible tube	tube *m* flexible
Rohr *n*, geripptes	ribbed pipe, gilled tubè	tube *m* à ailettes *f/pl* circulaires, tube *m* à nervures *f/pl*
Rohr *n*, geschweißtes	welded tube	tube *m* soudé
Rohr *n*, längsnahtgeschweißtes	longitudinally welded tube	tube *m* à cordon *m* de soudure *f* longitudinal
Rohr *n*, nahtloses	seamless tube, weldless tube	tube *m* sans soudure *f*, tube *m* sans couture *f*
Rohr *n*, spiralnahtgeschweißtes	helically weld tube, spiral tube	tube *m* soudé en hélice *f*
Rohr *n*, zylindrisches	circular tube	tube *m* circulaire
Rohransatz *m*	nozzle	tubulure *f*, piquage *m* de tube *m*
Rohranschluß *m*	pipe connection	raccord *m* de tuyau *m*
Röhre *f* [Elektronik]	tube, valve	tube *m*, ampoule *f*
Röhre *f* [Leitungsrohr]	pipe, tube, duct	tuyau *m*, tube *m*, conduit *m*
röhrenförmig *adj*	tubular	tubulaire
Röhrenwärmeaustauscher *m*	tubular heat exchanger, shell-and-tube heat exchanger	échangeur *m* de chaleur *f* tubulaire
Rohrflansch *m*	tube flange	bride *f* de tuyau *m*
Rohrinnenprüfung *f*	inner test of tube	contrôle *m* de tube *m* interne
Rohrleitung *f*	tubing, piping, pipe system, pipeline, pipe, tube, duct, conduit	tuyauterie *f*, système *m* de tubes *m/pl*, tuyau *m*, tube *m*, conduit *m*, conduite *f*, canalisation *f*
Rohrleitung *f*, erdverlegte	buried pipe	conduite *f* souterraine
Rohrmuffe *f*	tube socket	manchon *m* de tuyau *m*
Rohrschweißnaht *f*	pipe weld, tube welding seam	soudure *f* de tube *m*
Rohrstutzen *m*	nozzle	tubulure *f*, piquage *m* de tube *m*

Rohrverbindung *f*	pipe joint, tube connection	assemblage *m* de tubes *m/pl*, raccord *m* de tube *m*, joint *m* de tuyau *m*
Rohrverlegung *f*	pipe laying	pose *f* de tuyaux *m/pl*
Rohrwandstärke *f*	tube wall thickness, wall thickness, tube thickness	épaisseur *f* de paroi *f* de tube *m*
Rohstoff *m*	raw material	matière *f* première
Rolle *f*	roll, drum, pulley, cylinder	rouleau *m*, poulie *f*, cylindre *m*
rollen *v*	roll	rouler
Rollenschälversuch *m*	floating roller peel test	essai *m* d'écaillage *m* à l'aide *f* de rouleaux *m/pl*
röntgen *v*	radiograph, X-ray	radiographier
Röntgen ...	X-ray ..., radiographic ...	... à rayons *m/pl* X, ... radiographique
Röntgenabbildung *f*	X-ray image, X-ray picture, radiogram	image *f* X, radiogramme *m*
Röntgenabsorption *f*	X-ray absorption	absorption *f* de rayons *m/pl* X
Röntgenabsorptionskante *f*	X-ray absorption edge	discontinuité *f* d'absorption *f* pour rayons *m*/pl X
Röntgenabsorptionsspektrum *n*	X-ray absorption spectrum	spectre *m* d'absorption *f* de rayons *m*/pl X
Röntgenanlage *f*	X-ray unit, radiological unit, X-ray installation	installation *f* à rayons *m/pl* X
Röntgenapparat *m*	X-ray apparatus, X-ray machine, roentgen apparatus, roentgen machine, radiological apparatus	appareil *m* X, appareil *m* roentgen, appareil *m* à l'irradiation *f* par rayons *m/pl* X
Röntgenquivalent *n*	roentgen equivalent	équivalent *m* du roentgen
Röntgenaufnahme *f*	X-ray image, radiogram, radiograph, roentgenogram	prise *f* par rayons *m/pl* X, radiogramme *m*, roentgenogramme *m*, cliché *m* radiographique
Röntgenaufnahme *f*, technische	industrial radiograph	radiographie *f* technique
Röntgenaufnahmeverfahren *n*	radiography	radiographie *f*
Röntgenbestrahlung *f*	X-ray irradiation, X-irradiation	irradiation *f* par rayons *m/pl* X
Röntgenbeugung *f*	X-ray diffraction	diffraction *f* de rayons *m/pl* X
Röntgenbeugungsanalyse *f*	X-ray diffraction analysis	analyse *f* de diffraction *f* de rayons *m/pl* X
Röntgenbeugungsbild *n*	X-ray diffraction pattern	image *f* de la diffraction de rayons *m/pl* X
Röntgenbeugungsgerät *n*	X-ray diffraction instrument, X-ray diffractometer	diffractomètre *m* pour rayons *m/pl* X

Röntgenbeugungskamera *f*	X-ray diffraction camera	chambre *f* de rayons *m/pl* X, camèra *f* pour la diffraction de rayons *m/pl* X
Röntgenbeugungsverfahren *n*	X-ray diffraction method	méthode *f* de diffraction *f* de rayons *m/pl* X
Röntgenbild *n*	X-ray image, X-ray picture, radiogram, radiograph, roentgenogram	image *f* X, prise *f* par rayons *m/pl* X, radiogramme *m*, roentgenogramme *m*
Röntgenbildschirm *m*	X-ray screen, roentgenoscope	écran *m* pour rayons *m/pl* X
Röntgenbildunschärfe *f*	X-ray image unsharpness	flou *m* d'image *f* X
Röntgenbildverstärker *m*	X-ray image intensifier, X-ray image enlarger, X-ray image converter	amplificateur *m* image X, intensificateur *m* d'images *f/pl* à rayons *m/pl* X
Röntgenblitz-Methode *f*	X-ray flash method	méthode *f* à éclair *m* roentgen
Röntgendiffraktionsanalyse *f*	X-ray diffraction analysis	analyse *f* par diffraction *f* des rayons *m/pl* X
Röntgendiffraktometer *n*	X-ray diffractometer, X-ray diffraction instrument	diffractomètre *m* pour rayons *m/pl* X
Röntgendosis *f*	X-ray dose	dose *f* de rayons *m/pl* X
Röntgendurchleuchtung *f*	roentgenoscopy	roentgenoscopie *f*
Röntgendurchleuchtungsgerät *n*	roentgenoscope	roentgenoscope *m*
Röntgendurchstrahlung *f*	roentgenoscopy	roentgenoscopie *f*
Röntgeneinrichtung *f*	X-ray installation, X-ray unit, radiological unit	installation *f* à rayons *m/pl* X
Röntgenemission *f*	X-ray emission	émission *f* de rayons *m/pl* X
Röntgenemissionsspektrum *n*	X-ray emission spectrum	spectre *m* d'émission *f* de rayons *m/pl* X
Röntgenempfindlichkeit *f*	X-ray sensitivity	sensibilité *f* aux rayons *m/pl* X
Röntgenfeinstrukturuntersuchung *f*	microscopic X-ray analysis	analyse *f* microscopique à rayons *m/pl* X
Röntgenfernsehanlage *f*	X-ray video installation	installation *f* vidéo pour rayons *m/pl* X
Röntgenfernsehbild *n*	X-ray television image	image *f* X par télévision *f*
Röntgenfilm *m*	radiographic film	film *m* radiographique
Röntgen-Filmaufnahme *f*	roentgenogram	prise *f* de vue *f* radiographique, roentgenogramme *m*
Röntgenfluoreszenz *f*	X-ray fluorescence, roentgenfluorescence	fluorescence *f* par rayons *m/pl* X, roentgenfluorescence *f*
Röntgenfluoreszenzanalyse *m*	X-ray fluorescence analysis	analyse *f* de fluorescence *f* à rayons *m/pl* X
Röntgenfluoreszenz-Spektrometrie *f*	X-ray fluorescence spectrometry	spectrométrie *f* de fluorescence *f* X
Röntgengenerator *m*	X-ray generator, X-ray tube	générateur *m* de rayons *m/pl* X

Röntgengerät *n*	X-ray apparatus, X-ray machine, roentgen apparatus, roentgen machine, radiological apparatus	appareil *m* X, appareil *m* roentgen, appareil *m* à l'irradiation *f* par rayons *m/pl* X
Röntgengrobstrukturuntersuchung *f*	macroscopic X-ray analysis	analyse *f* macroscopique à rayons *m/pl* X
Röntgeninterferenz *f*	X-ray interference	interférence *f* de rayons *m/pl* X
Röntgenkamera *f*	X-ray camera, X-ray chamber	caméra *f* de rayons *m/pl* X, caméra *f* à rayons *m/pl* X, chambre *f* roentgen
Röntgenkammer *f*	X-ray chamber	chambre *f* de rayons *m/pl* X
Röntgenlinie *f*	X-ray line	raie *f* X
Röntgenmesser *m*	roentgen meter, roentgenometer, r-meter	roentgenmètre *m*, r-mètre *m*
Röntgenmeßgerät *n*	→ Röntgenmesser *m*	
Röntgenmeter *n*	roentgenmeter	roentgenmètre *m*
Röntgenmeterkammer *f*	roentgen meter chamber	chambre *f* du r-mètre
Röntgenmikroskopie *f*	X-ray microscopy	microscopie *f* à rayons *m/pl* X
Röntgenogramm *n*	roentgenogram, radiogram, radiograph, X-ray image	roentgenogramme *m*, radiogramme *m*, prise *f* par rayons *m/pl* X
Röntgenologie *f*	roentgenology, radiology	roentgenologie *f*, radiologie *f*
röntgenologisch *adj*	roentgenologic(al), radiologic(al)	roentgenologique, radiologique
Röntgenoptik *f*	X-ray optics *pl*	optique *f* de rayons *m/pl* X
Röntgenphotographie *f*	X-ray photography, roentgenography	photographie *f* à rayons *m/pl* X, roentgenographie *f*
Röntgenphotopapier *n*	radiographic paper	papier *m* radiographique
Röntgenprüfung *f*	X-ray test, X-ray materiology, X-ray radiology, roentgenomateriology	contrôle *m* des matériaux *m/pl* par rayons *m/pl* X, contrôle *m* par rayons *m/pl* X
Röntgenquant *n*	X-ray quantum	quantum *m* de rayonnement *m* X
Röntgenradiographie *f*	X-ray radiography	radiographie *f* à rayons *m/pl* X
Röntgenröhre *f*	X-ray tube, roentgen tube	tube *m* à rayons *m/pl* X, tube *m* roentgen
Röntgenspektrographie *f*	X-ray spectrography	spectrographie *f* à rayons *m/pl* X
Röntgenspektrometer *n*	X-ray spectrometer	spectromètre *m* à rayons *m/pl* X
Röntgenspektroskopie *f*	X-ray spectroscopy	spectroscopie *f* par rayons *m/pl* X
Röntgenspektrum *n*	X-ray spectrum, roentgen spectrum	spectre *m* de rayons *m/pl* X

Röntgenstereoskopie *f*	X-ray stereoscopy	stéréoscopie *f* à rayons *m/pl* X
Röntgenstrahl *m*	X-ray	rayon *m* X
Röntgenstrahlanalyse *f*	X-ray analysis	analyse *f* par rayons *m/pl* X
Röntgenstrahlaufzeichnung *f*	X-ray radiography	radiographie *f* à rayons *m/pl* X
Röntgenstrahlbeugung *f*	X-ray diffraction	diffraction *f* de rayons *m/pl* X
Röntgenstrahlen *m/pl*, harte	hard X-rays *pl*	rayons *m/pl* X durs
Röntgenstrahlen *m/pl*, hochenergetische	high-energy X-rays *pl*	rayons *m/pl* X de grande puissance *f*
Röntgenstrahlen *m/pl*, weiche	soft X-rays *pl*	rayons *m/pl* X moux
Röntgenstrahlenbehandlung *f*	X-ray therapy, roentgen therapy	roentgenthérapie *f*, radiothérapie *f*
Röntgenstrahlenbeugung *f*	X-ray diffraction	diffraction *f* de rayons *m/pl* X
Röntgenstrahlendosis *f*	X-ray dose	dose *f* de rayons *m/pl* X
Röntgenstrahlenemission *f*	X-ray emission	émission *f* de rayons *m/pl* X
Röntgenstrahlenempfindlichkeit *f*	X-ray sensitivity	sensibilité *f* aux rayons *m/pl* X
Röntgenstrahlenhintergrund *m*	X-ray background	fond *m de rayons m/pl* X
Röntgenstrahlenkunde *f*	roentgenology, radiology	roentgenologie *f*, radiologie *f*
Röntgenstrahlenschutz *m*	X-ray protection	protection *f* contre les rayons *m/pl* X
Röntgenstrahlenwirkung *f*	X-ray effect	effet *m* de rayons *m/pl* X
Röntgenstrahlengenerator *m*	X-ray generator, X-ray tube	générateur *m* de rayons *m/pl* X
Röntgenstrahl-Mikroskopie *f*	X-ray microscopy	microscopie *f* à rayons *m/pl* X
Röntgenstrahlungsquant *n*	X-ray quantum	quantum *m* de rayonnement *m* X
Röntgenstrahlungsquelle *f*	X-ray source	source *f* de rayons *m/pl* X
Röntgenstrahlung *f*	X-radiation, X-ray radiation, roentgen radiation	radiation *f* de rayons *m/pl* X, rayonnement *m* X
Röntgenstreuung *f*	X-ray scattering	diffusion *f* de rayons *m/pl* X
Röntgenstrukturanalyse *f*	X-ray analysis of structure	analyse *f* de structure *f* par rayons *m/pl* X
Röntgentechnik *f*	X-ray technology	technique *f* des rayons *m/pl* X
Röntgentherapie *f*	X-ray therapy, roentgen therapy	roentgenthérapie *f*, radiothérapie *f*
Röntgentiefbestrahlung *f*	deep X-ray irradiation	irradiation *f* profonde par rayons *m/pl* X
Röntgen-Topographie *f*	X-ray topography	topographie *f* à rayons *m/pl* X
Röntgenuntergrund *m*	X-ray background	fond *m* de rayons *m/pl* X

Röntgenuntersuchung *f*	X-ray examination	étude *f* par rayons *m/pl* X
Röntgenverbrennung *f*	X-ray burn	brûlure *f* due aux rayons *m/pl* X
Röntgenwerkstoffprüfung *f*	X-ray materiology, X-ray radiology, roentgenomateriology	contrôle *m* des matériaux *m/pl* par rayons *m/pl* X
Röntgenwirkung *f*	X-ray effect	effet *m* de rayons *m/pl* X
rosten *v*	rust	se rouiller, s'enrouiller
Rosten *n*	rusting	rouillure *f*
Rösten *n*	calcination	calcination *f*
rostfrei *afj*	stainless, rustless	inoxydable
rostig *adj*	rusty	rouillé, enrouillé
Rostschutz *m*	rust protection, anti-rust	protection *f* contre la rouille
Rotation *f*	rotation	rotation *f*
Rotationsbewegung *f*	rotational motion, rotation	mouvement *m* de rotation *f*, rotation *f*
Rotationsenergie *f*	rotation energy, angular kinetic energy	énergie *f* de rotation *f*
Rotationsfeld *n*	rotating field, rotary field	champ *m* tournant
Rotationsgeschwindigkeit *f*	rotating speed, speed of rotation, revolving velocity	vitesse *f* de rotation *f*
rotationssymmetrisch *adj*	rotational symmetric	à symétrie *f* de révolution *f*
rotieren *v*	rotate	tourner
rotierend *adj*	rotating, rotary	rotatif, à rotation *f*, tournant
Rotor *m*	rotor, armature	rotor *m*, induit *m*, armature *f*
Rubidium *n* [Rb]	rubidium	rubidium *m*
Rubinlaser *m*	ruby laser	laser *m* rubis, laser *m* rubinique
Rückdiffusion *f*	back diffusion	diffusion *f* en arrière, diffusion *f* de retour
Rücken *m*	back, back part	partie *f* postérieure, dos *m*
Rückführen *n*	recycling, recovery, recirculation	recyclage *m*, récirculation *f*, récupération *f*
Rückgang *m* [Verminderung]	decrease, diminution, fall, reduction	décroissement *m*, diminution *f*, chute *f*, réduction *f*
Rückgang *m* [Zurückgehen]	reverse motion, return motion	marche *f* arrière, mouvement *m* arrière, retour *m*
Rückgewinnung *f*	recovery, recycling, recirculation	récupération *f*, recyclage *m*, récirculation *f*
Rückimpuls *m*	back pulse, flyback pulse	impulsion *f* de retour *m*
Rückkopplung *f*	feedback, reaction coupling	couplage *m* à réaction *f*, réaction *f*
Rückkopplungsverfahren *n*	feedback method	méthode *f* par réaction *f*
Rücklauf *m*	return, reverse running, reverse, reflux	retour *m*, mouvement *m* rétrograde, reflux *m*
rücklaufend [Welle] *adj*	reflected	réfléchi
Rückimpuls *m*	back pulse, flyback pulse	impulsion *f* de retour *m*
Rücklaufimpuls *m*	→ Rückimpuls *m*	

Rückseite *f*	back side, back, reverse side	côte *m* postérieur, côté *m* de derrière *m*, arrière *m*, dos *m*, derrière *m*
Rückstand *m* [Restaktivität]	retention	rétention *f*
Rückstand *m* [Überrest]	residue, remain	résidu *m*, reste *m*
Rückstellen *n*	reset, resetting, set-back	retour *m*, set-back *m*
Rückstoß *m*	recoil, repulsion	recul *m*, répulsion *f*
Rückstrahlung *f*	reflected radiation, reradiation, reflection	rayonnement *m* réfléchi, réflexion *f*
Rückstrahlungsverlust *m*	loss by reflection	perte *f* par réflexion *f*
Rückstrahlverfahren *n*	reflection method	méthode *f* de réflexion *f*
Rückstreudickenmessung *f*	thickness test by backscattering	contrôle *m* d'épaisseur *f* par diffusion *f* en retour
Rückstreufaktor *m*	backscatter factor	facteur *m* de diffusion *f* en retour
Rückstreumethode *f*	backscattering method	méthode *f* de diffusion *f* en retour, méthode *f* de rétrodiffusion *f*
Rückstreuung *f*	backscattering	rétrodiffusion *f*, diffusion *f* en retour, diffusion *f* en arrière
Rückwandecho *n*	back face echo, back echo, bottom echo	écho *m* de fond *m*
Rückwandechohöhe *f*	back face echo height	hauteur *f* d'écho *m* de fond *m*
Rückwandechokurve *f*	back face echo curve	courbe *f* d'écho *m* de fond *m*
Rückwärtsstreuung *f*	backscattering	diffusion *f* en retour, diffusion *f* en arrière, rétrodiffusion *f*
Rückwärtswelle *f*	backward wave	onde *f* inverse
Rückwirkung *f*	counter-effect, retroaction, counter-action, reaction	contre-effet *m*, réaction *f*
Rüttelmaschine *f*	vibrator	vibrateur *m*
Rüttelversuch *m*	vibration test	essai *m* de vibration *f*
Rüttler *m*	vibrator	vibrateur *m*
Ruhe *f*	rest, stop, break, intermission, silence, pause	repos *m*, intermission *f*, silence *m*, pause *f*
Ruhelage *f*	rest position	position *f* de repos *m*
Ruhemasse *f*	rest mass	masse *f* au repos
ruhend *adj*	stable, fixed, constant, stationary	stable, fixe, stationnaire, constant
Ruhestellung *f*	rest position	position *f* de repos *m*
Ruhezeit *f*	down time	temps *m* d'inactivité *f*
ruhig [still] *adj*	silent, quiet, noiseless	silencieux, tranquille
ruhig [unbeweglich] *adj*	stable, fixed, constant, stationary	stable, fixe, stationnaire, constant
Rundbauweise *f*	circular design	conception *f* circulaire
Rundeisen *n*	round iron	fer *m* rond
rundhohl *adj*	hollow, cored	creux, creusé

Rundhohlleiter *m*	circular waveguide	guide *m* d'ondes *f/pl* circulaire
Rundknüppel *m*	round billet	billette *f* ronde
rund machen *v*	round	arrondir
Rundmaterial *n*	round material	matériau *m* rond
Rundnaht *f*	circular bead, circumferential seam	joint *m* circulaire, soudure *f* circonférentielle
Rundstrahlantenne *f*	omni-directional antenna	antenne *f* omnidirectionnelle
Rundstrahler *m*	omni-directional emitter	émetteur *m* omnidirectionnel
Runzel *f*	wrinkle	ride *f*
Runzelbildung *f*	wrinkling	craquellement *m*
Ruß *m*	carbon black	suie *f*
Ruthenium *n* [Ru]	ruthenium	ruthénium *m*
rutschen *v*	slide, glide, slip	glisser, patiner, déraper
Rutschen *n*	sliding, gliding, slipping	glissage *m*, glissement *m*, patinage *m*, dérapage *m*
Rutschfläche *f*	sliding surface, slide face	surface *f* de glissement *m*, surface *f* de glissière *f*

S

Sacklochbohrung *f*	flat-bottom hole	trou *m* à fond *m* plat, forure *f* à fond *m* plat
sägezahnförmig *adj*	saw-toothed	en dents *f/pl* de scie *f*
sättigen *v*	saturate	saturer
Sättigung *f*	saturation	saturation *f*
Sättigungsmagnetisierung *f*	saturating magnetization	magnétisation *f* saturante
Säuberung *f*	cleaning, cleansing, purification, clearing	nettoyage *m*, nettoiement *m*, purification *f*, épuration *f*
Säule *f* [Bautechnik]	column	colonne *f*
Säule *f* [elektrisch]	pile	pile *f*
Säure *f*, schwache	weak acid	acide *m* faible
Säure *f*, stark konzentrierte	highly concentrated acid	acide *m* fortement concentré
säurebeständig *adj*	acid-resistant, acid-resisting, acid-proof	résitant à l'acide *m*, antiacide
säurebildend *adj*	acid-forming	acidifiant
säurefest *adj*	acid-proof, acid-resistant	antiacide, résistant à l'acide *m*
säurefrei *adj*	non-acid, acidless	non-acide, exempt d'acide *m*, neutre
Säuregehalt *m*	acidity	acidité *f*
Säuregrad *m*	→ Säuregehalt *m*	
Säuremesser *m*	acidimeter, acidometer	acidimètre *m*, pèse-acide *m*

Salzfolie *f* [Radiographie]	saliferous screen, saline intensifying screen, salt intensifying screen	écran *m* salifère, écran *m* renforçateur salin
salzhaltig *adj*	saliferous	salifère
Salznebelversuch *m*	salt spray test	essai *m* au brouillard salin
Salzverstärkerfolie *f* [Radiographie]	saline intensifying screen, salt intensifying screen, saliferous screen	écran *m* renforçateur salin, écran *m* salifère
Salzwasser *n*	salt water	eau *f* salée
Samarium *n* [Sm]	samarium	samarium *m*
Sammelelektrode *f*	collecting electrode, collector	électrode *f* collectrice
sammeln *v*	collect, accumulate, pile, enrich	accumuler, amasser, collectionner, enrichir
Sammelschiene *f*	bus bar, bus	barre *f* omnibus, barre *f* collectrice
Sammler *m* [Sammelschiene]	bus, bus bar	barre *f* collectrice, barre *f* omnibus
Sammler *m* [Speicher]	accumulator, accu, storage battery	accumulateur *m*, accu *m*
Sammlung *f*	collection	collection *f*
Sand *m*	sand	sable *m*
Sandwichbauweise *f*	sandwich contruction	construction *f* en sandwich *m*
Sandwichbestrahlung *f*	sandwich irradiation	irradiation *f* sandwich
Sandwich-Holographie *f*	sandwich holography	holographie *f* sandwich
Satz *m* [Gruppe]	group, set, suit, lot, assortment	groupe *m*, jeu *m*, ensemble *m*, bloc *m*, lot *m*, assortiment *m*
Satz *m* [Lehrsatz]	theorem, principle	théorème *m*, principe *m*
Satz *m* [Niederschlag]	deposit, sediment	dépôt *m*
Satz *m* [Sprung]	leap, bound	saut *m*, bond *m*
Satz *m* [Wortsatz]	sentence	phrase *f*
sauber *adj*	clean	nettoyé
sauer [allgemein] *adj*	sour	aigre
sauer [chemisch] *adj*	acid	acide
Sauerstoff *m* [O]	oxygen	oxygène *m*
sauerstoffhaltig *adj*	oxygenous	oxygénifère, oxygéné
saugen *v*	suck	sucer, aspirer
Saugen *n*	suction, sucking, inspiration	succion *f*, sucement *m*, aspiration *f*
Saugfähigkeit *f*	absorptivity, absorptive capacity	capacité *f* d'absorption *f*
Saugfestigkeit *f*	resistance to suction	résistance *f* à l'aspiration *f*
Saugpapier *n*	absorbent paper	papier *m* buvard
Saum *m*	seam, fillet, border	bord *m*, couture *f*, filet *m*
Scatterecho *n*	scattered echo	écho *m* dispersé, écho *m* saccadé
Schacht *m*	hole, channel, canal, shaft, pit, pass, manhole	puits *m*, canal *m*, fosse *f*, trou *m* d'homme *m*, cheminée *f*, regard *m*

Schachtel *f*	box, case	boîte *f*, boîtier *m*, caisse *f*
Schaden *m*	damage, injury, fault, defect, mishap	dommage *m*, lésion *f*, dégât *m*, avarie *f*, défaut *m*
Schaden *m*, biologischer	biological damage	dommage *m* biologique
Schadensfall *m*	failure	ruine *f*
Schadensfallvoraussage *f*	failure prediction	prédiction *f* de la ruine
schadhaft *adj*	damaged, defective, faulty	endommagé, défectueux, fautif, gâté
schädigen *v*	damage, harm, injure, trouble, disturb, impair	troubler, compromettre, perturber, déranger, nuir
Schädigung *f*	lesion, damage, injury, mishap, defect	lésion *f*, dommage *m*, dégât *m*, défaut *m*, avarie *f*
Schadstelle *f*	defective place, damaged place	place *f* défectueuse, place *f* endommagée
Schaft *m*	shaft, body, shank, bolt	corps *m*, fût *m*, tige *f*, queue *f*
Schale *f* [Flachbehälter]	cup, dish, trough, tray, pan, shell	cuvette *f*, coupe *f*, écuelle *f*
Schale *f* [Umhüllung]	shell	couche *f*, enveloppe *f*, frette *f*, écorce *f*
Schall...	sound ..., acoustic(al), sonic ...	sonore, acoustique
Schall *m*	sound	son *m*
Schallabsorption *f*	sound absorption, acoustic absorption	absorption *f* de son *m*, absorption *f* acoustique
Schallabstrahlung *f*	acoustic radiation, sound distribution	rayonnement *m* acoustique
Schallanalyse *f*	sound analysis	analyse *f* acoustique
Schallaufnehmer *m*, magnetostriktiver	magnetostrictive sound sensor	récepteur *m* acoustique magnétostrictif
Schallausbreitung *f*	sound propagation	propagation *f* acoustique
Schallbild *n*	sound image	image *f* acoustique
Schallbündel *n*	sonic beam	faisceau *m* sonore
Schalldämpfung *f*	acoustic attenuation, acoustic absorption, sound deadening, silencing, noise abatment	affaiblissement *m* acoustique, amortissement *m* acoustique, atténuation *f* du son
Schalldruck *m*	sound pressure, acoustic pressure	pression *f* acoustique, pression *f* sonore
Schalldruckpegel *m*	sound pressure level	niveau *m* de la pression acoustique
Schalldruckverteilung *f*	distribution of acoustic pressure	distribution *f* de la pression acoustique
Schalldurchgang *m*	sound passage	passage *m* du son
Schalleinfall *m*, schräger	oblique incidence of sound	incidence *f* oblique du son
Schalleistung *f*	sound power, acoustic power	puissance *f* acoustique, puissance *f* sonore
Schalleiter *m*	sound conductor, acoustic conductor	conducteur *m* du son, conducteur *m* acoustique

Schallemission *f* [SE]	acoustic emission [A.E.], sonic emission	émission *f* acoustique [E.A.]
Schallemissionsanalyse *f* [SEA]	acoustic emission analysis [A.E.A., ACEMAN]	analyse *f* de l'émission *f* acoustique [A.E.A.]
Schallemissionsereignis *n*	acoustic emission event, event	événement *m* d'émission *f* acoustique, événement *m*
Schallemissionsprüfung *f*	acoustic-emission test	contrôle *m* par émission *f* acoustique
Schallemissionsprüfverfahren *n*	acoustic emission test method	méthode *f* de contrôle *m* par émission *f* acoustique
Schallemissionsquelle *f*	acoustic emission source	source *f* d'emission *f* acoustique
Schallemissionstechnik *f*	sound emission technique	technique *f* d'émission *f* acoustique
Schallemissionsverfahren *n*	sound emission method	méthode *f* d'émission *f* acoustique
Schallempfänger *m*	sound receiver	récepteur *m* acoustique
schallempfindlich *adj*	sound-sensitive	sensible au son
Schallenergie *f*	sound energy	énergie *f* acoustique, énergie *f* sonore
Schallerzeuger *m*	sound generator	générateur *m* de son *m*
Schallerzeugung *f*	sound generation	génération *f* de sons *m/pl*
Schallfeld *n*	acoustic field, sonic field	champ *m* acoustique, champ *m* sonore
Schallfelddarstellung *f*	acoustic field imaging, acoustic field visualization, representation of an acoustic field	visualisation *f* du champ sonore, représentation *f* du champ acoustique
Schallfeldgröße *f*	sound field parameter, acoustic field parameter	paramètre *m* de champ *m* acoustique, paramètre *m* de champ *m* sonore
Schallfeldsichtbarmachen *n*	visualization of the acoustic field	visualisation *f* du champ sonore
Schallfluß *m*	sound energy flux, acoustic flux	flux *m* d'énergie *f* sonore, flux *m* acoustique
Schallfortleitung *f*	sound transduction, acoustical transmission, sonic through transmission	transmission *f* acoustique, transduction *f* acoustique
Schallfrequenz *f*	acoustic frequency	fréquence *f* acoustique
Schallgeschwindigkeit *f*	sound velocity, sonic velocity	célérité *f* de son *m*
Schallgeschwindigkeitsmessung *f*	measurement of sound	mesure *f* de vitesse *f* de son *m*
Schallintensität *f*	sound intensity, acoustic intensity	intensité *f* acoustique, intensité *f* sonore
Schalloptik *f*	acoustic optics *pl*	optique *f* acoustique
Schallpegel *m*	sound level	niveau *m* acoustique
Schallpegelmesser *m*	sonometer	sonomètre *m*
Schallplatte *f*	record, disk, disc	disque *m*

Schallquelle *f*	sound source	source *f* de son *m*
Schallreflektor *m*	sound reflector	réflecteur *m* acoustique, réflecteur *m* de son *m*
Schallreflexion *f*	sound reflection	réflexion *f* acoustique, réflexion *f* de son *m*
Schallreflexionsfaktor *m*	sound reflection factor	facteur *m* de réflexion *f* acoustique
Schallreflexionsgrad *m*	sound reflection coefficient	coefficient *m* de réflexion *f* acoustique
Schallreflexionskoeffizient *m*	→ Schallreflexionsgrad *m*	
Schallreproduktion *f*	sound reproduction	reproduction *f* du son, reproduction *f* acoustique
Schallrückstreuung *f*	acoustic backscattering	diffusion *f* rétrograde acoustique
Schallschatten *m*	acoustical shadow	ombre *f* acoustique
Schallschnelle *f*	sound particle velocity	vélocité *f* acoustique
Schallschreibung *f*	sonography	sonographie *f*
Schallschwächung *f*	acoustic attenuation	atténuation *f* du son, affaiblissement *m* acoustique, amortissement *m* acoustique
Schallschwächungskoeffizient *m*	acoustic attenuation coefficient	coefficient *m* d'atténuation *f* acoustique
Schallschwächungsmessung *f*	acoustic attenuation measurement	mesure *f* d'atténuation *f* acoustique
Schallschwingung *f*	sound vibration	vibration *f* acoustique, vibration *f* sonore
Schallsender *m*	sound generator, sonic emitter, acoustical transmitter	transmetteur *m* sonore, émetteur *m* acoustique, générateur *m* de son *m*
Schallsichtgerät *n*	acoustic imaging system, acoustic imaging display	dispositif *m* de visualisation *f* du champ acoustique
Schallsichtverfahren *n*	acoustic imaging method	méthode *f* de visualisation *f* du champ acoustique
Schallsignal *n*	acoustic signal	signal *m* acoustique
Schallspektrum *n*	sound spectrum	spectre *m* acoustique
Schallstärke *f*	sound intensity, acoustic intensity	intensité *f* acoustique, intensité *f* sonore
Schallstärkemesser *m*	sonometer	sonomètre *m*
Schallstrahl *m*	sonic beam	faisceau *m* sonore
Schallstrahler *m*	sound radiator, acoustical radiator	radiateur *m* acoustique
Schallstrahlungsdruck *m*	acoustical radiation pressure	pression *f* de radiation *f* acoustique
Schallstrahlversetzung *f*	acoustical ray displacement	déplacement *m* de rayon *m* acoustique
Schallstreuung *f*	sound scattering	diffusion *f* acoustique

Schalltransmission *f*	acoustical transmission	transmission *f* acoustique
Schallübertragung *f*	sound transmission, acoustical transmission, sound transduction	transmission *f* acoustique, transduction *f* acoustique
Schallverlauf *m*	sound path	parcours *m* sonore
Schallwandler *m*	acoustical transducer	transducteur *m* acoustique
Schallweg *m*	sound path	parcours *m* sonore
Schallwelle *f*, geführte	guided acoustic wave	onde *f* acoustique guidée
Schallwellenwiderstand *m*	acoustic impedance	impédance *f* acoustique
Schallwiedergabe *f*	sound reproduction	reproduction *f* du son, reproduction *f* acoustique
Schaltanordnung *f*	circuit arrangement	arrangement *m* du circuit, montage *m* des circuits *m/pl*
Schaltbild *n*	circuit diagram, wiring diagram	schéma *m* de montage *m*, schéma *m* de connexions *f/pl*
Schaltelement *n*	circuit element, mounting component	élément *m* de montage *m*, élément *m* de circuit *m*
schalten [Schalter betätigen] *v*	switch, operate, actuate	commander, manœuvrer
schalten [verbinden] *v*	connect, wire, mount	monter, connecter, brancher, relier, raccorder
Schalter *m* [Ausschalter]	circuit breaker, cutout	interrupteur *m*, rupteur *m*, coupe-circuit *m*, disjoncteur *m*
Schalter *m* [Einschalter]	switch, contactor	commutateur *m*, contacteur *m*
Schalter *m* [Umschalter]	change-over switch, throw-over switch	inverseur *m*
Schalter *m* [Verkaufsschalter]	booking office	guichet *m*
Schalter *m*, fernbetätigter	remote control switch	commutateur *m* à commande *f* à distance *f*, commutation *f* télécommandé
Schalterknopf *m*	switch knob	bouton *m* de commutateur *m*
Schaltfunktion *f*	switching function	fonction *f* de commutation *f*
Schaltplan *m* [Schaltungsplan]	connection diagram, wiring diagram, mounting diagram	schéma *m* des connexions *f/pl*, plan *m* de câblage *m*, schéma *m* de montage *m*
Schaltplatte *f*, gedruckte	printed circuit board, printed wiring board, printed board	plaque *f* de câblage *m* imprimée, plaque *f* imprimée
Schaltpult *n*	switchboard, control loard, control desk, control console, control panel	pupitre *m* de commande *f*

Schaltraum *m*	switch room, control room	salle *f* de contrôle *m*, salle *f* des connexions *f/pl*
Schalttafel *f*	switchboard, switch panel, control board, control panel, contactor panel	tableau *m* de commande *f*, panneau *m* de contrôle *m*, tableau *m* de distribution *f*
Schaltuhr *f*	interval timer, timer, switching clock	minuterie *f*, interrupteur *m* horaire
Schaltung *f*	mounting, wiring, installation, circuit, scheme	montage *m*, circuit *m*, installation *f*, schéma *m*
Schaltungs...	→ Schalt...	
Schaltwarte *f*	control room, switch room	salle *f* de contrôle *m*, salle *f* des connexions *f/pl*
Schaltzentrale *f*	→ Schaltwarte *f*	
scharf [genau] *adj*	exact, defined, strict	exact, défini, net
scharf [Messer] *adj*	sharp, keen	tranchant, acéré
scharf [Optik] *adj*	net, clear, sharp	net
scharf [Säure] *adj*	biting, burning, sour, shapr	âcre, mordant
scharf [schrill] *adj*	shrill, piercing	aigu, perçant, strident
scharf [spitz] *adj*	pointed, acute	pointu, aigu, acéré
Schärfe *f* [optisch]	clearness	netteté *f*
Scharfeinstellung *f*	focusing, concentration	focalisation *f*, concentration *f*, mise *f* au point
scharfkantig *adj*	sharp-edged	à arêtes *f/pl* vives
Schatten *m*	shadow	ombre *f*
Schattenbild *n*	shadow image	image *f* ombragée
Schatteneffekt *m*	shadow effect	effet *m* d'ombre *f*
Schattengebiet *n*	shadow area, shadow zone	région *f* d'ombre *f*, zone *f* ombreuse
schattieren *v*	shade	ombrer
Schattenzone *f*	shodow zone	zone *f* ombreuse
schätzen *v*	estimate, assess, evaluate, tax, rate	estimer, taxer, évaluer
Schätzung *f*, ungefähre	rough estimate, rough estimation	devis *m* approximatif, estimation *f* approximative
Schaubild *n*	diagram, chart, plot, representation, graph, figure	diagramme *m*, graphique *m*, représentation *f*
Schauloch *n*	eye sight	trou *m* d'observation *f*, orifice *m* d'inspection *f*, visière *f*
Schaumgummi *n*	foamed rubber, rubber foam	caoutchouc *m* mousse
Schaumstoff *m*	foam material	matière *f* spongieuse
Scheibe *f* [Blechscheibe]	blank	flan *m*
Scheibe *f* [Fläche]	disk, disc, plate	disque *m*, flan *m*, plateau *m*
Scheibe *f* [Glasscheibe]	pane, square	vitre *f*, carreau *m*
Scheibe *f* [Schnitte]	slice	tranche *f*
Scheibe *f* [Unterlegscheibe]	washer, collar	rondelle *f*

scheibenförmig *adj*	disk-type ..., discoid	en disque *m*, à disque *m*, en forme *f* de disque *m*
Scheibenreflektor *m*	disk reflector	réflecteur *m* en forme *f* de disque *m*
Scheidewand *f*	diaphragm, partition wall	diaphragme *m*
scheinbar *adj*	apparent, virtual	apparent, virtuel
Scheinleistung *f*	apparent power	puissance *f* apparente
Scheinleitwert *m*	admittance	admittance *f*
Scheinwiderstand *m*	apparent resistance, impedance	résistance *f* apparente, impédance *f*
Scheinwiderstandsmessung *f*	impedance measurement	mesure *f* d'impédance *f*
Scheitel *m*	peak, top, crest, apex, maximum, point, vertex	crête *f*, maximum *m*, sommet *m*, pointe *f*, apex *m*
Scheitellinie *f*	crest line	ligne *f* de crête *f*
Scheitelpunkt *m*	vertex, vertices *pl*	apex *m*
Scheitelwert *m*	peak value, maximum value, crest value, amplitude	valeur *f* de crête *f*, valeur *f* maximum, amplitude *f*
Schema *n*	scheme	schéma *m*
schematisch	schematic(al)	schématique
Scherbeanspruchung *f*	shear load, shearing stress	effort *m* de cisaillement *m*
Scherfestigkeit *f*	resistance to shearing, shear strength, transverse bending strength	résistance *f* au cisaillement
Scherkraft *f*	shear force, shearing force, lateral force	force *f* de cisaillement *m*, force *f* transversale, poussée *f* transversale
Schermodul *m*	Young's modulus	module *m* d'Young
Scherspannung *f*	shearing stress, shear load	effort *m* de cisaillement *m*
Scherung *f*	shear, shearing	cisaillement *m*
Scherversuch *m*	shear test, shearing test	essai *m* de cisaillement *m*
Scherwelle *f*	shear wave	onde *f* acoustique transversale
Scherwirkung *f*	shearing effect	effet *m* de cisaillement *m*
Scherzugkraft *f*	shear strength	force *f* de traction *f* de cisaillement *m*
Scherzugversuch *m*	shear test	essai *m* de traction *f* de cisaillement *m*
scheuern *v*	rub, scrub	frotter, roder, émoudre
Schicht...	lamination ..., laminated, in layers *pl*, layer ..., multi-layer ..., stratified, foliated, sandwich ...	... par couches *f/pl*, en couches *f/pl*, multicouche, laminé, laminaire, feuillé, stratifié, en sandwich *m*
Schicht *f* [Arbeitsschicht]	turn, shift, spell	tâche *f*, poste *m*
Schicht *f* [Lage]	layer, coat	couche *f*
Schicht *f* [Überzug]	coating, coat, film, layer, sheath, deposit	couche *f*, film *m*, gaine *f*, enduit *m*, couverte *f*, couverture *f*, dépôt *m*
Schicht *f*, anodische	anodic layer	couche *f* anodique

Schicht *f*, benachbarte	neighbouring layer	couche *f* voisine
Schicht *f*, dicke	thick film	couche *f* épaisse
Schicht *f*, dünne	thin film	couche *f* mince
Schicht *f*, einsatzgehärtete	case-hardened layer	couche *f* cémentée, cémentation *f*
Schicht *f*, leitende	conductive layer	couche *f* conductrice
Schicht *f*, lichtempfindliche	photosensitive layer	couche *f* photosensible
Schicht *f*, oberflächennahe	near-surface layer, subsurface layer	couche *f* proche de la surface
Schichtablösung *f*	peeling-off	écaillage *m*, écaillement *m*
Schichtbildung *f*	lamination, stratification	lamination *f*, stratification *f*, disposition *f* par couches *f/pl*
Schichtdicke *f*	layer thickness, film thickness, coating thickness	épaisseur *f* de couche *f*, épaisseur *f* du film
Schichtdicken-Meßgerät *n*	coating thickness measuring device	dispositif *m* de mesure *f* de l'épaisseur *f* de couche *f*
Schichten *n*	lamination, stratification	lamination *f*, stratification *f*, disposition *f* par couches *f/pl*
Schichthybridtechnologie *f*	layer hybrid technology	technologie *f* de couche *f* hybride
Schichtpreßstoff *m*	moulded laminated material	stratifié *m* moulé
Schichtstärke *f*	coating thickness, film thickness, layer thickness	épaisseur *f* de couche *f*, épaisseur *f* du film
Schichtstoff *m*	laminate	stratifié *m*
Schichttechnologie *f*	layer technology	technologie *f* des couches *f/pl*
Schichtung *f*	lamination, stratification	lamination *f*, stratification *f*, disposition *f* par couches *f/pl*
schichtweise *adj*	lamination . . ., laminated, in layers *pl*, stratified, sandwich. . .	. . . par couches *f/pl*, en couches *f/pl*, feuillé, laminaire, stratifié, en sandwich *m*
Schichtwerkstoff *m*	lamellar material	matériau *m* lamelleux, matériau *m* stratifié
schief *adj*	oblique	oblique
Schiene *f* [Bahnschiene]	rail	rail *m*
Schiene *f* [Profilstange]	bar, rod	tige *f*, barre *f*, latte *f*
Schiene *f* [Sammelschiene]	bus bar, bus	barre *f* omnibus, barre *f* collectrice
Schienenprüfkopf *m*	rail probe	palpeur *m* pour rails *m/pl*
Schienenprüfwagen *m*	rail testing car, defectoscope car for rails *pl*	voiture *f* d'auscultation *f* des rails *m/pl*, voiture *f* pour la défectoscopie de rails *m/pl*
Schiffbauwesen *n*	shipbuilding	construction *f* navale
Schiffsanker *m*	anchor	ancre *f*

Schiffskanal *m*	canal	canal *m*
Schiffsmaschinenbau *m*	naval engineering	construction *f* de machines *f/pl* marines
Schild *n* [Anzeigetafel]	sign, plate, label	enseigne *f*, plaque *f*, étiquette *f*
Schild *m* [Schutzwand]	shield, protective shield, screen	paroi *f*, paroi *f* de protection *f*, écran *m*
schildern *v*	describe, outline, envolve	décrire, dépeindre, définir
Schimmelbeständigkeit *f*	fungus resistance	résistance *f* à la moisissure
Schirm *m* [Bildschirm]	screen, picture screen, viewing screen	écran *m*, écran *m* image
Schirm *m* [Lichtschirm]	shade, reflector	abat-jour *m*, réflecteur *m*
Schirm *m* [Schutzschirm]	shield, screen	écran *m*
Schirmbild *n*	screen photograph, screen pattern, display, image	image-écran *f*
Schirmbildanzeige *f*	screen pattern	réflectogramme *m*
Schirmbildaufnahme *f*	fluorograph	fluorographie *f*, radiophoto *f*
schirmen *v*	shield, screen	blinder, protéger
Schirmprüfung *f* [Abschirmmaterialprüfung]	bulk test	essai *m* de volume *m*
Schirmung *f*	shielding	blindage *m*
Schlacke *f*	slag	laitier *m*, scorie *f*
Schlackenatlas *m*	slag handbook	atlas *m* des laitiers *m/pl*
Schlackeneinschluß *m*	slag inclusion, flux inclusion	inclusion *f* de laitier *m*, inclusion *f* de scorie *f*, inclusion *f* de flux *m*
Schlackennest *n*	clustered slag inclusions *pl*, clustered flux inclusions *pl*	nid *m* d'inclusions *f/pl* de laitier *m*, nid *m* d'inclusions *f/pl* de flux *m*
Schlackenzeile *f*	slag line, linear flux inclusion, elongated slag inclusion	inclusion *f* de laitier *m* alignée, inclusion *f* de laitier *m* en chapelet *m*, inclusion *f* de flux *m* alignée
schlaff *adj*	slack, loose	lâche, mou (molle), relâché, flasque
Schlag *m*	impact, push, shock, blow, percussion, impulse, pulse	impact *m*, choc *m*, coup *m*, poussée *f*, impulsion *f*, heurt *m*
Schlagbiegezähigkeit *f*	impact bending strength	résilience *f*, dureté *f* au choc et à l'entaille *f*
Schlagfestigkeit *f*	impact resistance, shock resistance	résistance *f* au choc, résistance *f* à l'entaille *f*
Schlagkerbzähigkeit *f*	→ Schlagbiegezähigkeit *f*	
Schlagprüfung *f*	impact test, dynamic test	essai *m* au choc
Schlagstelle *f* [Oberflächenfehler]	knock	coup *m*
Schlagzähigkeit *f*	impact resistance	résilience *f*
Schlagzugversuch *m*	tension impact test, tensile impact test	essai *m* de rupture *f* au choc

Schlamm *m*	dredge, slurry, suspension, residue	schlamm *m*, suspension *f*, résidu *m*
schlank *adj*	slender, slim	svelte, élancé
Schlauch *m*	flexible pipe, tube	tuyau *m* flexible
Schlauchpore *f*	worm-hole	soufflure *f* vermiculaire
Schleier *m* [Film]	fog, fogging, haze, veil, turbidity	voile *m*, flou *m*
Schleierschwärzung *f*	fog blackening	noircissement *m* de voile
Schleife *f*	loop, kink	nœud *m*, coque *f*
schleifen [polieren] *v*	polish	polir
schleifen [reiben] *v*	rub, scrub, abrade, grind	frotter, meuler, émoudre, abraser
schleifen [schleppen] *v*	slide	glisser
Schleifer *m* [Schleifkontakt]	slider, slide contact, sliding contact	contact *m* frottant, contact *m* glissant
Schleifriß *m*	abrasion crack, abrasive crack	fissure *f* d'abrasion *f*
Schleuse *f*	sluice	écluse *f*
Schliere *f*	stria, striae *pl*, streak	strie *f*, traînée *f*
Schlierenaufnahme *f*	schlieren photo	prise *f* de stries *f/pl*
schlierenfrei *adj*	free from streaks *pl*, without striae *pl*	exempt de stries *f/pl*
Schlierenoptik *f*	schlieren optics *pl*	optique *f* des stries *f/pl*
Schlierenverfahren *n*	schlieren method, strioscopy	méthode *f* de strioscopie *f*, strioscopie *f*
schließen *v*	shut, close, enclose, inclose, lock, seal, incase	fermer, enfermer, renfermer, serrer, coffrer
Schließnaht *f*	closure weld	soudure *f* fermante
Schliffbild *n*	structure micrography	micrographie *f* de structure *f*
Schlitz *m*	slot, slit, notch, groove, rabbet	fente *f*, encoche *f*, entaille *f*, rainure *f*
Schlitzbreite *f*	slot width	largeur *f* de fente *f*
schlitzen *v*	slit, slot, notch, groove, indent	entailler, cocher, encocher, fendre
Schlitzlänge *f*, kritische	critical slot length	longueur *f* critique de la fente
Schlitztiefe *f*	slot depth	profondeur *f* de fente *f*
schlucken *v*	absorb, deaden, attenuate, suck (up), occlude	absorber, étouffer, atténuer, amortir, sucer, aspirer
Schluß *m*	end	fin *f*
Schlußkontrolle *f*	final examination, final control	contrôle *m* final
schmal *adj*	narrow	étroit, serré
Schmalbandsignal *n*	narrow band signal	signal *m* à bande *f* étroite
Schmalbündel . . .	narrow beam . . .	. . . à pinceau *m* étroit
Schmelzbarkeit *f*	fusibility, meltableness	fusibilité *f*
Schmelze *f*	fuse, liquid alloy	fonte *f*, alliage *m* liquide

schmelzen *v*	melt, fuse	(se) fondre, fuser
Schmelzen *n*	melting, fusion	fusion *f*
Schmelzpunkt *m*	fusion point, melting point	point *m* de fusion *f*
Schmelzschweißen *n*	fusion welding	soudage *m* par fusion *f*
Schmelztemperatur *f*	fusion temperature, metting temperature	température *f* de fusion *f*
Schmelzzone *f*	fusion zone	zone *f* de fusion *f*, zone *f* fondue
Schmiedeblock *m*	forging ingot	lingot *m* de forge *f*
Schmiedeeisen *n*	wrought iron, malleable iron, soft iron	fer *m* forgé, fer *m* malléable
schmieden *v*	forge	forger
Schmieden *n*	forging	forgeage *m*
Schmiedestück *n*	forging	pièce *f* forgée
schmiegsam *adj*	pliable	pliable, souple
schmieren *v*	lubricate, oil, grease	lubrifier, huiler, graisser
Schmutz *m*	dirt, mud, smudge	salissure *f*, boue *f*
Schmutzfleck *m*	stain, spot, blot	tache *f*
schmutzig *adj*	dirty, impure	sale, impur, malpropre
schneiden [allgemein] *v*	cut, slit	couper, découper, trancher
schneiden [Gewinde] *v*	thread	fileter
schneiden [kreuzen] *v*	traverse	traverser
schneiden [Magnetband] *v*	cut, record, edit	couper, enregistrer
Schnellabtastung *f*	rapid scanning	balayage *m* rapide
Schnelle *f*	velocity, speed	célérité *f*, vitesse *f*, rapidité *f*
Schnelligkeit *f*	→ Schnelle *f*	
Schnellprüfung *f*	rapid test, rapid checking, rapid examination	contrôle *m* rapide, étude *f* rapide, vérification *f* rapide
Schnelluntersuchung *f*	→ Schnellprüfung *f*	
Schnitt *m* [Einschnitt]	cut, cutting, notch, slit	taille *f*, coupe *f*
Schnitt *m* [Profil]	section, intersection, profile, cutting through, view	coupe *f*, section *f*, intersection *f*, profil *m*, vue *f*
Schnittfläche *f*	sectional area	plan *m* de section *f*
Schnittgeschwindigkeit *f*	cutting speed	vitesse *f* de coupe *f*
Schnittlinie *f*	intersection line	ligne *f* d'intersection *f*
Schnittpunkt *m*	point of intersection	point *m* d'intersection *f*, intersection *f*
Schnittwinkel *m*	cutting angle	angle *m* de coupe *f*
Schock *m*	shock	choc *m*
Schopfung *f*	cropping	éboûtage *m*
schraffiert *adj*	hatched, crosshatched	hachuré
Schrägbestrahlung *f*	oblique irradiation	irradiation *f* oblique
Schrägeinfall *m*	oblique incidence	incidence *f* oblique
Schrägeinschallung *f*	oblique acoustic irradiation	irradation *f* acoustique oblique
Schrägfehler *m*	oblique defect	défaut *m* oblique
Schrägriß *m*	oblique crack, transverse crack, transversal crack	fissure *f* oblique, crique *f* transversale

schrägstellen *v*	tilt, incline, decline, slope	incliner, s'incliner, obliger, basculer, décliner
Schrägstellung *f*	inclined position	position *f* inclinée
Schramme *f*	scratch, scar, cut	égratignure *f*, rayure *f*, éraflure *f*
Schranke *f*	barrier, limit, limitation	barrière *f*, limite *f*
Schraube *f*	screw	vis *f*
Schraubenbolzen *m*	screw bolt	boulon *m* fileté
schraubenförmig *adj*	screw ..., helical, helicoidal, spiral	hélicé, hélicoïdal, hélicoïde, hélicin, spiral
Schraubenlinie *f*	helical line, spiral line, helix, screw-line	hélice *f*, spirale *f* cylindrique
Schraubenversetzung *f*	screw-like dislocation	dislocation *f* en spirale *f*
Schraubverbindung *f*	screwed joint, screw connection	joint *m* à vis *f/pl*, assemblage *m* fileté
Schreiber *m*	recorder, recording device	enregistreur *m*, appareil *m* enregistreur
Schreibgerät *n*	recording device, recorder	appareil *m* enregistreur, enregistreur *m*
Schreibgeschwindigkeit *f*	recording speed	vitesse *f* d'enregistrement *m*
Schreibweise *f*	notation, representation	notation *f*, représentation *f*
schrittweise *adj*	by steps *pl*, step by step	pas à pas
Schrott *m*	scrap	débris *m/pl*, mitraille *f*
schrumpfen *v*	shrink, contract	(se) rétrécir, contracter, maigrir
Schrumpfen *n*	shrinking, contraction	retrait *m*, rétrécissement *m*, contraction *f*
Schrumpffaktor *m*	shrinkage factor	coefficient *m* de rétrécissement *m*
Schrumpfriß *m*	shrinkage crack	fissure *f* de retrait *m*
Schrumpfsitz *m*	shrinkage	frettage *m*
Schrumpfung *f*	shrinkage, shrinking, contraction	retrait *m*, rétrécissement *m*, contraction *f*
Schrumpfzahl *f*	→ Schrumpffaktor *m*	
Schub *m* [Querkraft]	shearing force	poussée *f* transversale
Schub *m* [Schubkraft]	thrust	poussée *f*
Schubbeanspruchung *f*	shear stress, shearing stress	effort *m* par cisaillement *m*
Schubfestigkeit *f*	transverse strength, lateral strength, shear strength	résistance *f* au cisaillement
Schubkraft *f* [Antrieb]	thrust	poussée *f*
Schubkraft *f* [Scherkraft]	shear force, lateral force	force *f* transversale, force *f* de cisaillement *m*
Schubspannung *f*	shearing strain, transverse strain, shearing stress	tension *f* de cisaillement *m*
Schubwelle *f*	shear wave, transverse wave	onde *f* transverse
schütteln *v*	shake, vibrate	trembler, vibrer, ébranler
Schüttelprüfung *f*	vibration test	essai *m* de vibration *f*
Schüttelversuch *m*	→ Schüttelprüfung *f*	

Schüttgut *n*	bulk goods *pl*	matières *f/pl* en tas *m*
Schutz *m* [vor, gegen]	protection [against]	protection *f* [contre]
Schutzanzug *m*	protection suit, protective clothes *pl*, protective clothing	vêtement *m* de protection *f*, vêtement *m* de sûreté *f*
Schutzbereich *m*	protection zone	zone *f* de protection *f*
Schutzbrille *f*	protecting spectacles *pl*	lunettes *f/pl* protectrices
schützen [abschirmen] *v*	screen, shield	blinder, protéger
schützen [beschützen] *v*	protect, guard	protéger, garder, défendre, préserver
Schutzfenster *n*	shielding window	fenêtre *f* de protection *f*
Schutzgas *n*	inert gas	gaz *m* inert
Schutzgasschweißen *n*	shielded arc welding	soudage *m* à arc *m* protégé
Schutzglas *n*	protective glass	verre *m* de protection *f*
Schutzhandschuhe *m/pl*	protective gloves *pl*	gants *m/pl* protecteurs
Schutzhülle *f*	protective cover, protective coating, protecting envelope, sheathing	enveloppe *f* de protection *f*, gaine *f* protectrice, couche *f* protectrice
Schutzkleidung *f*	protection suit, protective clothes *pl*, protective clothing	vêtement *m* de protection *f*, vêtement *m* de sûreté *f*
Schutzlack *m*	protective lacquer	laque *f* protectrice, vernis *m* protecteur
Schutzmaske *f*	respirator	casque *m* respiratoire
Schutzmaßnahmen *f/pl*	precautionary measures *pl*, precautions *pl*	précautions *f/pl*
Schutzmaterialprüfung *f* [Strahlenschutz]	bulk test	essai *m* de volume *m*
Schutzraum *m*	protection cell, shelter	chambre *f* de protection *f*, abri *m*
Schutzrohr *n*	protecting tube, shield tube	tube *m* protecteur, tuyau *m* de protection *f*
Schutzscheibe *f*	protective screen	vitre *f* protectrice
Schutzschicht *f*	protective coating, protective layer, protective film	couche *f* protectrice, enduit *m* protecteur, film *m* protecteur
Schutzschirm *m*	protective screen	écran *m* protecteur
Schutzvorrichtung *f*	protecting device, protector, guard	dispositif *m* protecteur, protecteur *m*
Schutzwand *f*	protective wall, protective shield	paroi *f* protectrice
Schutzzone *f*	protection zone, protection area	zone *f* de protection *f*
schwach *adj*	weak, feeble, poor, slight, low	faible, mince, léger, mou
Schwachbestrahlung *f*	low-intensity irradiation	irradiation *f* à faible intensité *f*
schwächen *v*	weaken, reduce, diminish, damp	affaiblir, réduire, diminuer, atténuer
schwachlegiert *adj*	low-alloy ...	faiblement allié, allié à faible teneur *f*

Schwächungs . . .	→ Abschwächungs . . .	
Schwächung *f*	weakening, attenuation, damping, reduction, reducing, fading	atténuation *f*, affaiblissement *m*, amortissement *m*, réduction *f*
Schwächungsfunktion *f*	attenuation function	fonction *f* d'atténuation *f*
Schwächungskoeffizient *m*, effektiver	effective absorption coefficient	coefficient *m* d'absorption *f* effectif
schwachwandig *adj*	thin-walled	à paroi *f* mince
Schwamm *m*	sponge	éponge *f*
schwammig *adj*	spongy	spongieux
schwanken *v*	vary, modify, change, alter, fluctuate, swing	varier, modifier, changer, fluctuer
Schwankung *f*	variation, change, modification, alteration, fluctuation, swing	variation *f*, changement *m*, modification *f*, altération *f*, fluctuation *f*
Schwarm *m*	cluster	amas *m*, essaim *m*
Schwarzkörperstrahlung *f*	black body radiation	rayonnement *m* du corps noir
Schwarzlicht *n*	black light	lumière *f* noire
Schwärzung *f* [allgemein]	blackening	noircissement *m*
Schwärzung *f* [Film]	density, optical density	densité *f*, densité *f* optique
Schwärzungserhöhung *f* [Film]	intensification	intensification *f*
Schwärzungsfunktion	density function, function of optical density	fonction *f* de la densité optique
Schwärzungsgewinnung *f*	→ Schwärzungserhöhung *f*	
Schwärzungskurve *f*	density curve	courbe *f* de densité *f* optique, courbe *f* de noircissement *m*
Schwärzungsmesser *m*	densitometer	densitomètre *m*
Schwärzungsmessung *f*	measurement of blackening, measurement of optical density	mesure *f* du noircissement, mesure *f* de la densité optique
Schwärzungssteigerung *f*	intensification	intensification *f*
Schwebebahn *f*	cable railway, levitation train	téléphérique *f*, télécabine *f*
Schwebetechnik *f*, elektromagnetische	electromagnetic suspension engineering	technique *f* des entraînements *m/pl* électromagnétiques flottants
Schwebung *f*	beat, interference	battement *m*, interférence *f*
Schwefel *m* [S]	sulphur, sulfur	soufre *m*
Schwefeldioxid *n*	sulphur dioxide	anhydride *m* sulfureux
schwefelhaltig *adj*	sulphurous	sulfureux, sulfurifère
Schwefelwasserstoff *m*	hydrogen sulphide	acide *m* sulfhydrique
Schweißautomat *m*	automatic welder	soudeuse *f* automatique
schweißbar *adj*	weldable	soudable
Schweißbarkeit *f*	weldability	soudabilité *f*
Schweißeigenspannung *f*	residual welding stress	contrainte *f* propre de soudage *m*, contrainte *f* propre due au soudage

Schweißeignung *f*	suitability for welding, suitable for welding	aptitude *f* au soudage, propre au soudage
Schweißelektrode *f*	welding electrode	électrode *f* de soudage *m*
schweißen *v*	weld	souder
Schweißen *n*	welding	soudage *m*
Schweißer *m*	welder	soudeur *m*
Schweißfehler *m*	weld defect, welding defect	défaut *m* de soudage *m*, défaut *m* de soudure *f*
Schweißgerät *n*	welding apparatus, welding device	appareil *m* de soudage *m*, machine *f* à souder
Schweißgeschwindigkeit *f*	welding speed	vitesse *f* de soudage *m*
Schweißgut *n*, austenitisches	austenitic weld material	matière *f* à souder austénitique
Schweißkante *f*	weld edge	chanfrein *m* de soudure *f*
Schweißkonstruktion *f*	welded structure	construction *f* soudée
Schweißlinse *f*	weld nugget	noyau *m* de soudure *f*
Schweißmaschine *f*, automatische	automatic welding machine	machine *f* à souder automatique
Schweißnaht *f*	weld, weld seam, welding seam, welded joint	soudure *f*, ligne *f* de soudure *f*, joint *m* soudé, cordon *m* de soudure *f*
Schweißnahtabschnitt *m*	(welding) seam section	section *f* du joint (soudé)
Schweißnahtbereich *m*	weld zone, weld range	zone *f* de la soudure
Schweißnahtfehler *m*	weld defect, welding seam defect	défaut *m* de soudure *f*, défaut *m* de joint *m* soudé
Schweißnahtflanke *f*	welding seam flank	flanc *m* du joint soudé
Schweißnahtlänge *f*	weld length	longueur *f* de soudure *f*
schweißnahtlos *adj*	seamless, weldless	sans couture *f*, sans soudure *f*
Schweißnaht-Prüfgerät *n*	weld tester, weld scanner	dispositif *m* de contrôle *m* de soudures *f/pl*
Schweißnahtumschmelzen *n*	bead remelting	refusion *f* des joints *m/pl* soudés
Schweißnahtungänze *f*	weld discontinuity	discontinuité *f* de soudure *f*
Schweißnahtwertigkeit *f*	seam evaluation, weld evaluation	évaluation *f* de la soudure
Schweißplattierung *f*	welded cladding	placage *m* soudé
Schweißpunkt *m*	weld spot	point *m* de soudure *f*
Schweißpunkt *m*, durchgebrannter	burnt-through weld spot	point *m* de soudure *f* percé
Schweißraupe *f*	welding deposit, welding fillet, welding bead	cordon *m* de soudure *f*, dépôt *m* de soudage *m*
Schweißriß *m*	weld crack	fissure *f* d'une soudure, crique *f* de soudage *m*
Schweißrißanfälligkeit *f*	susceptiblity to weld cracking	susceptibilité *f* à la fissuration (d'une soudure), susceptibilité *f* aux criques *f/pl* de soudage *m*

Schweißrißempfindlichkeit *f*	→ Schweißrißanfälligkeit *f*	
Schweißstelle *f*	weld, weldment, welded joint	soudure *f*, joint *m* soudé
Schweißstelle *f*, kalte	cold shot, cold weld	soudure *f* à froid, décollement *m*, coulée *f* interrompue
Schweißstück *n*	weldment, weldet piece	pièce *f* soudée
Schweißtemperatur *f*	welding temperature	température *f* de soudage *m*
Schweißung *f*	welding	soudage *m*
Schweißverbindung *f*	weld, welded joint	joint *m* soudé, assemblage *m* soudé, jonction *f* par soudage *m*
Schweißverbindung *f*, austenitische	austenitic weld	joint *m* soudé austénitique
Schweißverbindung *f*, überlappte	lap joint	joint *m* soudé à recouvrement *m*
Schweißverfahren *n*	welding method, welding process, welding technique	méthode *f* de soudage *m*, technique *f* de soudage *m*, procédé *m* de soudage *m*
Schwelle *f* [Gleis]	sleeper, tie	traverse *f*
Schwelle *f* [Grenze]	threshold, boundary, limitation	seuil *m*, bordure *f*, borne *f*, limitation *f*
Schwelle *f* [Schranke]	barrier, limit, bound	barrière *f*, limite *f*
Schwelle *f*, relative	relative threshold	seuil *m* relatif
Schwellen *n*	swelling	gonflement *m*
Schwellenenergie *f*	threshold energy	energie-seuil *f*, énergie *f* de seuil *m*
Schwellenfrequenz *f*, photoelektrische	photoelectric threshold frequency	fréquence *f* de seuil *m* photoélectrique
Schwellenspannung *f* [elektrisch]	threshold voltage	tension *f* de seuil *m*
Schwellenwert *m*	threshold value	valeur *f* de seuil *m*
Schwellwert *m*	→ Schwellenwert *m*	
Schwenkarm *m*	swing arm	bras *m* pivotant
schwenkbar *adj*	swivelling	pivotant, orientable, rotatif
schwenken *v*	turn, swivel, slew, swing	pivoter, orienter
schwer [Gewicht] *adj*	heavy, weighty	lourd, pesant
schwer [schwierig] *adj*	difficult	difficile
Schwerbeton-Abschirmung *f*	heavy concrete shielding	écran *m* à béton *m* lourd
Schwerefeld *n*	gravitation field	champ *m* de gravitation *f*
schwerentflammbar	fire-resistant	difficilement inflammable
Schwerkraft *f*	gravity, gravitation force, gravitation, earth's attraction	gravitation *f*, force *f* de gravitation *f*, gravité *f*
Schwermetall *n*	heavy metal	métal *m* lourd
Schwermetall-Abschirmung	heavy-metal shielding	écran *m* à métal *m* lourd, bouclier *m* en métal *m* lourd

Schwerpunkt *m*	center of gravity, center of mass	centre *m* de gravité *f*, centre *m* de masse *f*
Schwerwasser-Druckreaktor *m*	pressurized heavy-water reactor	réacteur *m* à eau *f* lourde sous pression *f*
Schwerwasser-Siedereaktor *m*	heavy-water boiling reactor	réacteur *m* à eau *f* bouillante lourde
schwierig *adj*	difficult	difficile
Schwimmbad-Forschungsreaktor *m*	swimming-pool research reactor	réacteur piscine *m* pour recherches *f/pl* scientifiques
schwimmen [Sachen] *v*	swim, float	flotter
schwinden [schrumpfen] *v*	shrink, contract	(se) rétrécir, contracter, maigrir, dépérir
schwinden [weniger werden] *v*	diminish, dwindle	diminuer, décroître
Schwindmaßbestimmung *f*	determination of shrinkage	mesure *f* du retrait
Schwindung *f*	shrinkage, contraction	retrait *m*, contraction *f*
Schwindungszahl *f*	shrinkage factor	coefficient *m* de rétrécissement *m*
Schwing...	→ Schwingungs...	
Schwingamplitude *f*	amplitude of oscillation, amplitude of vibration	amplitude *f* d'oscillation *f*, amplitude *f* de vibration *f*
Schwingbeanspruchung *f*	cyclic stress, dynamic load	effort *m* alterné, charge *f* dynamique
Schwingbewegung *f*	oscillating motion, vibratory movement	mouvement *m* d'oscillation *f*, mouvement *m* vibratoire
schwingen *v*	oscillate, vibrate, swing	osciller, vibrer, balancer, balayer, pomper
Schwingen *n*	oscillation, oscillating, vibrating, vibration	oscillation *f*, vibration *f*
Schwingenergie *f*	oscillation energy, oscillating energy	énergie *f* d'oscillation *f*, énergie *f* oscillatoire
Schwinger *m*	transducer, vibrator	transducteur *m*, vibrateur *m*
Schwingerform *f*	transducer shape	forme *f* du transducteur
schwingfähig *adj*	able to vibrate, oscillatory	capable de vibrer, oscillatoire
Schwingfestigkeit *f*	fatigue strength	résistance *f* á la fatigue, résistance *f* aux efforts *m/pl* alternés
Schwingfestigkeitsuntersuchung *f*	fatigue test	essai *m* de fatigue *f*
Schwingfrequenz *f*	frequency of oscillation, vibration frequency	fréquence *f* d'oscillation *f*, fréquence *f* de vibration *f*
Schwingkopf *m*	oscillating probe, vibrating head	palpeur *m* oscillant, tête *f* vibrante
Schwingkreis *m*	oscillating circuit, oscillation circuit	circuit *m* oscillant, circuit *m* oscillatoire, circuit *m* d'oscillation *f*

Schwingkristall *m*	oscillating crystal	cristal *m* oscillant
Schwingquarz *m*	piezoelectric crystal	quartz *m* piézoélectrique, quartz *m* pour oscillateurs *m/pl*
Schwingung *f*	oscillation, vibration, swing, undulation, cycle	oscillation *f*, vibration *f*, ondulation *f*, cycle *m*
Schwingung *f*, abklingende	dying oscillation	oscillation *f* décroissante, oscillation *f* amortie
Schwingung *f*, anschwellende	increasing oscillation	oscillation *f* croissante
Schwingung *f*, aperiodische	aperiodic oscillation	oscillation *f* apériodique
Schwingung *f*, elliptische	elliptical oscillation	oscillation *f* elliptique
Schwingung *f*, erzwungene	forced oscillation, constrained oscillation	oscillation *f* forcée, oscillation *f* contrainte
Schwingung *f*, freie	free oscillation	oscillation *f* libre
Schwingung *f*, gedämpfte	damped oscillation	oscillation *f* amortie, oscillation *f* décroissante
Schwingung *f*, gleichförmige	continuous oscillation	oscillation *f* entretenue
Schwingung *f*, harmonische	harmonic oscillation, harmonic	oscillation *f* harmonique, harmonique *f*
Schwingung *f*, induzierte	induced oscillation	oscillation *f* induite
Schwingung *f*, longitudinale	longitudinal oscillation	oscillation *f* longitudinale
Schwingung *f*, modulierte	modulated oscillation	oscillation *f* modulée
Schwingung *f*, nichtharmonische	nonharmonic oscillation	oscillation *f* nonharmonique
Schwingung *f*, parasitäre	parasitic oscillation	oscillation *f* parasitaire
Schwingung *f*, quasistationäre	quasi-stationary oscillation	oscillation *f* quasistationnaire
Schwingung *f*, radiale	radial oscillation, radial vibration	oscillation *f* radiale, vibration *f* radiale
Schwingung *f*, reine	pure oscillation	oscillation *f* pure
Schwingung *f*, schwach gedämpfte	weakly damped oscillation	oscillation *f* légèrement amortie
Schwingung *f*, stark gedämpfte	highly damped oscillation	oscillation *f* fortement amortie
Schwingung *f*, stationäre	stationary oscillation	oscillation *f* stationnaire
Schwingung *f*, transversale	transverse oscillation	oscillation *f* transversale
Schwingung *f*, unmodulierte	non-modulated oscillation	oscillation *f* non-modulée
Schwingung *f*, zusammengesetzte	complex oscillation, composed oscillation	oscillation *f* complexe, oscillation *f* composée
Schwingungsamplitude *f*	amplitude of oscillation, amplitude of vibration	amplitude *f* d'oscillation *f*, amplitude *f* de vibration *f*
Schwingungsanalyse *f*	oscillation analysis	analyse *f* d'oscillation *f*
Schwingungsanregung *f*	excitation of oscillations *pl*, vibrational excitation	excitation *f* d'oscillations *f/pl*, excitation *f* de vibration *f*

Schwingungsbauch *m*	antinode, antinoidal point, loop	antinœud *m*, ventre *m* d'oscillation *f*
Schwingungsdämpfung *f*	attenuation, damping, absorption, loss, weakening, flattening [of oscillation/vibration]	atténuation *f*, amortissement *m*, perte *f* [d'oscillation *f*]
Schwingungsdauer *f*	period	période *f*
Schwingungseinsetzen *n*	starting of oscillations *pl*	amorçage *m* d'oscillations *f/pl*
Schwingungsenergie *f*	oscillation energy, oscillating energy	énergie *f* d'oscillation *f*, énergie *f* oscillatoire
Schwingungserregung *f*	excitation of oscillation	excitation *f* d'oscillation *f*
Schwingungserzeuger *m*	oscillation generator, oscillator, vibrator	générateur *m* d'oscillations *f/pl*, oscillateur *m*, vibrateur *m*
Schwingungserzeugung *f*	generation of oscillations *pl*	génération *f* d'oscillations *f/pl*
schwingungsfähig *adj*	able to vibrate, oscillatory	capable de vibrer, oscillatoire
schwingungsfest *adj*	vibration-proof	résistant aux vibrations *f/pl*
Schwingungsform *f* [Mode]	mode of oscillation	mode *m* d'oscillation *f*
Schwingungsform *f* [Kurvenform]	shape of oscillation	forme *f* d'oscillation *f*
Schwingungsfrequenz *f*	vibration frequency, frequency of oscillation	fréquence *f* d'oscillation *f*, fréquence *f* de vibration *f*
Schwingungsknoten *m*	oscillation node, vibration node	nœud *m* d'oscillation *f*, nœud *m* de vibration *f*
Schwingungskreis *m*	oscillating circuit, oscillation circuit	circuit *m* d'oscillation *f*, circuit *m* oscillant, circuit *m* oscillatoire
Schwingungsmode *m*	mode of oscillation	mode *m* d'oscillation *f*
Schwingungsphase *f*	phase of oscillation	phase *f* d'oscillation *f*
Schwingungsrißkorrosion *f*	corrosion due to vibration	corrosion *f* sous vibration *f*
Schwingungsspektrum *n*	oscillation spectrum, vibration spectrum	spectre *m* d'oscillation *f*, spectre *m* de vibration *f*
Schwingungstyp *m*	mode of oscillation	mode *m* d'oscillation *f*
Schwingungsweite *f*	amplitude of oscillation, deviation of vibration	amplitude *f* d'oscillation *f*, déviation *f* de vibration *f*
Schwingverhalten *n*	fatigue behaviour	comportement *m* à la fatigue
Schwingwiderstand *m*	oscillation impedance	impédance *f* d'oscillation *f*
Schwund *m* [Schwindung]	shrinkage, shrinking, contraction	retrait *m*, contraction *f*
Schwund *m* [Verblassen]	fading, damping	affaiblissement *m*, amortissement *m*
Schwungmaschine *f*	centrifugal whirler	machine *f* centrifuge

Schwungrad *n*	flywheel	volant *m*, poulie-volant *f*
sedimentieren *v*	deposit, settle, precipitate	sédimenter, déposer, précipiter
Seekabel *n*	submarine cable	câble *m* sous-marin
Seewasser *n*	sea water	eau *f* de mer *f*
seewasserbeständig *adj*	resistant to sea water	résistant à l'eau *f* de mer *f*
seewassergeschützt *adj*	→ seewasserbeständig	
Segment *n*	segment	segment *m*
segmentförmig *adj*	segment-shaped, segment-like	en forme *f* de segment *m*
Segmentkollimator *m*	segment collimator	collimateur *m* segment
Segregation *f*	segregation	ségrégation *f*
Sehen *n*, räumliches	stereoscopy	stéréoscopie *f*
Seide *f*	silk	soie *f*
Seigerung *f*	segregation	ségrégation *f*
Seil *n*	cord, rope, cable	corde *f*, câble *m*
Seilbahn *f*	cable railway, aerial rope-way	téléférique *m*
Seite *f* [allgemein]	side	côté *m*
Seite *f* [Buch]	page	page *f*
Seite *f* [Gleichung]	member	membre *m*
Seite *f* [Richtung]	sense, direction	sens *m*, direction *f*
Seite *f* [Seitenteil]	flank	flanc *m*
Seitenband *n* [Frequenzband]	sideband	bande *f* latérale
Seitenbandunterdrückung *f*	sideband suppression	suppression *f* de bande *f* latérale
Seitenbewegung *f*	lateral motion	mouvement *m* latéral
Seitenfläche *f*	side face, lateral face	face *f* latérale
Seitenstreuung *f*	side-scattering	diffusion *f* latérale
Seitenteil *n*	side part, side piece, flank	partie *f* latérale, flanc *m*
Seitenwand *f*	side board	face *f* latérale, paroi *f* latérale
Seitenzipfel *m* [Strahlungscharakteristik]	side lobe, minor lobe	lobe *m* secondaire
seitlich *adj*	lateral, side ...	latéral
Sekante *f*	secant	sécante *f*
Sektion *f*	section	section *f*
Sektor *m*	sector	secteur *m*
sekundär *adj*	secondary	secondaire
Sekundärelektronenemission *f*	secondary electron emission	émission *f* d'électrons *m/pl* secondaires
Sekundärelektronenvervielfacher *m* [SEV]	secondary electron multiplier [S.E.M.]	multiplicateur *m* d'électrons *m/pl* secondaires
Sekundäremission *f*	secondary emission	émission *f* secondaire
Sekundärionenemissions-Massenspektrometer *n*	secondary ion emission mass spectrometer	spectromètre *m* de masse *f* à émission *f* ionique secondaire
Sekundärkreis *m*	secondary circuit	circuit *m* secondaire
Sekundärstrahl *m*	secondary ray	rayon *m* secondaire

Sekundärstrahlung *f*	secondary radiation	rayonnement *m* secondaire
Selbsterregung *f*	self-excitation	auto-excitation *f*
Selbstinduktion *f*	self-induction	auto-induction *f*
Selbstregelung *f*	automatic control	réglage *m* automatique, autoréglage *m*
Selbstregler *m*	automatic controller	régulateur *m* automatique
selbsttätig *adj*	automatic(al), self-acting	automatique
Selektion *f*	selection	sélection *f*
selektiv *adj*	selective	sélectif
Selektivität *f*	selectivity	sélectivité *f*
Selektivverstärker *m*	selective amplifier, tuned amplifier	amplificateur *m* sélectif, amplificateur *m* à résonance *f*
Selen *n* [Se]	selenium	sélénium *m*
Seltene-Erden-Folie *f*	rare-earth screen	écran *m* de terre *f* rare, écran *m* à terre *f* rare
Seltenerd-Nuklid *n*	rare-earth nuclide	nuclide *m* à terre *f* rare
Sendeanlage *f*	transmitting device, transmitting set, transmitter	installation *f* de transmission *f*, transmetteur *m*, émetteur *m*
Sendeeinrichtung *f*	→ Sendeanlage *f*	
Sende-Empfangsprüfkopf *m* [SE-Prüfkopf *m*]	TR-probe, transmitting/receiving probe, transmitter/receiver probe, transceiver probe	palpeur *m* TR, palpeur *m* transmetteur/récepteur, palpeur *m* en transmission/réception
Sendefrequenz *f*	transmitted frequency, transmitter frequency	fréquence *f* émise, fréquence *f* de transmission *f*
Sendeimpuls *m*	transmitting pulse, initial pulse	impulsion *f* émise, impulsion *f* de départ *m*
senden *v*	transmit, emit, radiate, send out, emanate	transmettre, émettre, diffuser, rayonner, émaner
Sendeprüfkopf *m*	transmitting probe, projecting probe	sonde *f* émettrice, transducteur *m* de projection *f*
Sender *m*	transmitter	transmetteur *m*, émetteur *m*
Sender-Empfänger-Prüfkopf *m* [SE-Prüfkopf]	transmitter-receiver probe, TR-probe, transceiver probe	palpeur *m* transmetteur/récepteur, palpeur *m* TR
Senderenergie *f*	transmitter energy	énergie *f* de transmetteur *m*
Sendespule *f*	transmitter coil	bobine *f* émettrice
Senkblei *n*	plummet, plumb, lead	plomb *m*, fil *m* à plomb *m*, sonde *f*
Senke *f* [eines Feldes]	vanishing point	point *m* d'annulation *f*
senkrecht [lotrecht] *adj*	vertical, perpendicular	vertical, perpendiculaire
senkrecht [normal] *adj*	normal	normal
Senkrechteinfall *m*	normal incidence	incidence *f* normale
Senkrechteinschallung *f*	normal probing	palpage *m* normal

Sensor *m*	sensor	senseur *m*
separat *adj*	separate, detached	séparé, détaché
SE-Prüfkopf *m*	TR-probe, transmitter/receiver probe, transmitting/receiving probe, transceiver probe	palpeur *m* TR, palpeur *m* transmetteur/récepteur, palpeur *m* en transmission/réception, palpeur *m* émetteur-récepteur
Serie *f*	series *pl*, progression	série *f*, progression *f*
Serienfertigung *f*	series *pl* production, series *pl* manufacture, mass production, batch production, bulk production	production *f* en série *f*, fabrication *f* en masse *f*
Serienherstellung *f*	→ Serienfertigung *f*	
Serienproduktion *f*	→ Serienfertigung *f*	
Service *m*	service	service *m*
servogesteuert *adj*	servo-controlled	servocommandé
Servosystem *n*	servo system	système *m* d'asservissement *m*
Set-Back *n* [Rückstellen]	set-back, reset, resetting	set-back *m*, retour *m*
Shunt *m* [Nebenschluß]	shunt, by-pass, parallel connection, parallel circuit	shunt *m*, dérivation *f*, by-pass *m*, shuntage *m*, montage *m* en parallèle, connexion *f* en parallèle
shunten *v*	shunt, parallel, connect in parallel, couple in parallel	shunter, brancher en parallèle, monter en parallèle, dériver
sicher *adj*	safe, sure, secure, reliable	sûr, reliable
Sicherheit *f* [allgemein]	safety, security	sécurité *f*, innocuité *f*
Sicherheit *f* [Reserve]	margin of safety, margin	marge *f* de sécurité *f*, marge *f*
Sicherheitsabstand *m*	safe distance	distance *f* sûre
Sicherheitsanlage *f*	security system	installation *f* de sécurité *f*
Sicherheitsbehälter *m*	safety vessel, safety container	récipient *m* de sécurité *f*
Sicherheitsfaktor *m*	safety factor	coefficient *m* de sécurité *f*
Sicherheitsglas *n*	safety glass, splinter-proof glass	verre *m* de sécurité *f*, verre *m* infrangible
Sicherheitsgrad *m*	degree of safety, margin of safety	degré *m* de sécurité *f*
Sicherheitsmaßnahme *f*	precautionary measure, safeguard, precautions *pl*	mesure *f* de sécurité *f*, précautions *f/pl*
Sicherheitsprüfung *f*	safety test	essai *m* de sécurité *f*
Sicherheitstest *m*	→ Sicherheitsprüfung *f*	
Sicherheitsüberwachung *f*	safety control	surveillance *f* de sûreté *f*
Sicherheitsvorrichtung *f*	safety device, safeguard, security contrivance	dispositif *m* de sécurité *f*, dispositif *m* de sûreté *f*
sichern *v*	safeguard, protect, secure	assurer, protéger, préserver
Sicherung *f* [elektrisch]	fuse, fusible, cutout	fusible *m*, coupe-circuit *m*
Sicherung *f* [mechanisch]	safety device, protector, securing	dispositif *m* de sûreté *f*

Sicherung *f* [Plombe]	lead seal	plomb *m* de sûreté *f*
Sicherung *f* [Schutz]	protection, protective device	protection *f*, dispositif *m* de protection *f*
Sicherungsmaßnahme *f*	measure of precaution, precautionary measure	précaution *f*
Sicherungssystem *n*	safety system, protective system	système *m* protecteur système *m* de sécurité *f*
Sichtanzeige *f*	visual indication	indication *f* visuelle
sichtbar *adj*	visible	visible
sichtbar machen *v*	visualize, indicate, show	visualiser, montrer, indiquer
Sichtbarmachung *f*, stroboskopische ~	stroboscopic visualization, stroboscopic display	visualisation *f* stroboscopique
Sichten *n*	inspection, observation, revision	inspection *f*, observation *f*, revision *f*
Sichtgerät *n*	display unit	dispositif *m* indicateur, installation *f* de visualisation *f*
Sichtprüfung *f*	visual inspection, visual test, visual examination	inspection *f* visuelle, contrôle *m* visuel
Sichtung *f*	observation, inspection, revision	observation *f*, inspection *f*, revision *f*
Siebglied *n*	filter element, filtering device	élément *m* de filtrage *m*
sieden *v*	boil	bouillir
Siedepunkt *m*	boiling point	point *m* d'ébullition *f*
Siederohr *n*	evaporator tube	tube *m* bouilleur
Siedewasser-Reaktor *m* [SWR]	boiling water reactor [BWR]	réacteur *m* à eau *f* bouillante [REB]
Siedewasserrohr *n*	evaporator tube	tube *m* bouilleur
Signal *n*, akustisches	acoustic signal	signal *m* acoustique
Signal *n*, moduliertes	modulated signal	signal *m* modulé
Signal *n*, reflektiertes	reflected signal	signal *m* réfléchi
Signalauswertung *f*	signal evaluation	évaluation *f* du signal
Signaldauer *f*	signal duration	durée *f* du signal
Signalempfänger *m*	signal receiver	récepteur *m* de signaux *m/pl*
Signalgebung *f*	signalling, signal emission	signalisation *f*
Signalgewinnung *f*	production of signals *pl*	production *f* de signaux *m/pl*
signalisieren *v*	signalize, signal	signaler
Signallampe *f*	signalling lamp, indicating lamp, pilot lamp	lampe *f* de signalisation *f*, lampe *f* témoin, lampe-pilote *f*
Signalpegel *m*	signal level	niveau *m* de signal *m*
Signal/Rausch-Verhältnis *n*	signal-to-noise ration	rapport *m* signal/bruit
Signalschwächung *f*	signal attenuation	affaiblissement *m* du signal
Signalspannung *f*	signal voltage	tension *f* du signal
Signalstärke *f*	signal strength	intensité *f* du signal
Signaltafel *f*	signal panel	tableau *m* de signalisation *f*

Signalverarbeitung *f*, rechnergestützte	computerized signal processing, computer-aided signal processing	traitement *m* de signaux *m/pl* assisté par ordinateur *m*
signieren *v*	sign, designate, mark	signer, repérer, marquer
Signierung *f*	signature, marking	signature *f*
Silber *n* [Ag]	silver	argent *m*
Silberbelag *m*	silver coating	couche *f* d'argent *m*
silberhaltig *adj*	argentiferous	argentifère
Silberschicht *f*	silver coating, silver film	couche *f* d'argent *m*
Silikat *n*	silicate	silicate *m*
Silikon *n*	silicone	silicone *m*
Silizium *n* [Si]	silicium, silicon	silicium *m*
Siliziumstahl *n*	silicon steel	acier *m* au silicium
Simulator *m*	simulator	simulateur *m*
simulieren *v*	simulate	simuler
simultan *adj*	simultaneous	simultané
Simultanbetrieb *m*	simultaneous operation	exploitation *f* simultanée
sinken [tiefergehen] *v*	sink, drop, sag, descend	s'abaisser, tomber, descendre, baisser
sinken [verringern] *v*	decrease, diminish, reduce, depress	décroître, diminuer, réduire
Sinken *n*	decrease, reduction, diminishing, diminution, decrement, drop, fall, loss, decay	décroissement *m*, décroissance *f*, diminution *f*, décrément *m*, chute *f*, baisse *f*, réduction *f*
Sinn *m* [Richtung]	sense, direction	sens *m*, direction *f*
Sinterkörper *m*	sintered piece, cake	pièce *f* frittée, briquette *f*
sintern *v*	sinter, cake	fritter, briquetter, agglomérer
Sintern *n*	sintering, caking	frittage *m*
Sinterung *f*	→ Sintern *n*	
Sinterwerkstoff *m*	sintered material	matière *f* frittée
sinusförmig *adj*	sinusoidal, sine-shaped	sinusoïdal
Sinusform *f*	sine shape	forme *f* de sinus *m*
Sinusfunktion *f*	sine function	fonction *f* sinusoïdale
Sinuskurve *f*	sine curve	courbe *f* sinusoïdale
Sinusschwingung *f*	sine oscillation	oscillation *f* sinusoïdale
Sinuswelle *f*	sine wave	onde *f* sinusoïdale
situ; in ~ [vor Ort] *lat*	in situ	in situ
Situation *f*	situation	situation *f*
Sitz *m* [Passung]	fit	ajustement *m*
Sitz *m* [Sitzplatz]	seat	siège *m*, chaise *f*, place *f* assise
Skala *f* [Einteilung]	graduation, scale	graduation *f*, échelle *f*, division *f*
Skala *f* [Scheibe]	dial	cadran *m*
Skalargröße *f*	scalar quantity, scalar	quantité *f* scalaire
Skale *f*	scale	échelle *f*
Skalenbereich *m*	range	gamme *f*, lecture *f*
Skaleneinteilung *f*	graduation of the dial	graduation *f* de l'écran *m*

Skandium *n* [Sc]	scandium	scandium *m*
Skin-Effekt *m*	skin effect	effet *m* de peau *f*, effet *m* pelliculaire, effet *m* Kelvin
Skizze *f*	sketch	croquis *m*
S-Kurve *f*	sigmoid curve	courbe *f* sigmoïde
S-Matrix *f* [Streumatrix]	scattering matrix	matrice *f* de diffusion *f*
Sockel *m* [Fundament]	foundation, base, bottom, bed, pedestal	fondement *m*, base *f*, pied *m*, piédestal *m*, socle *m*
Sockel *m* [Röhrensockel]	socket, base	culot *m*
Sockelkontakt *m*	socket contact	contact *m* de culot *m*
sofort *adj*	direct, immediate, instantaneous, momentary	momentané, instantané, immédiat, direct
Sohle *f* [Boden]	base, bottom, foundation, bed-plate, bed	fondement *m*, base *f*, socle *m*, plancher *m*
Solarbatterie *f*	solar battery	pile *f* solaire, héliopile *f*
solide *adj*	solid	solide
Solleistung *f*	rated output	puissance *f* nominale
Sollwert *m* [Einstellwert]	set point, desired value, reference point	valeur *f* de consigne *f*
Sollwert *m* [Nennwert]	rated value, nominal value	valeur *f* nominale
Sonde *f*	probe, transducer, test head, measuring head, acceptor	sonde *f*, capteur *m*, transducteur *m*, palpeur *m*, tête *f* de mesure *f*
Sonde *f*, berührungslose	contactless probe, noncontact probe	sonde *f* sans contact *m*
Sonde *f*, elektrodynamische	electrodynamic probe	sonde *f* électrodynamique
Sonde *f*, kontaktlose	contactless probe	sonde *f* sans contact *m*
Sonde *f*, rotierende	rotating probe, encircling probe	sonde *f* tournante, sonde *f* circulante
Sonde *f*, umlaufende	→ Sonde *f*, rotierende	
Sondenspannung *f*	probe voltage	tension *f* de sonde *f*
Sonderausführung *f*	special design	exécution *f* spéciale
Sondierung *f*	probing	sondage *m*
Sonnenbatterie *f*	solar battery	pile *f* solaire, héliopile *f*
Sonnenenergie *f*	solar energy	énergie *f* solaire
Sonnenkraftwerk *n*	solar power station	usine *f* solaire
Sonographie *f*	sonography	sonographie *f*
Sorbend *m*	adsorbate	substance *f* adsorbée
Sorbens *n*	adsorbent	adsorbant *m*, substance *f* adsorbante
Sorption *f*	sorption	sorption *f*
Sorptiv *n*	adsorbate	substance *f* adsorbée
Sortierung *f*	classification, dressing, grading, processing	triage *m*, classement *m*, traitement *m*
Spalt *m*	gap, slit, slot, cleft, crevice, cleavage, scratch, split	fente *f*, fêlure *f*, crevasse *f*
spaltbar [Atomkern] *adj*	fissionable, fissile	fissionable, fissile
spaltbar [mechanisch] *adj*	cleavable	clivable, fendable
Spaltbarkeit *f* [Atomkern]	fissility	fissilité *f*

Spaltbarkeit *f* [mechanisch]	cleavability, cleavage property	clivabilité *f*, fendabilité *f*
Spaltblende *f*	collimating slit	fente *f* du collimateur, fente *f* collimatrice
Spaltbreite *f*	slit width	largeur *f* de fente *f*
Spaltbruch *m*	cleavage	clivage *m*
Spalte *f*	gap, slit, slot, cleft, crevice, cleavage, scratch, split	fente *f*, fêlure *f*, crevasse *f*
spalten [mechanisch] *v*	cleave	fendre, fissurer
spaltfähig [Atomkern] *adj*	fissile, fissionable	fissile, fissionable
spaltfähig [mechanisch]	cleavable	clivable, fendable
Spaltfestigkeit *f*	cleavage strength	résistance *f* contre le clivage
Spaltlötverbindung *f*	brazed joint, hard-soldered joint	jonction *f* par soudage *m* fort
Spaltmaterial *n*	fissile material, fissionable material, nuclear fuel	matière *f* fissile, matériel *m* fissile, combustible *m* nucléaire
Spaltprodukt *n*	fission product	produit *m* de fission *f*
Spaltprozeß *m*	fission process	processus *m* de fission *f*
Spaltriß *m*	crack	fissure *f*
Spaltstoff *m*	fissile material, fissionable material, nuclear fuel	matière *f* fissile, matériel *m* fissile, combustible *m* nucléaire
Spaltstoffbestimmung *f*	fuel assey	contrôle *m* de combustible *m* nucléaire
Spaltstoffprüfung *f*	→ Spaltstoffbestimmung *f*	
Spaltstreuung *f*	gap leakage	dispersion *f* interstitielle
Spaltung *f* [Atomkern]	fission	fission *f*
Spaltung *f* [chemisch]	dissociation	dissociation *f*
Spaltung *f* [mechanisch]	cleavage	clivage *m*
Spaltversuch *m* [mechanisch]	cleavage test	essai *m* de clivage *m*
Spaltvorgang *m*	fission process	processus *m* de fission *f*
Spaltzone *f*	core	cœur *m*
Spannbeton *m*	prestressed concrete	béton *m* précontraint
Spannbetonrohr *n*	prestressed concrete pipe	tube *m* en béton *m* précontraint
Spanndraht *m*	span wire, guy wire	fil *m* tendeur, fil *m* d'arrêt *m*
Spannung *f* [elektrisch]	tension, voltage	tension *f*
Spannung *f* [mechanisch]	tension	tension *f*
Spannung *f* [Nennspannung, mechanisch]	stress	charge *f* [unitaire]
Spannung *f*, induzierte	induced voltage	tension *f* induite
Spannung *f*, kritische	critical tension	tension *f* critique
Spannungsabfall *m* [mechanisch]	voltage drop	chute *f* de tension *f*, perte *f* de tension *f*
Spannungsarmglühen *n*	stress-relieving	recuit *m* de détente *f*
Spannungsarmglühtemperatur *f*	stress-relieving temperature	température *f* de recuit *m* détenteur

Spannungs-Dehnungsdiagramm *n*	load extension diagram, stress-strain diagram, Hooke's law	diagramme *m* des efforts *m/pl* et des allongements *m/pl*, loi *f* de Hooke
Spannungs-Dehnungskurve *f*	stress-strain curve	courbe *f* contrainte-allongement
Spannungsdurchschlag *m*	electric breakdown, electric surge	claquage *m* électrique, perforation *f* électrique
Spannungsfestigkeit *f*, elektrische	dielectric rigidity	rigidité *f* diélectrique
spannungsgesteuert *adj*	voltage-controlled	commandé par la tension
Spannungsintensitätsfaktor *m* [K_Q]	stress intensity factor	facteur *m* de l'intensité *f* de la contrainte
Spannungskonzentrationsfaktor *m*	stress concentration factor	facteur *m* de concentration *f* des efforts *m/pl*
Spannungskorrosion *f*	stress corrosion	corrosion *f* sous tension *f*
Spannungskorrosionsrißbildung *f*	stress corrosion cracking	fissuration *f* due à la corrosion sous tension *f*
Spannungsmessung *f* [elektrisch]	voltage measurement	mesure *f* de tension *f*
Spannungsmessung *f* [mechanisch]	stress measurement, tension measurement	mesure *f* de tension *f*
Spannungsmessung *f*, röntgenographische [mechanische Spannung]	X-ray measurement of stress	mesure *f* de tension *f* par rayons *m/pl* X
Spannungsoptik *f*	photoelastics *pl*	photoélasticité *f*
Spannungsriß *m*	stress crack	fissure *f* due à la contrainte
Spannungsrißbildung *f*	stress cracking	fissuration *f* due à la contrainte
Spannungsrißkorrosion *f* [SpRK]	stress corrosion cracking	corrosion *f* sous tension *f*
Spannungsrißwachstum *n*	stress crack growth	propagation *f* de fissures *f/pl* dues à la contrainte
Spannungsschwankung *f* [elektrisch]	voltage variation, voltage swing, voltage fluctuation	variation *f* de tension *f*, fluctuation *f* de tension *f*
Spannungsstoß *m*	pulse	impulsion *f*
spannungsunabhängig [elektrisch]	voltage-independent	indépendant de la tension
Spannungsverhältnis *n* [Materialspannungen]	minimum-to-maximum stress ratio	rapport *m* des tensions *f/pl* minimum et maximum
Spannungsverlust *m* [elektrisch]	voltage drop	chute *f* de tension *f*, perte *f* de tension *f*
Spannungsversorgung *f*	power supply	alimentation *f*
Spannungsverteilung *f* [mechanisch]	stress distribution	répartition *f* des contraintes *f/pl*
Spätschaden *m*	latent injury	lésion *f* latente
Speckle-Interferometrie *f*	speckle interferometry	interférométrie *f* speckle
Speicher *m* [EDV]	memory, storage device	mémoire *f*
Speicher *m* [Sammler]	accumulator, accu, storage battery	accumulateur *m*, accu *m*

Speicher *m* [Vorratsbehälter]	reservoir, silo, boiler	réservoir *m*, silo *m*
Speicherdauer *f*	recording time, storage time	temps *m* d'enregistrement *m*, temps *m* de mémorisation *f*
Speicherelement *n*	memory element, memory unit, storage element	élément *m* de mémoire *f*
Speichergerät *n*	recording unir, recording apparatus, recording instrument, recorder	instrument *m* enregistreur *m*, recorder *m*, enregistreur *m*, dispositif *m* d'enregistrement *m*
speichern [allgemein] *v*	record, accumulate, store, register, map, pick up, receive, enrich, collect, pile	enregistrer, accumuler, recevoir, amasser, enrichir, collectionner
speichern [elektronisch] *v*	memorize, store	mémoriser
Speichern *n* [allgemein]	recording, registration, accumulation, storage, picking-up, enrichment, pile, mapping	enregistrement *m*, stockage *m*, prise *f*, accumulation *f*, encombrement *m*
Speichern *n* [elektronisch]	storage, memorization	mémorisation *f*
Speicherröhre *f*	storage tube	tube *m* à mémoire *f*
Speichersystem *n*	storage device, memory device, memory system, register system	système *m* de mémorisation *f*, dispositif *m* d'enregistrement *m*, système *m* d'emmagasinage *m*
Speicherung *f*	→ Speichern *n*	
Speichervorrichtung *f*	→ Speichersystem *n*	
speisen *v*	feed, supply	alimenter, fournir
spektral *adj*	spectral	spectral
Spektralanalyse *f*	spectral analysis	analyse *f* spectrale
Spektralanalyse *f*, qualitative	qualitative spectral analysis	analyse *f* spectrale qualitative
Spektralbereich *m*	spectral range	région *f* spectrale
Spektrallinie *f*	spectral line	raie *f* de spectre *m*, raie *f* spectrale
Spektrometer *n*	spectrometer	spectromètre *m*
Spektrometrie *f*	spectrometry	spectrométrie *f*
Spektroskop *n*	spectroscope	spectroscope *m*
Spektroskopie *f*	spectroscopy	spectroscopie *f*
spektroskopisch *adj*	spectroscopic(al)	spectroscopique
Spektrum *n*	spectrum, spectra *pl*	spectre *m*
Spektrum *n*, kontinuierliches	continuous spectrum	spectre *m* continu
Sperrbereich *m*	prohibited area, cut-off range	zone *f* prohibitive
Sperre *f* [mechanisch]	stop, catch, latch, release, pawl, block, click	loquet *m*, blocage *m*, verrouillage *m*, cliquet *m*, barrière *f*

sperren *v*	block, stop, lock, interlock	bloquer, arrêter, stopper, verrouiller, encliqueter
Sperren *n*	blocking, suppression, cutting-off	blocage *m*, suppression *f*, verrouillage *m*
Sperrfrequenz *f*	rejection frequency	fréquence *f* d'arrêt *m*
Sperrholz *n*	plywood	bois *m* contreplaqué
Sperrichtung *f*	non-conducting sense, reverse direction, inverse direction	sens *m* de non-conduction *f*, sens *m* inverse
Sperrkreis *m*	rejector circuit, trap circuit	circuit *m* réjecteur, circuit *m* bouchon
Sperrschicht *f*	depletion layer, barrier layer	couche *f* d'arrêt *m*, couche *f* de barrage *m*
Sperrung *f*	blocking, suppression, interlock, cutting-off	blocage *m*, verrouillage *m*, suppression *f*
Sperrvorrichtung *f*	blocking device, locking device	dispositif *m* de blocage *m*, dispositif *m* de serrage *m*, verrouillage *m*
Sperrzone *f*	prohibited area, cut-off range	zone *f* prohibitive
spezial, speziell *adj*	special	spécial
spezifisch *adj*	specific(al)	spécifique
Sphäre *f*	sphere	sphère *f*
sphärisch *adj*	spheric(al)	sphérique
Spiegel *m*	mirror, reflector	miroir *m*, réflecteur *m*
Spiegelfrequenz *f*	image frequency	fréquence-image *f*
Spiegelgalvanometer *n*	mirror galvanometer	galvanomètre *m* à miroir *m*
spiegeln *v*	reflect, mirror	réfléchir, refléter
Spiegelung *f*	reflection	réflexion *f*
Spiegelwelle *f*	image wave	onde-image *f*
Spielraum *m*	margin, clearance, play, gap, free space, free motion, allowance, tolerance, spacing, margin of safety	marge *f*, jeu *m*, interstice *m*, tolérance *f* admise, écart *m*, écartement *m*, fente *f*, marge *f* de sécurité *f*
Spin *m*	spin	spin *m*
spinabhängig *adj*	spin-dependent	dépendant du spin
Spinmoment *n*	spin moment	moment *m* de spin *m*
Spinresonanz *f*, akustische	acoustic spin resonance	résonance *f* de spin *m* acoustique
Spiralabtastung *f*	spiral scanning	exploration *f* en spirale *f*
Spiralbahn *f*	spiral path, spiral orbit	mouvement *m* en spirale *f*, orbite *f* spirale
Spirale *f*	spiral, helix	spirale *f*, hélice *f*
spiralförmig *adj*	helical, helicoidal, spiral, screw ...	hélicoïdal, hélicoïde, spiralé, spiral, en spirale *f*
Spirallinie *f*	helical line, spiral line, helix, screw-line	ligne *f* hélicoïdale, hélice *f*, spirale *f* cylindrique
Spiralnaht *f*	spiral weld, helical weld	soudure *f* spirale, soudure *f* en hélice *f*

Spiralschweißung *f*	→ Spiralnaht *f*	
spitz *adj*	acute, pointed, keen, sharp	aigu, pointu, acéré
Spitze *f*	point, peak, top, tip, apex, vertex, maximum, crest, head, end	pointe *f*, crête *f*, maximum *m*, sommet *m*, tête *f*, apex *m*
Spitzenbelastung *f*	peak load, maximum loading	charge *f* maximum
Spitzenlast *f*	maximum load, peak load	charge *f* maximum
Spitzenleistung *f*	peak power, maximum output	puissance *f* maximum, puissance *f* de crête *f*
Spitzenwert *m*	peak value, crest value, maximum value, amplitude	valeur *f* de crête *f*, valeur *f* maximum, amplitude *f*
Spitzenwinkel *m* [Kegel]	apex angle	angle *m* au sommet
spitzwinklig *adj*	acute angled	acutangle, à angle *m* aigu
Splitter *m*	splinter, fragment	éclat *m*, picot *m*, fragment *m*
splitterfrei *adj*	non splintering, non shattering	sans éclats *m/pl*
splittersicher *adj*	splinter-proof	pare-éclats
spontan *adj*	spontaneous	spontané
spreizen *v*	spread	écarter, étendre
Sprengplattierung *f*	explosive cladding, explosive clad	plaqué *m* par explosion *f*, placage *m* par explosion *f*
spritzen [Farbe] *v*	spray	peindre au pistolet
spritzen [Flüssigkeit] *v*	splash, squirt, spray	jaillir, rejaillir
spritzen [Formteil] *v*	injection-mould, mould, mold (USA)	mouler, mouler à pression *f*
spritzen [injizieren] *v*	inject	injecter
Spritzer *m*	spatter	projection *f*, goutte *f*, perle *f*
Spritzgrenze *f*	spatter limit	limite *f* de projection *f*
Spritzguß *m*	injection moulding	moulage *m* par injection *f*
Spritzpistole *f*	spray gun	pistolet *m* de peinture *f*
spritzwassergeschützt *adj*	splash-proof	étanche à l'eau *f* projetée, protégé contre les lances *f/pl* d'eau *f*
Sprödbruch *m*	brittle fracture	rupture *f* fragile
Sprödbruchausbreitung *f*	brittle fracture propagation, brittle fracture growth	propagation *f* de la rupture fragile
Sprödbruchempfindlichkeit *f*	sensitivity to brittle fracture, tendency to brittle fracture	sensibilité *f* à la rupture fragile
spröde *adj*	brittle	fragile
Sprödigkeit *f*	brittleness	fragilité *f*
Sprödriß *m*	brittle crack, ductility-dip crack	fissure *f* déclenchée à l'état *m* de basse tenacité *f*
sprühen [Flüssigkeit] *v*	spray, sputter	jaillir, peindre au pistolet

sprühen [Funken] *v*	spark	cracher
Sprung *m* [Riß]	cleft, cleavage, gap, crevice, crack, break, crease	crique *f*, crevasse *f*, fissure *f*, fêlure *f*, fente *f*, gerçure *f*, brisure *f*
Sprung *m* [Satz]	leap, bound, jump	saut *m*, bond *m*
Sprung *m* [Unstetigkeitsstelle]	point of discontinuity	point *m* de discontinuité *f*
Sprungabstand *m*	skip distance	pas *m*, bond *m*
Sprungfunktion *f*	discontinuous function, transitional function	fonction *f* de discontinuité *f*, fonction *f* de transition *f*
sprunghaft *adj*	abrupt, acute, sudden, short-term, temporary	abrupt, aigu, à court terme *m*, brusque, temporaire
Spule *f* [Aufwickelspule]	bobbin, spool	bobine *f*, bobineau *m*, roquet *m*
Spule *f* [Induktionsspule]	coil, choke	bobine *f*, self *f*
Spule *f*, mehrlagige	multilayer coil	bobine *f* à plusieurs couches *f/pl*
Spule *f*, rechteckförmige	rectangular coil	bobine *f* rectangulaire
Spule *f* mit Eisenkern *m*	iron-core coil	bobine *f* à noyau *m* de fer *m*
spülen *v*	rinse	rincer, baigner
Spulenmagnetisierung *f*	coil magnetization	magnétisation *f* de bobine *f*
Spültest *m*	rinsing test	essai *m* de rétention *f* par rinçage *m*
Spülung *f*	rinsing	rinçage *m*
Spur *f* [Bahnspur]	track, track of trajectory	piste *f* de trajectoire *m*, trace *f*
Spur *f* [geringe Menge]	trace, trace amount	trace *f*
Spur *f* [Matrixspur]	main-diagonal sum	somme *f* de la diagonale principale
Spur-Ätzverfahren *n*	trace etching technique	technique *f* du tracement par caustique *m*
Spurenätztechnik *f*	→ Spur-Ätzverfahren *n*	
Spurenbestandteil *m*	trace element	oligo-élément *m*
Spurenbestandteil *m*, gasförmiger	gaseous trace element	oligo-élément *m* gazeux
Spurendetektor *m*	trace detector	détecteur *m* de traces *f/pl*
Spürgerät *n*	detector, probe, acceptor, transducer, indicator	détecteur *m*, capteur *m*, transducteur *m*, palpeur *m*, sonde *f*, indicateur *m*
Stab *m*	rod, bar, stick	barre *f*, barreau *m*, barrette *f*, bâton *m*, baguette *f*
Stabeisen *n*	rod iron, bar iron	fer *m* en barre *f*
stabförmig *adj*	rod-shaped	en forme *f* de barre *f*
Stabgitter *n*	rod lattice	réseau *m* de barres *f/pl*
stabil *adj*	stable, constant	stable, constant
Stabilisation *f*	stabilization	stabilisation *f*
Stabilisator *m*	stabilizer	stabilisateur *m*

stabilisieren *v*	stabilize	stabiliser
Stabilisierung *f*	stabilizing	stabilisation *f*
Stabilität *f*	stability, solidity	stabilité *f*, solidité *f*
Stabmagnet *m*	bar magnet	barreau *m* aimanté
Stadium *n*	stage, state, phase	état *m*, phase *f*
staffeln *v*	grade, graduate	graduer, échelonner
Stahl *m*, austenitischer	austenitic steel	acier *m* austénitique
Stahl *m*, austeno-ferritischer	austeno-ferritic steel	acier *m* austéno-ferritique
Stahl *m*, beruhigter	killed steel	acier *m* calmé
Stahl *m*, dispersionsgehärteter	dispersoid steel	acier *m* à dispersoïdes *m/pl*
Stahl *m*, einphasiger	monophasic steel	acier *m* monophasique
Stahl *m*, feinkörniger	fine-grained steel	acier *m* à grain *m* fin
Stahl *m*, ferritisch-austenitischer	ferritic austenitic steel	acier *m* ferritique et austénitique
Stahl *m*, ferritischer	ferritic steel	acier *m* ferritique
Stahl *m*, gehärteter	hardened steel	acier *m* allié
Stahl *m*, hitzebeständiger	heat-resistant steel	acier *m* résistant aux températures *f/pl* élevées
Stahl *m*, hochfester	high-resistant steel	acier *m* à grande résistance *f*
Stahl *m*, hochlegierter	high-alloy steel	acier *m* hautement allié, acier *m* fortement allié
Stahl *m*, hochwertiger	high-quality steel	acier *m* de premier choix *m*
Stahl *m*, kaltgewalzter	cold-rolled steel	acier *m* laminé à froid
Stahl *m*, kohlenstoffarmer	low carbon steel	acier *m* à bas carbone *m*
Stahl *m*, legierter	alloy steel	acier *m* allié
Stahl *m*, martensitischer	martensitic steel	acier *m* martensitique
Stahl *m*, mehrfachlegierter	multiple-alloy steel	acier *m* multi-allié
Stahl *m*, mehrphasiger	multiphase steel	acier *m* multiphase
Stahl *m*, niedriggekohlter	mild steel, noncarbon steel	acier *m* à basse teneur *f* en carbone *m*
Stahl *m*, niedriglegierter	low-alloy steel	acier *m* faiblement allié
Stahl *m*, perlitischer	perlitic steel	acier *m* perlitique
Stahl *m*, rostfreier	stainless steel	acier *m* inoxydable
Stahl *m*, schwachlegierter	low-alloyed steel	acier *m* faiblement allié
Stahl *m*, unberuhigter	rimming steel	acier *m* effervescent
Stahl *m*, unlegierter	non-alloyed steel	acier *m* non allié
Stahl *m*, wärmebehandelter	heat-treated steel	acier *m* traité à chaud
Stahl *m*, weicher	mild steel, soft steel	acier *m* doux
Stahlband *n*	steel tape, steel ribbon, steel band, steel belt	bande *f* d'acier *m*, ruban *m* en acier *m*
Stahlbau *m* [Bauwerk]	steel construction	construction *f* en acier *m*
Stahlbau *m* [Technik]	structural steel engineering	construction *f* métallique
Stahlbeton *m*	reinforced concrete	béton *m* armé
Stahlblech *n*, dickes	thick steel sheet, thick steel plate	tôle *f* épaisse en acier *m*
Stahlblech *n*, legiertes	alloyed steel plate	tôle *f* d'acier *m* allié
Stahlblech *n*, vergütetes	tempered steel sheet	tôle *f* d'acier *m* trempée et revenue

Stahlblock *m*	steel ingot, steel bloom	lingot *m* d'acier *m*
Stahldraht *m*	steel wire	fil *m* d'acier *m*
stählern *adj*	made of steel, like steel	en acier *m*, . . . d'acier *m*
Stahlflasche *f*	steel cylinder	cylindre *m* en acier *m*, bouteille *f* d'acier *m*
Stahlgefäß *n*	steel vessel	récipient *m* d'acier *m*
Stahlguß *m*	steel casting	acier *m* moulé
Stahlgußstück *n*	steel casting, cast steel	pièce *f* en acier *m* moulé, pièce *f* moulée en acier *m*
Stahlgüte *f*	steel quality, steel grade	qualité *f* d'acier *m*
Stahlherstellung *f*	steelmaking	fabrication *f* d'acier *m*
Stahlknüppel *m*	steel billet, steel bar	billette *f* en acier *m*, barre *f* d'acier *m*
Stahlkonstruktion *f*	steel structure	structure *f* en acier *m*
Stahlkugel *f*	steel bullet, steel ball	bille *f* d'acier *m*, boule *f* d'acier *m*
Stahllegierung *f*	steel alloy	alliage *m* d'acier *m*
Stahlmantel *m*	steel jacket	enveloppe *f* d'acier *m*
Stahlplatte *f*	steel plate	plaque *f* d'acier *m*
Stahlplattierung *f*	steel plating	placage *m* d'acier *m*, plaqué *m* d'acier *m*
Stahlprobe *f*	steel sample, steel test piece	échantillon *m* d'acier *m*, éprouvette *f* d'acier *m*
Stahlprofil *n*	steel section	profilé *m* en acier *m*
Stahlrohr *n*	steel tube, steel pipe, steel conduit	tube *m* d'acier *m*, tuyau *m* d'acier *m*
Stahlschiene *f*	steel rail	rail *m* d'acier *m*
Stahlschrott *m*	steel scrap	riblons *m/pl* d'acier *m*
Stahlseil *n*	steel rope, steel cord, steel cable	câble *m* d'acier *m*, corde *f* d'acier *m*
Stahlspäne *m/pl*	steel cuttings *pl*, steel turnings *pl*, steel wool	
Stahlstab *m*	steel rod, steel bar	barre *f* d'acier *m*
Stahlträger *m*	steel beam, steel girder	poutrelle *f* d'acier *m*
Stahltrosse *f*	wire rope, steel rope	câble *m* d'acier *m*
Stahlumhüllung *f*	steel jacket	enveloppe *f* d'acier *m*
Stahlwelle *f*	steel shaft	arbre *m* d'acier *m*
Stahlwerk *n* [Fabrik]	steelworks *pl*, steel plant, steelmaking work	aciérie *f*
Stahlwolle *f*	steel wool	paille *f* d'acier *m*
Stammfunktion *f*	characteristic function	fonction *f* caractéristique
Stand *m* [Anzeige]	reading	lecture *f*, cote *f*
Stand *m* [Ausstellung]	booth, stand, stall	stand *m*, étal *m*
Stand *m* [Bedienungsstand]	platform	poste *m*
Stand *m* [Beruf]	profession	profession *f*
Stand *m* [Flüssigkeit]	level, height	niveau *m*, hauteur *f*
Stand *m* [Gestirn]	configuration	configuration *f*
Stand *m* [sozial]	class, rank	classe *f*
Stand *m* [Standort]	station, position, stand, standing place, location	station *f*, position *f*, lieu *m*

Stand *m* [Zustand]	state, situation, condition, stage	état *m*, situation *f*, condition *f*
Stand *m*, gegenwärtiger	actual situation (in)	niveau *m* actuel
Standard *m*	standard, norm	standard *m*, norme *f*, étalon *m*
Standard...	standard ..., normal ..., unit ...	... standardisé, ... normal, ... unité, ... normalisé, ... étalon
Standardabweichung *f*	standard deviation	déviation *f* normale
Standardanordnung *f*	standard layout	disposition *f* type
Standardausführung *f*	standard execution, standard design, normal type	exécution *f* standard, conception *f* normale, type *m* normalisé
Standardbedingungen *f/pl*	standard conditions *pl*	conditions *f/pl* normales
Standard-Energiedosis *f*	standard energy dose	dose *f* d'énergie *f* normalisée
Standardgerät *n*	standard instrument	appareil *m* normal
Standard-Ionendosis *f*	standard ion dose	dose *f* ionique normalisée
standardisieren *v*	standardize	standardiser
Standardisierung *f*	standardization	standardisation *f*
Standardmensch *m*	standard man	homme *m* standard
Standard-Neutronenquelle *f*	neutron standard	étalon *m* neutronique
Standardprobe *f*	standard sample	étalon *m*
Ständer *m* [Gestell]	frame, rack, pedestal, shelf, stand	bâti *m*, baie *f*, piédestal *m*
Ständer *m* [Säule]	column, post	colonne *f*, montant *m*
Ständer *m* [Stator]	stator	stator *m*
Ständer *m* [Untersatz]	support, rest, base, post, pillar, stand	pied *m*, socle *m*, support *m*, statif *m*
standfest *adj*	stable, steadfast, stationary	stable, stationnaire, fixe
ständig *adj*	continuous, sustained, permanent, stable, steady, constant, persevering, chronic, durable	continu, permanent, constant, stable, chronique, assidu, durable, fixe
Standort *m*	position, location, site, station, stand, standing place, place	lieu *m*, position *f*, emplacement *m*, station *f*, point *m*
Standrohr *n*	stand pipe	tube *m* de chargement *m*, tuyau *m* de prise *f* [d'eau *f*]
standsicher *adj*	steadfast, stable, stationary	stable, fixe, stationnaire
Standversuch *m*	creep test	essai *m* de fluage *m*
Standzeit *f*	down time	temps *m* d'inactivité *f*
Stange *f*	bar, rod, perch, stick	barre *f*, barreau *m*, barrette *f*, bâton *m*, baguette *f*, perche *f*, tige *f*
Stangeneisen *n*	rod iron, bar iron	fer *m* en barre *f*
Stangenprüfanlage *f*	bar inspection installation	installation *f* de contrôle *m* de barres *f/pl*

stanzen [lochen] *v*	punch, perforate, pierce, puncture	poinçonner, perforer, percer
stanzen [prägen] *v*	stamp	estamper, étamper
Stanzloch *n*	hole, punch, perforation	trou *m*, perforation *f*
Stanzung *f*	punching, perforation	perforation *f*, poinçonnage *m*
Stapelfehler *m* [Kristall]	stacking fault	défaut *m* de l'entassement *m*
stark [dick] *adj*	thick	épais
stark [fest] *adj*	strong, firm	fort, dur, robuste
stark [leistungsstark] *adj*	powerful, high-power, high-energy, high-level, high-intensity	puissant, à puissance *f* élevée, (de) à grande puissance *f*, (de) à grande intensité *f*, (de) à grand niveau *m*
stark abfallend *adj*	rapidly declining	à chute *f* rapide
Stärke *f* [allgemein]	force, power, strength	force *f*, puissance *f*
Stärke *f* [Dicke]	thickness, diameter	épaisseur *f*, diamètre *m*
Stärke *f* [Intensität]	intensity	intensité *f*
starr *adj*	rigid, stiff	rigide, raide, tenace
Starrheit *f*	rigidity	rigidité *f*
Start *m*	start, starting, start-up, take-off	départ *m*, start *m*, démarrage *m*, mise *f* en marche *f*, mise *f* en route *f*, mise *f* en fonctionnement *m*
Startimpuls *m*	initiation pulse, releasing pulse	impulsion *f* de déclenchement *m*
Statik *f*	statics *pl*	statique *f*
Station *f*	station, post	station *f*, poste *m*
stationär *adj*	stationary	stationnaire
statisch *adj*	static(al)	statique
Statistik *f*	statistics *pl*	statistique *f*
statistisch *adj*	statistical	statistique
Stativ *n*	stand, rest, triped, support	statif *m*, pied *m*, trépied *m*, support *m*
Stator *m*	stator	stator *m*
Staub *m*	dust	poussière *f*
staubdicht *adj*	dust-proof, dust-tight	étanche aux poussières *f/pl*
staubfrei *adj*	dust-free, dustless	sans poussière *f*
staubsicher *adj*	dust-tight, dust-proof	étanche aux poussières *f/pl*
stauchen *v*	upset, press	refouler, rétreindre
Stauchen *n*, kaltes	cold heading	frappe *f* à froid
Stauchung *f*	strain	refoulement *m*
Stauchversuch *m*	compression test	essai *m* de volume *m*
Staudruck *m*	stagnation pressure, dynamic pressure, back-pressure	pression *f* dynamique
steckbar *adj*	pluggable, plug-in . . .	enfichable

Steckdose *f*	plug socket, wall socket, plug receptacle	prise *f* [de courant *m*] à fiches *f/pl*
stecken *v*	plug, plug in	enficher
Stecker *m*	plug, jack	fiche *f*
Steg *m*	fillet, seam, border	bord *m*, filet *m*, couture *f*
stehenbleiben *v*	stop	arrêter, s'arrêter, mettre au repos
Stehfeld *n*	stationary field	champ *m* stationnaire
Stehwelle *f*	standing wave	onde *f* stationnaire
Stehwellenverhältnis *n*	standing-wave ratio	taux *m* d'ondes *f/pl* stationnaires
steif *adj*	stiff, rigid	rigide, raide, tenace
Steifigkeit *f*	rigidity	rigidité *f*
steigen *v*	rise, ascend, mount, increase, get up	croître, accroître, augmenter, monter, s'élever
Steigen *n*	increase, increasing, ascending, rising, rise, growth	croissance *f* accroissement *m*, augmentation *f*, montée *f*, élévation *f*
Steigung *f* [Gewinde]	pitch	pas *m*
Steigung *f* [Mathematik]	slope	pente *f*
Steigung *f* [Schräge]	inclination, incline, slope	inclinaison *f*, pente *f*
Steinkohle *f*	pit coal, hard coal	houille *f*, charbon *m* de terre *f*
Stelle *f* [Ort]	site, location, place, ground	lieu *m*, endroit *m*, place *f*, site *m*
Stelle *f* [Station]	station, post	station *f*, poste *m*
Stelle *f* [Zahl]	digit, decimal place	décimale *f*, place *f*
Stelle *f*, schwarze	black spot	tache *f* noire
Stellung *f* [Lage]	position	position *f*
Stellung *f* [Posten]	post, situation	place *f*, charge *f*
Stereoaufzeichnung *f*	stereogram	stéréogramme *m*
Stereobild *n*	stereo image	image *f* stéréo
Stereodurchleuchtung *f*	stereoradioscopy	stéréo-radioscopie *f*
Stereogramm *n*	stereogram	stéréogramme *m*
Stereophotographie *f*	stereophotography, stereoscopic photography	stéréophotographie *f*, photographie *f* stéréoscopique
Stereoskopie *f*	stereoscopy	stéréoscopie *f*
sternförmig *adj*	star-shaped	en forme *f* d'étoile *f*
Sternpunkt *m*	star point, neutral point	point *m* neutre
stetig *adj*	continuous, steady, constant, stepless	continu, constant, stable, sans graduations *f/pl*, sans intervalles *m/pl*
Stetigkeit *f*	continuity, permanency	continuité *f*, permanence *f*
Steuerautomatik *f*	control for automatic steering	contrôle *m* pour commande *f* automatique
steuerbar *adj*	controllable, adjustable	contrôlable, réglable
Steuerbereich *m*	control range	plage *f* de réglage *m*
Steuereinrichtung *f*	control device, control installation	installation *f* de commande *f*, dispositif *m* de commande *f*

Steuerelektrode *f*	control electrode	électrode *f* de contrôle *m*
Steuerelement *n*	control element	dispositif *m* de réglage *m*
Steuerfrequenz *f*	pilot frequency	fréquence *f* pilote
Steuergenerator *m*	master oscillator, pilot oscillator	oscillateur *m* pilote
Steuerimpuls *m*	driving pulse, control pulse	impulsion *f* de commande *f*, impulsion *f* pilote
steuern [lenken] *v*	steer, direct	diriger, conduire, guider
steuern [regeln] *v*	control, regulate, monitor	contrôler, régler, commander, surveiller
Steuerpult *n*	control board, control desk, control console, control panel, switchboard	pupitre *m* de commande *f*
Steuerschaltung *f*	control circuit	circuit *m* de réglage *m*
Steuersender *m*	master oscillator, pilot oscillator	oscillateur *m* pilote
Steuersignal *n*	pilot signal	signal *m* pilote
Steuerspannung *f*	control voltage	tension *f* de commande *f*
Steuersystem *n*	control system, regulating system	système *m* de réglage *m*
Steuerung *f* [Lenken]	driving, steering, guide	guidage *m*, conduite *f*
Steuerung *f* [Regelung]	control, regulating, monitoring, surveillance	contrôle *m*, règlage *m*, commande *f*, surveillance *f*
Steuerung *f*, stufenlose	smooth control	commande *f* continue
Steuerungs...	→ Steuer...	
Steuerzentrale *f*	control room	salle *f* de contrôle *m*
Stichprobenprüfung *f*	randow sample test, snap check	essai *m* d'échantillon *m* au hasard, essai *m* par prise *f* au hasard
Stickoxid *n*	nitric oxide, nitrogen oxide	oxyde *m* nitrique, oxyde *m* de nitrogène *m*
Stickstoff *m* [N]	nitrogen	nitrogène *m*, azote *m*
Stickstoffoxid *n*	nitrogen oxide	oxyde *m* de nitrogène
Stift *m*	pin, peg, stud	cheville *f*, broche *f*, goujon *m*
still *adj*	silent, quiet, noiseless	silencieux, tranquille
stillegen *v*	stop, shut down, close, finish	arrêter, fermer, déclencher
Stillegen *n*	stop, closing, shut-down	arrêt *m*, stop *m*, fermeture *f*, déclenchement *m*
Stillstandszeit *f*	down time, shut-down time	temps *m* de déclenchement *m*, temps *m* d'inactivité *f*
Stimulation *f*	stimulation	stimulation *f*
stimulieren *v*	stimulate, excite	stimuler, exciter
Stock *m*	rod, stick, bar	bâton *m*, baguette *f*, barre *f*, barreau *m*, barrette *f*
Stoff *m* [Gewebe]	fabric, tissue, cloth	étoffe *f*, tissu *m*
Stoff *m* [Materie]	matter, substance, mass	matière *f*, substance *f*, masse *f*, sujet *m*

Stoff *m* [Medium]	medium, agent, means	médium *m*, moyen *m*, agent *m*, milieu *m*
Stoff *m* [Werkstoff]	material	matériau *m*, matériel *m*
Stoff *m*, adsorbierter	adsorbate	substance *f* adsorbée
Stoff *m*, organischer	organic substance	substance *f* organique
Stoff *m*, radioaktiver	radioactive material	matière *f* radioactive
Stoffkonstante *f*	material constant	constante *f* matérielle
Stoffteilchen *n*	particle, corpuscle	particule *f*, corpuscule *m*, parcelle *f* de matière *f*
Stoneley-Welle *f*	Stoneley wave	onde *f* de Stoneley
Stop *m*	stop	arrêt *m*, stop *m*
stoppen *v*	stop	arrêter, s'arrêter, mettre au repos, mettre hors service *m*
Stoppen *n*	stop, stopping	arrêt *m*, stop *m*
Stör...	→ Störungs...	
Störabstand *m*	signal-to-noise ratio, S/N ratio	rapport *m* signal/bruit
störanfällig *adj*	trouble-sensitive	sensible aux perturbations *f/pl*
Störanfälligkeit *f*	interference risk, susceptibility to troubles *pl*, sensitivity to disturbances *pl*	risque *m* d'interférences *f/pl*, susceptibilité *f* d'interférences *f/pl*, sensibilité *f* aux perturbations *f/pl*
Störbeseitigung *f*	interference suppression, trouble shooting	suppression *f* des parasites *m/pl*, dépannage *m*
Störecho *n*	parasitic echo, spurious echo	écho *m* parasite
Störeinfluß *m*	perturbing influence	influence *f* perturbatrice
stören [schädigen] *v*	disturb, trouble, impair, harm, injure, damage	perturber, troubler, déranger, nuir, compromettre, endommager
stören [verzerren] *v*	distort	distordre
Störfall *m*	breakdown, trouble	cas *m* de panne *f*, panne *f*
Störfeld *n*	disturbing field, perturbing field, interfering field	champ *m* perturbateur, champ *m* parasite
Störfeldstärke *f*	perturbing field strength	intensité *f* du champ perturbateur
Störgebiet *n*	interfering area, interference region, interference zone, trouble zone	région *f* d'interférences *f/pl*, zone *f* d'interférence *f*
Störgeräusch *n*	extraneous noise, undesired noise, disturbing noise, background noise	bruit *m* parasite, bruit *m* perturbateur, parasites *m/pl*
störgeräuscharm	low-noise ...	à faible bruit *m*, à bruit *m* réduit
Störgeräuschmessung *f*	noise measurement	mesure *f* du bruit
Störgeräuschpegel *m*	noise level	niveau *m* de bruit *m*
Störgröße *f*	perturbing quantity	grandeur *f* perturbatrice

Störimpuls *m*	interference pulse	impulsion *f* parasite
Störkomponente *f*	disturbing component	composante *f* perturbatrice
Störpegel *m*	noise level	niveau *m* de bruit *m*
Störpegelabstand *m*	signal-to-noise ratio, S/N ratio	rapport *m* signal/perturbation
Störquelle *f*	noise source, source of perturbation	source *f* de perturbation *f*, source *f* de bruit *m*
Störschwingung *f*	parasitic oscillation	oscillation *f* parasitaire
Störsignal *n*	interfering signal, unwanted signal	signal *m* perturbateur, signal *m* parasite
Störspannung *f* [elektrisch]	disturbing voltage, interference voltage	tension *f* perturbatrice, tension *f* parasite
Störstelle *f*	imperfection, defect, irregularity, flaw	imperfection *f*, défaut *m*, perturbation *f*, irrégularité *f*
Störstrahlung *f*	interfering radiation, perturbing radiation, parasitic radiation, stray radiation	rayonnement *m* perturbateur, rayonnement *m* parasite, rayonnement *m* vagabond
Störton *m*	interfering tone	son *m* d'interférence *f*
Störung *f* [Panne]	trouble, failure, defect, breakdown, malfunction, interruption	panne *f*, dérangement *m*, défaut *m*, défaillance *f*, accident *m*, trouble *m*, coupure *f*
Störung *f* [schädliche Beeinflussung]	disturbance, disturbation, perturbation, perturbance, jamming	perturbation *f*, interférence *f*
Störung *f* [Unordnung]	disarrangement, imperfection	désarrangement *m*, imperfection *f*
Störung *f* [Verzerrung]	distortion	distorsion *f*
Störungs...	→ Stör...	
Störungsbehebung *f*	fault clearance, trouble-clearing, trouble-shooting, fault removal	dépannage *m*, relève *m* du dérangement
Störungsbereich *m*	interference area, interference region, interference zone, trouble zone	région *f* d'interférences *f/pl*, zone *f* d'interférence *f*
Störungseingrenzung *f*	fault localization, failure localization	localisation *f* de défaut *m*, localisation *f* de panne *f*
Störungsfall *m*	trouble, breakdown	panne *f*, cas *m* de panne *f*, cas *m* de dérangement *m*
störungsfrei *adj*	undisturbed, troublefree, without accident, always-safe	non-brouillé, sans raté *m*, sans accident *m*, sans à coup *m*
Störungsfunktion *f*	disturbance function	fonction *f* de perturbation *f*
Störungsgrad *m*	degree of disturbance	degré *m* de perturbation *f*
Störunterdrückung *f*	suppression of parasites *pl*, interference suppression	suppression *f* d'interférences *f/pl*, suppression *f* de parasites *m/pl*

Störuntergrund *m*	noise background	fond *m* de bruit *m*
Störwelle *f*	disturbing wave, interference wave	onde *f* perturbatrice
Störwirkung *f*	disturbing effect, perturbing effect, spurious effect	effet *m* de perturbation *f*
Störzeichen *n*	interfering signal, unwanted signal	signal *m* perturbateur, signal *m* parasite
Stoß *m* [Anstoß]	impact, impulse, pulse, impulsion, shock, surge	impulsion *f*, choc *m*, impact *m*
Stoß *m* [Burst]	burst	burst *m*, éclat *m*
Stoß *m* [Haufen]	pile, bundle, heap	tas *m*, pile *f*, liasse *f*
Stoß *m* [Schlag]	push, impact, percussion, shock, blow, impulse, pulse, thrust	coup *m*, poussée *f*, impact *m*, choc *m*, impulsion *f*, heurt *m*, frappe *f*, secousse *f*
Stoß *m* [Schweißen]	joint	joint *m*, jonction *f*, jointure *f*, about *m*
Stoß *m* [Zusammenstoß]	collision, impact, shock	collision *f*, impact *m*, choc *m*
Stoß *m*, elastischer	elastic collision	collision *f* élastique
Stoßanregung *f*	collision excitation, impact excitation, shock excitation	excitation *f* par impulsion *f*, excitation *f* par choc *m*
Stoßdämpfung *f*	shock absorption	amortissement *m* de choc *m*, absorption *f* de choc *m*
stoßen *v*	push, thrust, bump, hit, collide, knock, impinge	pousser, choquer, heurter, toucher, entrechoquer
Stoßentladung *f*	pulsed discharge	décharge *f* en impulsions *f/pl*
Stoßerregung *f*	collision excitation, impact excitation, shock excitation	excitation *f* par choc *m*, excitation *f* par impulsion *f*
stoßfest *adj*	shock-proof	anti-choc
Stoßfestigkeit *f*	resistance to impact	résistance *f* au choc *m*
Stoßmagnetisierung *f*	flash magnetization	magnétisation *f* par impulsion *f*
Stoßprüfung *f*	shock test	essai *m* aux chocx *m/pl*
Stoßschweißen *n*	percussion welding	soudage *m* à percussion *f*
stoßsicher *adj*	shock-proof	anti-choc
Stoßspannungsprüfung *f*	impulse voltage test	essai *m* à la tension de choc *m*
Stoßstelle *f*	joint, interface	joint *m*, jointure *f*, about *m*
stoßunempfindlich *adj*	shock-proof	anti-choc
Stoßwelle *f*	shock wave	onde *f* de choc *m*
straff *adj*	tight, stiff, rigid, fixed, stopped	tendu, rigide, raide, tenace, fixé

Strahl . . .	→ Strahlen . . . ; Strahlungs . . .	
Strahl *m* [Bündel]	beam	faisceau *m*
Strahl *m* [Düsenstrahl]	jet	jet *m*
Strahl *m* [Optik]	ray	rayon *m*
Strahl *m*, einfallender	incident ray	rayon *m* incident
Strahl *m*, fokussierter	focused beam	faisceau *m* focalisé
Strahl *m*, reflektierter	reflected ray	rayon *m* réfléchi
Strahlablenkung *f*	beam deflection	déflexion *f* de rayon *m*
Strahlachse *f*	beam axis	axe *m* du faisceau
Strahlantrieb *m*	jet propulsion	propulsion *f* par jet *m*, propulsion *f* à réaction *f*
Strahlbegrenzer *m*	beam limiter	limiteur *m* du faisceau
Strahlbündelung *f*	beam focusing, beam concentration	focalisation *f* du faisceau, concentration *f* des rayons *m/pl*
Strahldivergenz *f*	beam spread	divergence *f* du faisceau
strahlen *v*	radiate, emit, emanate	rayonner, émettre, émaner
Strahlen . . .	→ Strahl . . . ; Strahlungs . . .	
Strahlenabschirmung *f*	radiation shielding	blindage *m* contre les rayonnements *m/pl*
Strahlenart *f*	type of radiation, kind of radiation, kind of rays *pl*, mode of radiation	nature *f* du rayonnement, sorte *f* de rayons *m/pl*, mode *m* de rayonnement *m*
Strahlenaussetzung *f*	radiation exposure	exposition *f* à l'irradiation *f*
Strahlenbelastung *f*, chronische	chronic exposure	exposition *f* chronique
Strahlenbelastung *f*, kumulative	cumulative radiation exposure	exposition *f* cumulative
Strahlenbegrenzung *f*	beam limit(ing)	limitation *f* de rayonnement *m*
Strahlenbrechung *f*	refraction	réfraction *f*
Strahlenbündel *n*	beam, particle beam	faisceau *m*, faisceau *m* de particules *f/pl*
Strahlenbündelausschleusung *f*	beam extraction	extraction *f* de faisceau *m*, dispositif *m* d'extraction *f* de faisceau *m*
Strahlenbündelöffnung *f*	beam aperture, beam width	ouverture *f* du faisceau
Strahlenbüschel *n*	pencil of rays *pl*	pinceau *m* de rayons *m/pl*
Strahlendetektor *m*	radiation detector	détecteur *m* de rayonnement *m*
Strahlendosimetrie *f*	radiation dosimetry	dosimétrie *f* de rayonnement *m*
Strahlendosis *f*	radiation dose	dose *f* de rayonnement *m*
strahlendurchlässig	transparent	transparent
Strahlendurchlässigkeit *f*	transparency	transparence *f*
strahlenempfindlich *adj*	radiosensitive	sensible au rayonnement
Strahlenempfindlichkeit *f*	radiosensitivity	radiosensibilité *f*

Strahlenerzeugung *f*	radiation excitation, generation of rays *pl*	excitation *f* de rayonnement *m*, génération *f* de rayons *m/pl*
Strahlenexponierung *f*	exposure to radiation, irradiation exposure	exposition *f* au rayonnement, exposition *f* à l'irradiation *f*
Strahlenexposition *f*	→ Strahlenexponierung *f*	
Strahlenfeld *n*	radiation field	champ *m* de rayonnement *m*
Strahlenfeldbedingungen *f/pl*	conditions *pl* of radiation field	conditions *f/pl* du champ de rayonnement *m*
strahlenfest *adj*	radiopaque, radiation-proof	opaque au rayonnement, protégé contre les radiations *f/pl*
Strahlenfestigkeit *f*	radiopacity, radioresistance	radioopacité *f*, résistance *f* à la radiation
Strahlenfilter *m*	radiation filter	filtre *m* de rayonnement *m*
strahlenförmig *adj*	radial	radial
Strahlengang *m*	trajectory of the beam, ray path, course of the beam	trajectoire *f* du faisceau, marche *f* du rayon
Strahlenhärte *f*	hardness of radiation	dureté *f* du rayonnement
Strahlenhärtung *f*	hardening by irradiation	durcissement *m* par irradiation *f*
Strahlenindikator *m*	radiation indicator	indicateur *m* de rayonnement *m*
Strahlenkanal *m*	beam hole	trou *m* de faisceau *m*
Strahlenkegel *m*	radiation cone	cône *m* de rayonnement *m*
Strahlenkunde *f*	radiology	radiologie *f*
Strahlenmesser *m*	radiometer	radiomètre *m*
Strahlenmessung *f*	radiation measurement, radiometry	mesure *f* de rayonnement *m*, mesurage *m* des rayonnements *m/pl*, radiométrie *f*
Strahlenmeßgerät *n*	rate meter, dosimeter	dosimètre *m*
Strahlenmeßsonde *f*	dosimetry probe	sonde *f* de dosimétrie *f*
Strahlenmeßtechnik *f*	radiation measuring technique	technique *f* de mesure *f* de radiation *f*
Strahlennachweis *m*	detection of radiation	détection *f* de rayonnement *m*, détection *f* de radiation *f*
Strahlennachweisgerät *n*	radiation detector	détecteur *m* de rayonnement *m*
Strahlenqualität *f*	radiation quality, grade of radiation	qualité *f* de rayonnement *m*
Strahlenquelle *f*	radioactive source, radiation source	source *f* radioactive, source *f* de rayonnement *m*
Strahlenrisiko *n*	radiation risk	risque *m* de rayonnement *m*
Strahlenschaden *m*	radiation injury, radiation damage	radiolésion *f*, lésion *f* par irradiation *f*, dommage *m* par rayonnement *m*

Strahlenschutz *m* [Maßnahme]	radiation protection, radiological protection	protection *f* contre les radiations *f/pl*
Strahlenschutz *m* [Vorrichtung]	radiation shield, protective screen, protecting screen	écran *m* contre les radiations *f/pl*, écran *m* protecteur, paroi *f* de protection *f*, dispositif *m* de protection *f* contre les rayonnements *m/pl*
Strahlenschutzbeauftragter *m*	radiation protection agent, health physicist (in charge of personnel monitoring)	expert *m* de radiophysique *f* médicale et sanitaire, agent *m* de la protection contre les rayonnements *m/pl*
Strahlenschutzbereich *m*	area of radiation protection	région *f* de protection *f* contre les rayonnements *m/pl*
Strahlenschutzkleidung *f*	protective clothing	vêtements *m/pl* de protection *f* contre les rayonnements *m/pl*
Strahlenschutzmaßnahme *f*	measure of radiation protection	mesure *f* de protection *f* contre les rayonnements *m/pl*
Strahlenschutzmaterial *n*	shielding material	matériaux *m/pl* de blindage *m*, matériaux *m/pl* de protection *f* contre les rayonnements *m/pl*
Strahlenschutzplakette *f*	film badge, film dosimeter, dosifilm	plaquette *f* de film *m*, dosimètre *m* de film *m*
Strahlenschutzverantwortlicher *m*	radiation protection agent, health physicist	agent *m* de la protection contre les rayonnements *m/pl*, expert *m* de radiophysique *f* médicale et sanitaire
Strahlenschwächung *f*	attenuation of radiation	atténuation *f* de rayonnement *m*, affaiblissement *m* de radiation *f*
strahlensicher *adj*	radiation-proof, radiopaque	protégé contre les radiations *f/pl*
Strahlensonde *f*	dosimetry probe	sonde *f* de dosimétrie *f*
Strahlenüberwachung *f*	radiation monitoring	surveillance *f* du rayonnement, contrôle *m* du rayonnement
strahlenundurchlässig	radiopaque, radiation-proof	opaque au rayonnement, protégé contre les radiations *f/pl*
Strahlenundurchlässigkeit *f*	radiopacity, radioresistance	radioopacité *f*, résistance *f* à la radiation
strahlenunempfindlich *adj*	→ strahlenundurchlässig	
Strahlenunfall *m*	radiation accident	accident *m* par rayonnement *m*

Strahlenverlauf *m*	trace of rays *pl*, ray path	parcours *m* de rayon *m*, trajectoire *f* du rayon, marche *f* du rayon
Strahlenwirkung *f*	radiation effect	effet *m* de radiation *f*
Strahler *m* [allgemein]	radiator, irradiator, emitter	radiateur *m*, source *f* d'irradiation *f*, émetteur *m*
Strahler *m* [Antenne]	antenna, aerial (GB)	antenne *f*
Strahler *m* [Strahlungsquelle]	source	source *f*
Strahler *m*, hochaktiver	high-activity source	source *f* de grande activité *f*
Strahler *m*, radioaktiver	radioactive source	source *f* radioactive
Strahler-Film-Abstand *m* [Radiographie]	source-film distance	distance *f* source-film
Strahlergruppe *f*, lineare	linear array	groupe *m* de radiateurs *m/pl* linéaire
Strahlergruppe *f*, phasengesteuerte	phased array	groupe *m* de radiateurs *m/pl* commandé par phases *f/pl*
Strahlerzeugung *f*	beam generation, generation of rays *pl*	génération *f* de rayons *m/pl*
Strahlfokussierung *f*	beam focusing, beam concentration	focalisation *f* du faisceau, concentration *f* des rayons *m/pl*
Strahlgeschwindigkeit *f*	beam velocity	vitesse *f* de rayon *m*
Strahlhärte *f*	hardness of radiation	dureté *f* du rayonnement
Strahlkonzentration *f*	beam concentration, beam focusing	concentration *f* des rayons *m/pl*, focalisation *f* du faisceau
Strahlöffnungswinkel *m*	angle of beam spread	angle *m* de divergence *f* du faisceau
Strahlröhre *f*	beam tube, ray tube	tube *m* à rayons *m/pl*
Strahltriebwerk *n*	jet engine	propulseur *m* à réaction *f*, moteur *m* à réaction *f*, dispositif *m* de propulsion *f* par jet *m*
Strahlung *f*	radiation, emission	rayonnement *m*, radiation *f*, émission *f*
Strahlung *f*, charakteristische	characteristic radiation	rayonnement *m* caractéristique
Strahlung *f*, durchdringende	penetrating radiation	rayonnement *m* pénétrant
Strahlung *f*, durchtretende	piercing radiation, passing-through radiation through radiation	rayonnement *m* passant, rayonnement *m* traversant
Strahlung *f*, einfallende	incident radiation	radiation *f* incidente
Strahlung *f*, gefährliche	harmful radiation	radiation *f* dangereuse

Strahlung *f*, gerichtete	directional radiation	rayonnement *m* directif, rayonnement *m* dirigé
Strahlung *f*, infrarote	infrated radiation	rayonnement *m* infra-rouge
Strahlung *f*, ionisierende	ionizing radiation	rayonnement *m* ionisant
Strahlung *f*, kosmische	cosmic radiation	rayonnement *m* cosmique
Strahlung *f*, monochromatische	monochromatic radiation	rayonnement *m* monochromatique
Strahlung *f*, polarisierte	polarized radiation	rayonnement *m* polarisé
Strahlung *f*, radioaktive	radioactive radiation	rayonnement *m* radioactif
Strahlung *f*, schädliche	harmful radiation	rayonnement *m* malsain
Strahlung *f*, schwarze	black-body radiation	rayonnement *m* noir
Strahlung *f*, ungewollte	non-desired radiation, spurious radiation	radiation *f* parasite
Strahlungs...	→ Strahl...; Strahlen...	
Strahlungsabschwächung *f*	radiation damping, attenuation of radiation	affaiblissement *m* du rayonnement, atténuation *f* du rayonnement
Strahlungsabsorption *f*	absorption of radiation	absorption *f* de rayonnement *m*
Strahlungsanalyse *f*	radiation analysis	analyse *f* de rayonnement *m*
Strahlungsanteil *m*	fraction of radiation	fraction *f* de rayonnement *m*
Strahlungsart *f*	type of radiation, mode of radiation, kind of radiation, kind of rays *pl*	sorte *f* de rayonnement *m*, nature *f* de rayons *m/pl*, mode *m* de rayonnement *m*
Strahlungsausbeute *f*	yield of radiation	rendement *m* en radiation *f*
Strahlungsaussendung *f*	emission (of rays *pl*)	émission *f* de rayons *m/pl*
Strahlungs-Bremsvermögen *n*	slowing-down power	pouvoir *m* de ralentissement *m*, pouvoir *m* d'arrêt *m*
Strahlungscharakteristik *f*	radiation pattern	diagramme *m* de rayonnement *m*, caractéristique *f* du rayonnement
Strahlungsdämpfung *f*	attenuation of radiation, radiation damping	atténuation *f* du rayonnement, affaiblissement *m* du rayonnement
Strahlungsdetektor *m*	radiation detector	détecteur *m* de rayonnement *m*
Strahlungsdiagramm *n*	radiation pattern	diagramme *m* de rayonnement *m*
Strahlungsdichte *f*	radiation density	densité *f* de rayonnement *m*
Strahlungsdiffusion *f*	diffusion of radiation	diffusion *f* de rayonnement *m*
Strahlungsdosimetrie *f*	radiation dosimetry	dosimétrie *f* de rayonnement *m*
Strahlungsdosis *f*	radiation dose	dose *f* de rayonnement *m*, dose *f* d'irradiation *f*

Strahlungsemission *f*	emission	émission *f*
Strahlungsempfänger *m*	radiation detector	détecteur *m* de rayonnement *m*
strahlungsempfindlich *adj*	radiosensitive	sensible au rayonnement
Strahlungsempfindlichkeit *f*	radiosensitivity, irradiation sensitivity	radiosensibilité *f*, sensibilité *f* au rayonnement
Strahlungsenergie *f*	radiation energy, radiant energy, radiated energy	énergie *f* de rayonnement *m*, énergie *f* rayonnante
Strahlungserregung *f*	radiation excitation	excitation *f* de rayonnement *m*
Strahlungserzeugung *f*	generation of rays *pl*	génération *f* de rayons *m/pl*
Strahlungsfeld *n*	radiation field	champ *m* de rayonnement *m*
Strahlungsfeldgröße *f*	radiation field parameter	paramètre *m* de champ *m* de rayonnement *m*
Strahlungsfeldkomponente *f*	component of the radiation	composante *f* de champ *m* de rayonnement *m*
Strahlungsfluß *m*	radiant flux, radiation flux	flux *m* de radiation *f*
Strahlungsflußdichte *f*	radiant flux density	densité *f* de flux *m* de radiation *f*
Strahlungsindikator *m*	radiation indicator	indicateur *m* de rayonnement *m*
Strahlungsintensität *f*	intensity of radiation	intensité *f* de radiation *f*
Strahlungskegel *m*	cone of radiation	cône *m* de rayonnement *m*
Strahlungskeule *f*	lobe of radiation	lobe *m* de rayonnement *m*
Strahlungskopplung *f*	radiation coupling	couplage *m* par rayonnement *m*
Strahlungslappen *m*	→ Strahlungskeule *f*	
Strahlungsleistung *f*	radiation power, radiated power	puissance *f* de radiation *f*, puissance *f* rayonnée
Strahlungsmesser *m*	radiometer	radiomètre *m*
Strahlungsmessung *f*	radiation measurement, radiometry	mesure *f* de rayonnement *m*, mesurage *m* des rayonnements *m/pl*, radiométrie *f*
Strahlungsmeßgerät *n*	radiometer	radiomètre *m*
Strahlungsmeßtechnik *f*	technology of radiation measurement	technique *f* de mesure *f* des rayonnements *m/pl*
Strahlungsmonitor *m*	radiation monitor	moniteur *m* de rayonnement *m*
Strahlungspegel *m*	radiation level	niveau *m* de radiation *f*
Strahlungsquelle *f*	radiation source, radioactive source	source *f* de rayonnement *m*, source *f* radioactive
Strahlungsschwächung *f*	attenuation of radiation, radiation damping	atténuation *f* du rayonnement, affaiblissement *m* du rayonnement, amortissement *m* de radiation *f*
Strahlungssicherheit *f*	radiation safety	sûreté *f* à l'égard *m* d'irradiation *f*

Strahlungsthermometer *n*	radiation thermometer	thermomètre *m* à rayonnement *m*
Strahlungstransmission *f*	transmission of radiation, penetrating radiation	transmission *f* du rayonnement, radiation *f* pénétrante
Strahlungsüberwachungsmesser *m*	radiation survey meter	dispositif *m* de surveillance *f* des rayonnements *m/pl*
Strahlungsuntergrund *m*	radiation background	rayonnement *m* ambiant
Strahlungsverlust *m*	radiation loss, radiative loss	perte *f* par radiation *f*, perte *f* de rayonnement *m*
Strahlungsvermögen *n*	radiating capacity, emissive power, emissivity, intrinsic radiance	pouvoir *m* de rayonnement *m*, pouvoir *m* émissif, pouvoir *m* d'émission *f*
Strahlungswärme *f*	radiating heat	chaleur *f* rayonnante
Strahlungswiderstand *m*	radiation resistance	résistance *f* au rayonnement *m*, résistance *f* à la radiation
Strahlungswinkel *m*	angle of radiation, angle of emission, angle of departure	angle *m* de rayonnement *m*, angle *m* d'émission *f*, angle *m* de projection *f*
Strahlverbreiterung *f*	beam spread, beam spreading, widening of the beam	élargissement *m* du faisceau, dispersion *f* du faisceau
Strahlverlauf *m*	ray path, course of the beam, trajectory of the beam	parcours *m* du rayon, trajectoire *f* du faisceau, marche *f* du rayon
Strahlverschiebung *f*	ray shift	déviation *f* de rayon *m*
strahlwassergeschützt *adj*	water-jet-proof	étanche à la lance d'eau *f*, protégé contre les jets *m/pl* d'eau *f*
stramm *adj*	tight	serré
Strang *m* [elektrisch]	phase conductor	conducteur *m* de phase *f*
Strang *m* [Schienenstrang]	track	tronçon *m*, voie *f*
Strang *m* [Seil]	rope, cord, line, strand	corde *f*, cordon *m*, câble *m*
stranggegossen *adj*	continuously cast	coulé en continu
Stranggießanlage *f*	continuous casting plant	installation *f* de coulée *f* continue
Stranggießen *n*	continuous casting	coulée *f* continue
Strangguß *m*	→ Stranggießen *n*	
Strangpressen *n*	extrusion	filage *m* à la presse
Straßenbau *m*	highway engineering, road construction	construction *f* de routes *f/pl*
Straßenbelag *m*	road surfacing, road surface, pavement, paving	revêtement *m* de route *f*, pavage *m*
Streb *m*	face, breast	taille *f*
Strebe *f*	strut, brace, shore, gib, stay, leg	contrefiche *f*, traverse *f*, jambe *f*, étançon *m*
streckbar *adj*	stretchable, malleable, extensible, tensile, dilatable	extensible, ductile, dilatable, malléable, étirable

Streckbarkeit *f*	ductility, malleability, extensibility	ductilité *f*, malléabilité *f*, extensibilité *f*
Strecke *f* [Abstand]	length, distance	longueur *f*, distance *f*, étendue *f*
Strecke *f* [Bergbau]	gallery, drift way	galerie *f*, costresse *f*, voie *f*
Strecke *f* [mathematisch]	distance, line of finite length	droite *f*, distance *f*
Strecke *f* [Verkehrslinie]	line	ligne *f*, voie *f*
Strecke *f* [Wegstrecke]	path, route, way	route *f*, chemin *m*, marche *f*
Strecke *f* [Zwischenraum]	interval, interspace, interstice	intervalle *m*, interstice *m*
Strecke *f*, zurückgelegte	covered distance	distance *f* parcourue
strecken *v*	stretch, elongate, lengthen	étirer, étendre, allonger
Strecken *n*	stretching, stretch, elongation	étirage *m*, allongement *m*, prolongement *m*
Streckgrenze *f*	yield point, flow point, elastic limit	limite *f* élastique apparente, limite *f* d'étirage *m*, limite *f* de coulement *m*
Streckgrenze *f*, obere	upper yield stress	limite *f* supérieure d'écoulement *m*
Streckgrenze *f*, untere	lower yield stress, lower yield point	limite *f* inférieure d'écoulement *m*, limite *f* élastique apparente inférieure
Streckspannung *f*	yield stress	charge *f* d'étirage *m*
Streckung *f*	stretching, stretch, elongation	étirage *m*, allongement *m*, prolongement *m*
streichen [anmalen] *v*	paint, coat	peindre, peinturer
streichen [annullieren] *v*	annul, nullify, cancel	annuler, rendre nul
streichen [reiben] *v*	strike, rub	frotter
streifen [berühren] *v*	touch	toucher, effleurer
streifen [stricheln] *v*	streak	hachurer, rayer
Streifen *m* [Band]	strip, band, tape, strap, ribbon	ruban *m*, bande *f*, cordon *m*, feuillard *m*
Streifen *m* [Strich]	dot, streak	raie *f*, strie *f*, barre *f*
Streifenschreiber *m*	chart recorder, tape recorder, band recorder	enregistreur *m* sur bande *f*
Streifenvorschub *m*	chart speed	vitesse *f* de bande *f*
Streßtest *m*	stress test	essai *m* de contrainte *f*
Streu...	scattered, diffused, diffuse, stray	diffus, diffusé, dispersé
Streuecho *n*	scattered echo	écho *m* dispersé, écho *m* saccadé
Streueigenschaft *f*	scattering property	propriété *f* de diffusion *f*
streuen *v*	scatter, diffuse, stray, disperse	diffuser, disperser
Streuereignis *n*	scattering event	événement *m* de diffusion *f*
Streuerscheinung *f*	scattering phenomenon	phénomène *m* de diffusion *f*
Streufaktor *m*	scattering factor	facteur *m* de diffusion *f*

Streufeld *n*	stray field, leakage field, fringing field	champ *m* de dispersion *f*, champ *m* de fuite *f*, champ *m* parasite
Streufeld *n*, magnetisches	magnetic stray field, magnetic leakage field	champ *m* de fuite *f* magnétique, champ *m* de dispersion *f* magnétique
Streufeldmethode *f*	leakage field method	méthode *f* à champ *m* de fuite *f*
Streufluß *m*	stray flux, leakage flow	flux *m* de dispersion *f*
Streufluß *m*, magnetischer	magnetic stray flux	flux *m* de dispersion *f* magnétique
streuflußempfindlich *adj*	sensitive to stray flux	sensible au flux de dispersion *f*
Streufluß-Prüfsonde *f*	stray flux test probe	sonde *f* d'essai *m* à flux *m* de dispersion *f*
Streuflußverfahren *n*	stray flux technique	procédé *m* à flux *m* de dispersion *f*, technique *f* de déviation *f* du flux par aimantation *f*
Streuinduktivität *f*	leakage inductance	inductance *f* de fuite *f*
Streuintensität *f*	scattering intensity	intensité *f* de diffusion *f*
Streukapazität *f*	scattering capacitance, scattering capacity	capacitance *f* de diffusion *f*, capacité *f* de diffusion *f*
Streukoeffizient *m*	scattering coefficient	coefficient *m* de dispersion *f*
Streulicht *n*	diffuse light, stray light, scattered light	lumière *f* diffuse
Streulinie *f*	stray line, leakage line	ligne *f* de dispersion *f*
Streumatrix *f*	scattering matrix	matrice *f* de diffusion *f*
Streuquerschnitt *m*	scattering cross-section	section *f* de dispersion *f*
Streuspannung *f* [elektrisch]	stray tension	tension *f* de dispersion *f*
Streustrahl *m*	scattered ray	rayon *m* diffusé
Streustrahlenblende *f*	antidiffusion screen	grille *f* antidiffusante
Streustrahlenmessung *f*	scattered ray measurement	mesure *f* des rayons *m/pl* de dispersion *f*
Streustrahlenschutz *m*	protection against scattered rays *pl*	protection *f* contre les rayons *m/pl* dispersés
Streustrahlung *f*	scattered radiation, stray radiation, diffused radiation	rayonnement *m* diffusé, rayonnement *m* de dispersion *f*
Streustrahlungsdosis *f*	scattered radiation dose	dose *f* de rayonnement *m* diffusé
Streustrahlungsspektrum *n*	diffuse radiation spectrum	spectre *m* du rayonnement diffusé
Streustrom *m*	stray current, fault current	courant *m* de fuite *f*, courant *m* vagabond
Streuung *f*	scattering, dispersion, spread, straggling, divergence	diffusion *f*, dispersion *f*, divergence *f*

Streuung *f*, anomale	anomalous scattering	diffusion *f* anomale
Streuung *f*, diffuse	diffuse scattering	diffusion *f*
Streuung *f*, elastische	elastic scattering	diffusion *f* élastique
Streuung *f*, kohärente	coherent scattering	diffusion *f* cohérente
Streuung *f*, seitliche	side scattering	diffusion *f* latérale
Streuung *f*, statistische	statistical scattering, statistical straggling	dispersion *f* statistique
Streuverlust *m*	leakage	perte *f* par dispersion *f*
Streuvermögen *n*	scattering power	pouvoir *m* de diffusion *f*
Streuvorgang *m*	scattering phenomenon	phénomène *m* de diffusion *f*
Streuwelle *f*	scattered wave, leaky wave	onde *f* de dispersion *f*, onde *f* diffusée
Streuwinkel *m*	scattering angle, angle of divergence	angle *m* de diffusion *f*, angle *m* de divergence *f*
Strich *m* [Linie]	line, dash, stroke	ligne *f*, trait *m*, barre *f*, raie *f*
Strich *m* [Streifen]	streak	strie *f*, raie *f*, barre *f*
stricheln *v*	streak, dash	strier, hachurer, rayer
Strichfokus *m*	line focus	foyer *m* linéaire
Stroboskop *n*	stroboscope	stroboscope *m*
Stroboskopscheibe *f*	stroboscopic disk	disque *m* stroboscopique
Strom *m* [elektrisch]	current	courant *m*
Strom *m* [Strömung]	flow, flux, stream	flux *m*, écoulement *m*
Strom *m* [Wasserlauf]	river, stream	rivière *f*, fleuve *m*
Strom *m*, abfließender	outgoing current	courant *m* partant
Strom *m*, ankommender	incoming current	courant *m* arrivant, courant *m* reçu
Strom *m*, aufgenommener	consumed current	courant *m* consommé
Strom *m*, eingespeister	applied current, conveyed current	courant *m* appliqué, courant *m* amené
Strom *m*, gleichgerichteter	rectified current	courant *m* redressé
Strom *m*, induzierter	induced current	courant *m* induit
Strom *m*, konstanter	constant current, stable current	courant *m* constant, courant *m* stable
Strom *m*, nacheilender	lagging current	courant *m* en retard *m*
Strom *m*, phasenverschobener	dephased current	courant *m* déphasé
Strom *m*, voreilender	leading current	courant *m* en avance *f*
Strom *m*, zugeführter	conveyed current, applied current	courant *m* amené, courant *m* appliqué
Stromabnahme *f* [Stromverringerung]	current drop, current decrease, fall of current	diminution *f* de courant *m*
Stromamplitude *f*	current amplitude	amplitude *f* de courant *m*
Stromänderung *f*	current change, current variation, current fluctuation	fluctuation *f* de courant *m*, variation *f* de courant *m*
Stromaufnahme *f*	current input, current consumption	consommation *f* en courant *m*, réception *f* de courant *m*, courant *m* absorbé

Stromausfall *m*	failure of the current supply	manque *m* de courant *m*, panne *f* de courant *m*
Strombegrenzer *m*	current limiter	limiteur *m* de courant *m*
strombetätigt *adj*	current-operated	actionné par courant *m*
Stromdichte *f*	current density	densité *f* de courant *m*
Stromdurchgang *m*	current passage	passage *m* de courant *m*
strömen *v*	flow, stream	couler, s'écouler, courir
Stromersparnis *f*	saving of current	économie *f* de courant *m*
stromführend *adj*	current-carrying, traversed by current, alive, live	parcouru par courant *m*, traversé par courant *m*
stromgesteuert *adj*	current-controlled, current-operated	commandé par courant *m*
Stromkreis *m*, geschlossener	closed circuit	circuit *m* fermé
Stromkurve *f*	current curve	courbe *f* de courant *m*
Stromlaufplan *m*	circuit diagram, connecting diagram	diagramme *m* de circuit *m*, schéma *m* de câblage *m*
Strommesser *m*	amperemeter, ammeter	ampèremètre *m*
Stromquelle *f*	current source	source *f* de courant *m*
Stromregelung *f*	current control, current regulation	régulation *f* d'intensité *f* de courant *m*
Stromschiene *f* [Kontaktschiene]	contact rail	rail *m* de contact *m*
Stromschiene *f* [Sammelschiene]	bus bar, bus	barre *f* collectrice
Stromschwankung *f*	current fluctuation, current variation	fluctuation *f* de courant *m*, variation *f* de courant *m*
Stromstärke *f*	current intensity	intensité *f* de courant *m*
Stromstoß *m*	current pulse	impulsion *f* de courant *m*
stromunabhängig *adj*	independent on current	indépendant du courant
Strömung *f*	stream, flow, flux, passage, circulation	écoulement *m*, passage *m*, parcours *m*, circulation *f*, flux *m*
Stromverbrauch *m*	current consumption	consommation *f* de courant *m*
Stromverdrängung *f*	current displacement, skin effect	effet *m* de peau *f*, effet *m* pelliculaire
Stromverringerung *f*	current decrease, current drop, fall of current	diminution *f* de courant *m*
Stromversorgung *f*	current supply, power supply	alimentation *f* de courant *m*
Stromverteilung *f*	current distribution	distribution *f* de courant *m*, répartition *f* du courant
Stromwechsel *m*	current alternation	altération *f* de courant *m*
Stromzuführung *f*	current feed, current lead	amenée *f* de courant *m*
Stromzunahme *f*	current increase, current rise	accroissement *m* de courant *m*, augmentation *f* de courant *m*
Strontium *n* [Sr]	strontium	strontium *m*

Strontiummethode *f* [absolute Altersbestimmung]	strontium method	méthode *f* de strontium *m*
Struktur *f* [Anordnung]	structure, scheme, configuration, arrangement, pattern	structure *f*, schéma *m*, configuration *f*, arrangement *m*
Struktur *f* [Aufbau]	structure, constitution, composition	structure *f*, constitution *f*, composition *f*
Struktur *f* [Gefüge]	structure, texture	structure *f*, texture *f*
Strukturanalyse *f*	structural analysis	analyse *f* de structure *f*
Strukturfehler *m*	structure anomaly	anomalie *f* de structure *f*
Strukturformel *f*	atomic configuration formula	formule *f* de configuration *f* atomique
strukturlos *adj*	amorphous	amorphe
Strukturstörung *f*	structure disarrangement	désarrangement *m* de structure *f*
Strukturuntersuchung *f*	structural analysis	analyse *f* de structure *f*
Stück *n* [Bestandteil]	part	partie *f*
Stück *n* [Bruchteil]	fragment	fragment *m*, morceau *m*
Stück *n* [Objekt]	piece	pièce *f*
Stückigmachen *n*	agglomeration	agglomération *f*
Stückprüfung *f*	piece test	essai *m* individuel
Stufe *f* [Absatz]	step	pas *m*, gradin *m*
Stufe *f* [Kaskade]	cascade	cascade *f*
Stufe *f* [Schwelle]	stair, step	marche *f*, pose-pied *m*
Stufe *f* [Stadium]	stage, state, phase, level, grade	état *m*, degré *m*, phase *f*, étage *m*, niveau *m*, stade *m*, échelon *m*
Stufenkeil *m*	step wedge	coin *m* gradué, coin *m* à gradins *m/pl*
Stufenkeil *m*, gelochter	pierced step wedge	coin *m* à gradins *m/pl* percés
stufenlos *adj*	stepless, continuous, smooth	sans graduations *f/pl*, sans intervalles *m/pl*, continu
Stufenschaltung *f*	cascade	cascade *f*
Stufenversetzung *f*	edge dislocation	dislocation *f* coin
stufenweise *adj*	stepwise, step by step	pas à pas, par degrés *m/pl*, échelonné
Stumpfnaht *f* [Schweißen]	butt seam, butt welding, butt weld, butt joint, butt-seam weld	joint *m* bout à bout, soudure *f* bout à bout, soudure *f* bord à bord, joint *m* à rapprochement *m*, joint *m* soudé par rapprochement *m*
Stumpfnaht *f*, schmelzgeschweißte	fusion-welded butt joint	joint *m* soudé par fusion *f*
Stumpfnahtschweißen *n*	butt welding, butt-seam welding	soudage *m* bout à bout
Stumpfschweißen *n*	butt welding, upset welding	soudage *m* bout à bout
Stumpfschweißung *f*	butt weld	soudure *f* bout à bout, joint *m* soudé bout à bout, assemblage *m* soudé bout à bout

Stumpfschweißverbindung *f*	→ Stumpfschweißung *f*	
Stumpfstoß *m* [Schweißen]	butt joint	joint *m* abouté
stumpfwinklig *adj*	obtuse-angled	obtusangle
Sturz *m* [Fall]	fall, drop	chute *f*, descente *f*
Stütze *f*	rest, support, base, post, pillar, stand, stay, bearing	support *m*, pied *m*, socle *m*, appui *m*, coussinet *m*
stützen [abstützen] *v*	support, stay, understay, strut, timber	appuyer, supporter, soutenir, étançonner
stützen [anlegen] *v*	put (against, to), lay	mettre (contre), placer (contre)
Stutzen *m* [Ansatz]	nozzle	tubulure *f*, piquage *m*
Stutzeneinschweißung *f*	nozzle welding	soudage *m* de tubulure *f*
Stutzennaht *f*	nozzle weld	soudure *f* de tubulure *f*
Sublimation *f*	sublimation	sublimation *f*
Sublimieren *n*	→ Sublimation *f*	
submikroskopisch	submicroscopic(al)	sous-microscopique
Substanz *f*	substance, matter	substance *f*, matière *f*
Substitutionsmethode *f*	substitution method	méthode *f* de substitution *f*
Substrat *n*	substrate, base material	substrat *m*, matière *f* de base *f*, support *m*
Subtraktionsmethode *f*	substraction method	méthode *f* de soustraction *f*
suchen *v*	detect, determine, search, seek, prove, ascertain, appoint	détecter, déterminer, constater, connaître, chercher
Sucher *m*	detector, indicator, probe, locator	détecteur *m*, indicateur *m*, sonde *f*, localisateur *m*
sukzessiv *adj*	successive, consecutive, sequential	successif, consécutif, séquentiel
Sulfat *n*	sulphate	sulfate *m*
Sulfid *n*	sulphide	sulfure *m*
Sulfit *n*	sulphite	sulfite *m*
Summe *f*, vektorielle	vectorial sum	somme *f* vectorielle
Summenbildner *m*	integrator, integrating device	intégrateur *m*, dispositif *m* intégrateur
Summendosis *f*	accumulated dose	dose *f* accumulée
Summenfrequenz *f*	sum frequency	fréquence *f* somme
Summenstrahlung *f*	total radiation	rayonnement *m* total
summieren *v*	sum up, add	sommer, additionner
Sumpf *m*, akustischer	acoustical sump	puisard *m* acoustique
Superposition *f*	superposition	superposition *f*
supraleitend *adj*	superconductive, superconducting	supra-conductible, supraconducteur
Supraleiter *m*	superconductor	supra-conducteur *m*
Supraleitfähigkeit *f*	superconductivity	supra-conduction *f*
Suspension *f*	suspension, residue, dredge, slurry	suspension *f*, schlamm *m*, résidu *m*
Suszeptibilität *f*	susceptibility	susceptibilité *f*

Symbol *n*	symbol	symbole *m*
Symmetrie *f*	symmetry	symétrie *f*
Symmetrieachse *f*	symmetry axis, axis of symmetry	axe *m* de symétrie *f*
symmetrieren *v*	symmetrize	symétrier
symmetrisch *adj*	symmetric(al)	symétrique
Symposium *n*	symposium, meeting	symposium *m*, assemblée *f*
synchron *adj*	synchronous	synchrone
Synchronabtastung *f*	synchronous scanning	exploration *f* synchrone
Synchronisation *f*	synchronization	synchronisation *f*
synchronisieren *v*	synchronize	synchroniser
Synchronisieren *n*	→ Synchronisation *f*	
Synchronisierimpuls *m*	synchronizing pulse	impulsion *f* de synchronisation *f*
Synchronisiersignal *n*	synchronizing signal, synchronization signal	signal *m* synchronisant, signal *m* de synchronisation *f*
Synchronismus *m*	synchronism, contemporaneousness, simultaneousness	synchronisme *m*, simultanéité *f*
synthetisch	synthetic(al)	synthétique
System *n*, halbautomatisches	semi-automatic system	système *m* semi-automatique
systematisch *adj*	systematic(al)	systématique
Szintillation *f*	scintillation	scintillation *f*
Szintillationskamera *f*	scintillation camera	caméra *f* à scintillation *f*
Szintillationskristall *m*	scintillation crystal	cristal *m* scintillant
Szintillationszähler *m*	scintillation counter	compteur *m* à scintillation *f*
szintillieren *v*	scintillate	scintiller

T

Tabelle *f*	table, schedule, index, register, chart	table *f*, tableau *m*, registre *m*
tabellarisch *adj*	tabular, tabulated	tabellaire
Tablette *f*	tablet	tablette *f*
Tabulator *m*	tabulator	tabulateur *m*
Tachometer *n*	tachometer, speedometer	tachymètre *m*, compteur *m* de vitesse *f*
Tafel *f* [Platte]	plate, table, slab, pane	plaque *f*, table *f*, lame *f*, feuille *f*, dalle *f*, brame *f*
Tafel *f* [Tablette]	tablet, bar, billet	tablette *f*, billette *f*
Tafel *f* [Wandtafel]	blackboard, board, panel	tableau *m* noir, tableau *m*, panneau *m*

Tafelblech *n*	sheet metal	plaque *f* de tôle *f*
tafelförmig *adj*	plate-like, tabular	tabellaire
Tageslicht *n*	daylight	lumière *f* du jour, lumière *f* naturelle
Tagung *f*	meeting, conference, congress, symposium	assemblée *f*, conférence *f*, congrès *m*, symposium *m*
Taktfrequenz *f*	clock frequency	fréquence *f* horloge
Taktgeber *m*	clock generator, timer	générateur *m* de rythme *m* minuterie *f*
Taktimpuls *m*	timing pulse, clock pulse	impulsion *f* de rythme *m*, impulsion *f* de mesure *f* de temps *m*
Tandembetrieb *m*	tandem operation	fonctionnement *m* en tandem *m*
Tandem-Prüfverfahren *n*	tandem testing method	méthode *f* d'essai *m* en tandem *m*
Tandemtechnik *f*	tandem technique	technique *f* tandem, technique *f* du type tandem
Tandemverfahren *n*	tandem method	méthode *f* tandem
Tangente *f*	tangent, tangent line, contact line, contiguous line	tangente *f*, ligne *f* contigue, ligne *f* de contingence *f*
tangential *adj*	tangential	tangentiel
Tangentialgeschwindigkeit *f*	tangential speed	vitesse *f* tangentielle
Tank *m* [Behälter]	tank, container, vessel, storage basin, cistern	tank *m*, cuve *f*, récipient *m*, réservoir *m*, citerne *f*
Tantal *n* [Ta]	tantalum	tantale *m*
tantalreich *adj*	tantalum-rich	riche de tantale *m*
Target *n*	target, target electrode, anticathode, collector electrode	cible *f*, électrode *f* de captage *m*, collecteur *m*, anticathode *f*
Targetmaterial *n*	target material	matière-cible *f*
Targetteilchen *n*	target particle, bombarded particle, struck particle	particule *f* de la cible, particule *f* bombardée
Taschendosimeter *n*	pocket dosimeter	dosimètre *m* de poche *f*
Taschenrechner *m*	pocket computer	calculatrice *f* de poche *f*
Tastatur *f*	key board	clavier *m*
Taste *f*	key, press button, push button, knob	bouton *m*, bouton-poussoir *m*, touche *f*
Taster *m* [Fühlstift]	pin, measuring pin, tracer	palpeur *m*
Taster *m* [Tastenschalter]	key, key switch	bouton *m* de touche *f*, commutateur *m* à touche *f*
Taster *m* [Tastzirkel]	callipers *pl*	compas *m* [d'épaisseur *f*]
Tastfrequenz *f*	pulse repetition frequency	fréquence *f* de répétition *f* d'impulsions *f/pl*
Tastkopf *m*	feeling head, measuring probe, test head, test probe	palpeur *m*, palpeur *m* de contrôle *m*, sonde *f* de mesure *f*, sonde *f* d'essai *m*

Tastspule *f*	scanning coil, measuring coil, test coil, sensing coil, surface coil	bobine *f* exploratrice, bobine *f* de palpage *m*, bobine *f* de mesure *f*
Tastung *f*	keying	manipulation *f*
Tätigkeit *f*	activity, action, manipulation	activité *f*, action *f*, manipulation *f*, manœuvre *f*
tatsächlich *adj*	real, effective, actual	réel, effectif, actuel, vrai
Tau *m*	dew	rosée *f*
Tau *n* [Seil]	rope, cable	corde *f*, câble *m*
tauchen *v*	plunge, immerse, submerge, dip, sink	plonger, immerger, submerger, tremper, abaisser
tauchlöten *v*	dip-solder	souder par immersion *f*
Tauchspule *f*	moving coil	bobine *f* mobile
Tauchtechnik *f*	immersion technique	technique *f* par immersion *f*, technique *f* d'immersion *f*
Tauchtechnikprüfkopf *m*	immersion probe	palpeur *m* pour technique *f* par immersion *f*
Tauchtechnikprüfung *f*	immersion testing	contrôle *m* par immersion *f*
Tauchverfahren *n*	immersion method	méthode *f* par immersion *f*
Taupunkt *m*	dew point	point *m* de rosée *f*, point *m* de condensation *f*
Tausch *m*	exchange, interchange	échange *m*
Tauscher *m*	exchanger	échangeur *m*
Täuschung *f*	illusion, delusion, deception	illusion *f*, déception *f*
Taylorsche Gleichung *f*	Taylor equation	équation *f* de Taylor
Taylor-Reihe *f*	taylor series *pl*	série *f* de Taylor
Taylorsche Reihe *f*	→ Taylor-Reihe *f*	part *f*, portion *f*, section
Technetium *n* [Tc]	technetium	technétium *m*
Technik *f* [allgemein]	technics *pl*, engineering, technology	technique *f*, science *f* technique
Technik *f* [Verfahren]	technique, procedure, processus, method	technique *f*, procédé *m*, méthode *f*
Technologie *f*	technology	technologie *f*
Teil *m* [Anteil]	part, portion, section, division	part *f*, portion *f*, section *f*, division *f*
Teil *m* [Bestandteil]	element, component, member, part	élément *m*, composant *m*, membre *m*, partie *f*
Teil *n* [Stück]	piece, unit	pièce *f*, unité *f*, organe *m*
Teil *n*, bestrahltes	irradiated piece	élément *m* irradié, pièce *f* irradiée
Teil *n*, einwandfreies	perfect structure	élément *m* sans défaut *m*
Teil *n*, fertiges	finished part	pièce *f* finie
Teilchen *n*	corpuscle, particle, mass element, mass particle	corpuscule *f*, particule *f*, élément *m* de masse *f*
Teilchen *n*, beschossenes	bombarded particle	particule *f* bombardée
Teilchen *n*, negativ geladenes	negatively charged particle	particule *f* négativement chargée

Teilchenbahn *f*	orbit	orbite *f*
Teilchenbeschleuniger *m*	particle accelerator	accélérateur *m* de particules *f/pl*, accélérateur *m* de porteurs *m/pl* électrisés
Teilchenbeschleunigung *f*	particle acceleration	accélération *f* de particules *f/pl*
Teilchendetektor *m*	particle detector	détecteur *m* de particules *f/pl*
Teilchenstrahlung *f*	particle radiation, corpuscular radiation	rayonnement *m* de particules *f/pl*, rayonnement *m* corpusculaire
Teildurchströmung *f*	partial flow	flux *m* partiel
teilen [einteilen] *v*	divide, classify, graduate, arrange, step	diviser, classifier, graduer, arranger, sectionner
teilen [mathematisch] *v*	divide	diviser
teilen [verteilen] *v*	distribute	distribuer
teilen [zerteilen] *v*	split, part	partager
Teileprüfung *f*	checking of parts *pl*	contrôle *m* de pièces *f/pl*
Teilkörperdosis *f*	partial incorporated dose	dose *f* incorporée partielle
Teillast *f*	partial load	charge *f* partielle
Teilprüfung *f*	partial test	essai *m* partiel, contrôle *m* partiel
Teilstück *n*	portion	portion *f*, part *f*
Teilung *f* [Aufspaltung]	splitting	subdivision *f*
Teilung *f* [Einteilung]	classification, sectioning	classification *f*, sectionnement *m*
Teilung *f* [Ganghöhe]	pitch	hauteur *f* de pas *m*, pas *m*
Teilung *f* [Kernspaltung]	fission	fission *f*
Teilung *f* [mathematisch]	division	division *f*
Teilung *f* [Skalenteilung]	graduation	graduation *f*
teilweise *adj*	partial	partiel
Teilwelle *f*	partial wave	onde *f* partielle
Teilwicklung *f*	partial winding	enroulement *m* partiel
Telemeter *m*	distance meter, telemeter	télémètre *m*
Telephonapparat *m*	telephone apparatus, telephone set, telephone	appareil *m* téléphonique, poste *m* téléphonique, téléphone *m*
Teleskoprohr *n*	telescopic tube	tube *m* télescopique
Telethermographie *f*	telethermography	téléthermographie *f*
Tellur *n* [Te]	tellurium	tellure *m*
Temperatur *f*, absolute	absolute temperature, Kelvin temperature	température *f* ansolue, température *f* Kelvin
Temperatur *f*, erhöhte	elevated temperature	température *f* élevée
Temperaturabfall *m*	temperature drop, decrease of temperature	chute *f* de température *f*
temperaturabhängig *adj*	temperature-dependent	dépendant de la température
Temperaturabhängigkeit *f*	dependence on temperature	dépendance *f* de la température
Temperaturänderung *f*	change of temperature, change in temperature, temperature shift	changement *m* de température *f*

Temperaturanstieg *m*	temperature rise, increase of temperature	augmentation *f* de température *f*, accroissance *f* de la température
Temperaturdifferenz *f*	temperature difference	différence *f* de températures *f/pl*
Temperaturerhöhung *f*	increase of temperature, temperature rise	augmentation *f* de température *f*, accroissance *f* de la température
Temperaturfehler *m*	temperature error	erreur *f* de température *f*
Temperaturgrad *m*	degree	degré *m*
Temperaturgradient *m*	temperature gradient	gradient *m* de température *f*
Temperaturgrenze *f*	limit of temperature	limite *f* de température *f*
Temperaturkoeffizient *m*	temperature coefficient	coefficient *m* de température *f*
Temperaturkurve *f*	temperature curve	courbe *f* de température *f*
Temperaturmessung *f*	measurement of temperature	mesure *f* de la température
Temperaturrückgang *m*	decrease of temperature, drop in temperature	diminution *f* de température *f*
Temperaturschwankung *f*	variation of temperature, fluctuation in temperature	variation *f* en température *f*, fluctuation *f* de température *f*
Temperaturskale *f*	temperature scale	échelle *f* de température *f*
Temperaturskale *f*, thermodynamische	thermodynamic temperature scale	échelle *f* thermodynamique des températures *f/pl*
Temperatursprung *m*	jump in temperature	bond *m* de température *f*
temperaturunabhängig *adj*	temperature-independent, independent on temperature	indépendant de la température
Temperaturunterschied *m*	temperature difference	différence *f* de températures *f/pl*
Temperaturverteilung *f*	temperatur distribution	distribution *f* de température *f*
Temperaturwechsel *m*	change in temperature, change of temperature, temperature shift	changement *m* de température *f*
Temperaturwechselbeanspruchung *f*	thermal cycling	cyclage *m* thermique
Temperaturwechselbeständigkeit *f*	resistance to changes *pl* of temperature, resistance to thermal shocks *pl*	résistance *f* aux changements *m/pl* de température *f*
Temperaturzunahme *f*	temperature rise, increase of temperature	augmentation *f* de température *f*, accroissance *f* de la température
Temperguß *m*	malleable iron	fonte *f* malléable
tempern *v*	temper, anneal, harden	tremper, recuire, revenir, durcir, endurcir
Tempern *n*	tempering, annealing	revenu *m*, recuit *m*, trempe *f*

Temperung *f*	→ Tempern *n*	
temporär *adj*	temporary	temporaire
Tendenz *f*	tendency, trend	tendance *f*
Terbium *n* [Tb]	terbium	terbium *m*
Term *m* [Energieniveau]	energy level, term	terme *m*, niveau *m* énergétique
Term *m* [Glied]	term	terme *m*
ternär *adj*	ternary	ternaire
Terrassenbruch *m*	lamellar tearing	déchirure *f* lamellaire, arrachement *m* lamellaire
Terrassenbruchempfindlichkeit *f*	sensitivity to lamellar tearing	sensibilité *f* à la déchirure lamellaire, sensibilité *f* à l'arrachement *m* lamellaire
Tertiärstrahlen *m/pl*	tertiary rays *pl*	rayons *m/pl* tertiaires
Tertiärwicklung *f*	tertiary winding	enroulement *m* tertiaire
Test *m*	test, testing, check, checking, check-up	test *m*, essai *m*, contrôle *m*, épreuve *f*
Testaufnahme *f* [Radiographie]	testing radiogram	radiographie-témoin *f*
Testbild *n* [Video]	test pattern	mire *f* de contrôle *m*
Testbohrung *f*	test hole	forage *m* de contrôle *m*
Testfehler *m*, künstlicher	artificial reference defect	défaut *m* étalon artificiel
Testfehler *m*, natürlicher	natural reference defect	défaut *m* étalon naturel
Testfehlerblock *m*	reference defect block	bloc *m* à défauts-étalon *m/pl*
Testfehlermethode *f*	reference defect method	méthode *f* à défauts-étalon *m/pl*
Testfehlervergleich *m*	comparison with reference defect	comparaison *f* avec défauts-étalon *m/pl*
Testimpuls *m*	test pulse	impulsion *f* d'essai *m*, impulsion *f* de contrôle *m*
Testkopf *m*	test probe, test head, measuring probe, feeling head	sonde *f* d'essai *m*, sonde *f* de mesure *f*, palpeur *m* de contrôle *m*, palpeur *m*
Testkörper *m* [Kontrollkörper]	reference block, calibration block, test piece, test block	bloc *m* de référence *f*, pièce *f* d'étalonnage *m*
Testkörper *m*, plattenförmiger	plate-shaped test block	bloc *m* de référence *f* en plaque *f*
Testnute *f*	test shot	rainure *f* de contrôle *m*
Testprogramm *n*	check program	programme *m* de contrôle *m*
Testreflektor *m*	test reflector	réflecteur *m* de test *m*, réflecteur *m* de référence *f*

Teststück *n* [Vergleichskörper]	reference block, calibration block, test piece, test block	bloc *m* de référence *f*, pièce *f* d'étalonnage *m*
Textur *f* [bevorzugte Orientierung]	texture, preferred orientation, dressing, alignment	texture *f*, orientation *f* préférée, alignement *m*, redressement *m*
Textur *f* [Muster]	pattern	texture *f*
texturieren [orientieren] *v*	orient,align, dress	orienter, aligner, dresser
texturlos *adj*	without texture	sans texture *f*
Thallium *n* [Tl]	thallium	thallium *m*
theoretisch *adj*	theoretical	théorique
Theorie *f*, nichtlineare	nonlinear theory	théorie *f* non-linéaire
Theorie-Experiment-Vergleich *m*	theory/experiment comparison	comparaison *f* théorie à expérience
thermal *adj*	thermal	thermique
Thermalwandler *m*	thermal transducer	transducteur *m* thermique
Thermion *n*	thermion	thermion *m*
Thermionenquelle *f*	thermionic source	source *f* thermo-ionique
thermisch *adj*	thermal	thermique
Thermistor *m*	thermistor	thermistor *m*
Thermitschweißen *n*	thermite welding	soudage *m* à la thermite
Thermodiffusion *f*	thermal diffusion	diffusion *f* thermique
thermodynamisch *adj*	thermodynamic(al)	thermodynamique
thermoelektrisch *adj*	thermoelectric(al)	thermoélectrique
Thermoelement *n*	thermocouple	thermocouple *m*, élément *m* thermoélectrique
Thermographie *f*	thermography	thermographie *f*
Thermolumineszenz *f*	thermoluminescence	thermoluminescence *f*
Thermolumineszenzdosimeter *n* [TLD]	thermoluminescence dosimeter	dosimètre *m* à thermoluminescence *f*
Thermolumineszenzdosimetrie *f*	thermoluminescence dosimetry	dosimétrie *f* à thermoluminescence *f*
Thermometer *n*	thermometer	thermomètre *m*
thermonuklear *adj*	thermonuclear	thermonucléaire
Thermoplast *m*	thermoplastics *pl*, thermoplastic material	thermoplastique *f*
Thermoregler *m*	thermostate	thermostat *m*
Thermostat *m*	→ Thermoregler *m*	
Thermoschockriß *m*	thermal shock crack	fissure *f* par choc *m* thermique
Thermospannung *f* [elektrisch]	thermoelectric voltage	thermo-tension *f*, tension thermoélectrique
Thermovisionskamera *f*	thermovision camera	caméra *f* de thermovision *f*
Thorium *n* [Th]	thorium	thorium *m*
Thulium *n* [Tm]	thulium	thulium *m*
Tiefbestrahlung *f*	deep irradiation	irradiation *f* profonde
Tiefe *f* [akustisch]	bass	grave *m*, basse *f*
Tiefe *f* [geometrisch]	depth	profondeur *f*
Tiefenauflösungsvermögen *n*	depth resolution power	pouvoir *m* de résolution *f* en profondeur *f*

Tiefenausgleich *m*	depth compensation	compensation *f* de la profondeur
Tiefendosis *f*	depth dose	dose *f* en profondeur *f*
Tiefenkennlinie *f*	depth characteristic	courbe *f* de profondeur *f*
Tiefenlage *f* [geometrisch]	depth	profondeur *f*
Tiefenschärfe *f*	depth of definition	netteté *f* en profondeur *f*
Tiefpaß *m*	low-pass	passe-bas *m*
Tiefpaßfilter *n*	low-pass filter	filtre *m* passe-bas
Tieftemperatur . . .	cryogenic . . ., very low temperature . . .	. . . cryogénique
Tiefung *f*	cupping	emboutissage *m* profond
Tiefungsversuch *m*	cupping test	essai *m* d'emboutissage *m* profond
Tiefziehbarkeit *f*	deep drawability	emboutissabilité *f*
Tiefziehen *n*	deep drawing	emboutissage *m* profond
Tiefziehstahl *m*	deep-drawing steel	acier *m* pour emboutissage *m* profond
Tiefziehversuch *m*	drawing test	essai *m* d'emboutissage *m*
tippen *v*	touch	toucher
Tischgerät *n*	table model, table instrument	poste *m* de table *f*, instrument *m* de table *f*
Tischinstrument *n*	table instrument	instrument *m* de table *f*
Titan *n* [Ti]	titanium	titane *m*
Titanlegierung *f*	titanium alloy	alliage *m* au titane
tödlich *adj*	lethal	létal
Toleranz *f*	tolerance, allowance	tolérance *f* admise
Tomographie *f*, computergestützte	computerized tomography, computed tomography, computer-assisted tomography	tomographie *f* commandée par calculateur *m* électronique
Tomogramm *n*	tomogram	tomogramme *m*
Ton *m* [akustisch]	tone, note, sound	son *m*, ton *m*
Ton *m* [Erdsorte]	clay, argil, potter's earth	terre *f* glaise, glaise *f*, argile *f*
Ton *m* [Tönung]	tone, shade, tint, tinge	teinte *f*, nuance *f*
Ton *m*, hoher	treble	aigu *m*, aiguë *f*
Ton *m*, tiefer	bass	grave *m*
Tonabnehmer *m*	pick-up	pick-up *m*
Tonarm *m*	→ Tonabnehmer *m*	
Tonaufzeichnung *f*	sound recording	enregistrement *m* sonore
Tonband *n*	sound tape, magnetic tape	bande *f* sonore, bande *f* magnétique
Tonfrequenz *f*	audio frequency, voice frequency	fréquence *f* audible, fréquence *f* vocale
Tonschwankung *f*	wow, flutter	miaulement *m*
Tönung *f*	tone, shade, tint, tinge	teinte *f*, nuance *f*
Topographie *f*	topography	topographie *f*
Topogramm *n*	topogram	topogramme *m*
Tor *n*	gate, door	porte *f*
Torsion *f*	torsion, distorsion, twisting	torsion *f*, contournement *m*

Torsionsmodul *m*	modulus of torsion	module *m* de torsion *f*, module *m* de cisaillement *m*
Torsionsschwingung *f*	torsional vibration	oscillation *f* de torsion *f*
Torsionsstab *m*	torsion bar, torsional bar	barre *f* de torsion *f*
Torsionsversuch *m*	torsion test	essai *m* de torsion *f*
Totalbestrahlung *f*	whole-body irradiation, total body irradiation	irradiation *f* du corps entier, irradiation *f* totale
Totaldurchströmung *f*	total flow	flux *m* total
Totalreflexion *f*	total reflection	réflexion *f* totale
Totpunkt *m*, oberer	upper dead center	point *m* mort supérieur
Totpunkt *m*, unterer	bottom dead center	point *m* mort inférieur
Totzeit *f*	dead time	temps *m* mort
Tourenzahl *f*	number of revolutions *pl*	nombre *m* de révolutions *f/pl*, nombre *m* de tours *m/pl*
Tracer *m*	tracer, radioactive tracer, indicator	traceur *m*, traceur *m* radioactif, indicateur *m* radioactif
Tracermethode *f*	tracer method, tracer technique	méthode *f* des traceurs *m/pl*, technique *f* des traceurs *m/pl* radioactifs, méthode *f* des atomes *m/pl* traceurs
Tracerverfahren *n*	→ Tracermethode *f*	
traditionell *adj*	traditional, conventional, usual	traditionnel, conventionnel, usuel, usité
Tragarm *m*	cantilever, arm	bras-levier *m*, bras *m*, console *f*, cantilever *m*
tragbar *adj*	portable, transportable, loose, mobile	portatif, portable, transportable, mobile
tragen *v*	bear, support, carry, sustain	porter, supporter, tenir, soutenir
Träger *m* [Ladungsträger]	carrier, charge carrier	porteur *m*, porteur *m* de charge *f*
Träger *m* [Stützbalken]	beam, girder, support	poutre *f*, poutrelle *f*, support *m*
Träger *m* [Trägerschwingung]	carrier, carrier wave	porteuse *f*, onde *f* porteuse
Trägeramplitude *f*	carrier amplitude	amplitude *f* porteuse
Trägerflüssigkeit *f*	carrier fluid	liquide *m* porteur
Trägerfrequenz *f* [TF]	carrier frequency, carrier	fréquence *f* porteuse, porteuse *f*
Trägergas *n*	carrier gas	gaz *m* porteur
Trägermaterial *n*	base material, substrate	matière *f* de base *f*, substrat *m*, support *m*
Trägerrakete *f*	carrier rocket	fusée *f* porteuse
Trägerschwingung *f*	carrier wave, carrier	onde *f* porteuse, porteuse *f*
Trägersubstanz *f*	base material, substrate	matière *f* de base *f*, substrat *m*, support *m*

Trägerwelle *f*	carrier wave, carrier	onde *f* porteuse, porteuse *f*
Tragfähigkeit *f*	load capacity	capacité *f* de charge *f*
Trägheit *f*	inertia, persistence	inertie *f*, persistance *f*
Trägheitsmoment *n*	moment of inertia	moment *m* d'inertie *f*
Tragöse *f*	lifting lug	oreille *f*
Träne *f* [Materialfehler]	tear	larme *f*
tränken *v*	impregnate, soak	imprégner, tremper
Transceiver *m* [Senderempfänger]	transceiver	transceiver *m*
Transfer *m*	transfer	transfert *m*
Transfermethode *f* [Radiographie]	transfer method	méthode *f* de transfert *m*
Transformation *f*	transformation	transformation *f*
Transformation *f*, allgemeine [Signalanalyse]	general transformation	transformation *f* générale
Transformator *m* [Trafo]	transformer	transformateur *m*, transfo *m*
transformieren *v*	transform	transformer
transgranular *adj*	transgranular	transgranulaire
Transistor *m*	transistor	transistor *m*
Transit *m*	transit	transit *m*
transkristallin *adj*	transcrystalline	transcristallin
Transmission *f*	transmission	transmission *f*
Transmissionsverfahren *n*	transmission method, transmission beam method	méthode *f* de transmission *f*
Transmissionswelle *f* [mechanisch]	transmission shaft	arbre *m* de transmission *f*
transparent *adj*	transparent	transparent
Transparenz *f*	transparency	transparence *f*
Transport *m*	transport, transfer	transport *m*, transfert *m*
transportabel *adj*	transportable, mobile	transportable, mobile
Transportbehälter *m*	container, casket	container *m*, caisse *f* de transport *m*, récipient *m* de transfert *m*
Transportöse *f*	lifting lug	oreille *f*
Transuran *n*	transuranic element	élément *m* transuranien
transversal *adj*	transversal, transverse	transversal, transverse
Transversalbewegung *f*	transverse motion	mouvement *m* transversal
Transversalschwingung *f*	transverse oscillation, transverse vibration	oscillation *f* transversale, vibration *f* transversale
Transversalwelle *f* [Maschinenteil]	transverse shaft	arbre *m* transversal
Transversalwelle *f* [Schwingung]	transverse wave, shear wave	onde *f* transversale, onde *f* transverse
Transversalwellen-Prüfkopf *m*	shear wave transducer	palpeur *m* à ondes *f/pl* transversales
trapezförmig *adj*	trapezoidal	trapézoïdal
Trapezimpuls *m*	trapezoidal pulse	impulsion *f* trapézoïdale
Trasse *f*	trace	tracé *m*

Traverse *f*	traverse	traverse *f*
treffen *v*	hit, impinge, push, thrust, bump, knock, collide	pousser, heurter, choquer, entrechoquer, toucher
Treffplatte *f*	target, target electrode, collector electrode	cible *f*, électrode *f* de captage *m*, collecteur *m*
Treibstoff *m*	fuel	combustible *m*, carburant *m*
Trend *m*	trend, tendency	tendance *f*
trennen [abschalten] *v*	cut off, cut out, disconnect, switch off, interrupt, break (a circuit)	interrompre, couper, déconnecter, mettre hors circuit *m*
trennen [isolieren] *v*	to isolate, separate	isoler, séparer
trennen [losmachen] *v*	telease, untie, unbind, demount, detach, loosen, separate, remove, take away, disconnect	détacher, séparer, enlever, démonter, s'éloigner, écarter, déconnecter
trennfähig *adj*	selective	sélectif
Trennfläche *f*	interface, boundary surface, bounding surface, separation surface	interface *f*, surface *f* limite, surface *f* de séparation *f*
Trennkörper *m*	isolating piece, insulating material	pièce *f* isolante, isolant *m*, isolateur *m*
Trennplatte *f*	isolating plate	plaque *f* isolante
Trennschärfe *f*	selectivity	sélectivité *f*
Trennscheibe *f*	isolating disk, insulating disk	disque *m* isolant, rondelle *f* isolante
Trennschicht *f*	isolating layer, insulating sheath	couche *f* isolante, couche *f* de séparation *f*
Trennung *f* [Abschalten]	disconnection, cutting-off, cutting out, switching off, interruption, stop	coupure *f*, déconnexion *f*, mise *f* hors circuit *m*, interruption *f*, arrèt *m*
Trennung *f* [Abtrennung]	separation, cut-off	séparation *f*, coupure *f*, cut-off *m*
Trennung *f* [Entfernen]	detechment, separation	détachement *m*, séparation *f*
Trennung *f* [Isolation]	isolation, separation	isolation *f*, séparation *f*
Trennung *f* [Verzweigung]	branch, branching, branching-off, tapping, eduction, bifurcation, splitting-off, ramification	branchement *m*, bifurcation *f*, dérivation *f*, ramification *f*, éduction *f*
Trennungsbruch *m*	separation fracture	fracture *f* de séparation *f*
Trennungsfläche *f*	separation surface	surface *f* de séparation *f*
Trennungsvermögen *n*	selectivity	sélectivité *f*
Trennverbindung *f*	isolating joint	joint *m* isolant
Trennwand *f*	diaphragm, separating wall, partition wall	diaphragme *m*, paroi *f* de séparation *f*
Triangulationsmethode *f*	triangulation method	méthode *f* de triangulation *f*
Tribolumineszenz *f*	triboluminescence	triboluminescence *f*
triggern *v*	trigger	déclencher

Triggern *n*	trigger, triggering	trigger *m*, déclenchement *m*
Triggerimpuls *m*	trigger pulse	impulsion *f* de déclenchement *m*
Triggerschwelle *f*	trigger threshold	seuil *m* de déclenchement *m*
Triggerung *f*	triggering, trigger	déclenchement *m*, trigger *m*
Tritium *n* [T; $_1H^3$]	tritium	tritium *m*
Trockenankopplung *f*	dry coupling	couplage *m* à sec
Trockenkammer *f*	drying chamber, exsiccator	chambre *f* à sécher, exsiccateur *m*, dessiccateur *m*
Trockenofen *m*	drying oven	four *m* de séchage *m*
Trockenpulvermethode *f*	dry powder method	méthode *f* à poudre *f* sèche
Trockenschrank *m*	exsiccator, drying chamber	exsiccateur *m*, dessiccateur *m*, chambre *f* à sécher
trocknen *v*	dry, dessiccate, dehydrate, dehumidify	sécher, dessécher, déhumidifier
Trommel *f*	drum, roll, cylinder, barrel, pulley	rouleau *m*, poulie *f*, cylindre *m*, tambour *m*
Trommel-Schälversuch *m*	peel test by means of a drum	essai *m* de déroulage *m* à tambour *m*
tropenfest *adj*	tropical-proof, tropicalized	tropicalisé, résistant au climat tropical
tropensicher *adj*	→ tropenfest *adj*	
tropfen *v*	drop, drip, run	égoutter, écouler
Tropfen *m*	drop, droplet	goutte *f*
Tropfenfallverfahren *n*	falling drop method	méthode *f* des gouttes *f/pl*
trübe *adj*	opaque, dim, dark	terne, obscur, opaque
tropfwassergeschützt *adj*	drip-proof	protégé contre les gouttes *f/pl*
Trübe *f*	turbidity	ternissement *m*, flou *m*
Trübung *f*	fog, fogging, haze, veil, turbidity	voile *m*, flou *m*, ternissement *m*
Tuch *n*	cloth, fabric, tissue	drap *m*, étoffe *f*, tissu *m*, toile *f*
Tuner *m*	tuner, tuning unit	tuner *m*, unité *f* d'accord *m*
Tunnel *m*	tunnel	tunnel *m*
Tür *f*	door, gate	porte *f*
Turbine *f*	turbine	turbine *f*
Turbinenschaufel *f*	turbine blade	aube *f* de turbine *f*
Turboantrieb *m*	turbe-drive	entraînement *m* par turbo *m*
Turbogenerator *m*	turbogenerator	turbo-générateur *m*, turbo-génératrice *f*
turbulent *adj*	turbulent	turbulent
Turbulenz *f*	turbulence	turbulence *f*
Typ *m*, **Type** *f*	type, model, design	type *m*, modèle *m*
Typenprüfung *f*	type test	essai *m* de type *m*
Typenreihe *f*	type series *pl*	série *f* de types *m/pl*, série *f*

U

Überanstrengung *f*	overstress, overstressing, overstrain, overload, overburden, overwork	sucharge *f*, surmenage *m*
Überbeanspruchung *f*	overload, overburden, overwork	surcharge *f*
Überbelichtung *f*	overexposure	surexposition *f*
Überbestrahlung *f*	overirradiation, excessive irradiation	irradiation *f* excessive
Überbleibsel *n/pl* [Trümmer]	debris *pl*, fragments *pl*, remains *pl*	débris *m/pl*, décombres *m/pl*, ruines *f/pl*
Überbleibsel *n* [Rest]	rest, remainder, residue, remains *pl*	résidu *m*, reste *m*
Überdeckung *f*	overlapping, covering	recouvrement *m*
überdimensionieren *v*	overdimension, overdesign	surdimensionner
Überdosierung *f*	overdosage	surdosage *m*
Überdosis *f*	overdose	dose *f* excessive
Überdruck *m*	overpressure	surpression *f*
übereinanderlegen *v*	superpose	superposer
übereinanderstellen *v*	→ übereinanderlegen *v*	
übereinstimmend [mit] *adj*	identical, conformal, conformable [to]	identique, conforme [à]
Übereinstimmung *f*	conformity, identity, correspondence, concordance, harmony, accordance, agreement, consistence, consistency	conformité *f*, identité *f*, correspondance *f*, concordance *f*, harmonie *f*, accord *m*, agrément *m*, syntonisation *f*
überempfindlich [gegen] *adj*	supersensitive [to]	ultra-sensible [à]
Übergang *m* [Durchgang]	transfer, transport, passage, transmission	transfert *m*, transport *m*, passage *m*, transmission *f*
Übergang *m* [Verbindung]	junction	jonction *f*
Übergang *m* [Wechsel]	transition	transition *f*
Übergang *m*, festflüssiger	solid-liquid transition	transition *f* solide-liquide
Übergangsbereich *m*	transition zone	zone *f* de transition *f*
Übergangsfunktion *f*	transitional function, transfer function, discontinuous function	fonction *f* de transition *f*, fonction *f* de transfert *m*, fonction *f* de discontinuité *f*
Übergangsgebiet *n*	transition zone	zone *f* de transition *f*
Übergangskurve *f*	transition curve	courbe *f* de transition *f*
Übergangsstadium *n*	transitional stage, transient state	intervalle *m* de transition *f*, état *m* transitoire
Übergangsstufe *f*	→ Übergangsstadium *n*	

Übergangszeit *f*	transit time, transition period	période *f* transitoire
Übergangszone *f* [allgemein]	transition zone	zone *f* de transition *f*
Übergangszone *f* [Halbleiter]	junction	jonction *f*
überhitzen *v*	overheat	surchauffer
Überhöhung *f*	overshooting	surhaussement *m*
überholen [instandsetzen]	overhaul, repair, service, patch, redress, restore, mend, mend up	réparer, mettre en état *m*, refaire, raccommoder
überholen [Verkehr] *v*	pass	doubler
Überholung *f* [Instandsetzung]	overhaul, repair, renovation, servicing, redressing, mending, refit, refitment	réparation *f*, remise *f* en état *m*, mise *f* en état *m*, révision *f*, réfection *f*, dépannage *m*
überkritisch *adj*	hypercritical, supercritical	hypercritique, supercritical
überladen *v*	overcharge, overburden, overload	surcharger
überlagern *v*	superpose, superimpose	superposer, surimposer
Überlagerung *f*	superposition, beat, interference	superposition *f*, battement *m*, interférence *f*
überlappen *v*	overlap, lap	se recouvrir
Überlappschweißung *f*	overlap weld, lap weld	soudure *f* à recouvrement *m*
Überlappung *f*	overlap, overlapping, covering	recouvrement *m*
Überlappungsnietung *f*	overlap riveting	rivure *f* à recouvrement *m*
Überlappungsschweißung *f*	lap weld, lap joint	soudure *f* à recouvrement *m*
überlasten *v*	overcharge, overburden, overload	surcharger
Überlastung *f*	overload, overburden, overcharge, overstress, overstrain, overwork	surcharge *f*, surmenage *m*
Überlastungsversuch *m*	overload test	essai *m* de surcharge *f*
Überlastverhalten *n*	overload characteristics *pl*, overload behaviour	propriété *f* de surcharge *f*
Überlegung *f*	consideration	considération *f*, réflexion *f*
Übermodulation *f*	overmodulation	surmodulation *f*
Übernahme *f*	acceptance, receipt, reception	acceptation *f*, réception *f*
übernehmen *v*	accept, receive	accepter, recevoir
überprüfen *v*	inspect, view	inspecter, examiner
Überprüfung *f*	inspection, checking, check, check-up, test, testing, examination	inspection *f*, essai *m*, contrôle *m*, épreuve *f*, test *m*, examen *m*
Überprüfung *f*, betriebstechnische	inspection	examen *m*
überqueren *v*	cross, traverse	croiser, traverser
überragen *v*	dominate	dominer

Überrest *m*	remain, residue	reste *m*, résidu *m*
übersättigen *v*	supersaturate	sursaturer
Überschallgeschwindigkeit *f*	supersonic speed	vitesse *f* supersonique, vitesse *f* supra-acoustique
Überschlag *m* [Entladung]	flash-over, spark-over, arc-over	décharge *f* disruptive, décharge *f* de fuite *f*, flash *m*
Überschlag *m* [Schätzung]	rough estimation, rough calculation, coarse estimate	estimation *f* approximative, supputation *f*, devis *m* approximatif, calcul *m* approximatif
Überschlagsfestigkeit *f* [elektrisch]	flash-over resistance, flash-over strength	résistance *f* contre le claquage
Überschlagsprüfung *f*	flash-over test	essai *m* de claquage *m*
übersetzen [Fähre] *v*	pass over, carry over, cross, ferry across	conduire [à/de l'autre côté]
übersetzen [Getriebe] *v*	gear, transmit	engrener, transmettre
übersetzen [Sprache] *v*	translate	traduire
übersetzen [umwandeln] *v*	transform, translate	transformer, transférer
Übersetzungsverhältnis *n*	transformation ratio, transmission ratio	rapport *m* de transformation *f*, rapport *m* de transmission *f*, rapport *m* d'engrenage *m*
Übersicht *f*	overview, survey, synopsis, outline, schedule, list, register, table, chart, index, roll, catalogue, catalog (USA)	table *f*, tableau *m*, registre *m*, liste *f*, catalogue *m*, nomenclature *f*, relevé *m*
Übersichtstafel *f*	→ Übersicht *f*	
überspringen [auslassen] *v*	skip	sauter, espacer, rater, manquer
überspringen [Funken] *v*	jump over	jaillir, éclater
übersteuern *v*	overamplify, overmodulate, overdrive, overload	suramplifier, surmoduler, surcharger
übertragen [allgemein] *v*	transmit, transfer, transform	transmettre, transférer, transformer
übertragen [Fernsehen] *v*	televise	téléviser
übertragen [Funk] *v*	broadcast, transmit	radiodiffuser, transmettre
Übertragung *f*, *v*	transmission, transfer, transport, passage	transmission *f*, transfert *m*, transport *m*, passage *m*
Übertragungsbereich *m*	transmission range, passage zone, passband, transparency region	régime *m* de transmission *f*, bande *f* passante, zone *f* de passage *m*, région *f* de transparence *f*
Übertragungsfaktor *m*	transfer factor	facteur *m* de transfert *m*
Übertragungsfunktion *f*	transfer function	fonction *f* de transfert *m*
Übertragungssystem *n*	transmission system, transducer	système *m* de transmission *f*, transducteur *m*

Übertragungsverhalten *n*	transmission behaviour	comportement *m* de la transmission
Übertragungsweg *m*	channel	voie *f*, canal *m*
überwachen *v*	monitor, watch, control, observe, inspect	surveiller, contrôler, inspecter
Überwachungsbereich *m*	monitored area, control section	zone *f* de surveillance *f*, section *f* de contrôle *m*
Überwachungsgerät *n*	monitor, control unit, controller, inspection device, test equipment	moniteur *m*, dispositif *m* de contrôle *m*, équipement *m* d'inspection *f*, appareil *m* de test *m*
Überwachungsverfahren *n*	monitoring technique	technique *f* de surveillance *f*
überziehen [umhüllen] *v*	cover, coat, mask	couvrir, revêtir, envelopper, masquer
überzogen *adj*	coated, covered, clad, plated	revêtu, enveloppé, plaqué, doublé
Überzug *m*	coat, coating, covering, plating, film, layer, sheath, deposit, cladding, clothing	revêtement *m*, couverture *f*, couche *f*, film *m*, enduit *m*, dépôt *m*, gaine *f*, enveloppe *f*, placage *m*
Überzug *m*, rauher	rough coating	revêtement *m* rugueux
üblich *adj*	usual, conventional, normal, traditional	usuel, usité, conventionnel, traditionnel, normal
Uhr *f* [allgemein]	clock, chronometer	horloge *f*, chronomètre *m*
Uhr *f* [Armband-, Taschenuhr]	watch	montre *f*
Uhrzeigersinn *m*, im ~	clockwise, right-hand	en sens *m* des aiguilles *f/pl* de montre *f*
Ultraschall ...	→ Schall ...	
Ultraschall	ultrasound, ultrasonic ...	ultrason *m/pl*, à ultrasons *m/pl*, ... ultrasonore
Ultraschallabbildung *f*	ultrasonic imaging, ultrasonic visualization	imagerie *f* ultrasonore, visualisation *f* ultrasonore
Ultraschall-Abbildungsverfahren *n*	ultrasonic imaging technique	technique *f* d'imagerie *f* ultrasonore
Ultraschallanlage *f*	ultrasonic device, ultrasonic equipment, ultrasonic installation	dispositif *m* ultrasonore, équipement *m* ultrasonore, installation *f* ultrasonore, appareillage *m* ultrasonore
Ultraschallanzeige *f*	ultrasonic indication, ultrasound indication	indication *f* ultrasonore, indication *f* d'ultrasons *m/pl*
Ultraschall-Bildverfahren *n*	→ Ultraschall-Abbildungsverfahren *n*	
Ultraschallbündel *n*	ultrasonic beam	faisceau *m* ultrasonore
Ultraschalldämpfung *f*	ultrasonic attenuation	amortissement *m* des ultrasons *m/pl*

Ultraschalldiagnostik *f*	ultrasonic diagnostics *pl*	diagnostic *m* ultrasonore
Ultraschall-Echographie *f*	ultrasonic echography	échographie *f* ultrasonore
Ultraschalleinrichtung *f*	→ Ultraschallanlage *f*	
Ultraschallgenerator *m*	ultrasonic generator	générateur *m* d'ultrasons *m/pl*
Ultraschallgerät *n*	ultrasonic apparatus	appareil *m* ultrasonore
Ultraschallgeschwindigkeit *f*	ultrasonic velocity	célérité *f* d'ultrason *m*, vitesse *f* d'ultrason *m* célérité *f* ultrasonore
Ultraschall-Geschwindigkeitsmessung *f*	ultrasonic velocity measurement	mesure *f* de célérité *f* d'ultrason *m*
Ultraschall-Goniometrie *f*	ultrasonic goniometry	goniométrie *f* ultrasonore
Ultraschall-Holographie *f*	ultrasonic holography	holographie *f* ultrasonore
Ultraschallimpulsspektrometrie *f*	ultrasonic pulse spectrometry	spectrométrie *f* d'impulsions *f/pl* ultrasonores
Ultraschall-Impulsstrahler *m*	ultrasonic pulse emitter	émetteur *m* d'impulsions *f/pl* ultrasonores
Ultraschallinse *f*	ultrasonic lens	lentille *f* ultrasonore
Ultraschallmethode *f*	ultrasonic method, ultrasonic technique	méthode *f* ultrasonore, technique *f* ultrasonore
Ultraschall-Prüfgerät *n*	ultrasonic flaw detector	détecteur *m* à ultrasons *m/pl*
Ultraschall-Prüfkopf *m*	ultrasonic probe	palpeur *m* à ultrasons *m/pl*
Ultraschallprüfen *n*	ultrasonic testing, ultrasonic probing	contrôle *m* ultrasonore, sondage *m* ultrasonore
Ultraschallprüfung *f*	ultrasonic test, ultrasonic examination, ultrasonic inspection	contrôle *m* ultrasonore, essai *m* ultrasonore, examination *f* ultrasonore, inspection *f* ultrasonore, contrôle *m* par ultrasons *m/pl*
Ultraschallquelle *f*	ultrasonic source	source *f* ultrasonore, source *f* d'ultrasons *m/pl*
Ultraschallresonanzverfahren *n*	ultrasonic resonance technique	procédé *m* ultrasonore par résonance *f*
Ultraschallschwächung *f*	ultrasonic attenuation	amortissement *m* ultrasonore
Ultraschallschweißen *n*	ultrasonic welding	soudage *m* à ultrasons *m/pl*, soudage *m* par ultrasons *m/pl*
Ultraschall-Sichtgerät *n*	ultrasonic imaging arrangement, ultrasonic imaging device, ultrasonic imaging display	dispositif *m* de visualisation *f* d'ultrasons *m/pl*
Ultraschallspektrometrie *f*	ultrasonic spectrometry	spectrométrie *f* ultrasonore
Ultraschallstreuung *f*	ultrasonic scattering	dispersion *f* ultrasonore
Ultraschall-Strahlungskegel *m*	cone of ultrasonic sound	cône *m* du rayonnement ultrasonore
Ultraschalltechnik *f*	ultrasonic technique, ultrasonic method	technique *f* ultrasonore, méthode *f* ultrasonore

Ultraschall-Tomographie *f*	ultrasonic tomography	tomographie *f* à ultrasons *m/pl*
Ultraschall-Untersuchung *f*	ultrasonic examination	examen *m* par ultrasons *m/pl*
Ultraschallverfahren *n*	ultrasonic method, ultrasonic technique	méthode *f* ultrasonore, technique *f* ultrasonore
ultraviolett *adj*	ultraviolet	ultraviolet
Ultraviolettstrahlung *f*	ultraviolet radiation	rayonnement *m* ultraviolet
Umdrehung *f*	revolution	révolution *f*
Umfang *m* [Bereich]	extent, range	étendue *f*, portée *f*, rangée *f*
Umfang *m* [Peripherie]	circumference, periphery	circonférence *f*, périphérie *f*
Umfangsgeschwindigkeit *f*	peripheral speed, peripheral velocity	vitesse *f* périphérique
Umfangsmagnetisierung *f*	circumferential magnetization	magnétisation *f* circonférentielle
Umfangsriß *m*	circumferential crack	fissure *f* circonférentielle
umformen *v*	to transform, translate, convert, change, modify	transformer, convertir, transférer, changer, modifier
Umformung *f*	transformation, translation, transmission, conversion, change	transformation *f*, translation *f*, transmission *f*, changement *m*, conversion *f*
Umformverhalten *n*	transformation behaviour	comportement *m* à la déformation
umgeben *adj*	ambient, environmental	ambiant, ... de l'ambiance *f*
Umgebung *f*	vicinity, neighbourhood, ambient medium, surroundings *pl*, environmental region	voisinage *m*, entourage *m*, environs *m/pl*, ambiance *f*, milieu *m*
Umgebung *f*, gasförmige	gaseous environment	entourage *m* gazeux
Umgebungs ...	ambient, environmental	ambiant, ... de l'ambiance *f*
Umgebungseinfluß *m*	environmental influence, ambient influence, influence of the surroundings *pl*	influence *f* du milieu ambiant, influence *f* de l'ambiance *f*, influence *f* ambiante
Umgebungsgeräusch *n*	ambient noise, environmental noise, room noise	bruit *m* ambiant, bruit *m* de salle *f*
Umgebungslicht *n*	ambient light	lumière *f* ambiante
Umgebungstemperatur *f*	environmental temperature, ambient temperature, room temperature	température *f* ambiante, température *f* de salle *f*
Umgebungsüberwachung *f*	environmental monitoring	surveillance *f* du milieu ambiant
umgekehrt *adj*	inverse	inverse, réciproque

umgekehrt proportional	inversely proportional	inversement proportionnel
Umgestaltung *f*	modification	modification *f*
umhüllen *v*	over, coat, envelop, encapsulate, encase, seal, mask, sheathe	envelopper, revêtir, capsuler, encapsuler, sceller, blinder, masquer, couvrir
umhüllt *adj*	coated, covered, plated, encased, encapsulated, clad	enveloppé, revêtu, plaqué, doublé, scellé
Umhüllung *f*	cover, covering, coat, coating, film, clothing, layer, sheath, deposit, shell, jacket, blanket, shield, shielding, cladding, plating	couche *f*, couverture *f*, couverte *f*, gaine *f*, film *m*, dépôt *m*, enveloppe *f*, frette *f*, écorce *f*, revêtement *m*, enceinte *f*, enrobement *m*, placage *m*, enduit *m*
umkehrbar *adj*	reversible	réversible
umkehren *v*	invert	invertir, inverser
Umkehrung *f*	inversion, reversal	inversion *f*, changement *m*
umklappen *v*	flip over	changer
Umklappen *n*	flip-over	fustigation *f*
Umkleidung *f*	cover, covering, coat, coating, clothing, sheath, sheathing, shell, jacket, shield, shielding	revêtement *m*, couche *f*, gaine *f*, couverture *f*, enrobement *m*
umkodieren *v*	transcode	transcoder
Umkreis *m* [Umgebung]	circumference, surroundings *pl*	circonférence *f*, entourage *m*, environs *m/pl*
umkreisen *v*	circulate, rotate, revolve, turn	circuler, tourner
Umladung *f* [elektrisch]	charge transfer, charge exchange	transfert *m* de charge *f*, échange *m* de charge *f*
Umladung *f* [mechanisch]	reloading	transbordement *m*
Umlauf *m* [Umdrehung]	rotation, revolution	rotation *f*, révolution *f*, tour *m*
Umlauf *m* [Zirkulation]	circulation	circulation *f*
Umlaufbahn *f*	orbit, trajectory, path	orbite *f*, trajectoire *f*
Umlaufdauer *f*	circulation period	durée *f* de circulation *f*
umlaufend *adj*	rotating, rotary, encircling	rotatif, rotatoire, tournant, à rotation *f*
umlaufen *v*	circulate, rotate, revolve, turn	circuler, tourner
Umlaufgeschwindigkeit *f*	speed of circulation	vitesse *f* de circulation *f*
Umlaufrichtung *f*	direction of rotation, sense of rotation	direction *f* de rotation *f*, sens *m* de rotation *f*
Umlaufzahl *f*	number of revolutions *pl*	nombre *m* de révolutions *f/pl*, nombre *m* de tours *m/pl*
Umlaufzeit *f*	rotation time, revolution period, period	temps *m* de rotation *f*, période *f* de révolution *f*, période *f*

Umlenkplatte *f*	deflecting plate, baffle plate	plaque *f* déflectrice, déflecteur *m*, chicane *f*
Umlenkspiegel *m*	deflecting mirror	miroir *m* déflecteur
Umlenkung *f*	deflection, turning, turn	renversement *m*, déflexion *f*, tour *m*
ummagnetisieren *v*	change the polarity, reverse the magnetism	changer la polarité, inverser l'aimantation *f*
ummanteln *v*	coat, cover, sheathe, envelop, encase	couvrir, revêtir, envelopper, capsuler
umpolen *v*	change the polarity	inverser la polarité
Umpolung *f*	pole-changing	inversion *f* de polarité *f*
Umrechnung *f*	conversion, translation	conversion *f*, traduction *f*
Umrechnungsfaktor *m*	conversion factor	facteur *m* de conversion *f*
umreißen [beschreiben] *v*	outline, describe, envolve	décrire, dépeindre, définir
Umriß *m*	outline, contour, profile	contour *m*, profil *m*
Umrißlinie *f*	→ Umriß *m*	
umschalten *v*	switch, switch over, change over, commutate	commuter
Umschalter *m*	change-over switch	commutateur *m*, inverseur *m*
Umschaltung *f*	switching, commutation	commutation *f*
umsetzen [räumlich] *v*	displace, change the place, relocate	déplacer, changer la place, réarranger, regrouper
umsetzen [umwandeln] *v*	convert, translate, transpose	convertir, traduire, transposer
umsetzen [Ware] *v*	sell	vendre
Umsetzung *f* [Umwandlung]	conversion, translation	conversion *f*, transposition *f*
Umsetzung *f* [Verlagerung]	displacement, rearrangement	déplacement *m*, réarrangement *m*, regroupement *m*
umspulen [Magnetband] *v*	rewind	rebobiner
umstellen [ändern] *v*	change, vary, modify	changer, varier, modifier
umstellen [umordnen] *v*	rearrange	réarranger, regrouper
umstellen [verlagern] *v*	displace, relocate	déplacer, changer la place
umstellen [vertauschen] *v*	permutate	permuter
Umstellung *f* [Änderung]	change, variation, modification	changement *m*, variation *f*, modification *f*
Umstellung *f* [Umordnung]	rearrangement	réarrangement *m*, regroupement *m*
Umstellung *f* [Verlagerung]	displacement, relocation	déplacement *m*, changement *m* de place *f*
Umstellung *f* [Vertauschung]	permutation	permutation
umwandeln *v*	transform, translate, convert, change, modify, transpose	transformer, transférer, convertir, changer, modifier, traduire, transposer
Umwandler *m* [Konverter]	converter	convertisseur *m*
Umwandler *m* [Wandler]	transducer	transducteur *m*, palpeur *m*

Umwandlung *f*	transformation, conversion, converting, translation, change, transmission	transformation *f*, transmutation *f*, conversion *f*, changement *m*, translation *f*, transmission *f*, transposition *f*
Umwandlung *f*, martensitische	martensitic transformation	transformation *f* martensitique
Umwandlungsrate *f* [Zerfallsrate]	disintegration rate	vitesse *f* de désintégration *f*
Umwandlungszeit *f*	conversion time, transformation period	temps *m* de conversion *f*, période *f* de transformation *f*
Umwelt *f*	environment	environnement *m*
Umwelteinfluß *m*	environmental influence	influence *f* de l'environnement *m*
Umweltschutz *m*	environment protection, environmental protection	protection *f* de l'environnement *m*
Umweltschutzvorschrift *f*	environmental protection regulations *pl*, regulations *pl* on environmental protection	prescription *f* écologique, prescription *f* de protection *f* des environnements *m/pl*
Umwelt-Strahlendosis *f*	environmental dose	dose *f* des environs *m/pl*
unabhängig *adj*	independent	indépendant
Unabhängigkeit *f*	independence	indépendance *f*
unbeabsichtigt *adj*	accidental	accidentel
unbearbeitet *adj*	unmachined, non-machined, unfinished, untooled, undressed, non-worked, raw	brut, cru, non usiné, non travaillé
unbefriedigend *adj*	insufficient	insuffisant
unbegrenzt *adj*	unlimited, infinite	illimité, infini
unbelastet *adj*	unloaded	non chargé
unbeschädigt *adj*	undamaged	intact
unbeständig *adj*	unstable	instable
Unbeständigkeit *f*	instability, imbalance	instabilité *f*
unbestimmt *adj*	indeterminate	indéterminé
Unbestimmtheit *f*	uncertainty, indeterminancy	incertitude *f*, indétermination *f*
unbeweglich *adj*	immobile, immovable, stationary, stable, fixed, fast, constant	immobile, fixe, fixé, indétachable, stable, constant, stationnaire
unbewertet *adj*	unweighted	non pondéré
unbiegsam *adj*	inflexible, rigid	inflexible, rigide
unbrauchbar *adj*	useless	inutile, inutilisable
unbrennbar *adj*	fireproof, fire-resistant, non-combustible, incombustible	incombustible, réfractaire, résistant à la flamme
undefiniert *adj*	indefinite	indéfini
undicht *adj*	leaky, untight, permeable, penetrable	non étanche, perméable, pénétrable

Undichtigkeit *f*	leak, leakage	fuite *f*
undurchlässig [dicht] *adj*	impermeable, leakproof, tight, close	imperméable, étanche, à fermeture *f* hermétique
undurchlässig [Strahlen] *adj*	opaque	opaque
Undurchlässigkeit *f* [Dichtigkeit]	impermeability	imperméabilité *f*
Undurchlässigkeit *f* [Strahlen]	opacity	opacité *f*
uneben *adj*	uneven, rough	inégal, raboteux, rugueux
Unebenheit *f*	uneveness, roughness	inégalité *f*, rugosité *f*
unempfindlich *adj*	insensitive	insensible
Unempfindlichkeit *f*	insensitivity	insensibilité *f*
unendlich *adj*	infinite, unlimited	infini, illimité
Unfähigkeit *f*	inability	incapacité *f*
Unfallverhütung *f*	accident prevention	prévention *f* d'accidents *m/pl*, prévoyance *f* contre les accidents *m/pl*
Ungänze *f*	discontinuity	discontinuité *f*
Ungänzenerkennbarkeit *f*	detectability of discontinuities *pl*, perceptibility of discontinuities *pl*	détectabilité *f* de discontinuités *f/pl*, perceptibilité *f* de discontinuités *f/pl*
ungebündelt *adj*	uncollimated	non collimé
ungedämpft *adj*	undamped, unattenuated, sustained	non amorti, entretenu
ungeeignet *adj*	unsuited	impropre
ungefähr *adj*	approximate	approximatif
ungefährlich *adj*	non-dangerous, safe, sure, reliable, secure, harmless, non-injurious	sûr, reliable, innocent
Ungefährlichkeit *f*	safety, securety	sûreté *f*, sécurité *f*, innocuité *f*
ungenau *adj*	inexact	inexact
Ungenauigkeit *f*	inexactitude, inaccuracy	inexactitude *f*, imprécision *f*
ungenügend *adj*	insufficient, deficient	insuffisant
ungerade [nichtlinear]	non-linear	non linéaire
ungerade [Zahl] *adj*	odd	impair
ungewöhnlich *adj*	abnormal, anomalous, irregular	anormal, anomal, irrégulier
ungewollt *adj*	accidental	accidentel
ungleich *adj*	unequal, different	inégal, différent
ungleichförmig *adj*	non-uniform, even, irregular, inhomogeneous, heterogeneous	inégal, irrégulier, inhomogène, hétérogène
Ungleichförmigkeit *f*	non-uniformity, inhomogeneity, uneveness, irregularity	non-uniformité *f*, irrégularité *f*, inhomogénité *f*
ungleichmäßig *adj*	→ ungleichförmig	
Ungleichmäßigkeit *f*	→ Ungleichförmigkeit *f*	

unhörbar *adj*	inaudible	inaudible
unisoliert *adj*	unisolated, bare, naked	non isolé, nu
unitär *adj*	unitary	unitaire
Universalmanipulator *m*	universal manipulator, general-purpose manipulator	manipulateur *m* universel
Universalwinkelprüfkopf *m*	universal angle probe	palpeur *m* d'angle *m* universel
unlegiert *adj*	unalloyed	non allié
unlösbar [chemisch] *adj*	indissoluble	indissoluble
unlösbar [mechanisch] *adj*	undetachable	indétachable
unlösbar [Problem] *adj*	insoluble	insoluble
unmagnetisch *adj*	non-magnetic	non magnétique
unmittelbar *adj*	immediate, momentary, instantaneous, direct	immédiat, momentané, instantané, direct
Unordnung *f*	imperfection, disarrangement	imperfection *f*, désarrangement *m*
unpolarisiert *adj*	non-polarized, unpolarized	non polarisé
unregelmäßig *adj*	irregular, anomalous, abnormal	irrégulier, anormal, anomal
Unregelmäßigkeit *f*	irregularity, anomaly, abnormity	irrégularité *f*, anomalie *f*
unrein *adj*	impure, dirty	impur, malpropre, sale
unsauber *adj*	→ unrein	
unschädlich *adj*	non-injurious, harmless	innocent, reliable, sûr
Unschädlichkeit *f*	safety	innocuité *f*
unscharf *adj*	indeterminate, smeared-out	indéterminé, délavé
Unschärfe *f adj*	blur, unsharpness, turbidity, uncertainty, indeterminacy	flou *m*, manque *m* de netteté *f*, incertitude *f*, indétermination *f*
Unschärfe *f*, geometrische	geometrical unsharpness, lack of focus	flou *m* géométrique
Unschärfe *f*, innere	internal unsharpness, inherent unsharpness	flou *m* interne; flou *m* inhérent
unsicher *adj*	uncertain	incertain
Unsicherheit *f*	uncertainty, indeterminacy	incertitude *f*, indétermination *f*
Unsicherheit *f*, statistische	statistical uncertainty	incertitude *f* statistique
unstabil *adj*	instable, unstable, astable	instable
Unstabilität *f*	instability	instabilité *f*
unstationär *adj*	non-stationary	non stationnaire
unstetig *adj*	discontinuous	discontinu
Unstetigkeit *f*	discontinuity	discontinuité *f*
Unsymmetrie *f*	asymmetry, dissymmetry, disproportion	asymétrie *f*, dissymétrie *f*, disproportion *f*
unsymmetrisch *adj*	asymmetric(al), dissymmetric(al)	asymétrique, dissymétrique
Unterbau *m*	base, basement, foundation, pedestal, bed, substructure, bottom	base *f*, fondation *f*, fondement *m*, pied *m*, piédestal *m*, socle *m*, châssis *m*

Unterbelichtung *f*	under-exposure	sous-exposition *f*
unterbrechen [abbrechen] *v*	interrupt	interrompre
unterbrechen [aufheben] *v*	disconnect, interrupt	couper, supprimer, interrompre
unterbrechen [ausschalten] *v*	cut out, cut off, disconnect, interrupt, break, switch off	mettre hors circuit *m*, interrompre, déconnecter, couper
Unterbrecher *m*	cut-out, disconnector, contact breaker, interrupter, chopper	interrupteur *m*, disjoncteur *m*, coupe-circuit *m*, rupteur *m*, vibreur *m*
Unterbrechung *f*	interruption, breakdown, stop, disconnection, cutting-off, cutting-out, abruption	interruption *f*, arrêt *m*, coupure *f*, déconnexion *f*, mise *f* hors circuit *m*
unterbringen *v*	house, store, incorporate, install	loger, placer, stocker, installer
Unterdrücken *n*	cutting-off, suppression, rejection, blocking	suppression *f*, réjection *f*, blocage *m*, verrouillage *m*
Unterdruckmesser *m*	vacuummeter, vacuum gauge	vacuomètre *m*, jauge *m* de vide *m*
Untergestell *n*	chassis, frame, desk, deck	châssis *m*, platine *f*, bâti *m*
Untergrund *m* [Fundament]	base, basement, foundation, pedestal, bed, substructure, bottom, chassis	base *f*, fondation *f*, fondement *m*, pied *m*, piédestal *m*, socle *m*, châssis *m*
Untergrund *m* [Hintergrund]	background	fond *m*, mouvement *m* propre
Untergrund . . .	→ Hintergrund . . .	
Untergrundbestimmung *f*	background determination	détermination *f* du fond
Untergrundgeräusch *n*	background noise, random noise, internal noise	bruit *m* de fond *m*, bruit *m* propre, bruit *m* erratique
Untergrundrauschen *n*	→ Untergrundgeräusch *n*	
Untergrundstrahlung *f*	background radiation, natural background radiation	radiation *f* ambiante, rayonnement *m* du mouvement propre naturel
Untergrundüberwachung *f*	background monitoring	contrôle *m* du fond
Unterhaltung *f* [Instandhaltung]	maintenance	maintenance *f*, entretien *m*
unterirdisch *adj*	underground, subterranean, subsurface	souterrain
unterkritisch *adj*	subcritical	sous-critique
Unterlage *f* [Basis]	base, support, backing, substratum, pedestal, bolster	base *f*, appui *m*, piédestal *m*, pied *m*, support *m*
Unterlage *f* [Belag]	mat	plancher *m*, tapis *m*
Unterlage *f* [Beleg]	document, voucher	document *m*

Unterlage *f* [Unterbau]	base, basement, foundation, pedestal, bed, substructure, bottom, chassis	base *f*, fondation *f*, fondement *m*, pied *m*, piédestal *m*, socle *m*, châssis *m*
Unterlegscheibe *f*	washer, collar	rondelle *f*
Unterplattierungsriß *m* [UPR]	crack under cladding, subcladding crack	fissure *f* sous placage *m*
Unterpulverschweißen *n* [UP-Schweißen]	submerged arc welding	soudage *m* sous flux *m*
unterrichten *v*	instruct	instruire
Untersatz *m*	console, base, bottom, pedestal, rest, support, post, pillar, stand, tripod, stay	console *f*, socle *m*, base *f*, pied *m*, piédestal *m*, appui *m*, statif *m*, trépied *m*
Unterscheidungsvermögen *n*	resolving power	pouvoir *m* de résolution *f*
Unterschied *m*	difference	différence *f*
Unterschiedlichkeit *f*	→ Unterschied *m*	
untersetzen *v*	demultiply, gear down, reduce	démultiplier, réduire
Untersetzer *m*	demultiplier, scaler, reducer, reductor	démultiplicateur *m*, réducteur *m*
unterstellen [unterbringen] *v*	house, store, incorporate, install	loger, placer, stocker, installer
Unterstellen *n* [Unterbringung]	housing, store	logement *m*, stockage *m*
unterstützen *v*	support, strut	supporter, appuyer, soutenir
untersuchen *v*	examine, test, check, prove, study	examiner, vérifier, prouver, essayer, contrôler, étudier
Untersuchung *f*	study, examination, investigation	étude *f*, examen *m*, essai *m*
Untersuchung *f*, spektroskopische	spectroscopic analysis	étude *f* spectroscopique
Untersuchung *f*, theoretische	theoretical study	étude *f* théorique
Untersuchung *f*, thermomagnetische	thermomagnetic study	étude *f* thermomagnétique
Untersuchung *f*, vergleichende	comparative study	étude *f* comparative
Untersuchung *f*, zerstörungsfreie	non-destructive examination [NDE]	essai *m* non destructif
Untersuchungsbericht *m*	test report, examination report	rapport *m* d'essai *m*, procès-verbal *m* d'essai *m*, rapport *m* d'épreuve *f*
Untertage . . .	unterground . . .	. . . au fond
Unterwasserkabel *n*	submarine cable	câble *m* sous-marin
Unterwasser-Manipulator *m*	underwater manipulator	manipulateur *m* sous-marin, manipulateur *m* sous eau *f*

Unterwasserprüfung *f*	underwater test	essai *m* sous-marin, contrôle *m* sous eau *f*
Unterwasser-Radiographie *f*	underwater radiography	radiographie *f* sous-marine
Unterwasserschallsender *m*	submarine sound transmitter, sonar transmitter, immerged transmitter	émetteur *m* immergé dans l'eau *f*
Unterwasserschweißen *n*	underwater welding	soudage *m* sous l'eau *f*
unterweisen *v*	instruct	instruire
Unterweisung *f*	instruction, training, education, teaching, apprenticeship	instruction *f*, apprentissage *m*, éducation *f*
ununterbrochen *adj*	uninterrupted, permanent, continuous, constant	ininterrompu, permanent, continu, constant
unveränderlich *adj*	invariable, steady, continuous, constant	invariable, continu, constant
Unveränderliche *f*	constant	constante *f*
Unveränderlichkeit *f*	invariability, constancy, permanency	invariabilité *f*, constance *f*, permanence *f*
unverbrennbar *adj*	incombustible, noncombustible, fireproof	incombustible, réfractaire, résistant à la flamme
Unvermögen *n*	inability	incapacité *f*
Unversehrtheit *f*	integrity	intégrité *f*
unverseucht *adj*	uncontaminated	non contaminé
unverzerrt *adj*	undistorted, distortion-free	sans distorsion *f*
unverzögert *adj*	non-delayed, instantaneous	instantané
unvollkommen *adj*	imperfect, incomplete, unfinished	imparfait, incomplet, inachevé
unvollständig *adj*	→ unvollkommen *adj*	
unwirksam *adj*	inefficient, ineffective	inefficace
unzerbrechlich *adj*	unbreakable, non splintering, non shattering	sans éclats *m/pl*, incassable
unzugänglich *adj*	inacessible	inaccessible
unzulänglich *adj*	insufficient, deficient	insuffisant
unzureichend *adj*	→ unzulänglich	
Uran *n* [U]	uranium	uranium *m*
Uran *n*, abgereichertes	depleted uranium	uranium *m* appauvri
Uran *n*, angereichertes	enriched uranium	uranium *m* enrichi
Ursache *f*	cause, reason	cause *f*, raison *f*, motif *m*
Ursprung *m*	origin, origination	origine *f*

V

vagabundieren *v*	stray	vagabonder, disperser
Vakuum *n*	vacuum	vide *m*
Vakuumanlage *f*	vacuum installation, vacuum system	sytème *m* à vide *m*
vakuumdicht *adj*	vacuum-tight, vacuum-sealed	étanche au vide

Vakuumdichtung *f*	vacuum seal	dispositif *m* d'étanchéité *f* au vide
Vakuumfaktor *m*	vacuum factor	facteur *m* du vide
Vakuumkammer *f*	vacuum chamber	chambre *f* à vide *m*
Vakuummesser *m*	vacuum gauge, vacuometer	jauge *m* de vide *m*, vacuomètre *m*
Vakuumpumpe *f*	vacuum pump	pompe *f* à vide *m*
Vakuumschmelze *f*	vacuum fusion	fusion *f* dans le vide
Vakuumsystem *n*	vacuum system	système *m* à vide *m*
Vakuumtechnik *f*	vacuum technique	technique *f* du vide
Vakuumverschluß *m*	vacuum lock	vanne *f* à vide *m*
Valenz *f*	valence, atomicity	valence *f*
Vanadium *n* [V]	vanadium	vanadium *m*
Vanadiumstahl *m*	vanadium steel	acier *m* au vanadium
variabel *adj*	variable	variable
Variabilität *f*	variability	variabilité *f*
Variable *f*	variable	variable *f*
Variation *f*	variation	variation *f*
Variationsmethode *f*	variation method, variational method	méthode *f* des variations *f/pl*
variieren *v*	vary	varier
Vektor *m*, räumlicher	space vector	vecteur *m* spatial
Vektordiagramm *n*	vector diagram	diagramme *m* vectoriel
Vektorfeld *n*	vector field, vectorial field	champ *m* vectoriel
Vektorgröße *f*	vector quantity, vectorial quantity	quantité *f* de vecteur *m*, quantité *f* vectorielle
Vektorpotential *n*	vector potential	vecteur-potentiel *m*
Ventil *n*	valve	soupape *f*
Ventilation *f*	ventilation	ventilation *f*
Ventilator *m*	ventilator, air blower, fan	ventilateur *m*, aérateur *m*
verallgemeinern *n*	generalize	généraliser
Verallgemeinerung *f*	generalization	généralisation *f*
veränderlich *adj*	variable	variable
Veränderliche *f*	variable	variable *f*
Veränderlichkeit *f*	variability	variabilité *f*
verändern *v*	vary, change, modify, alter, fluctuate	varier, changer, modifier, fluctuer
Veränderung *f*	variation, change, modification, alteration, fluctuation, swing	variation *f*, changement *m*, modification *f*, altération *f*, déviation *f*, fluctuation *f*
Verankerung *f*	anchor, guy, stay, truss wire, bolting	hauban *m*, haubanage *m*, ancrage *m*, boulonnage *m*
Verarbeitbarkeit *f*	processing	mise *f* en œuvre *f*
verarbeiten *v*	process, machine, handle, manufacture	traiter, usiner, manifacturer
verarmen *v*	deplete, exhaust	appauvrir, épuiser
Verarmung *f*	depletion, deterioration, impoverishment, usage	appauvrissement *m*, épuisement *m*, usure *f*

verästeln *v*	branch	brancher, ramifier
Verband *m* [Bindung]	binding, bond, link, linkage, bracing, joint	liaison *f*, assemblage *m*
Verband *m* [Formation]	formation, unit	formation *f*
Verband *m* [Institution]	union	union *f*
Verband *m* [Medizin]	bandage, dressing	pansement *m*
verbessern *v*	improve, correct	améliorer, perfectionner, corriger
Verbesserung *f* [Qualität]	enhancement, improvement, amelioration, perfection	amélioration *f*, pefectionnement *m*
Verbesserung *f* [Richtigstellung]	amendment, correction	correction *f*, corrigé *m*
verbiegen *v*	bend, deform, distort	contourner, distordre, déformer
Verbiegung *f*	torsion, distorsion, bending	contournement *m*, pliage *m*, torsion *f*
verbinden [chemisch] *v*	combine	combiner
verbinden [koppeln] *v*	couple, link	accoupler
verbinden [mechanisch] *v*	connect, join, contact, annex, link up with, plug in	raccorder, joindre, lier, attacher, contacter, accoupler, brancher, réunir, assembler
verbinden [zusammenschalten] *v*	connect, mount, wire	monter, connecter, relier, brancher, raccorder
Verbindung *f* [Ankopplung]	coupling, connection (USA), connexion	couplage *m*, accouplage *m*, connexion *f*
Verbindung *f* [Chemie]	compound, combination, alloy	composé *m*, combinaison *f*, combiné *m*, alliage *m*
Verbindung *f* [Kontakt]	contact, touch	contact *m*, attouchement *m*
Verbindung *m* [Übergang]	junction	jonction *f*
Verbindung *f* [Zusammenhang]	communication	communication
Verbindung *f* [Zusammenschluß]	connection (USA), connexion, interconnection, link, linkage, joining, joint	connexion *f*, raccord *m*, raccordement *m*, jonction *f*, liaison *f*, union *f*, interconnexion *f*, communication *f*, assemblage *m*, branchement *m*
Verbindung *f*, chemische	chemical compound, chemical combination	composé *m* chimique, combinaison *f* chimique
Verbindung *f*, geschweißte	welded joint, weld	joint *m* soudé, assemblage *m* soudé
Verbindung *f*, organische	organic compound	composé *m* organique
Verbindung *f*, punktgeschweißte	spot-welded joint, spot joint	joint *m* soudé par points *m/pl*, soudure *f* par points *m/pl*
Verbindungsflüssigkeit *f*	couplant liquid	liquide *m* de couplage *m*
Verbindungsstück *n*	joining piece	pièce *f* de jonction *f*, raccord *m*, rallonge *f*, appendice *m*

verblassen *v*	fade, bleach	décolorer, blanchir
Verblassen *n*	fading, damping	amortissement *m*, affaiblissement *m*
Verbleiben *n*	retention	rétention *f*
verbleibend *adj*	residual	résiduel
verbleit *adj*	lead-lined, leaden, of lead	en plomb *m*, de plomb *m*, plombé
verblocken *v*	block, lock, interlock, stop	bloquer, arrêter, stopper, verrouiller, encliqueter
Verbolzung *f*	bolted joint, bolting	boulonnage *m*, vissage *m*
Verbrauch *m*, niedriger	low consumption	consommation *f* faible
verbrauchen *v*	use up, deplete, exhaust, wear	consommer, s'user, épuiser, appauvrir, dépenser
Verbraucher *m*	user, customer, consumer, subscriber	usager *m*, utilisateur *m*, abonné *m*, client *m*, consommateur *m*
Verbrauchsmesser *m*	flowmeter	débitmètre *m*
verbreitern *v*	broaden, enlarge, widen, ream	élargir
Verbreiterung *f*	broadening, bulge-out, enlarging	élargissement *m*
verbrennen *v*	burn	brûler
Verbrennung *f*	burn, burning, combustion	brûlure *f*, combustion *f*
Verbrennungsmotor *m*	combustion engine	moteur *m* à combustion *f*
Verbundwerkstoff *m*	composite material	matériau *m* stratifié
Verbundwicklung *f*	compund winding	enroulement *m* compound
verchromen *v*	chromium-plate	chromer
verdampfen *v*	vaporize, evaporate, distil	vaporiser, évaporer, distiller
verdecken *v*	mask	masquer, cacher, couvrir
Verdeckungseffekt *m*	masking effect	effet *m* de masque *m*
Verdichtbarkeit *f*	compressibility	compressibilité *f*
verdichten [Dampf] *v*	condense	condenser
verdichten [komprimieren] *v*	compress	comprimer
Verdichter *m* [Dampf]	condenser	condenseur *m*
Verdichter *m* [Kompressor]	compressor	compresseur *m*
Verdichtung *f* [Dampf]	condensation	condensation *f*
Verdichtung *f* [Kompression]	compression	compression *f*
Verdichtungswelle *f*	compression wave, bulk wave	onde *f* de compression *f*, onde *f* compressive
verdicken *v*	thicken, inspissate	épaissir, condenser
Verdickung *f*, klumpenförmige	lump	épaississement *m* grumeleux
verdoppeln *v*	double	doubler
Verdopplung *f*	doubling	doublage *m*, doublement *m*, redoublement
verdrahten *v*	wire	câbler
verdrängen *v*	displace, change the place, expel, relocate	déplacer, changer la place, réarranger, regrouper
verdrehen *v*	distort, twist, wrench	contourner, tordre, torsader

Verdrehung *f*	torsion, distortion, bending, twist, twisting	torsion *f*, distorsion *f*, contournement *m*, pliage *m*
Verdrehungsversuch *m*	torsion test	essai *m* de torsion *f*
Verdünnen *n* [Gas]	rarefaction	raréfaction *f*
Verdünnen *n* [Lösung]	dilution	dilution *f*
Verdünnen *n* [Verengen]	diminishing, reduction, thinning down	amincissement *m*, réduction *f*, rétrécissement *m*
Verdünnung *f*	→ Verdünnen *n*	
verdunsten *v*	volatilize	se volatiliser
Verdunsten *n*	volatilization	volatilisation *f*
Verdunstung *f*	→ Verdunsten *n*	
veredeln [allgemein] *v*	improve, valorize, upgrade, elevate	améliorer, valoriser, élever
veredeln [chemisch] *v*	purify, refine	purifier, apprêter
veredeln [Erz] *v*	enrich	enrichir
veredeln [Leichtmetall] *v*	age	vieillir
Veredelung *f* [Werterhöhung]	valorization, benefication	valorisation *f*
Veredelungsverfahren *n*	upgrading process	procédé *m* de valorisation *f*
vereinbar *adj*	compatible	compatible
vereinfachen *v*	simplify	simplifier
Vereinfachung *f*	simplification	simplification *f*
vereinheitlichen *v*	unify, standardize, normalize	unifier, standardiser, normaliser
vereinigen *v*	connect, join, unite, bond	joindre, lier, accoupler, unir, réunir, assembler
Vereinigung *f* [Ankopplung]	coupling	couplage *m*, accouplage *m*
Vereinigung *f* [Verband]	union, association	union *f*, association *f*
Vereinigung *f* [Verschmelzung]	fusion	fusion *f*
Vereinigung *f* [Zusammenwachsen]	coalescence	coalescence *f*
vereinzelt *adj*	individual, single, scattered	seul, unique, individuel, dispersé
Verengung *f*	narrowing, reduction, diminishing, thinning down	rétrécissement *m*, réduction *f*, amincissement *m*, resserrement *m*
Verfahren *n*	method, technique, techniques *pl*, process, procedure, processus, mode, operation, manner	méthode *f*, technique *f*, procédé *m*, procédure *f*, processus *m*, mode *m*, opération *f*
Verfahren *n*, automatisches	automatic method	procédé *m* automatique
Verfahren *n*, computergestütztes	computer-aided method	méthode *f* assistée par computer *m*
Verfahren *n*, elektromagnetisches	electromagnetic method	méthode *f* électromagnétique
Verfahren *n*, empirisches	empirical method	méthode *f* empirique
Verfahren *n*, graphisches	graphic method	méthode *f* graphique, procédé *m* graphique

Verfahren *n*, herkömmliches	conventional technique	technique *f* conventionnelle
Verfahren *n*, induktives	inductive technique	technique *f* inductive
Verfahren *n*, magnetisches	magnetic method, magnetic technique	méthode *f* magnétique
Verfahren *n*, magnetoelastisches	magneto-elastic method	méthode *f* magnétoélastique
Verfahren *n*, optisches	optical method	méthode *f* optique
Verfahren *n*, radiometrisches	radiometric method	méthode *f* radiométrique
Verfahren *n*, thermisches	thermal method	méthode *f* thermique
Verfahren *n*, thermoelektrisches	thermoelectric method	méthode *f* thermoélectrique
Verfahrensart *f*	technique, procedure, processus, methodology	technique *f*, procédure *f*, processus *m*, méthodologie *f*
Verfahrenstechnik *f*	process techniques *pl*	technique *f* d'utilisation *f*
Verfahrenswahl *f*	choice of method	choix *m* de méthode *f*
Verfahrensweise *f*	→ Verfahrensart *f*	
Verfall *m*	failure	dommage *m*, ruine *f*
verfärben *v*	fade, bleach	décolorer, blanchir
Verfärbung *f*	discoloration	décoloration *f*
Verfassung *f*	consistence, consistency, nature, state, condition, quality	constitution *f*, consistance *f*, état *m*, nature *f*, condition *f*, qualité *f*
verfehlen *v*	miss	manquer
verfeinern *v*	refine	raffiner
verfertigen *v*	manufacture, machine, handle	manufacturer
verfestigen *v*	solidify, stabilize	solidifier, stabiliser, durcir
Verfestigung *f*	solidification, strainhardening, strengthening	solidification *f*, écrouissage *m*, endurcissement *m*
Verfestigungsmechanismus *m*	stabilization mechanism	mécanisme *m* de l'écrouissage *m*
verflüchtigen *v*	volatilize	volatiliser
Verflüchtigen *n*	volatilization	volatilisation *f*
verflüssigen *v*	liquefy	liquéfier
verformbar *adj*	deformable	déformable
Verformbarkeit *f*	deformability, formability, ductility, plasticity	déformabilité *f*, formabilité *f*, ductilité *f*, plasticité *f*
verformen [deformieren] *v*	deform	déformer
verformen [verzerren] *v*	distort	distordre
Verformung *f*	deformation	déformation *f*
Verformung *f*, elastische	elastic deformation	déformation *f* élastique
Verformung *f*, plastische	plastic deformation	déformation *f* plastique
Verformung *f*, thermische	thermal deformation	déformation *f* thermique
Verformungsfähigkeit *f*	capability of deformation	capacité *f* de déformation *f*
verfügbar *adj*	available	disponible
Vergasung *f*	gasification	gazéification *f*

vergießen [eingießen] *v*	seal, coat, encapsulate, fill, encase	revêtir, surmouler, sceller
Vergleich *m*	comparison	comparaison *f*
vergleichen *v*	compare	comparer
Vergleichseinrichtung *f*	comparator	comparateur *m*
Vergleichskörper *m*	reference piece, reference block, comparison piece	pièce *f* de référence *f*, bloc *m* de référence *f*, pièce *f* de comparaison *f*
Vergleichsstück *n*	→ Vergleichskörper *m*	
Vergleichsversuch *m*	comparative test, competitive experiment	expérience *f* comparative
vergolden *v*	gild	dorer
Vergoldung *f*	gold-plating, gilding	dorure *f*
vergrößern [optisch] *v*	magnify	grossir
vergrößern [steigern] *v*	increase, raise, augment, multiply	croître, augmenter, élargir, étendre, multiplier
vergrößern [Zeichnung] *v*	enlarge	agrandir
Vergrößerung *f* [allgemein]	increase, increasing, enlargement, augmentation	agrandissement *m*, élargissement *m*, augmentation *f*
Vergrößerung *f* [optisch]	magnification	grossissement *m*
Vergrößerungsglas *n*	magnifying glass, magnifier	verre *m* grossissant, loupe *f*
Vergrößerungsradiographie *f*	magnifying radiography	radiographie *f* grossissante
Vergrößerungstechnik *f*	technique of magnification	technique *f* du grossissement
Vergußmasse *f*	sealing compound	masse *f* de remplissage *m*
vergüten [Stahl] *v*	temper, harden, anneal	tremper, durcir, malléabiliser
vergüten [verbessern] *v*	improve	améliorer
Vergütung *f*	tempering, heat treatment	traitement *m* à chaud, traitement *m* thermique, trempe *f* et revenu *m*
Verhalten *n*	behavior, response	comportement *m*, tenue *f*, réponse *f*
Verhältnis *n*	ratio, relation, proportion	rapport *m*, relation *f*, proportion *f*
verhältnismäßig *adj*	relative, proportional	relatif, proportionnel
Verhältnismäßigkeit *f*	proportionality	proportionnalité *f*
verharren *v*	persist, continue	persister, continuer, persévérer
Verharren *n*	persistence, inertia	persistance *f*, permanence *f*, inertie *f*
verharzt *adj*	resinous	résineux
verhüllen *v*	envelop, coat, cover, sheathe, seal, encapsulate, encase, incase, mask	envelopper, revêtir, couvrir, masquer, blinder, capsuler, encapsuler, sceller
Verkabelung *f*	wiring	câblage *m*

Verkauf *m*	sale	vente *f*
Verkehr *m*	traffic, transport, communication	circulation *f*, transport *m*, trafic *m*, communication *f*
verkehrt [falsch] *adj*	wrong, faulty, bad, incorrect	faux, mauvais, incorrect, fautif
verkehrt [umgekehrt] *adj*	inverted, inverse, reverse	inverse, renversé
Verkleidung *f*	coat, coating, cover, covering, film, layer, clothing, lining, envelope, sheath, shell, deposit, shield, shielding, jacket	couche *f*, couverture *f*, revêtement *m*, film *m*, enduit *m*, enveloppe *f*, dépôt *m*, gaine *f*, écorce *f*, frette *f*, enceinte *f*, enrobement *m*
verkleinern *v*	reduce, decrease	réduire, diminuer
Verknüpfung *f*, logische	logic interconnection	enchaînement *m* logique
Verkohlung *f*	carbonization, carbonizing	carbonisation *f*
verkupfern *v*	copper-plate	cuivrer
verkürzen *v*	shorten, reduce	raccourcir, réduire, diminuer
Verkürzung *f*	shortening, reduction	raccourcissement *m*, réduction *f*
verlagern [räumlich] *v*	displace, change the place, relocate	déplacer, changer la place, réarranger, regrouper
Verlagerung *f*	displacement, relocation, rearrangement	déplacement *m*, réarrangement *m*, regroupement *m*
verlängern [räumlich] *v*	lengthen, elongate, extend, stretch	allonger, étendre, étirer
verlängern [zeitlich] *v*	prolong	prolonger
Verlängerung *f* [räumlich]	dilatation, elongation, extension	dilatation *f*, allongement *m*, extension *f*
Verlängerung *f* [zeitlich]	prolongation	prolongation *f*
Verlängerung *f*, bleibende	permanent elongation	allongement *m* rémanent
Verlängerung *f*, elastische	elastic elongation	allongement *m* élastique
verlangsamen *v*	delay, decelerate, retard, slow down	ralentir, décélérer, retarder
Verlangsamung *f*	delay, slowing-down, braking, moderation	ralentissement *m*, retard *m*, freinage *m*, modération *f*
Verläßlichkeit *f*	reliability	fiabilité *f*
Verlauf *m* [Kurve]	path, line	parcours *m*, tracé *m*, ligne *f*
Verlauf *m* [Prozeß]	process, operation	procès *m*, processus *m*, opération *f*
Verlauf *m* [Weg]	course	course *f*
Verletzung *f*	damage, injury, lesion	dommage *m*, lésion *f*, dégât *m*
verlöten *v*	solder together	souder
Verlust *m* [Einbuße]	loss	perte *f*
Verlust *m* [Entweichen]	leakage, escape	fuite *f*
Verlust *m* [Verbrauch]	expense, expenditure	dépense *f*
Verlust *m* [Zerstreuung]	dissipation	dissipation *f*

Verlustenergie *f*	expended energy	énergie *f* dépendue
Verlustfaktor *m*	loss factor	facteur *m* de perte *f*
Verlustfaktor *m*, dielektrischer	dielectric loss factor	facteur *m* de perte *f* diélectrique
verlustfrei *adj*	loss-free, dissipationless	exempt de pertes *f/pl*, sans pertes *f/pl*
Verlustleistung *f*	dissipation power	puissance *f* dissipée
verlustlos *adj*	→ verlustfrei *adj*	
Verlustwinkel *m*	loss angle	angle *m* de perte *f*
vermehren *v*	increase, proliferate, multiply, augment, raise	croître, proliférer, multiplier, augmenter, élargir, étendre
vermehrend *adj*	proliferative	prolifératif
Vermehrung *f*	increase, augmentation, proliferation, multiplying	augmentation *f*, prolifération *f*, multiplication *f*
vermeiden *v*	avoid	éviter
vermindern *v*	reduce, decrease, diminish, depress	réduire, diminuer, décroître, baisser
Verminderung *f*	decrease, diminution, reduction, fall, decrement, drop, loss, decay	décroissement *m*, diminution *f*, réduction *f*, chute *f*, baisse *f*, décrément *m*
vermischen *v*	mix, interchange	mélanger, entremêler
Vermögen *n* [Fähigkeit]	capability, capacity, ability, power	capacité *f*, pouvoir *m*, faculté *f*
Vermutung *f*	supposition, presumption, assumption, hypothesis	supposition *f*, présomption *f*, hypothèse *f*
vernachlässigbar *adj*	negligible	négligeable
vernehmlich *adj*	audible	audible
Vernetzung *f*	crosslinking	formation *f* en réseau *m*
Vernichtung *f*	annihilation, destruction	annihilation *f*, destruction *f*
vernickeln *v*	nickel-plate	nickeler
verriegeln *v*	interlock, block	verrouiller, bloquer
Verriegelung *f*	interlock, blocking, suppression, cutting-off	verrouillage *m*, blocage *m*, suppression *f*
verringern *v*	diminish, decrease, reduce, depress, weaken, attenuate, soften, damp, deaden	diminuer, décroître, réduire, baisser, affaiblir, atténuer, amortir, absorber, évanouir
Verringerung *f*	diminishing, decrease, reducing, damping, attenuation, deadening, weakening, decrement, diminution, drop, fall, loss, decay	diminution *f*, décroissance *f*, réduction *f*, chute *f*, décrément *m*, amortissement *m*, affaiblissement *m*, atténuation *f*, baisse *f*, absorption *f*, décroissement *m*, évanouissement *m*
verrosten *v*	rust	se rouiller, s'enrouiller
Verrosten *n*	rusting	rouillure *f*, rouillage *m*, enrouillement *m*
verrostet *adj*	rusty	rouillé, enrouillé
versagen *v*	fail, intermit, interrupt, suspend	faillir, rater, manquer, interrompre

Versagen *n*	failure, trouble, malfunction, mishap, outage, leakage, accident, breakdown, average	défaillance *f*, panne *f*, raté *m*, accident *m*, interruption *f*, avarie *f*, défaut *m*
Versagensgefahr *f*	danger of failure	danger *m* de défaillance *f*, danger *m* de ruine *f*
Versammlung *f*	meeting, conference, symposium, congress	assemblée *f*, conférence *f*, symposium *m*, congrès *m*
Verschiebung *f*	displacement, shift, drift	déplacement *m*, décalage *m*, déviation *f*
verschieden *adj*	different, various, distinct	différent, varié, distinct, divers
Verschiedenheit *f*	difference, diversity, variety	différence *f*, diversité *f*, variété *f*
Verschlechterung *f*	deterioration, depletion, impoverishment	détérioration *f*, appauvrissement *m*, épuisement *m*, altération *f*
Verschleiß *m*	wear, abrasion	usure *f*, abrasion *f*
verschleißfest *adj*	wear-resistant	résistant à l'usure *f*
Verschleißfestigkeit *f*	resistance to wear	résistance *f* à l'usure *f*
Verschleißmessung *f*	wear measurement	mesure *f* de l'usure *f*
Verschleißprüfung *f*	wear test, abrasion test	essai *m* d'usure *f*, essai *m* de frottement *m*
Verschleißverhalten *n*	dry wear behaviour	comportement *m* à l'abrasion *f*
verschließen *v*	shut, inclose, enclose, incase, lock, seal	fermer, enfermer, renfermer, coffrer, plomber
Verschluß *m* [Abdeckung]	cover, covering, cover plate, closure, closing, cap, lid, dome, seal	recouvrement *m*, couvercle *m*, capot *m*, calotte *f*, chapeau *m*, dôme *m*
Verschluß *m* [Kamera]	shutter	obturateur *m*
Verschluß *m* [Stopfen]	plug	bouchon *m*
Verschluß *m* [Verriegelung]	lock, interlock, snap	serrure *f*, fermeture *f*, fermoir *m*, verrouillement *m*, arrêt *m*, clôture *f*
Verschluß *m*, luftdichter	airtight closing	clôture *f* hermétique
Verschlußkappe *f*	cover cap, cover plate, cap end	capot *m*, couvercle *m*, chapeau *m*, bouchon *m*
verschmelzen *v*	fuse together, melt, synthesize	fondre ensemble, synthétiser
Verschmelzung *f*	fusion, melting, coalescence	fusion *f*, coalescence *f*
Verschmutzung *f*	contamination, pollution, dirt, mud, smudge	contamination *f*, pollution *f*, salissure *f*, boue *f*
verschrauben *v*	bolt, screw on	visser, boulonner, serrer, goujonner, cheviller
Verschraubung *f*	screw joint, bolted joint, bolting	vissage *m*, boulonnage *m*, assemblage *m* à vis *f/pl*
verschwinden *v*	vanish, disappear	disparaître, s'évanouir
Verschwinden *n*	vanishing, disappearance	disparition *f*

verschwommen [Bild] *adj*	blurred, indeterminate, smeared-out	diffusé, indéterminé, délavé
versehen [mit] *v*	equip, fit, provide	équiper, munir, pourvoir
versenken *v*	immerse, plunge, sink, dip, submerge	immerger, noyer, tremper, plonger, submerger, abaisser
Versetzung *f* [Kristall]	dislocation	dislocation *f*
Versetzung *f* [Verlagerung]	displacement, shift	déplacement *m*
Versetzung *f*, bewegliche	moving dislocation	dislocation *f* mobile
Versetzung *f*, schraubenförmige	screw-like dislocation	dislocation *f* en spirale *f*
Versetzungsbewegung *f*	dislocating movement	mouvement *m* de dislocation *f*
Versetzungsdämpfung *f*	dislocation attenuation	affaiblissement *m* par dislocation *f*
Versetzungsdichte *f*	dislocation density	densité *f* de dislocations *f/pl*
Versetzungsgrenze *f*	dislocation limit, dislocation line, dislocation boundary	limite *f* de dislocation *f*
verseuchen *v*	contaminate	contaminer
verseucht *adj*	contaminated	contaminé
Verseuchung *f*	contamination, pollution	contamination *f*, pollution *f*
Verseuchungsstoff *m*	contaminating material, contaminant	matière *f* contaminante
versilbern *v*	silver-plate, silver	argenter
Versilberung *f*	silver-plating, silvering	argenture *f*
versorgen *v*	supply, feed	alimenter, desservir
Versorgung *f*	supply, feed, feeding	alimentation *f*, chargement *m*
Versorgungsnetz *n*	mains *pl*, network, supply system, supply	secteur *m*, réseau *m*
Verspannung *f*	anchor, guy, stay, bracing, truss wire	haubanage *m*, hauban *m*, ancrage *m*
Versprödung *f*	embrittlement, embrittleness	écrouissage *m*
Versprödungstemperatur *f*	embrittlement temperature	température *f* d'écrouissage *m*
verstärken [kräftiger machen] *v*	reinforce, strengthen	renforcer, épaissir, consolider
verstärken [vergrößern] *v*	amplify, repeat, multiply, intensify, gain, increase	amplifier, répéter, intensifier, multiplier, augmenter, agrandir, accroître, grossir
Verstärker *m* [Elektronik]	amplifier, follower, repeater	amplificateur *m*, répéteur *m*
Verstärker *m* [Radiographie]	intensifier	renforceur *m*
Verstärkerausgang *m*	amplifier output	sortie *f* d'amplificateur *m*

Verstärkereingang *m*	amplifier input	entrée *f* d'amplificateur *m*
Verstärkerfolie *f* [Radiographie]	intensifying screen	écran *m* renforçateur, écran *m* convertisseur
Verstärkung *f* [Elektronik]	amplification, gain	amplification *f*, gain *m*
Verstärkung *f* [Kräftigung]	reinforcement, strengthening	renforcement *m*, renforçage *m*
Verstärkung *f* [Radiographie]	intensification, intensifying, multiplication	intensification *f*, multiplication *f*
Verstärkung *f* [Vergrößerung]	amplification, increase, gain, magnification	amplification *f*, gain *m*, augmentation *f*, agrandissement *m*
Verstärkungsfaktor *m*	amplification factor, intensifying factor, multiplying factor	coefficient *m* d'amplification *f*, facteur *m* de renforcement *m*, facteur *m* de multiplication *f*
Verstärkungsregelung *f*	gain control	réglage *m* du gain, commande *f* du gain
versteifen *v*	reinforce, stiffen, strengthen	renforcer, raidir, épaissir
Versteifung *f*	reinforcement, strengthening	renforcement *m*, renforçage *m*
Verstellbarkeit *f*	adjustability, variability	ajustabilité *f*, variabilité *f*
verstellen [Regler] *v*	adjust, regulate, readjust	ajuster, rajuster, réajuster, régler
verstellen [verlegen] *v*	displace	déplacer
Verstrebung *f*	strut, brace, stay, shore, gib, leg	contrefiche *f*, traverse *f*, jambe *f*, étançon *m*
Versuch *m* [Erprobung]	test, testing, check, checking, check-up, trial, sampling, assay, essay	essai *m*, contrôle *m*, test *m*, épreuve *f*
Versuch *m* [Experiment]	experiment	expérience *f*
Versuch *m* [Prüfung]	test, essay, check	contrôle *m*, essai *m*, épreuve *f*, vérification *f*
versuchen *v*	test, check, prove, try	contrôler, essayer, vérifier, éprouver, prouver
Versuchsablauf *m*	running of the test, experimental procedure	procédé *m* d'essai *m*
Versuchsanlage *f*	experimental facilities *pl*, experimental plant, pilot plant	installation *f* d'expérimentation *f*, installation *f* expérimentale, installation *f* pilote
Versuchsaufbau *m*	experimental setup	arrangement *m* expérimental
Versuchsbericht *m*	test report	rapport *m* d'essai *m*
Versuchsdurchführende *m*	experimenter, experimentor	expérimentateur *m*
Versuchsdurchführung *f*	experimental procedure, running of the test, test performance	procédé *m* d'essai *m*, conduite *f* des essais *m/pl*
Versuchseinrichtung *f*	experimental plant, experimental facilities *pl*, pilot plant	installation *f* expérimentale, installation *f* d'expérimentation *f*, installation *f* pilote

Versuchsergebnis *n*	test result	résultat *m* d'essai *m*
Versuchsfeld *n*	test floor, test bay, test room, experimental area	banc *m* d'essai *m*, atelier *m* d'essais *m/pl*, terrain *m* à expérimenter, salle *f* de contrôle *m*
Versuchslabor [atorium] *n*	testing laboratory	laboratoire *m* d'essai *m*
Versuchsserie *f*	test series *pl*	série *f* d'expériences *f/pl*
Versuchsverlauf *m*	running of the test, test performance, experimental procedure	conduite *f* d'essai *m*, procédé *m* d'essai *m*
vertauschen [austauschen]	exchange, interchange, commute	échanger, interchanger, inverser, commuter
vertauschen [umstellen] *v*	permutate	permuter
Vertauschung *f*	exchange, commutation, permutation	échange *m*, commutation *f*, permutation *f*
verteilen *v*	distribute, disperse	distribuer, répartir, disperser
Verteilung *f* [Aufteilung]	repartition, splitting	répartition *f*, subdivision *f*
Verteilung *f* [Ausgabe]	distribution, delivery	distribution *f*, délivrance *f*
Verteilung *f* [Zerlegung]	dispersion, dispersal, spread, straggling	dispersion *f*
Verteilung *f*, statistische	statistical distribution	distribution *f* statistique
Verteilungsfunktion *f*	distribution function	fonction *f* de distribution *f*
Verteilungsgesetz *n*	distribution law	loi *f* de distribution *f*, loi *f* distributive
Vertiefung *f*	deepening, pit	enfoncement *m*, creux *m*, fosse *f*
vertikal *adj*	vertical, perpendicular	vertical, perpendiculaire
Vertikalablenkung *f*	vertical deflection	déviation *f* verticale
Vertikalebene *f*	vertical plane	plan *m* vertical
Vertikalkomponente *f*	vertical component	composante *f* verticale
Vertikalstrahlung *f*	vertical radiation	rayonnement *m* vertical
verträglich *adj*	compatible, adaptable, permissible	compatible, adaptable, admissible, permissible
Verträglichkeit *f*	compatibility	compatibilité *f*
verunreinigen *v*	contaminate, soil, pollute, infect	contaminer, salir, infecter, souiller
Verunreinigung *f*	contamination, pollution, impurity, crude particle	contamination *f*, pollution *f*, impureté *f*, infection *f*
vervielfachen *v*	multiply	multiplier
Vervielfacher *m*	multiplier	multiplicateur *m*
Vervielfachung *f*	multiplication, multiplying	multiplication *f*
vervielfältigen [kopieren] *v*	copy, duplicate	copier, reproduire
vervollkommnen *v*	perfect, improve, finish	perfectionner, finir, achever
Vervollkommnung *f*	perfection, improvement, enhancement, amelioration	perfectionnement *m*, amélioration *f*
verwandeln *v*	transform, translate, convert, modify, change, transpose	transformer, transférer, convertir, changer, modifier, traduire, transposer

Verwandlung *f*	transformation	transformation *f*
verwaschen [Bild] *v*	burred, smeared-out, indeterminate	décoloré, délavé, diffusé, indéterminé
Verwaschung *f* [Optik]	smearing-out, blur, spread, obliteration	oblitération *f*, décoloration *f*
Verweilzeit *f*	hold-up time, lingering period	temps *m* d'attardement *m*
verwenden *v*	use, utilize, employ	utiliser, user, employer, se servir
Verwendung *f*	use, usage, utilization, application, action	usage *m*, utilisation *f*, emploi *m*, application *f*, mise *f* en œuvre *f*, mise *f* en service *m*
verwendungsfähig *adj*	useful, usable, applicable, efficient, serviceable	utile, utilisable, applicable, efficace, puissant, capable
verwerfen [ablehnen] *v*	reject	rejeter
verwerfen [sich verziehen] *v*	warp, distort	contourner, se gondoler, gauchir
Verwerfen *n*	warping, distortion	contournement *m*, déformation *f*, gauchissement *m*
verwerten *v*	utilize	utiliser
Verwertung *f*	utilization, use, using, application	utilisation *f*, usage *m*, application *f*
verwickelt [kompliziert] *adj*	complicated	compliqué
verwinden *v*	twist, twine	tordre
Verwinden *n*	twist, twisting	torsade *f*
Verwindeversuch *m*	torsion test	essai *m* de torsion *f*
verwirklichen *v*	realize, perform, make, finish	réaliser, exécuter, finir, faire
Verwirklichung *f*	realization, execution, performance	réalisation *f*, exécution *f*, performance *f*
verwittern *v*	weather	se décomposer, s'effriter
Verwitterungsbeständigkeit *f*	weathering resistance	résistance *f* à la décomposition, résistance *f* au vieillissement
verzerren *v*	distort	distordre
Verzerrung *f*	distortion	distorsion *f*
Verzerrung *f*, lineare	linear distortion	distorsion *f* linéaire
verzerrungsfrei *adj*	undistorted, distortionless	sans distorsion *f*
verziehen, sich ~ *v*	warp. deform, distort, buckle, bend	contourner, se déformer, gauchir, se plier, courber, se déjeter
Verziehen *n*	warping, distortion	contournement *m*, gauchissement *m*, déformation *f*
verzinken *v*	zinc	zinguer
verzinnen *v*	tin, tin-plate	étamer
verzögern *v*	decelerate, delay, retard, slow down, lag, moderate	décélérer, ralentir, retarder, temporiser

Verzögerung *f*	retardation, deceleration, delay, slowing-down, moderation, lag, braking	retardation *f*, retard *m*, ralentissement *m*, décélération *f*, freinage *m*, modération *f*, délai *m*
verzögerungsfrei *adj*	instantaneous, without delay	instantané, sans retard *m*
Verzögerungsleitung *f*	delay line	ligne *f* de retard *m*
Verzögerungslinse *f*	retarding lens	lentille *f* de décélération *f*
Verzögerungszeit *f*	delay time	temps *m* de retard *m*
Verzug *m* [Verziehen]	warping, distortion	contournement *m*, déformation *f*, gauchissement *m*
Verzug *m* [Verzögerung]	retardation, deceleration, delay, slowing-down, moderation, lag, braking	retardation *f*, retard *m*, ralentissement *m*, décélération *f*, freinage *m*, modération *f*, délai *m*
verzweigen, sich ~ *v*	branch, derive, bifurcate	brancher, dériver, bifurquer, se ramifier
Verzweigung *f*	branching, branch, branching-off, ramification, bifurcation, splitting-off	branchement *m*, bifurcation *f*, dérivation *f*, ramification *f*, séparation *f*
Verzwillingen *n*	twinning	maclage *m*
Vibrationsprüfung *f*	vibration test	essai *m* de vibration *f*
Vibrationsversuch *m*	→ Vibrationsprüfung *f*	
Vibrator *m*	vibrator, oscillator	vibrateur *m*, oscillateur *m*
vibrieren *v*	vibrate, oscillate, swing	vibrer, osciller
Vibrothermographie *f*	vibrothermography	vibrothermographie *f*
Vickers-Härte *f*	Vickers hardness	dureté *f* Vickers
Video-Aufzeichnungsgerät *n*	video recorder, video tape recorder	enregistreur *m* vidéo, enregistreur *m* à bande *f* vidéo
Videosignal *n*	video signal	signal *m* vidéo
Videoverstärker *m*	video amplifier	amplificateur *m* vidéo
Vidikon *n*	vidicon	vidicon *m*
vielatomig *adj*	polyatomic	polyatomique
vielfach *adj*	multiple, multiplex	multiple, multiplex
Vielfach ...	→ Mehrfach ...	
Vielfachabtastung *f*	multiple scanning	palpage *m* multiple, exploration *f* multiple
Vielfachecho *n*	multiple echo	écho m multiple
Vielfachinstrument *n*	multi-purpose instrument, multi-range meter	instrument *m* universel, instrument *m* multiple, multimètre *m*
Vielfachstreuung *f*	multiple scattering	diffusion *f* multiple
vielgestaltig *adj*	complex	complexe
Vielkanal ...	multichannel ...	... multicanaux *pl*, ... à plusieurs canaux *m/pl*
Vielkristall *m*	polycrystal	polycristal *m*
vielkristallin *adj*	polycrystalline	polycristallin

Vielschicht . . .	lamination . . ., laminated, in layers *pl*, multi-layer . . ., stratified, foliated, sandwich . . .	. . . multicouche, en couches *f/pl*, parcouches *f/pl*, laminé, laminaire, feuillé, stratifié, en sandwich *m*
vielschichtig *adj*	→ Vielschicht . . .	
viereckig *adj*	quadrangular	quadrangulaire
vierfach *adj*	quadruple	quadruple
Vierkantknüppel *m*	square billet	billette *f* carrée
Vierpol *m*	quadrupole, quadripole, biport, twoport	quadripôle *m*
vierseitig *adj*	quadrilateral	quadrilatéral
Viertel *n* [mathematisch]	fourth, quarter	quart *m*
Vinylharz *n*	vinyl resin	résine *f* vinylique
violett *adj*	violet	violet
virtuell *adj*	virtual	virtuel
viskos *adj*	viscous, consistent	visqueux, consistent
Viskosimeter *n*	viscosimeter	viscosimètre *m*
Viskositätsprüfung *f*	viscosity test	essai *m* de viscosité *f*
visuell *adj*	visual	visuel
Vollast *f adj*	full load	pleine charge *f*
Vollausschlag *m*	full-scale travel, maximum deflection	pleine déviation *f*
vollautomatisch *adj*	fully automatic	entièrement automatique
Vollbelastung *f*	full load	pleine charge *f*
Vollbestrahlung *f*	whole-body irradiation, total body irradiation	irradiation *f* du corps entier, irradiation *f* totale
vollenden *v*	achieve, finish, perfect	achever, finir, perfectionner
völlig *adv*	whole, total, entire, complete, global, integral	entier, complet, total, global, intégral
Vollmechanisierung *f*	full mechanization	mécanisation *f* intégrale
vollständig *adj*	→ völlig *adj*	
vollziehen *v*	perform, make, finish, realize	faire, exécuter, réaliser, finir
Volta-Effekt *m*	Volta effect	effet *m* de Volta
Voltmeter *n*	voltmeter	voltmètre *m*
Volumen *n*	volume	volume *m*
Volumenbestimmung *f*	volumetric measurement, cubature	cubature *f*
Volumenwelle *f*	volume wave	onde *f* d'espace *m*
Vorangehen *n*	advance, advancing	avance *f*, avancement *m*
Voranhebung *f*	preemphasis	préemphasis *f*
Vorausberechnung *f*	precalculation	précalculation *f*, calcul *m* préalable
Vorausbestimmung *f*	predetermination	prédétermination *f*
vorauseilen *v*	lead	avancer
Vorauslaufen *n*	advancing, advance	avancement *m*, avance *f*
Voraussage *f*	prediction, prognostication	prédiction *f*, prognose *f*
Voraussetzung *f*	supposition	supposition *f*

Vorbehandlung *f*	pretreatment	traitement *m* préalable
vorbereiten *v*	prepare	préparer
Vorbereitung *f*	preparation	préparation *f*
Vorbereitungsdauer *f*	preparatory period	période *f* préparatoire
Vorbestrahlung *f*	pre-irradiation	préirradiation *f*
vorbeugend *adj*	preventive	préventif
vorbildlich *adj*	ideal	idéal
Vorblock *m*	bloom	bloom *m*
Vorbramme *f*	slab	brame *f*
Vorderfläche *f*	front face	face *f* antérieure
Vorderflanke *f*	leading edge	flanc *m* antérieur
Vorderfolie *f* [Radiographie]	front screen	écran *m* frontal, écran *m* antérieur
Vorderseite *f*	front, face, front side	front *m*, face *f*, devant *m*
Vorderteil *n*	front part	partie *f* antérieure
voreilen *v*	lead, advance	avancer
Voreilen *n*	advancing, advance	avancement *m*, avance *f*
Voreilungswinkel *m*	lead angle	angle *m* d'avance *f*
Vorfall *m*	event, case	événement *m*, cas *m*, accident *m*
vorfertigen *v*	prefabricate	préfabriquer
Vorfilter *m*	front filter	filtre *m* antérieur
Vorfilterung *f*	prefiltration	préfiltration *f*
vorführen *v*	demonstrate, present, prove	démontrer, prouver, présenter
Vorführung *f* [Demonstration]	demonstration	démonstration *f*
Vorgang *m*	process, processes *pl*, action, phenomenon, operation	procès *m*, processus *m*, action *f*, phénomène *m*, opération *f*
vorgehen [voreilen] *v*	advance, lead	avancer
Vorhaben *n*	project, plan, design, layout, sketch	projet *m*, plan *m*, dessin *m*
vorherrschen *v*	dominate	dominer
vorherrschend *adj*	dominant	dominant
Vorhersage *f*	prediction, forecast, prognostication	prédiction *f*, prognose *f*, prévision *f*
vorkommen [geschehen] *v*	occur, happen, act, appear, crop up	se faire, paraître, se présenter
Vorkommen *n*	occurrence, happening, event	apparition *f*, occurrence *f*, événement *m*
vorkritisch *adj*	precritical	précritique
Vorlaufstrecke *f*	lead section	section *f* d'entrée *f*
Vormagnetisierung *f*	magnetic bias, premagnetization	préaimantation *f*, prémagnétisation *f*
Vorrang *m*	priority	priorité *f*
Vorratsbehälter *m*	reservoir, tank, container, boiler, silo, vessel, storage basin, cistern	réservoir *m*, réservoir *m* de stockage *m*, silo *m*, tank *m*, cuve *f*, récipient *m*, citerne *f*

Vorratskessel *m*	→ Vorratsbehälter *m*	
Vorrichtung *f*, ferngesteuerte	remotely controlled device	dispositif *m* télécommandé
vorrücken *v*	advance, lead	avancer
Vorsatzkeil *m*	frontal wedge	coin *m* intercalaire
vorschieben *v*	advance	avancer
Vorschrift *f*	regulation, standard, norm, specification, prescription	régulation *f*, standard *m*, norme *f*, spécification *f*, préscription *f*
Vorschub *m*	feed, drive, advance, advancing	avance *f*, avancement *m*
Vorschubgeschwindigkeit *f*	drive speed	vitesse *f* d'avance *f*
Vorsichtsmaßnahme *f*	precautionary measures *pl*, precautions *pl*, safeguard	précautions *f/pl*, mesure *f* de sécurité *f*
Vorspannung *f* [elektrisch]	bias voltage, bias	tension *f* de polarisation *f*
Vorsprung *m* [Konsole]	console, overhanging	console *f*, saillie *f*
Vorteil *m*	advantage	avantage *m*
vorübergehend *adj*	temporary, acute, short-term	temporaire, passager, à court terme *m*
vorwärmen *v*	preheat	préchauffer
Vorwärtslauf *m*	forward running	marche *f* en avant
Vorzugsorientierung *f*	preferred orientation, texture	orientation *f* préférée, texture *f*

W

Waage *f*	balance	balance *f*
waagerecht *adj*	horizontal	horizontal
Wabenstruktur *f*	honeycomb structure	structure *f* en nid *m* d'abeille *f*
Wachs *n*	wax	cire *f*
wachsen [einwachsen] *v*	wax	encirer, cirer
wachsen [zunehmen] *v*	grow, increase, rise	agrandir, accroître, augmenter, élever, monter
Wachsen *n* [Zunahme]	increase, increasing, rise, growth, ascending	accroissement *m*, croissance *f*, augmentation *f*, montée *f*, élévation *f*
Wachstum *n*	growth	croissance *f*
Wachstumsgeschwindigkeit *f*	rate of growth	vitesse *f* de croissance *f*
Wagen *m* [allgemein]	car	voiture *f*
Wagen *m* [Schreibmaschinenwagen]	carriage	chariot *m*
Wahl *f*	selection, choice	sélection *f*, choix *m*
wählen [allgemein] *v*	select, choose	sélectionner, choisir
wählen [Telephon] *v*	dial, key	numéroter
wahlweise *adj*	selective, alternative	sélectif, facultatif, alternatif

Wahrnehmbarkeit *f*	perceptibility, detectability	perceptibilité *f*, détectabilité *f*, réceptivité *f*
Wahrnehmbarkeitsgrenze *f*	limit of perceptibility	limite *f* de perceptibilité *f*
Wahrnehmung *f*	observation, perception, watching, remark, note, viewing	observation *f*, perception *f*, remarque *f*, mise *f* au point, mise *f* en évidence *f*
wahrscheinlich *adj*	probable	probable
Wahrscheinlichkeit *f*	probability	probabilité *f*
Wahrscheinlichkeitsgesetz *n*	probability law	loi *f* des probabilités *f/pl*
Wahrscheinlichkeitskurve *f*	probability curve	courbe *f* de probabilité *f*
Wall *m*	barrier, boundary, bound, limit, limitation	barrière *f*, borne *f*, bordure *f*, limite *f*
Walzblech *n*	rolled plate	tôle *f* laminée
Walzblock *m*	rolled ingot	lingot *m*
Walzdraht *m*	rolled wire	fil *m* laminé
Walzdraht *m*, heißer	hot-rolled wire	fil *m* laminé à chaud
Walze *f*	drum, roll, cylinder, pulley, barrel	rouleau *m*, cylindre *m*, poulie *f*, tambour *m*, laminoir *m*
walzen *v*	roll	laminer
Walzen *n*	rolling	laminage *m*
Walzenbedingung *f*	final rolling condition	condition *f* de fin *f* de laminage *m*
Walzerzeugnis *n*	rolled product	produit *m* laminé
Wälzlager *n*	roller bearing	palier *m* à rouleaux *m/pl*
Wälzlagerstahl *m*	roller bearing steel	acier *m* pour paliers *m/pl* à rouleaux *m/pl*
Walzplattierung *f*	rolled cladding	placage *m* laminé
Walzprodukt *n*	rolled product	produit *m* laminé
Walzrichtung *f*	rolling direction	sens *m* de laminage *m*
Walzwerk *n*	rolling mill	laminoir *m*
Walzwerkserzeugnis *n*	rolled product	produit *m* laminé
Wanddicke *f* [Rohr]	wall thickness	épaisseur *f* de paroi *f*
Wandeffekt *m*	wall effect	effet *m* de paroi *f*
wandeln *v*	transform, translate, convert, change, modify	transformer, transférer, convertir, modifier, changer
Wanderfeld *n*	travelling field	champ *m* d'ondes *f/pl* progressives
Wandergeschwindigkeit *f*	drift velocity, drift speed	vitesse *f* de déplacement *m*
Wanderriß *m*	running crack	fissure *f* progressive
Wanderung *f*	migration	migration *f*
Wanderwelle *f*	travelling wave	onde *f* progressive
Wandler *m* [elektroakustisch]	transducer, probe, head, acceptor	transducteur *m*, palpeur *m*, tête *f*, sonde *f*, capteur *m*
Wandler *m* [Konverter]	converter	convertisseur *m*
Wandler *m* [Meßwandler]	measuring transformer, transformer	transformateur *m* de mesure *f*, transformateur *m*

Wandler *m*, elektroakustischer	electroacoustic transducer	transducteur *m* électroacoustique
Wandler *m*, elektrodynamischer	electrodynamic transducer	transducteur *m* électrodynamique
Wandler *m*, elektrooptischer	electrooptical transducer	transducteur *m* électrooptique
Wandler *m*, elektrostatischer	electrostatic transducer	transducteur *m* électrostatique
Wandler *m*, kammförmiger	interdigital transducer	transducteur *m* interdigital
Wandler *m*, magnetostriktiver	magnetostrictive transducer	transducteur *m* magnétostrictif
Wandler *m*, piezoelektrischer	piezo-electric transducer, piezo-transducer, ceramic transducer	transducteur *m* piézoélectrique, piézo-transducteur *m*, transducteur *m* céramique
Wandler *m*, thermaler	thermal transducer	transducteur *m* thermique
Wandleranpassung *f*, elektronische	electronic transducer matching	adaptation *f* électronique du transducteur
Wandlerimpedanz *f*	transducer impedance	impédance *f* de transducteur *m*
Wandstärke *f* [Kessel, Rohr]	wall thickness	épaisseur *f* de paroi *f*
Wandstärke *f* [Mauerwand]	wall thickness	épaisseur *f* de mur *m*
Warmband *n*	hot strip	bande *f* à chaud
Warmbearbeitung *f*	thermal working	travail *m* à chaud
Warmbruchverhalten *n*	warm fracture behaviour	comportement *m* à la rupture chaude
Wärme *f*, abgestrahlte	radiated heat, radiating heat	chaleur *f* rayonnée, chaleur *f* rayonnante
Wärmeabgabe *f*	thermal dissipation, heat emission, caloric radiation, heat radiation, infrared radiation	radiation *f* thermique, rayonnement *m* thermique, dissipation *f* de chaleur *f*, émission *f* de chaleur *f*, rayonnement *m* infrarouge
Wärmeabgabevermögen *n*	thermal emissivity	émissivité *f* thermique
Wärmeabsorption *f*	heat absorption	absorption *f* de chaleur *f*
Wärmeabstrahlung *f*	→ Wärmeabgabe *f*	
Wärmeaufnahme *f*	heat absorption	absorption *f* de chaleur *f*
Wärmeausdehnungskoeffizient *m*	coefficient of thermal expansion	coefficient *m* de dilatation *f* thermique
Wärmeausstrahlung *f*	→ Wärmeabgabe *f*	
Wärmeaustauscher *m*	heat exchanger	échangeur *m* de chaleur *f*
Wärmebeanspruchung *f*	heat stress	fatigue *f* thermique
Wärmebehandlung *f*	heat treatment, tempering	traitement *m* thermique, traitement *m* à chaud, trempe *f* et revenu *m*
Wärmebehandlungsofen *m*	heat-treating furnace	four *m* de traitement *m* thermique
Wärmebehandlungszone *f*	heat-treatment regime	régime *m* du traitement thermique

wärmebeständig *adj*	heat-resisting, heat-resistant, heat-proof	résistant à la chaleur
Wärmebeständigkeit *f*	thermal stability, resistance to heat	stabilité *f* thermique, résistance *f* à la chaleur
Wärmedurchgang *m*	heat transfer, heat passage, heat transmission	transfert *m* de chaleur *f*, passage *m* de chaleur *f*, transmission *f* de chaleur *f*
Wärmedurchgangswiderstand *m*	heat transfer resistance	résistance *f* au transfert de chaleur *f*
wärmedurchlässig *adj*	diathermic	diathermique
Wärmedurchlässigkeit *f*	diathermancy	diathermanéité *f*
Wärmeeinflußzone *f* [WEZ]	heat-affected zone [HAZ]	zone *f* thermiquement affectée
wärmeempfindlich *adj*	sensitive to heat	sensible à la chaleur
Wärmeempfindlichkeit *f*	sensitivity to heat	sensibilité *f* à la chaleur
Wärmeenergie *f*	thermal energy, heat energy, calorific energy	énergie *f* thermique
wärmefest *adj*	heat-proof, heat-resistant, heat-resisting	résistant à la chaleur
Wärmefestigkeit *f*	resistance to heat, heat-proofness, heat stability	résistance *f* à la chaleur, stabilité *f* thermique
Wärmeflußerzeugung *f*	generation of heat flow	génération *f* du flux de chaleur *f*
Wärmeflußverfahren *n*	heat flow method	méthode *f* du flux de chaleur *f*
Wärmefreisetzen *n*	heat release	libération *f* de chaleur *f*
Wärmeisolation *f*	thermal isolation	isolation *f* thermique
Wärmekonvektion *f*	heat convection, thermo-convection	convection *f* de chaleur *f*, convection *f* thermique
Wärmeleistung *f*	thermal power	puissance *f* thermique
wärmeleitend *adj*	heat-conducting	enlevant la chaleur
Wärmeleiter *m*	heat conductor	conducteur *m* de chaleur *f*
Wärmeleitfähigkeit *f*	heat conductivity, thermal conductivity	conductivité *f* de chaleur *f*, conductibilité *f* thermique
Wärmeleitung *f*	heat conduction, thermal conduction	conduction *f* de chaleur *f*, conduction *f* thermique
Wärmemenge *f*	heat quantity	quantité *f* de chaleur *f*
Wärmemengenmesser *m*	calorimeter	calorimètre *m*
Wärmemesser *m*	→ Wärmemengenmesser *m*	
wärmen *v*	heat, warm	chauffer, s'échauffer, recuire
Wärmequelle *f*	heat source	source *f* thermique, source *f* de chaleur *f*
Wärmerauschen *n*	thermal noise	bruit *m* thermique
Wärmespannung *f* [Materialspannung]	thermal stress	tension *f* thermique
Wärmestrahler *m*	heat source	source *f* thermique, source *f* de chaleur *f*

Wärmestrahlung *f*	heat radiation, thermal radiation, thermal dissipation, heat emission, infrared radiation, caloric radiation	radiation *f* thermique, rayonnement *m* thermique, dissipation *f* de chaleur *f*, émission *f* de chaleur *f*, rayonnement *m* infra-rouge
Wärmetauscher *m*	heat exchanger	échangeur *m* de chaleur *f*
Wärmeübergang *m*	heat passage, heat transfer, heat transmission	passage *m* de chaleur *f*, transfert *m* de chaleur *f*, transmission *f* de chaleur *f*
Wärmeübergangswiderstand *m*	heat transfer resistance	résistance *f* au transfert de chaleur *f*
Wärmeübergangszahl *f*	heat transfer coefficient	coefficient *m* de transfert *m* de chaleur *f*
Wärmeübertragung *f*	heat transmission, heat transfer	transmission *f* de chaleur transfert *m* de chaleur *f*
wärmeundurchlässig *adj*	heat-tight, heat-proof	imperméable à la chaleur
wärmeunempfindlich *adj*	not sensitive to heat	insensible à la chaleur
Wärmeverlust *m*	loss of heat	perte *f* de chaleur *f*
Wärmewert *m*	thermal value	valeur *f* thermique
Wärmewiderstand *m*	thermal resistance	résistance *f* thermique
Wärmezufuhr *f*	heat supply	apport *m* de chaleur *f*
warmfest *adj*	heat-proof, heat-resistant, heat-resisting, not sensitive to heat	résistant à la chaleur, insensible à la chaleur
Warmfestigkeit *f*	heat resistance	résistance *f* à la chaleur
warmformen *v*	thermoform	former à chaud
Warmofen *m*	reheating furnace	four *m* de réchauffage *m*
Warmpressen *n*	hot pressing	estampage *m* à chaud
Warmrißanfälligkeit *f*	susceptibility to warm cracking	susceptibilité *f* à la fissuration à chaud
Warmrißbildung *f*	hot cracking	fissuration *f* à chaud
Warmverformung *f*	hot forming, hot working	déformation *f* à chaud, façonnage *m* à chaud
Warmversprödung *f*	hot embrittlement	fragilisation *f* thermique
Warnanlage *f*	warning device	dispositif *m* d'avertissement *m*
Warnsignal *n*	warning signal	signal *m* avertisseur
Warnung *f*	warning	avertissement *m*
Wartedienst *m*	service	service *m*
Wartung *f*	maintenance, attendance, upkeep, service	maintenance *f*, entretien *m*, service *m*
Warze *f*	lug, stud	bouton *m*
waschen *v*	wash	laver
Wasser *m*, destilliertes	distilled water	eau *f* distillée
Wasser *n*, entgastes	degassed water, degasified water	eau *f* dégazée
Wasser *n*, reines	pure water	eau *f* pure
Wasser *n*, schweres	heavy water	eau *f* lourde

Wasserabsorption *f*	water absorption	absorption *f* d'eau *f*
Wasserankopplung *f*	water coupling	couplage *m* par eau *f*
Wasseraufnahme *f*	water absorption	absorption *f* d'eau *f*
Wasserbehälter *m*	water tank	réservoir *m* d'eau *f*
Wasserdampf *m*	water vapour	vapeur *f* d'eau *f*
wasserdicht *adj*	waterproof, watertight	étanche à l'eau *f*
Wasserdruck *m*	hydrostatic pressure, hydraulic pressure	pression *f* hydrostatique, pression *f* hydraulique
Wasserdruckprüfung *f*	hydrostatic test	contrôle *m* hydrostatique
wasserfrei *adj*	anhydride	anhydride
Wassergehalt *m*	water content	teneur *f* en eau *f*
wassergekühlt *adj*	water-cooled	refroidi par eau *f*
wasserhaltig *adj*	hydrous, water-containing, aqueous	contenant de l'eau *f*, aqueux
Wasserkessel *m*	water boiler	chaudière *f*
Wasserkühlung *f*	water cooling	refroidissement *m* par eau *f*
wasserlöslich *adj*	water-soluble	soluble dans l'eau *f*
Wasseroberfläche *f*	water surface	surface *f* d'eau *f*
Wasserschallsender *m*	submarine sound transmitter, sonar transmitter, immerged transmitter	émetteur *m* immergé [dans l'eau *f*]
Wasserspiegel *m*	water level	niveau *m* d'eau *f*
Wasserstoff *m* [H]	hydrogen	hydrogène *m*
Wasserstoff *m*, schwerer	heavy hydrogen, deuterium	hydrogène *m* lourd, deutérium *m*
Wasserstoff *m*, überschwerer [$T = {}_1H^3$]	tritium	tritium *m*
Wasserstoffgehalt *m*	hydrogen content	teneur *f* en hydrogène *m*
wasserstoffhaltig *adj*	hydrogenous	hydrogène
Wasserstofflinie *f*	hydrogen line	raie *f* d'hydrogène *m*
wasserstoffrei *adj*	non-hydrogenous	non hydrogénique
Wasserstoffriß *m*	hydrogen induced crack	fissure *f* induite par hydrogène *m*
Wasserstoffversprödung *f*	hydrogen embrittlement	fragilisation *f* par l'hydrogène *m*
Wasserstrahl-Ankopplung *f*	water-jet coupling	couplage *m* par jet *m* d'eau *f*
Wasserumlauf *m*	water circulation	circulation *f* d'eau *f*
wasserundurchlässig *adj*	watertight, waterproof	étanche à l'eau *f*
wasserunlöslich *adj*	water-insoluble	insoluble dans l'eau *f*
wasservergütet *adj*	water-quenched	trempé à l'eau *f* et revenu
wäßrig *adj*	aqueous	aqueux
Wechsel *m* [Abwechseln]	alternation, cycle	alternation *f*, cycle *m*
Wechsel *m* [Änderung]	change, variation, modification, reversal	changement *m*, variation *f*, modification *f*, inversion *f*
Wechsel *m* [Austausch]	exchange	échange *m*
Wechsel *m* [Übergang]	transition	transition *f*
Wechselbeanspruchung *f*	alternating stress, cyclic loading, cycling	effort *m* alternant, cyclage *m*

Wechselbelastung *f*	alternating load, varying load, changing load	charge *f* alternante, charge *f* variable, charge *f* variante, charge *f* alternative
Wechselbeziehung *f*	correlation, relation, relationship, interrelationship	corrélation *f*, relation *f*
Wechseldehnverhalten *n*	fatigue behaviour	comportement *m* à la fatigue
Wechselfeld *n*	alternating field	champ *m* alternatif, champ *m* alternant
Wechselfeld-Streuflußverfahren *n*	alternating field stray flux technique	technique *f* de flux *m* de dispersion *f* à champ *m* alternatif
Wechselformungsverhalten *n*	fatigue behaviour	comportement *m* à la fatigue
wechseln [abwechseln] *v*	alternate, change	alterner, changer
wechseln [ändern] *v*	vary, modify, change	varier, modifier, changer, invertir
wechseln [austauschen] *v*	exchange	échanger
Wechseln *n* [Abwechseln]	alternation, alternating	alternation *f*
Wechseln *n* [Auswechseln]	exchange	échange *m*
wechselseitig *adj*	mutual, reciprocal, alternating	mutuel, réciproque, alternant
Wechselspannung *f*	alternating current voltage, alternating voltage	tension *f* alternative
Wechselstrom *m*	alternating current [a.c.]	courant *m* alternatif
Wechselstrom *m*, gleichgerichteter	rectified alternating current, rectified a.c.	courant *m* alternatif redressé
Wechselstromanteil *m*	alternating-current component, alternating component	composante *f* de courant *m* alternatif, composante *f* alternative
Wechselstrombrücke *f*	alternating-current bridge, a.c. bridge	pont *m* à courant *m* alternatif
Wechselstromerregung *f*	alternating-current excitation	excitation *f* par courant *m* alternatif
Wechselstrominstrument *n*	alternating-current instrument	instrument *m* pour courant *m* alternatif
Wechselstromkomponente *f*	alternating-current component, alternating component	composante *f* de courant *m* alternatif, composante *f* alternative
Wechselstromkreis *m*	alternating-current circuit	circuit *m* à courant *m* alternatif
Wechselstromleitung *f*	alternating-current line, a.c. line	ligne *f* à courant *m* alternatif
Wechselstrommessung *f*	alternating-current measurement	mesure *f* de courant *m* alternatif
Wechselstrom-Meßbrücke *f*	alternating-current bridge, a.c. bridge	pont *m* de mesure *f* à courant *m* alternatif

Wechselstromnetz *n*	alternating-current mains *pl*, alternating-current power line, a.c. mains *pl*	secteur *m* à courant *m* alternatif, secteur *m* alternatif
Wechselstromquelle *f*	alternating-current supply, a.c. source	source *f* de courant *m* alternatif
Wechselverformungsversuch *m*	fatigue experiment	essai *m* de déformation *f* alternée
Wechselwirkung *f*	interaction, mutual influence, mutual reaction	interaction *f*, influence *f* mutuelle, action *f* mutuelle, action *f* réciproque
Weg *m* [Methode]	method, manner, way	méthode *f*, manière *f*
Weg *m* [Wegstrecke]	path, course, track, trajectory, travel, orbit, road, route, way	chemin *m*, route *f*, voie *f*, trace *f*, trajectoire *f*, orbite *f*, course *f*, parcours *m*, piste *f*, marche *f*
Weggeber *m*	scanning control unit	dispositif *m* de commande *f* de balayage *m*
Weglänge *f*, mittlere freie	mean free path	libre parcours *m* moyen
Wegnehmen *n* [Entfernen]	removal, demounting	enlèvement *m*, démontage *m*
Wegunterschied *m*	path difference	différence *f* de parcours *m*
Weg/Zeit-Kurve *f*	travel-time curve	courbe *f* parcours/temps
weich *adj*	soft, non-penetrating	mou, molle *f*, non pénétrant
Weicheisen *n*	soft iron	fer *m* doux
Weichlot *n*	soft solder, tin-lead solder	étain *m* à souder
weichlöten *v*	solder	souder à l'étain *m*, braser tendrement
Weichlöten *n*	soldering	brasage *m* tendre
Weichlötverbindung *f*	soft soldered joint	joint *m* à brasage *m* tendre
weichmachen *v*	soften	ramollir, adoucir
Weichstrahlung *f*	soft radiation	radiation *f* molle, rayonnement *m* mou
Weißblech *n*	tin plate	tôle *f* étamée
Weißrost *m*	white rust	rouille *f* blanche
Weißscher Bezirk *m*	Weiss' region	domaine *m* de Weiss
Weite *f*	width, breadth	largeur *f*
Weite *f*, lichte	clear, inside diameter	ouverture *f*, diamètre *m* intérieur
weiten *v*	widen	élargir
Weiterbildung *f* [Ausbildung]	advanced training	éducation *f* permanente
Weiterentwicklung *f*	further development, experimental perfection	perfection *f* expérimentale
Weiterverarbeitung *f*	proliferation, augmentation, increase, multiplying	prolifération *f*, augmentation *f*, multiplication *f*

Weitfeld *n*	far field	champ *m* lointain, champ *m* éloigné, champ *m* libre
weitreichend *adj*	long-range ...	à grande portée *f*, à long parcours *m*
Weitwinkelstreuung *f*	wide angle scattering	diffusion *f* aux grands angles *m/pl*
Wellblech *n*	profiled steelsheeting	tôle *f* ondulée, tôle *f* d'acier *m* profilée
Welle *f* [Achswelle]	shaft, arbor	arbre *m*, axe *m*
Welle *f* [Schwingung]	wave	onde *f*
Welle *f*, ebene	plane wave	onde *f* plane
Welle *f*, einfallende	incident wave	onde *f* incidente
Welle *f*, elastische	elastic wave	onde *f* élastique
Welle *f*, hinlaufende	forward wave	onde *f* progressive
Welle *f*, longitutinale	longitudinal wave	onde *f* longitudinale
Welle *f*, magnetoakustische	magnetoacoustic wave	onde *f* magnéto-acoustique
Welle *f*, magnetohydrodynamische	magneto-hydrodynamic wave	onde *f* magnéto-hydrodynamique
Welle *f*, magnetoionische	magneto-ionic wave	onde *f* magnéto-ionique
Welle *f*, reflektierte	reflected wave	onde *f* réfléchie
Welle *f*, rücklaufende	recurrent wave	onde *f* récurrente
Welle *f*, sinusförmige	sinus wave	onde *f* sinusoïdale
Welle *f*, stehende	standing wave	onde *f* stationnaire
Welle *f*, ungedämpfte	undamped wave, continuous wave	onde *f* non amortie, onde *f* continue
Wellenabsorption *f*	wave absorption	absorption *f* d'onde *f*
Wellenausbreitung *f*	wave propagation	propagation *f* d'onde *f*
Wellenausbreitungsgeschwindigkeit *f*	wave propagation velocity	vitesse *f* de propagation *f* d'onde *f*
Wellenbauch *m*	wave loop	ventre *m* d'onde *f*
Wellenbereich *m*	wave range	gamme *f* d'ondes *f/pl*
Wellenberg *m*	peak, crest	crête *f*, sommet *m*, point *m* haut
Wellenbeugung *f*	wave diffraction	diffraction *f* d'onde *f*
Wellenbündel *n*	wave beam	faisceau *m* d'ondes *f/pl*
Wellenbündelung *f*	wave concentration	concentration *f* d'ondes *f/pl*
Wellendämpfung *f*	wave attenuation	affaiblissement *m* d'onde *f*, amortissement *m* d'onde *f*
Wellenerreger *m*	oscillator	oscillateur *m*
Wellenform *f*	waveform, waveshape	forme *f* d'onde *f*
Wellenfront *f*	wave front	front *m* d'onde *f*
Wellengeschwindigkeit *f*	wave velocity	vitesse *f* d'onde *f*, célérité *f* d'onde *f*
Wellengleichung *f*	wave equation	équation *f* d'onde *f*
Wellenknoten *m*	wave node	nœud *m* d'onde *f*
Wellenlänge *f*	wavelength	longueur *f* d'onde *f*
Wellenleiter *m*	waveguide	guide *m* d'ondes *f/pl*

Wellenmode *m*	wave mode	mode *m* de propagation *f* d'onde *f*
Wellenreflexion *f*	wave reflection	réflexion *f* d'onde *f*
Wellenumwandlung *f*	wave transformation	transformation *f* d'onde *f*
Wellenwiderstand *m*	characteristic impedance	impédance *f* caractéristique
Wellenzahl *f*	wave number	nombre *m* d'onde *f*
Wellenzug *m*	wave train	train *m* d'ondes *f/pl*
Welt *f* [Erde]	world	monde *m*
Welt *f* [Weltall]	universe, space	univers *m*, espace *m*
Weltraum *m*	space, cosmic space, outer space	espace *m*, espace *m* cosmique
wendelförmig *adj*	helical, helicoid	hélicoïdal, spiralé
wenden *v*	turn, overturn, invert, reverse	tourner, retourner, renverser, invertir
Wendepunkt *m*	turning point, inflection point	point *m* d'inflexion *f*, point *m* de rebroussement *m*, point *m* de retour *m*
Wendung *f*	turn, turning, deflection	tour *m*, déflexion *f*, renversement *m*
Werk *n* [Arbeit]	work, product	œuvre *f*, ouvrage *m*, produit *m*
Werk *n* [Betrieb]	plant, works *pl*, factory, installation, establishment	usine *f*, fabrique *f*, installation *f*, établissements *m/pl*
Werk *n* [Station]	post, station	poste *m*, station *f*
Werkprüfung *f*	factory test, bench test	essai *m* en usine *f*
Werkstatt *f*	workshop	atelier *m*
Werkstoff *m*	material	matériau *m*, matériaux *m/pl*, matériel *m*, matière *f*
Werkstoff *m*, faserverstärkter	fiber-reinforced material	matière *f* renforcée par fibres *f/pl*
Werkstoff *m*, geschichteter	lamellar material	matériau *m* stratifié, matériau *m* lamelleux
Werkstoff *m*, hitzebeständiger	heat-resistant material, heat-proof material	matière *f* résistant à la chaleur
Werkstoff *m*, keramischer	ceramic material	matière *f* céramique
Werkstoff *m*, magnetischer	magnetic material	matériau *m* magnétique
Werkstoff *m*, metallischer	metallic material	matériau *m* métallique
Werkstoff *m*, nichtferromagnetischer	non-ferromagnetic material	matériau *m* non ferromagnétique
Werkstoff *m*, poröser	porous material	matière *f* poreuse, matériau *m* poreux
Werkstoffbeanspruchung *f*	stress on material	effort *m* des matériaux *m/pl*
Werkstoffdefektoskopie *f*	defectoscopy of materials *pl*	défectoscopie *f* des matériaux *m/pl*
Werkstoffehler *m*	material defect, material flaw	défaut *m* des matériaux *m/pl*, défaut *m* en matériaux *m/pl*

Werkstoffeigenschaft *f*	material property	caractéristique *f* du matèriau
Werkstoffermüdung *f*	fatigue of material, low-cycle fatigue	fatigue *f* oligocyclique
Werkstoffkenngröße *f*	material characteristic	caractéristique *f* de matériau *m*
Werkstoffkunde *f*	materials science	science *f* des matériaux *m/pl*
Werkstoffnummer *f*	material number	numéro *m* de matériau *m*
Werkstoffprobe *f* [Prüfmuster]	sample, specimen, test piece, piece to be tested	échantillon *m*, spécimen *m*, éprouvette *f*, pièce *f* d'essai *m*, pièce *f* à essayer, pièce *f* à examiner
Werkstoffprüfmaschine *f*	material testing machine	machine *f* d'essai *m* des matériaux *m/pl*
Werkstoffprüfung *f* [Einzelprüfung]	material test, material examination	essai *m* de matériau *m*, contrôle *m* des matériaux *m/pl*, test *m* de matériaux *m/pl*
Werkstoffprüfung *f* [Prüfwesen]	testing of materials *pl*	contrôle *m* de matériaux *m/pl*
Werkstoffprüfung *f*, zerstörende	destructive testing of materials *pl*	contrôle *m* destructif des matériaux *m/pl*
Werkstoffprüfung *f*, zerstörungsfreie	nondestructive testing of materials *pl*	contrôle *m* non destructif des matériaux *m/pl*, essai *m* non destructif des matériaux *m/pl*
Werkstofftrennung *f*	material separation, discontinuity	séparation *f* matérielle, discontinuité *f*
Werkstoffuntersuchung *f*	material inspection, material examination	essai *m* des matériaux *m/pl*, inspection *f* des matériaux *m/pl*
Werkstoffverhalten *n*	behaviour of material	comportement *m* de matériau *m*
Werkstoffwahl *f*	selection of material	choix *m* de matériau *m*
Werkstück *n*	workpiece, piece	pièce *f* d'œuvre *f*, pièce *f*, pièce *f* à travailler, pièce *f* à usiner
Werkstück *n*, bearbeitetes	machined workpiece, finished piece	pièce *f* usinée, pièce *f* travaillée
Werkstück *n*, bewegtes	moved workpiece, moving piece	pièce *f* mobile, pièce *f* agitée
Werkstück *n*, geschweißtes	welded piece, weldment	pièce *f* soudée
Werkstück *n*, ruhendes	resting workpiece	pièce *f* en repos *m*
Werkstück *n*, unbearbeitetes	unmachined workpiece, non-machined workpiece, unfinished piece	pièce *f* non usinée, pièce *f* non travaillée
Werkzeug *n*	tool, implement	outil *m*, outillage *m*
Werkzeugstahl *m*	tool steel	acier *m* pour outils *m/pl*

Wert *m*, berechneter	calculated value	valeur *f* calculée
Wert *m*, erwarteter	expected value, anticipated value	valeur *f* expectée
Wert *m*, gemessener	measured value	valeur *f* mesurée
Werte *m/pl* [Daten]	data *pl*, dates *pl*, values *pl*	données *f/pl*, dates *f/pl*, informations *f/pl*, valeurs *f/pl*
Werterhöhung *f* [Aufwertung]	valorization, benefication	valorisation *f*
Wertigkeit *f*	valence, valency	valence *f*
wesentlich *adj*	essential, substantial	essentiel, substantiel
wetterbeständig *adj*	weather-proof, weather-resistant	résistant aux intempéries *f/pl*
wetterfest *adj*	→ wetterbeständig *adj*	
wichtig *adj*	important	important
wickeln *v*	wind, coil, reel	enrouler, bobiner
Wickeln *n*	winding, coiling, spooling	bobinage *m*, enroulement *m*
Wickelversuch *m* [Draht]	wrapping test	essai *m* d'enroulement *m*
Wicklung *f*	coil, winding	enroulement *m*
Wicklung *f*, bifilare	bifilar winding	enroulement *m* bifilaire
Wicklung *f*, mehrlagige	multi-layer winding	enroulement *m* à plusieurs couches *f/pl*
Wicklung *f*, primäre	primary winding	bobinage *m* primaire
Widerstand *m* [Behinderung]	obstruction, obstacle	obstruction *f*, obstacle *m*
Widerstand *m* [Eigenschaft]	resistance	résistance *f*
Widerstand *m* [elektronisches Bauelement]	resistor	résistance *f*
Widerstand *m*, magnetischer	magnetic resistance, reluctance	résistance *f* magnétique, réluctance *f*
Widerstand *m*, scheinbarer	apparent resistance, impedance	résistance *f* apparente, impédance *f*
Widerstand *m*, thermischer	thermal resistance	résistance *f* thermique
Widerstandsabnahme *f*	decrease of resistance, resistance drop	diminution *f* de résistance *f*
Widerstandsänderung *f*	variation of resistance, change of impedance	variation *f* de résistance *f*, changement *m* d'impédance *f*
Widerstandsdämpfung *f*	attenuation by resistance	amortissement *m* par résistance *f*
Widerstandserhöhung *f*	increase of resistance	accroissement *m* de résistance *f*, augmentation *f* de résistance *f*
widerstandsfähig *adj*	resistant, resisting, resistive	résistant, résistif
Widerstandsfähigkeit *f*	resistance, robustness, stability	résistance *f*, robustesse *f*, stabilité *f*
Widerstandskraft *f*	resisting power, resisting force	force *f* de résistance *f*
widerstandslos *adj*	non-resistant, resistanceless	sans résistance *f*

Widerstandsmessung *f*	measurement of resistance, impedance measurement	mesure *f* de résistance *f*, mesure *f* d'impédance *f*
Widerstandspreßschweißen *n*	resistance pressure welding	soudage *m* par résistance *f* par pression *f*
Widerstandspunktschweißen *n*	resistance spot welding	soudage *m* par résistance *f* par points *m/pl*
Widerstandsrauschen *n*	resistance noise	bruit *m* propre de la résistance
Widerstandsschwankung *f*	variation of resistance, change of impedance	variation *f* de résistance *f*, changement *m* d'impédance *f*
Widerstandsschweißen *n*	resistance welding	soudage *m* par résistance *f*
Widerstandsverringerung *f*	decrease of resistance, resistance drop	diminution *f* de résistance *f*
Widerstandszunahme *f*	increase of resistance	accroissement *m* de résistance *f*, augmentation *f* de résistance *f*
widerstehen *v*	withstand, resist	résister, endurer, s'opposer, soutenir
wiederaufbereiten *v*	regenerate	régénérer
Wiederaufbereitung *f*	regeneration, reprocessing, retreatment	régénération *f*, retraitement *m*
Wiederaufnahme *f*	resorption	résorption *f*
wiederaufnehmen *v*	resorb	résorber
wiederaufsaugen *v*	→ wiederaufnehmen *v*	
wiedereinsetzen *v*	reuse, recycle	réuser, recycler
Wiedereinsetzen *n*	recycling	recyclage *m*
Wiedereinstellungsgenauigkeit *f*	repeatable accuracy, accuracy of repetition	précision *f* répétable, précision *f* de répétition *f*
Wiedererwärmungsriß *m*	reheating crack	fissure *f* par réchauffage *m*
Wiedergabe *f*	reproduction, response	reproduction *f*, réponse *f*
Wiedergabequalität *f*	quality of reproduction	qualité *f* de reproduction *f*
Wiedergabetreue *f*	fidelity [of reproduction]	fidélité *f* [de reproduction *f*]
wiedergewinnen *v*	recover	récupérer
wiederherstellen [erneuern] *v*	restore, reconstruct, regenerate	restaurer, reconstruire, restituer, rétablir, régénérer
wiederherstellen [reparieren] *v*	repair	réparer
wiederherstellen [reproduzieren] *v*	reproduce	reproduire
Wiederherstellung *f* [Erneuerung]	restoration, reconstruction, regeneration, regenerating	restauration *f*, reconstruction *f*, restitution *f*, rétablissement *m*, régénération *f*
Wiederherstellung *f* [Reparatur]	repair, repairing	réparation *f*
Wiederherstellung *f* [Reproduktion]	reproduction	reproduction *f*

wiederholbar *adj*	reproducible, repeatable	reproduisable, répétable
Wiederholbarkeit *f*	reproducibility	reproductibilité *f*
wiederholen *v*	reproduce, repeat	reproduire, répéter
wiederholend, sich ~ *adj*	repeated, iterative, reiterated, frequent	fréquent, itératif, réitératif
Wiederholgenauigkeit *f*	repeatable accuracy, accuracy of repetition	précision *f* répétable, précision *f* de répétition *f*
Wiederholung *f*	repetition, iteration	répétition *f*, itération *f*
Wiederholungsfrequenz *f*	repetition frequency, recurrence rate	fréquence *f* de répétition *f*
Wiederholungsprüfung *f*	inservice inspection, inservice test, inservice examination	inspection *f* en service *m*
wiederinstandsetzen *v*	repair, restore, mend, mend up, service, overhaul	réparer, mettre en état *m*, refaire, raccommoder
Wiederinstandsetzung *f*	repair, redressing, mending, refit, refitment, overhaul, servicing, renovation	réparation *f*, remise *f* en état *m*, mise *f* en état *m*, raccommodage *m*, réfaction *f*, dépannage *m*, révision *f*
wiederverwenden *v*	reuse, recycle	réuser, recycler
Wiederverwendung *f*	recycling, recirculation, recovery	recyclage *m*, récirculation *f*, récupération *f*
Wilsonsche Nebelkammer *f*	Wilson's cloud chamber	chambre *f* de Wilson
Wind *m*	wind, air, blast	vent *m*, air *m*
winddicht *adj*	airtight	imperméable au vent
winden [aufziehen] *v*	hoist, wind	guinder, hisser
winden; sich ~ *v*	wind, meander	serpenter, se tordre, rouler autour de, s'entortiller autour de
Windschutz *m*	wind shield, wind screen	paravent *m*
Windung *f* [Spule]	turn, winding	spire *f*
Windung *f*, benachbarte	adjacent turn	spire *f* voisine
Windungsschlußprüfung *f*	shorted-turn test	essai *m* de court-circuit *m* entre spires *f/pl*
Windungszahl *f*	number of turns *pl*	nombre *m* de spires *f/pl*
Windzuführung *f*	blast inlet	admission *f* du vent
Winkel *m* [Bauform]	elbow, knee	coude *m*
Winkel *m* [Geometrie]	angle	angle *m*
Winkel *m* [Zeichenutensil]	side gauge	angle *m* rectiligne, équerre *f*
Winkel *m*, kritischer	critical angle	angle *m* critique
Winkel *m*, rechter	right angle	angle *m* droit
Winkel *m*, schiefer	oblique angle	angle *m* oblique
Winkel *m*, spitzer	acute angle	angle *m* aigu
Winkel *m*, stumpfer	obtuse angle	angle *m* obtus
Winkel *m*, toter	dead angle	angle *m* mort
winkelabhängig *adj*	angle-dependent	dépendant de l'angle *m*

Winkelabhängigkeit *f*	angle dependence	dépendance *f* de l'angle *m*
Winkelbeschleunigung *f*	angular acceleration	accélération *f* angulaire
Winkelbeziehung *f*	angle correlation, angular correlation	corrélation *f* angulaire
Winkelblech *n*	gusset, junction plate	gousset *m*, plaque *f* de jonction *f*
Winkeldivergenz *f*	angular divergence, angular spread	divergence *f* angulaire
Winkeleisen *n*	angle iron, angle bar	fer *m* cornière
Winkelfunktion *f*	trigonometric function	fonction *f* trigonométrique
Winkelgeschwindigkeit *f*	angular velocity	vitesse *f* angulaire
Winkelgrad *m*	degree	degré *m*
Winkelkopf *m* [Prüfkopf]	angle probe, angle-beam probe, angle-beam transducer, inclined probe, inclined probe head, inclined search head, wedge-type transducer, angular test head	palpeur *m* d'angle *m*, palpeur *m* angulaire, sonde *f* d'angle *m*, tête *f* angulaire
Winkelkorrelation *f*	angle correlation, angular correlation	corrélation *f* angulaire
Winkelprüfkopf *m*	→ Winkelkopf *m*	
Winkelschälversuch *m* [Metallklebung]	T-peel test with angle test piece	essai *m* d'écorcement *m* avec l'éprouvette *f* angulaire
Winkelstahl *m*	angle steel	acier *m* cornière
Winkelstreuung *f*	angular divergence, angular spread	divergence *f* angulaire
Winkelverschiebung *f*	angular displacement	déplacement *m* angulaire, décalage *m*
Winkelverteilung *f*	angle distribution	distribution *f* d'angle *m*
Wirbel *m*	vortex, eddy, circulatory motion	tourbillon *m*
Wirbelbildung *f*	turbulence	turbulence *f*
Wirbelfeld *n*	vortex field, eddy field, rotational field	champ *m* de tourbillon *m*, champ *m* rotationnel
wirbelfrei *adj*	irrotational, non-vortical	non tourbillonnaire, irrotationnel
wirbelnd *adj*	turbulent	turbulent
Wirbelschallverfahren *n*	eddy-sonics method	méthode *f* à son *m* tourbillonnaire
Wirbelstrom *m*	eddy current	courant *m* de Foucault
Wirbelstrom-Impulsverfahren *n*	pulsed eddy current method	méthode *f* des courants *m/pl* de Foucault à impulsions *f/pl*
Wirbelstrommessung *f*	eddy current measurement	mesure *f* par courants *m/pl* de Foucault
Wirbelstrom-Prüfgerät *n*	eddy current apparatus	appareil *m* à courants *m/pl* de Foucault
Wirbelstrom-Prüfsonde *f*	eddy current probe	sonde *f* à courants *m/pl* de Foucault

Wirbelstromprüfung *f*	eddy current test	contrôle *m* par courants *m/pl* de Foucault
Wirbelstromverfahren *n*	eddy current method	méthode *f* des courants *m/pl* de Foucault
Wirbelstromverlust *m*	eddy-current loss	perte *f* par courants *m/pl* de Foucault
Wirbelstromverteilung *f*	eddy-current distribution	répartition *f* des courants *m/pl* de Foucault
Wirkanteil *m*	real component	composante *f* réelle
Wirkbelastung *f*	active load, actual load, useful load	charge *f* active, charge *f* efficace, charge *f* utile
Wirkkomponente *f*	real component	composante *f* réelle
Wirklast *f*	→ Wirkbelastung *f*	
Wirkleistung *f*	active power, real power, actual output, effective power	puissance *f* active, puissance *f* réelle, puissance *f* efficace
wirklich *adj*	real, effective, actual	réel, effectif, actuel, vrai
wirksam *adj*	usable, useful, efficient, effective, net, powerful	efficace, effectif, utile, utilisable, net, puissant
Wirksamkeit *f*	efficiency, effectiveness, activity, performance	efficacité *f*, performance *f*, activité *f*, rendement *m*
Wirkstoff *m*	agent, means, medium	agent *m*, médium *m*, moyen *m*
Wirkung *f*	effect, action, influence	effet *m*, action *f*, influence *f*
Wirkungsbereich *m*	efficient range, operating range, sphere of influence	rayon *m* d'action *f*, portée *f*
Wirkungsdosis *f*	effective dose	dose *f* efficace
Wirkungsgesetz *n*	efficiency law	loi *f* d'efficacité *f*
Wirkungsgrad *m*	efficiency	rendement *m*, débit *m*
Wirkungsquerschnitt *m*	effective cross-section	section *f* efficace
Wirkungsweise *f*	manner of action, function, action, operation	mode *m* d'action *f*, opération *f*, fonctionnement *m*, action *f*
wirtschaftlich *adj*	economic(al)	économique
Wirtschaftlichkeit *f*	economy	économie *f*
Wischtest *m*	rubbing test	essai *m* de rétention *f* par nettoyage *m*
Wismut *n* [Bi]	bismuth	bismuth *m*
Witterungsbeständigkeit *f*	resistance to atmospheric corrosion	résistance *f* contre la corrosion atmosphérique
Witterungseinfluß *m*	atmospheric influence	influence *f* atmosphérique
Wobbelfrequenz *f*	wobbling frequency	fréquence *f* de wobbulation *f*, fréquence *f* de vobulation *f*
Wobbelgenerator *m*	wobbler	wobbulateur *m*, vobulateur *m*
wobbeln *v*	wobble	wobbuler, vobuler

Wobblung *f*	wobbling, sweep	wobbulation *f*, vobulation *f*, balayage *m*
Wöhler-Kurve *f*	Wöhler curve, S/N curve	courbe *f* de Wöhler
Wöhler-Linie *f*	Wöhler line	ligne *f* de Wöhler
Wohnungsbau *m*	housing construction	construction *f* de logements *m/pl*
Wölbung *f*	curvature, buckling, camber	courbure *f*, courbe *f*
Wolfram *n* [W]	tungsten, wolfram	tungstène *m*, wolfram *m*
Wolframstahl *m*	tungsten steel	acier *m* au tungstène
Wolke *f*	cloud	nuage *m*
Wolle *f*	cotton	laine *f*
wuchern *v*	proliferate, multiply, increase, augment	proliférer, multiplier, augmenter
wuchernd *adj*	proliferative	prolifératif
Wulst *m*	protuberance	protubérance *f*
Wurzelbindefehler *m* [Schweißen]	lack of fusion at the root, incomplete fusion at the root	manque *m* de fusion *f* à la racine, défaut *m* du type collage *m* en racine *f*
Wurzelfehler *m*	root defect	manque *m* de racine *f*
Wurzelkerbe *f* [Schweißen]	root shrinkage, shrinkage groove, root concavity, suck-back	caniveau *m* à la racine
Wurzelspalt *m*	root split	fente *f* de racine *f*
Wurzelüberhöhung *f* [Schweißen]	root cant	surhaussement *m* à la racine
Wüstitkristall *m*	wüstite crystal	cristal *m* de wustite

X

x-Achse *f*	x-axis	axe *m* x
Xenon *n* [Xe]	Xenon	xénon *m*
Xeroradiographie *f*	xeroradiography	xéroradiographie *f*
X-Y-Schreiber *m*	x-y-recorder, x-y-tracer, x-y-plotter	enregistreur *m* XY

Y

y-Achse *f*	y-axis	axe *m* y
Youngscher Modul *m*	Young's modulus, elastic modulus, modulus of elasticity	module *m* de Young, module *m* d'élasticité *f*
Ytterbium *n* [Yb]	ytterbium	ytterbium *m*
Yttrium *n* [Y; Yt]	yttrium	yttrium *m*

Z

z-Achse *f*	z-axis	axe *m* z
Zacke *f*	point, indentation	dent *f*, endenture *f*, pointe *f*
zäh *adj*	tough, tenacious, viscous, ropy	tenace, visqueux
Zähigkeit *f*	viscosity, tenacity, toughness, consistence	viscosité *f*, ténacité *f*, consistance *f*
Zähigkeitsmeßgerät *n*	viscosimeter	viscosimètre *m*
Zahl *f*, komplexe	complex number	nombre *m* complexe
Zähleinrichtung *f*	counting device, counter arrangement, counter, scaler	dispositif *m* de comptage *m*, compteur *m*, démultiplicateur *m*
zählen *v*	count	compter
Zählen *n*	counting, count	comptage *m*
Zahlenbeispiel *n*	numerical example	exemple *m* numérique
zahlenmäßig *adj*	quantitative	quantitatif
Zahlenwert *m*	numerical value	valeur *f* numérique
Zähler *m* [Bruch]	numerator	numérateur *m*
Zähler *m* [Zählgerät]	counter, counting device	compteur *m*, dispositif *m* de comptage *m*
Zählgerät *n*	counting device, integrating apparatus, counter, scaler	dispositif *m* de comptage *m*, appareil *m* intégrateur, compteur *m*, démultiplicateur *m*
Zählimpuls *m*	counting pulse	impulsion *f* de comptage *m*
Zählkammer *f*	counting chamber, count chamber	chambre *f* de comptage *m*, chambre *f* compteuse
Zählkreis *m*	counting circuit, scaling circuit	circuit *m* compteur, montage *m* compteur, circuit m démultiplicateur
Zählrate *f*	counting rate	taux *m* de comptage *m*
zahlreich *adj*	numerous, abundant	nombreux, abondant
Zählrichtung *f*	counting direction	sens *m* de comptage *m*
Zählrohr *n*	counting tube, counter tube, counter	tube *m* compteur, tube *m* de comptage *m*
Zählröhre *f*	→ Zählrohr *n*	
Zählschaltung *f*	counting circuit, scaling circuit	circuit *m* compteur, montage *m* compteur, circuit *m* démultiplicateur
Zählstoß *m*	count	coup *m*
Zählung *f*	counting, count	comptage *m*
Zählvorgang *m*	counting run	opération *f* de comptage *m*
Zahnrad *n*	toothed wheel	roue *f* dentée
Zangenmanipulator *m*	expansion tong	manipulateur *m* à pince *f*
Zapfen *m*	pivot, neck, gudgeon	pivot *m*, goujon *m*, tourillon *m*

Zäsium *n* [Cs]	caesium	césium *m*
Zeichen ...	→ Signal ...	
Zeichen *n* [Index]	index	indice *m*, index *m*
Zeichen *n* [Marke]	mark	marque *f*, repère *m*
Zeichen *n* [mathematisch]	sign	signe *m*
Zeichen *n* [Signal]	signal	signal *m*
Zeichen *n* [Symbol]	symbol, character	symbole *m*, caractère *m*
Zeichen *n*, negatives [Mathematik]	negative sign	signe *m* négatif
Zeichen *n*, negatives [Signal]	negative signal	signal *m* négatif
Zeichengebung *f*	signalling, signal emission	signalisation *f*
Zeichenpunkt *m*	dot	point *m*
Zeichenstärke *f*	signal intensity, signal strength	intensité *f* du signal
Zeichenstrich *m*	dash	trait *m*
Zeichenverzerrung *f*	signal distortion	distorsion *f* du signal
zeichen *v*	draw, design, trace	dessiner, tracer
zeichnerisch *adj*	graphic(al)	graphique
Zeichnung *f* [Abbildung]	figure, graph, representation, presentation, diagram, chart	figure *f*, graphique *m*, représentation *f* graphique, présentation *f*, diagramme *m*
Zeichnung *f* [Konstruktionszeichnung]	drawing, draft, design, sketch	dessin *m*, tracé *m*, plan *m*
Zeiger *m* [Instrument]	pointer, needle, indicator	aiguille *f*, indicateur *m*
Zeiger *m* [Uhr]	hand	aiguille *f*
Zeiger *m* [Vektor]	vector	vecteur *m*
Zeigerdiagramm *n*	vector diagram	diagramme *m* vectoriel
Zeile *f*	line, raw	ligne *f*
Zeilenabtastung *f*	line scanning	exploration *f* par lignes *f/pl*
Zeit *f*	time	temps *m*
zeitabhängig *adj*	time-dependent	dépendant du temps
Zeitabschnitt *m*	period, time interval	période *f*, intervalle *m*
Zeitachse *f*	time axis, time base	base *f* de temps *m*
Zeitbasis *f*	time base	base *f* de temps *m*
Zeitdauer *f*	duration, time	durée *f*, temps *m*
Zeitdifferenz *f*	time difference, time lapse, time interval	différence *f* de temps *m*, intervalle *m* de temps *m*
Zeitersparnis *f*	time saving	épargne *f* en temps *m*
Zeitfestigkeit *f*	fatigue strength	résistance *f* à la fatigue
Zeitgeber *m*	clock generator, timer	générateur *m* de rythme *m*, minuterie *f*
Zeitintegral *n*	time integral	intégrale *f* de temps *m*
Zeitkonstante *f*	time constant	constante *f* de temps *m*
Zeitlinie *f*	time base, time axis	base *f* de temps *m*
Zeitlupe *f*	slow-motion	ralenti *m*
Zeitmarke *f*	time mark	marque *f* de temps *m*

Zeitmarkierer *m*	time marker	marquer *m* de temps *m*
Zeitmarkierung *f*	time marking	marquage *m* de temps *m*
Zeitmesser *m*	chronometer	chronomètre *m*
Zeitmessung *f*	time measurement, time keeping, timing	chronométrie *f*, chronométrage *m*
Zeitnahme *f*	time keeping, timing	chronométrage *m*
Zeitpunkt *m*	moment, instant	moment *m*, instant *m*
Zeitraum *m*	time interval, period	intervalle *m*, période *f*, entretemps *m*
Zeitschalter *m*	stepping switch, timer, time-delay switch	interrupteur *m* temporisé, minuterie *f*
Zeitschreiber *m*	time recorder	enregistreur *m* de temps *m*
Zeitspanne *f*	time interval, period	intervalle *m*, période *f*, entretemps *m*
Zeitstand-Bruchversuch *m*	creep stress rupture test	essai *m* de rupture *f* par fluage *m*
Zeitstandfestigkeit *f*	long period creep resistance	résistance *f* contre le fluage à long temps *m*
Zeitstand-Kriechversuch *m*	creep stress	essai *m* de fluage *m*
Zeitstandprüfung *f*	long period creep test, creep test	essai *m* de fluage *m* à long temps *m*, essai *m* de fluage *m*
Zeitstand-Scherversuch *m*	creep shear test	essai *m* de cisaillement *m* par fluage *m*
Zeitstandverhalten *n*	long period creep behaviour	comportement *m* au fluage à long temps *m*
Zeitstandversuch *m*	→ Zeitstandprüfung *f*	
zeitunabhängig *adj*	time-independent	indépendant du temps
Zeitunterschied *m*	time difference, time lapse, time interval	différence *f* de temps *m*, intervalle *m* de temps *m*
Zeitverhalten *n*	time behaviour	comportement *m* à temps *m*
Zeitverlust *m*	loss of time	perte *f* de temps *m*
Zeitverteilung *f*	time distribution	distribution *f* en temps *m*
Zeitverzögerung *f*	time delay, time lag	délai *m*, ralentissement *m*, période *f* de retard *m*
zeitweilig *adj*	temporary	passager, temporaire
Zelle *f*, heiße	hot cell	cellule *f* chaude
Zement *m*	cement, concrete	ciment *m*
Zementieren *n* [Einsatzhärten]	case-hardening, carbonization, cementation, carburizing	cémentation *f*, carburisation *f*, trempe *f* en coquille *f*
Zementierung *f*	→ Zementieren *n*	
zentralisieren *v*	centralize	centraliser
Zentralkraft *f*	central force	force *f* centrale
Zentralprojektion *f*	central projection	projection *f* centrale
Zentralstrahl *m*	central ray, central beam	rayon *m* central, rayon *m* normal
zentrieren *v*	center (USA), centre	centrer, fixer le centre
Zentrifugalkraft *f*	centrifugal force	force *f* centrifuge

Zentrifugalmaschine *f*	centrifugal whirler	machine *f* centrifuge
Zentrifuge *f*	centrifuge	centrifugeuse *f*
Zentripetalkraft *f*	centripetal force	force *f* centripète
zentrisch *adj*	centric(al)	centrique, central, centré
Zentrum *n*	center (USA), centre, central point, middle	centre *m*, milieu *m*
Zer *n* [Ce]	cerium	cérium *m*
zerbrechen *v*	break, break off, fracture, split, crash, crush	rompre, se rompre, détacher, se casser, se briser
Zerbrechen *n*	break, breaking, breakage, fracture, rupture, abruption	rupture *f*, fracture *f*, fêlure *f*
zerbrechlich *adj*	fragile	fragile
Zerfall *m* [Umwandlung]	decay, disintegration	desintégration *f*, désagrégation *f*
Zerfall *m* [Zersetzung]	decomposition, dissociation	décomposition *f*, dissociation *f*
Zerfall *m* [Zerstörung]	destruction, breakage	destruction *f*
Zerfall *m*, radioaktiver	radioactive decay, radioactive disintegration	désintégration *f* radioactive
zerfallen [umwandeln] *v*	decay, disintegrate	désintégrer
zerfallen [zersetzen] *v*	decompose, dissociate	décomposer, dissocier
zerfallen [zerstören] *v*	destroy, break	détruire
Zerfallsakt *m*	decay event, event of disintegration	acte *m* de désintégration *f*, événement *m* de désintégration *f*
Zerfallsenergie *f*	disintegration energy	énergie *f* de désintégration *f*
Zerfallsereignis *n*	→ Zerfallsakt *m*	
Zerfallskonstante *f*	decay constant, disintegration constant	constante *f* de désintégration *f*, constante *f* radioactive
Zerfallskurve *f*	decay curve	courbe *f* de désintégration *f*
Zerfallsprodukt *n*	decary product, disintegration product, daughter	produit *m* de désintégration *f*, produit *m* de filiation *f*, substance *f* fille
Zerfallsprodukt *n*, radioaktives	radioactive product	produit *m* radioactif
Zerfallsrate *f*	disintegration value	vitesse *f* de désintégration *f*
Zerfallsreihe *f*	decay chain, decay series *pl*, disintegration chain	série *f* de désintégration *f*
Zerfallszeit *f*	decay time, disintegration time	durée *f* de désintégration *f*, vie *f*
zerfressen *v*	etch, corrode	rogner, corroder
Zerhacker *m*	chopper, interruptor, contact breaker	rupteur *m*, vibreur *m*
Zerkleinern *n*	breaking, crushing, rupture	rupture *f*, broyage *m*

zerknallen *v*	burst, explode, detonate	éclater, exploser, explosionner, détoner
zerlegen [auflösen] *v*	dissociate, decompose	dissocier, décomposer
zerlegen [demontieren] *v*	dismount, dismantle	démonter
zerlegen [mathematisch] *v*	analyze, expand, reduce	analyser, réduire
Zerlegung *f* [Analyse]	analysis	analyse *f*
Zerlegung *f* [Demontage]	dismounting, dismantling	démontage *m*
Zerlegung *f* [Dispersion]	dispersion, dispersal	dispersion *f*
Zerlegung *f* [Dissoziation]	dissociation	dissociation *f*
Zerlegung *f* [Komponentenzerlegung]	decomposition, separation	décomposition *f*, séparation *f*
Zerlegung *f* [mathematisch]	expansion	analyse *f*
zerplatzen *v*	burst, crack	crever, fêler, fendre
zerreißen *v*	tear, rupture	déchirer, arracher
Zerreißen *n*	rupture	rupture *f*
Zerreißfestigkeit *f*	resistance to tearing, rupturing strength, breaking strength	résistance f au déchirement, résistance *f* à la traction
Zerreißfestigkeit *f*, statische	rupture modulus	module *m* de rupture *f*
Zerreißgrenze *f*	breaking load	limite *f* de déchirement *m*, charge *f* de pliage *m*
Zerreißmaschine *f*	rupture device	machine *f* d'essais *m/pl* de rupture *f*
Zerreißprüfung *f*	breaking test, test to destruction	essai *m* de déchirement *m*
Zerrüttungsversuch *m*	fatigue test	essai *m* de fatigue *f*
zersetzen *v*	decompose, dissociate, disintegrate	décomposer, dissocier
Zersetzung *f* [Auflösung]	dissolution, dissolving	dissolution *f*
Zersetzung *f* [chemisch]	decomposition	décomposition *f*
Zersetzung *f* [Dissoziation]	dissociation	dissociation *f*
Zersetzung *f*, radiolytische	radiolytic degradation	dégradation *f* radiolytique
Zerspannung *f*	metal cutting	usinage *m*
zerspringen *v*	burst, crack	fêler, éclater, fendre, crever
zerstäuben *v*	spray, powder, sputter, pulverize, atomize	pulvériser, atomiser
zerstören *v*	destroy, break, demolish	détruire
zerstörend *adj*	destructive	destructif
Zerstörung *f*	destruction, demolition, failure, breakage	destruction *f*, ruine *f*, dommage *m*
zerstörungsfrei *adj*	nondestructive	non destructif
Zerstörungsgefahr *f*	danger of failure	danger *m* de ruine *f*
Zerstörungsmechanismus *m*	mechanism of destruction	mécanisme *m* de destruction *f*
Zerstörungsprüfung *f*	destruction test, test to destruction	essai *m* de destruction *f*
Zerstrahlung *f*	annihilation	annihilation *f*
zerstreuen [auseinanderlaufen] *v*	diverge	diverger

zerstreuen [streuen] *v*	disperse, scatter, diffuse, stray	disperser, diffuser
zerstreut *adj*	diffuse, diffused, scattered, stray	diffus, diffusé, dispersé
Zerstreuung *f*	dispersion, dispersal, scattering, divergence, spread, straggling	dispersion *f*, diffusion *f*, divergence *f*
zerteilen *v*	divide, part, split	diviser, partager
zertrümmern [allgemein] *v*	smash	fracasser, détruire
zertrümmern [Atom] *v*	disintegrate	désintégrer
Ziehbarkeit *f* [Blech]	drawability, malleability	emboutissabilité *f*, malléabilité *f*
ziehen [Blech] *v*	draw	emboutir
ziehen [Draht] *v*	draw	étirer, tréfiler
ziehen [herausziehen] *v*	pull [~ out]	tirer, retirer, retraiter
ziehen [Linie] *v*	draw	tracer
ziehen [schleppen] *v*	pull	traîner, entraîner
ziehen [Wurzel] *v*	extract [the root]	extraire [la racine]
Ziehen *n* [Blech]	drawing	emboutissage *m*
Ziehen *n* [Draht]	drawing	étirage *m*, affilage *m*
Ziehen *n* [Strecken]	stretch, stretching, elongation	allongement *m*, prolongement *m*, étirage *m*
Ziel *n*	target, aim, object, mark	cible *f*, but *m*, object *m*, fin *f*
Ziffer *f*	figure, digit, number	chiffre *m*, digit *m*, nombre *m*
Zimmer *n*	room	chambre *f*, salle *f*, pièce *f*
Zimmertemperatur *f*	room temperature	température *f* ambiante
Zink *n* [Zn]	zinc	zinc *m*
Zinkblech *n*	zinc sheeting, zinc plate	feuille *f* de zinc *m*
Zinn *n* [Sn]	tin	étain *m*
Zinnbad *n*	tin bath	bain *m* d'étain *m*
Zipfel *m* [Richtdiagramm]	lobe	lobe *m*
Zirkaloy *n*	zircaloy	zircaloy *m*
Zirkonium *n* [Zr]	zirconium	zirconium *m*
zirkular *adj*	circular	circulaire
Zirkularbeschleuniger *m*	circular accelerator	accélérateur *m* circulaire
Zirkularfeld *n*	circular field	champ *m* circulaire
Zirkularpolarisation *f*	circular polarization	polarisation *f* circulaire
Zirkularschwingung *f*	circular oscillation	oscillation *f* circulaire
Zirkulation *f*	circulation	circulation *f*
zirkulieren *v*	circulate	circuler
zittern *v*	shake, quake, vibrate	ébranler, trembler, trembloter, vibrer
Zone *f* [Gebiet]	zone, area, region, domain, field, sphere	zone *f*, région *f*, domaine *m*, regime *m*, sphère *f*
Zone *f*, aktive	active area, active section	zone *f* active
Zone *f*, neutrale	neutral zone	zone *f* neutre
Zone *f*, tote	dead zone, silent zone	zone *f* morte, zone *f* de silence *m*

Zone *f*, wärmebeeinflußte [WBZ]	heat-affected zone [HAZ]	zone *f* thermiquement affectée [ZTA]
Zonenaufteilung *f*	zone repartition	répartition *f* des zones *f/pl*
Zonenplatte *f*, Fresnelsche	Fresnel zone plate	plaque *f* de zones *f/pl* de Fresnel
Zubehör *n*	accessories *pl*, fittings *pl*, attachments *pl*	accessoires *m/pl*, garniture *f*, armature *f*
Zubehörteil *n*	accessory fitment, accessory	accessoire *m*
Zubereitung *f*	preparation	préparation *f*
zudecken *v*	cover, coat, mask, incase, sheathe	couvrir, revêtir, envelopper, masquer
zufällig *adj*	random, accidental, casual	accidentel, alétoire, fortuit
Zufallssignal *n*	random signal	signal *m* alétoire
Zufuhr *f*	feed, feeding, supply, inlet, influx, inflow, leading-in	alimentation *f*, amenée *f*, chargement *m*, admission *f*
zuführen *v*	feed, supply, introduce, inject	amener, alimenter, introduire
Zuführung *f*	→ Zufuhr *f*	
Zug *m* [Anziehen]	pull, traction	traction *f*
Zug *m* [Eisenbahn, Wellenzug]	train	train *m*
Zug *m* [Luftzug]	draft, draught	tirage *m*
Zug *m* [Zugkraft]	drag, drag loading, pull	traction *f*, entraînement *m*, force *f* d'entraînement *m*
Zug *m* [Zugspannung]	stress, tensile stress	contrainte *f* de traction *f*, effort *m* de traction *f*
Zugabe *f*	addition, admixture, additional charge	addition *f*, additif *m*, charge *f* additionnelle
Zugang *m*	acces, entrance, entry	accès *m*, abord *m*, entrée *f*
zugänglich *adj*	accessible	accessible, abordable
Zugänglichkeit *f*	accessibility	accessibilité *f*
Zugbeanspruchung *f*	tensile load, tensile stress, tensile strain	effort *m* de traction *f*, effort *m* de tension *f*, charge *f* de traction *f*, contrainte *f* de traction *f*
Zugbelastung *f*	tensile stress	effort *m* de tension *f*
zugehörig *adj*	appropriate, belonging [to]	appartenant [à]
Zugehörigkeit *f*	dependence	dépendance *f*
Zugfestigkeit *f*	tensile strength, ultimate tensile stress [U.T.S.], rupturing strength, ultimate strength, breaking strength, tenacity, tear resistance	résistance *f* à la traction *f*, résistance *f* au déchirement
Zugkraft *f*	drag loading, load, tractive effeort	charge *f*, force *f* d'entraînement *m*, effort *m* de traction *f*

Zugprobe *f*	tensile test piece	éprouvette *f* d'essai *m* de traction *f*
Zugprüfmaschine *f*	tensile testing machine	machine *f* d'essai *m* de traction *f*
Zugprüfung *f*	tensile test	essai *m* de traction *f*
Zugriff *m*	access, entry, entrance	accès *m*, entrée *f*, abord *m*
Zugscherversuch *m*	shear tension test	essai *m* de traction *f* au cisaillement
Zugschwellbeanspruchung *f*	pulsating tensile stress	effort *m* de traction *f* ondulé
Zugschwellprüfung *f*	pulsating tensile stress test, pulsating tension test	essai *m* de traction *f* alternée, essai *m* de traction *f* pulsatoire
Zugschwellversuch *m*	→ Zugschwellprüfung *f*	
Zugspannung *f* [mechanisch]	tension, tensile stress	tension *f* de traction *f*, effort *m* de traction *f*
Zugversuch *m*	tensile test	essai *m* de traction *f*
Zugzone *f*	region in tension	zone *f* tendue
zulassen [erlauben] *v*	admit, permit, authorize	admettre, permettre, autoriser
zulassen [lizensieren] *v*	licence, license (USA)	licencier
zulässig *adj*	permissive, permissible, allowable, allowed, passable	admissible, permissible, permis, autorisé
Zulässigkeit *f*	admissibility	admissibilité *f*, autorisation *f*, permission *f*
Zulassung *f* [Erlaubnis]	admission, permission	admission *f*, permission *f*, accès *m*
Zulassung *f* [Lizenz]	licence, license (USA)	licence *f*
Zulauf *m*	influx, inflow, onflow, entrance	entrée *f*, amenée *f*, admission *f*
zuleiten *v*	supply, feed, introduce, lead in, inject	alimenter, amener, introduire
Zuleitung *f*	feed, feeding, feeder, lead, leading-in, supply, inlet, influx, inflow, mains *pl*	alimentation *f*, admission *f*, amenée *f*, feeder *m*, chargement *m*, conduite *f*
Zunahme *f*	increase, increasing, augmentation, growth, build-up, building-up, ascending, progression	croissance *f*, accroissement *m*, augmentation *f*, élévation *f*, montée *f*, progression *f*
Zunahme *f*, starke	drastic increase	augmentation *f* raide
zünden *v*	ignite, fire	allumer, enflammer
Zunder *m*	scale, sinter, tinder	paille *f*, paillettes *f/pl*, battiture *f*, mâche-fer *m*
zunehmen *v*	increase, grow, rise, progress, raise, augment, multiply	croître, accroître, augmenter, agrandir, élever, monter, progresser, élargir, étendre, multiplier
Zunge *f*	tongue, reed	lame *f*, languette *f*

zuordnen *v*	associate, identify, allocate	associer, identifier, allouer, affecter
Zuordnung *f*	conjugation, identification, association, assignment	conjugation *f*, association *f*, identification *f*, assignation *f*
Zurück . . .;	→ Rück . . .;	
zurück . . .	rück . . .	
zurückbleiben *v*	lag, retard, remain	retarder, rester
Zurückgehen *n* [Rückgang]	return motion, reverse motion	marche *f* arrière, mouvement *m* arrière, retour *m*
zurückhalten *v*	hold back, retain	retenir, garder
Zurückhaltung *f*	retention, hold-back, hold-up	rétention *f*
zurückkehren *v*	return	retourner, revenir
zurückprallen *v*	rebound	rebondir
zurückspringen *v*	→ zurückprallen *v*	
zurückstellen *v*	reset	réajuster
zurückstoßen *v*	repel	repousser
Zurückstoßen *n*	repulsion	répulsion *f*
zurückstrahlen *v*	reflect, mirror, reverberate	réfléchir, refléter, réverbérer
zurückweisen *v*	reject	rejeter
zurückwerfen [Schall] *v*	reverberate	réverbérer
zurückwerfen [Strahlung] *v*	reflect	réfléchir
Zurückwerfen *n*	reflection, reverberation	réflexion *f*, réverbération *f*
zurückziehen *v*	retract	retirer
Zusammenbacken *n*	caking, sintering	frittage *m*
zusammenballen *n*	bunch	grouper
Zusammenballung *f*	bunching	groupement *m*
Zusammenbau *m*	assembly, assemblage, mounting, installation, fitting, setting up, erection, erecting	assemblage *m*, montage *m*, installation *f*, réunion *f*
zusammenbauen *v*	assemble, mount, erect	assembler, monter
zusammenbrechen *v*	break down	s'annuler
Zusammenbruch *m*	breakdown, accident	défaut *m*, panne *f*
Zusammendrückbarkeit *f*	compressibility	compressibilité *f*
zusammendrücken *v*	compress	comprimer, presser, briquetter
Zusammendrücken *n*	compression	compression *f*
zusammenfallen *v*	coincide	coïncider
Zusammenfallen *n*	coincidence, concordance	coïncidence *f*, concordance *f*
zusammenfallend [zeitlich] *adj*	simultaneous, isochronous, synchronous, concurrent	simultané, isochrone, synchrone, concurrent
Zusammenfassung *f*	summary, conclusion	sommaire *m*, résumé *m*, conclusion *f*
Zusammenfügung *f*	connection, coupling, joint	connexion *f*, couplage *m*, accouplement *m*, jonction *f*

zusammengedrängt *adj*	massive, compact, consistent, dense, solid	compact, massif, dense, solide, consistant, dur
zusammengesetzt *adj*	complex, composite	complexe, composé
Zusammenhang *m*	correlation, relation, relationship, interrelationship, communication	corrélation *f*, relation *f*, communication *f*, rapport *m*, suite *f*
Zusammenkunft *f*	symposium, meeting, conference, congress	symposium *m*, conférence *f*, congrès *m*, assemblée *f*
zusammenlaufen *v*	converge	converger
zusammenlöten *v*	solder together	souder
Zusammenprall *m*	collision, impact, shock	collision *f*, impact *m*, choc *m*, heurt *m*
zusammenpressen *v*	compress	comprimer, presser, briquetter
zusammenschalten *v*	connect, interconnect, mount, wire	connecter, interconnecter, monter, relier, brancher, raccorder
zusammenschließen *v*	join, unite, connect, contact, plug in, annex, link up with, bond	joindre, raccorder, lier, contacter, attacher, accoupler, brancher, unir, réunir, assembler, ajouter
Zusammenschluß *m*	connection, connexion, interconnection, joint, joining, link, linkage	connexion *f*, raccord *m*, assemblage *m*, jonction *f*, branchement *m*, liaison *f*, union *f*, prise *f*, communication *f*
Zusammenschmelzen *n*	fusion, melting	fusion *f*
zusammensetzen *v*	compose, synthesize, join, assemble, mount, install, fit up, erect, attach	monter, assembler, installer, attacher, composer, synthétiser, joindre
Zusammensetzung *f* [Aufbau]	constitution, assembly, structure	constitution *f*, assemblage *m*, structure *f*
Zusammensetzung *f* [chemisch]	composition	composition *f*
zusammenstellen *v*	set up, arrange, make out, compose, combine	grouper, arranger, dresser, combiner, disposer, composer
Zusammenstellung *f* [Aufbau]	assembly	assemblage *m*, montage *m*
Zusammenstellung *f* [Liste]	list, schedule	relevé *m*, liste *f*
Zusammenstoß *m*	collision, impact, shock	collision *f*, impact *m*, choc *m*, heurt *m*
zusammenstoßen *v*	collide, push, thrust, bump, hit, knock, impinge	pousser, choquer, entrechoquer, entrer en collision *f*, toucher, heurter
zusammenstürzen *v*	fall in, cave in	s'écrouler
zusammentreffen *v*	coincide	coïncider

Zusammentreffen *n*	coincidence, concordance	coïncidence *f*, concordance *f*
Zusammenwachsen *n*	coalescence, fusion	coalescence *f*, fusion *f*
zusammenwirkend *adj*	simultanous, isochronous, synchronous, concurrent	simultané, isochrone, synchrone, concurrent
Zusammenziehen *n*	contraction, shrinking, shrinkage	contraction *f*, retrait *m*, rétrécissement *m*
Zusatz *m* [Hinzufügung]	addition, admixture	addition *f*
Zusatz *m* [Nachtrag]	addendum, supplement	annexe *f*, supplément *m*
zusätzlich *adj*	additional, additive, supplementary, auxiliary, provisional	additionnel, additif, supplémentaire, auxiliaire, provisoire
Zusatzmittel *n*	additive, addition agent	additif *m*, agent *m* d'addition *f*
zuschalten *v*	add	additionner, ajouter
Zuschlag *m*	addition, additional charge, admixture, supplement	additif *m*, addition *f*, charge *f* additionnelle, supplément *m*
zuschließen *v*	shut, close, enclose, inclose, incase, lock in, seal	fermer, enfermer, renfermer, serrer, coffrer, plomber, bloquer
zusetzen *v*	add, admix	ajouter, additionner, mélanger
Zustand *m*	state, situation, condition, stage, consistence, consistency, nature, quality, phase, level, grade	état *m*, situation *f*, condition *f*, constitution *f*, consistance *f*, nature *f*, qualité *f*, degré *m*, phase *f*, étage *m*, niveau *m*, stade *m*, échelon *m*
Zustand *m*, stationärer	steady state, bound state	état *m* stationnaire
Zutritt *m*	entry, access, entrance	entrée *f*, accès *m*, abord *m*
zuverlässig *adj*	reliable	fiable, éprouvé
Zuverlässigkeit *f*	reliability, dependability	fiabilité *f*, sécurité *f*
Zuverlässigkeitsgrad *m*	grade of reliability	degré *m* de confiance *f*
Zuverlässigkeitsprüfung *f*	reliability test	test *m* de fiabilité *f*
Zuwachs *m*	increase, increasing, augmentation, build-up, building-up, rise, rising, growth, ascending, progression	croissance *f*, accroissement *m*, augmentation *f*, élévation *f*, montée *f*, progression *f*
zwangsläufig *adj*	forced	forcé
Zwangsumlauf *m*	forced circulation	circulation *f* forcée
Zweck *m*	purpose, aim	but *m*, fin *f*, objet *m*
zwecklos *adj*	useless	inutile
zweckmäßig *adj*	suitable	convenable
zweidimensional *adj*	two-dimensional	bidimensionnel
Zweier ...	bi..., binary, double, twin, twice, dual	bi..., binaire, double
Zweifach ...	→ Zweier ...	
Zweifachstreuung *f*	double scattering	diffusion *f* double, dispersion *f* double
Zweig *m*	branch	branche *f*
Zweipol *m*	dipole	dipôle *m*

zweiseitig *adj*	bidirectional, bilateral	bidirectionnel, bilatéral
Zweistrahl-Oszilloskop *n*	double-beam oscilloscope, two-beam oscilloscope	oscilloscope *m* à rayon *m* double, oscilloscope *m* bitrace, oscilloscope *m* à faisceau *m* double
zweistufig *adj*	two-stage . . ., two-step	à deux étages *m/pl*
zweiteilen *v*	halve, bisect	partager en deux, dédoubler
zweiteilig *adj*	two-piece . . .	en deux pièces *f/pl*, biparti
Zwilling *m* [Doppelkristall]	twin crystal	cristal *m* jumeau, jumeau *m*
Zwillingsbildung *f*	twinning	maclage *m*, hémitropie *f*
Zwischen . . .	intermediate	intermédiaire
Zwischenbeschleunigung *f*	interacceleration	accélération *f* intermédiaire
Zwischenecho *n*	intermediate echo	écho *m* intermédiaire
Zwischenflächenkorrosion *f*	interfacial corrocion	corrosion *f* interfaciale
Zwischenfrequenz *f* [ZF]	intermediate frequency [I.F.]	moyenne fréquence *f* [M.F.], fréquence *f* intermédiaire
Zwischengitter *n* [Kristall]	interstitial lattice	réseau *m* intermédiaire
Zwischenglied *n*	intermediary, connecting link	intermédiaire *m*, bielle *f*
zwischenlegen *v*	sandwich, interpose	intercaler, interposer
zwischenmolekular *adj*	intermolecular	intermoléculaire
Zwischenprüfung *f*	intermediate test	contrôle *m* intermédiaire
Zwischenraum *m*	interval, interspace, spacing, interstice, intermediate space, distance, clearance	intervalle *m*, interstice *m*, espace *m* intermédiaire, distance *f*, écartement *m*, écart *m*
Zwischenraum *m*, atomarer	atomic interspace	espace *m* entre les atomes *m/pl*
Zwischenschicht *f*	intermediate layer, interface layer	couche *f* intermédiaire
zwischensetzen *v*	insert, interline, connect	insérer, intercaler, interposer
Zwischensetzen *n*	intercalation, insertion	intercalation *f*, insertion *f*, interposition *f*
Zwischenstück *n*	intermediary, intermediate piece, adapter	intermédiaire *m*, pièce *f* intermédiaire, adaptateur *m*
Zwischenverstärker *m*	intermediate amplifier	amplificateur *m* intermédiaire
Zwischenwand *f*	separating wall, intermediate partition, partition wall, diaphragm	paroi *f* de séparation *f* diaphragme *m*
Zyan *n*	cyanogene	cyanogène *m*
zyklisch *adj*	cyclic(al)	cyclique
Zyklotron *n*	cyclotron	cyclotron *m*
Zyklus *m*	cycle	cycle *m*
Zylinder *m*	cylinder	cylindre *m*
Zylinderbohrung *f*	cylindrical bore-hole	percement *m* cylindrique, trou *m* cylindrique
zylindrisch *adj*	cylindric(al)	cylindrique